西昌学院植物生产类专业耕读教育教材

农艺技术实践

主　编　陈开陆　郑传刚
副主编　包学锋　罗帮州　吴　瑕

群言出版社
QUNYAN PRESS
·北京·

图书在版编目（CIP）数据

农艺技术实践 / 陈开陆，郑传刚主编. -- 北京：群言出版社，2022.10
ISBN 978-7-5193-0774-5

Ⅰ. ①农… Ⅱ. ①陈… ②郑… Ⅲ. ①农学－基本知识 Ⅳ. ① S3

中国版本图书馆 CIP 数据核字 (2022) 第 190333 号

责任编辑：孙平平
封面设计：知更壹点

出版发行：群言出版社
地　　址：北京市东城区东厂胡同北巷 1 号（100006）
网　　址：www.qypublish.com（官网书城）
电子信箱：qunyancbs@126.com
联系电话：010-65267783　65263836
法律顾问：北京法政安邦律师事务所
经　　销：全国新华书店

印　　刷：三河市明华印务有限公司
版　　次：2022 年 10 月第 1 版
印　　次：2023 年 1 月第 1 次印刷
开　　本：787mm × 1092mm　1/16
印　　张：25
字　　数：580 千字
书　　号：ISBN 978-7-5193-0774-5
定　　价：96.00 元

作者简介

陈开陆，男，1963年5月生。1984年毕业于西南农学院土壤农业化学系土壤农业化学专业，当年分配到西昌农专（现西昌学院）工作至今。园艺学副教授。发表论文20余篇。出版《非洲菊栽培技术》、《甜玉米栽培生理与栽培技术》专著2本。获凉山州政府科技进步二等奖1项，三等奖5项。

郑传刚，教授，四川农业大学农学博士研究生，1972年4月出生，河南南阳人，中共党员，四川省作物学会常务理事，四川省高校教学指导委员会植物生产与生态环保类专业副主任委员，西昌学院科技处处长。参加工作以来，主持和主研9项省级科研课题，获国家专利5项，获四川省科技进步三等奖2项，凉山州科技进步二、三等奖各1项，主编、副主编教材和专著6本，在国家级、省级学术刊物发表研究论文60余篇。

前　言

农业是人类衣食之源、生存之本，是国民经济的基础，而不论社会形态如何。马克思说：“食物的生产是直接生产者的生存和一切生产的首要条件。”

我国是世界四大文明古国之一，农业历史源远流长，有着十分宝贵的经验。新中国成立后，农业生产几经周折，但仍取得了长足进展。近年来，党和政府制定了一系列加速农业发展的方针政策，调动了农民的积极性，农业进入了现代化的进程。

当今世界科学技术日新月异，自然科学各基础学科理论向农业渗透并与农业结合，使农业科学技术体系不断丰富、充实和完善，特别是生物技术的崛起为农业的发展注入了强大动力。生物技术在分子水平和细胞水平上的研究应用，诸如基因工程、细胞工程、发酵工程、酶工程等，已转变成社会现实生产力，其深远意义不亚于原子能的发现，因此加强对农艺技术的实践研究就显得更加重要。农艺技术只有紧跟现代科技发展的步伐，才能在实际工作中发挥出重要的作用。

本书共六篇，第一篇为土壤肥料，介绍了土壤肥力的物质基础、土壤的基本性质、土壤的肥力因素、土壤培肥和改良、作物营养、化学肥料、有机肥料、施肥技术、水肥一体化施肥技术、土壤污染与修复；第二篇为作物保护概论，介绍了作物病害基本知识、作物害虫基本知识、作物病虫害防治的基本方法、农药应用技术、农田杂草防除、农田害鼠防治、主要农作物病虫及防治；第三篇为作物栽培总论，介绍了作物与作物栽培的性质和任务、作物和作物分类、可持续农业与作物栽培科技进步、作物的生长发育、作物与环境、作物产量与产品品质形成、作物栽培措施和技术；第四篇为作物栽培各论，介绍了水稻、小麦、玉米、马铃薯、蚕豆、油菜、烟草、花生等作物；第五篇为作物育种与良种繁育，介绍了作物育种与良种繁育的遗传学知识、作物繁殖方式、引种和驯化、杂交育种和杂种优势利用、良种繁育；第六篇为种子加工、储藏与检验，介绍了种子干燥，种子清选、分级、处理和包装，种子储藏技术，种子检验与种子标准化，田间检验及种子纯度的种植鉴定，种子健康检验。

在编写本书的过程中，编者得到了许多专家学者的帮助和指导，参考了大量的学术文献，在此表示真诚的感谢。本书内容系统全面，论述条理清晰，但由于编者水平有限，疏漏之处在所难免，希望广大读者予以指正。

目录

第一篇　土壤肥料

第二篇 作物保护概论

第三篇　作物栽培总论

第四篇　作物栽培各论

第六篇　种子加工、储藏与检验

第一篇　土壤肥料

本篇主要介绍了土壤肥力的物质基础，土壤的基本性质，土壤的肥力因素，土壤培肥和改良的措施与方法，植物营养与施肥原则，以及各种营养元素的营养作用和肥料的成分、性质、种类等内容。

（1）初级农艺工掌握以下内容：掌握土壤和土壤矿物质的基本概念，以及土壤矿物质的分类。重点掌握土壤质地的概念，以及各类土壤质地具有的一些农业生产特性。了解农业微生物的基本常识，以及土壤微生物对土壤性质和土壤肥力的作用与影响。理解土壤有机质的来源及分类，土壤有机质在土壤中转化的方式与过程。掌握土壤有机质在土壤肥力中的作用以及调节土壤有机质含量的措施。了解土壤胶体的概念、基本特性、在土壤肥力中的作用。了解土壤的交换吸收性能及在农业生产上的作用，理解怎样按土壤交换吸收性能施肥。掌握农业生产上调节土壤酸碱性的常用措施。了解什么叫土壤缓冲性以及在生产上有何作用，提高土壤缓冲性能的措施。了解土壤孔隙和土壤孔隙度的概念、土壤孔隙的主要类型。重点掌握在生产上创造土壤团粒结构的主要措施，能区分土壤黏结性和土壤黏着性的概念。掌握土壤可塑性的概念，土壤耕性和宜耕期的概念，以及改良土壤耕性的措施。理解土壤肥力的概念。掌握调节土壤热性质的途径和措施各有哪些。了解土壤水分类型及性质。掌握萎蔫系数的概念以及调控土壤水分的主要措施。理解土壤通气性对作物的影响以及调节土壤通气性的管理措施。了解土壤养分的概念及其在土壤中的存在形态。掌握速效养分和迟效养分的概念以及如何调节土壤养分。

（2）中级农艺工在初级农艺工的基础上掌握以下内容：掌握土壤的生产性能、代谢功能和调节功能的特点与表现。理解土壤肥力的实质，土壤复合胶体的稳定性和土壤肥力的关系。理解高产稳产农田应具备的标准，旱地土壤和水稻土的培肥措施。掌握黏土、沙土、坡土、薄土、酸性土壤、下湿田等低产田土的培肥和改良的方法。理解作物生长发育必需的各营养元素的主要生理作用。理解叶部吸收营养的机理、生态因子对叶部营养的影响情况等。

（3）高级农艺工在中级农艺工的基础上掌握以下内容：掌握施肥的基本原理，养分归还学说、最小养分律、限制因子律和报酬递减律等的基本内涵以及它们对于指导合理施肥的意义。重点掌握各类肥料的特点、有机肥与无机肥的区别、有机肥与无机肥配合施用的优势。掌握复混肥料与复合肥料的区别以及复混肥料与复合肥料有效成分的计算。掌握微量元素肥料、菌肥等的特点，施用微量元素肥料和菌肥应注意的问题。重点掌握各有机肥料的积制、腐熟和有效施用。

（4）农艺工技师在高级农艺工的基础上掌握以下内容：掌握提高秸秆还田效果的技术措施和作物营养形态诊断的方法。掌握合理估算施肥量的方法。理解配方施肥的原理和方法。重点掌握基肥、种肥、追肥和根外追肥的性质、作用机理及有效施用的方法。掌握结合当地土壤情况，进行肥料混合配制的问题（特点、原则、方法）。理解农药与肥料混合应遵循的原则、农药与肥料混用时应注意的问题。

第一章　土壤肥力的物质基础

土壤是指地球陆地上能生长绿色植物的疏松表层，是由固体、液体和气体组成的不均一体系。固体物质是组成土壤的主体，液相和气相主要存在于土壤固相之间的孔隙中（图 1-1）。

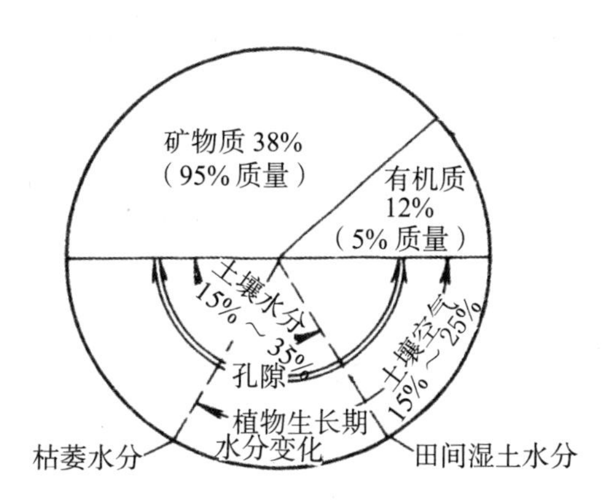

图 1-1　土壤组成示意图

第一节　土　壤

一、土壤的概念

人们从不同的出发点来研究土壤，由于概括土壤概念的角度不同，产生的土壤概念也不同。

（1）地质学家从岩石风化的地质学观点来认识土壤，认为土壤就是破碎了的陈旧岩石。或认为土壤是坚实地壳表面的风化层，将土壤仅作为岩石的“变态”来认识。

（2）植物营养学家认为土壤是植物养料的贮存库，认为土壤是能生长植物的那一部分地壳，或认为土壤仅是陆地植物生长的自然介质。

（3）俄罗斯学者、土壤发生学派创始人道库卡耶夫把土壤作为独立的自然体，认为土壤是五大成土因素——生物、母质、气候、地形和时间综合作用的产物。

（4）化学科学认为土壤是组成极其复杂且多变的混合物。

（5）土木工程学认为土壤是承载物和填充料。

这是从土壤发生学观点来认识土壤，在土壤学界得到了广泛的认同。

近代美国和西欧学者对土壤下的定义反映在一些有代表性的著作中，如美国其学者认为："土壤是含有风化破碎的矿物和腐解的有机质的不同的混合物构成的剖面形式的自然体的集合，它在陆地上呈薄层覆盖，并在含有适量空气和水分时能为植物提供机械支撑和营养。"

美国《土壤学名词解释》对土壤的定义：地球陆地表面，由矿物、有机质和生物所组成的能生长植物的一个动态自然体；占据部分地球表面的一些自然体的集合，它能支撑植物并具有由一定地形、气候和生物，通过不同时间对母质所起的综合作用而发生的性状。

全国科学技术名词审定委员会1998年公布的土壤定义为，土壤是覆盖于地球陆地表面具有肥力特征的、能生长绿色植物的疏松物质层。

二、土壤类型

（1）自然土壤。未经人工开垦的土壤称为自然土壤，包括森林土壤、山地土壤、草原土壤、荒漠土壤等。

（2）农业土壤（耕作土壤）。即经过开垦、耕种，其原有性质发生了变化。

三、土壤肥力

（一）土壤肥力的范畴

广义范畴：光、热、水、肥、气、栽培管理、病虫害、自然灾害、环境污染……

狭义范畴：热、水、肥、气。

（二）土壤肥力的概念

20世纪30年代，苏联土壤学家威廉斯认为："土壤肥力就是土壤在植物生活的全部过程中，同时而且不间断地给植物以最大限度的有效养分及水分的能力。"

我国目前较公认的土壤肥力的概念为：土壤能供应与协调植物正常生长发育所需要的热、水、肥、气等因素的能力。

（三）土壤肥力的类型

土壤肥力可分为自然肥力和人为肥力。

自然肥力是由自然因素形成的土壤具有的肥力，如森林土壤、草原土壤等，自然肥力的高低决定于成土过程中诸成土因素的相互作用，特别是生物的作用。

人为肥力是由耕作、施肥、灌溉、改土等人为因素形成的土壤所具有的肥力。人为肥力的高低，受多种因素的影响。

耕作土壤、果园土壤等已开发的土壤既有自然肥力又有人为肥力，两者的关系是自然肥力为基础，人为肥力为主导。社会科学技术水平的高低，直接决定着土壤肥力的高低。

由于受环境条件和管理水平的限制，土壤肥力往往只有一部分能表现出来，这部分肥力称为“有效肥力”，又称“经济肥力”，即在一定农业技术措施下反映土壤生产能力的那部分肥力，亦称自然肥力与人为肥力的总和。

另一部分没有直接表现出来的肥力称为“潜在肥力”，指受环境条件和科技水平限制不能被植物利用，但在一定生产条件下可转化为有效肥力的那部分肥力。

第二节　土壤矿物质与土壤质地

一、土壤矿物质相关概念

（一）土壤矿物质的概念

土壤矿物质来自土壤母质，经风化成土作用后形成，是构成土壤的主体物质，通常占土壤固相物质重量的 95% 以上。土壤矿物质是固着和支撑绿色植物体的物质基础，是植物矿物质营养元素的重要来源。土壤矿物质以颗粒粗细不一、形状多样的形式存在，即通常所说的土壤颗粒（土粒）。土壤中土粒大小和数量构成状况称为土壤颗粒组成（机械组成），即土壤质地，它是土壤的一项重要组成特征，对土壤肥力有深刻影响。

（二）土壤矿物质的组成

土壤矿物组成按其成因可分为原生矿物和次生矿物两类。

（1）原生矿物。在风化过程中未改变化学组成而遗留在土壤中的一类矿物称为原生矿物。土壤中的原生矿物主要是石英和原生铝硅酸盐类。

（2）次生矿物。原生矿物在风化和成土作用下，新形成的矿物称为次生矿物。土壤中的次生矿物种类繁多，有成分简单的盐类，也有成分复杂的各种次生铝硅酸盐，还有各种晶质和非晶质的含水硅、铁、铝的氧化物。后两类矿物是土壤黏粒的主要组成部分，黏粒矿物与土壤腐殖质一起，构成土壤的最活跃部分——土壤复合胶体。

（三）风化作用

风化作用是地球表面或近地球表面的岩石在大气圈各种引力作用下所产生的物理化学变化。岩石发生物理和化学的变化称为风化。

由于作用因子不同，岩石风化作用过程的特点各异，可分为物理风化、化学风化和生物风化三大类型。

1. 物理风化

岩石发生疏松、崩解等机械破坏过程，只造成岩石结构、构造的改变，一般不引起化学成分的变化的过程称为物理风化。

2. 化学风化

岩石和矿物在大气、水及生物的相互作用下发生的化学成分和矿物组成的变化，称为化学风化。

3. 生物风化

岩石和矿物在生物影响下发生的物理和化学变化称为生物风化。生物风化作用主要有两个方面。

生物的机械破碎作用，即由生物的生命活动引起的岩石机械破碎作用（物理风化），例如：根劈作用。

生物的化学分解作用。有些生物在生命活动中靠分泌酸类物质分解岩石，从中吸取营养物质。

成土母质指岩石风化后形成的疏松碎屑物，通过成土过程可发育为土壤。可分为残积母质和运积母质。这种物质是形成土壤的基础，因此称为成土母质，简称母质。

二、土壤质地

土壤质地是根据土壤不同机械组成（土壤中各粒级的土粒含量的相对比例）所产生的特性而划分的土壤类别名称。分为物理性沙粒（大于0.01mm）和物理性黏粒（小于0.01mm），依沙粒和黏粒的相对含量，可把土壤质地归纳为沙土、壤土和黏土三类。

（一）土壤质地类别

（1）沙土类土壤。这类土壤中沙粒极多，黏粒极少，粒间多为大孔隙，土壤通透性良好，透水排水快，但缺乏毛管孔隙，土壤持水量小，蓄水保水抗旱能力差。沙质土养分贫乏，保肥耐肥性差，施肥时肥效来得快且猛，但不持久。沙质土水少气多，土温变幅大，早春土温上升快，昼夜温差大。

土性燥，不保肥，不耐肥，肥力低；不保水，不耐旱；发小苗不发老苗；易耕作，但耕作质量差；作物结实率低，子粒轻。为此可选择耐旱作物或品种；宜多施未腐熟的有机肥，化肥施用则应少量多次；采取平厢宽垄，播种宜较深，播后要及时盖土。宜选种耐瘠耐旱作物，生长期短、早熟的作物，以及块根叶茎类作物和蔬菜。各类作物适宜的土壤质地范围，如表 1-1 所列，仅供参考。

（2）黏土类土壤。这类土壤沙粒少，黏粒含量高，土壤毛管孔隙特别发达，大孔隙少，土壤透水通气性差，排水不良，不耐涝。土壤持水量大，但水分损失快，保水抗旱能力差。矿质养分较丰富，通气性差，有机质分解缓慢，有利于腐殖质累积，保肥能力强，养分不易流失。土壤水多气少，土温变化小，昼夜温差小。

此类土壤土性偏冷，不耐涝，不耐旱；保肥力强，肥效长，发老苗不发小苗，有后劲；作物不易早衰，且结实率和粒重较高；耕性不良，宜耕期短。为此有机肥宜用腐熟程度高的；化肥一次用量可比沙质土多，在苗期注意施用速效肥提苗，促早发；多雨春季要采取深沟窄厢，沟道通畅，夏季伏旱及时灌溉。适宜种植水稻、小麦、玉米、油菜、大豆、豌豆、蚕豆、棉花等作物。

（3）壤土类土壤。该类土壤沙粒、黏粒配比较恰当，其肥力特点兼有沙土类土壤和黏土类土壤的优点，即既有沙质土的良好通透性和耕性，发小苗等优点，又有黏土对水分、养分的保蓄性、肥效稳而长等优点。壤土类土壤是农业生产上较为理想的土壤质地，适宜种植各种作物。

表 1-1　几种作物适宜生长的土壤质地范围

质地范围	主要作物
黏土、黏壤土	水稻、豌豆、蚕豆
黏壤土、黏土	枇杷
黏壤土	油菜、大豆、玉米
黏壤土、壤土	大麦、甘蔗、白菜
砾质黏壤土、壤土	茶
壤土、黏壤土	小麦、苹果、桑、梨
沙壤土 - 黏壤土	黄麻、甘蓝、莴苣、桃、柑橘
沙壤土、壤土	棉花、甘薯、马铃薯
沙壤土、砾质壤土	葡萄
沙壤土	栗、花生、萝卜
砾质沙壤土	烟草
沙土、沙壤土	西瓜

（二）土壤质地的改良

（1）客土法：客土是改良土壤质地的较有效的方法。一般要就地取材、因地制宜。在沙地附近有黏土或胶黏土、河沟淤泥，可采用搬黏压沙的办法；黏土地块附近有沙土或河沙，可采用搬沙压泥的办法，耕作使沙黏掺和。逐年改良达到三成泥七成沙或四成泥六成沙的标准。

（2）施有机肥：有机肥料中，含有大量有机质，有机质的黏结力和黏着力都比沙粒强，而比黏粒弱。施用有机肥可以克服沙土过沙、黏土过黏的缺点；有机质还可改善土壤结构状况，使土壤松紧程度、孔隙状况、吸收性能都得到改善，从而提高土壤的肥力。连年施用大量秸秆肥，能显著地改良不同质地的土壤性质。

（3）耕翻法：沙土表层下不深处有淤泥层，称为夹黏层，黏土表层下不深处有沙土层，称为腰沙地或隔沙地，对作物生长都不利。改良这种土壤，可采取表土“大锅盖”的办法，把表土翻到一边，然后把下层的沙土或黏土翻到表层来，上下沙黏土层搅混掺和，调剂土质。深翻的深度，应根据沙层黏层的具体位置而定。

（4）引洪放淤：引洪漫沙，在洪水地区可以引洪放淤、引洪漫沙，这是改良土壤质地行之有效的办法。

第三节　土壤生物

土壤生物和土壤矿物质、有机质一样，是土壤重要的组成成分。与农业生产密切相关的土壤生物有细菌、放线菌、真菌等微生物群，此外在土壤表面或土壤中还存在蓝藻、绿藻、硅藻、裸藻等土壤藻类和原生动物、线虫、蚯蚓等微小动物。

一、土壤微生物

（一）土壤微生物的类型

（1）细菌。细菌是土壤微生物中数量最多的一个类群。按其营养特性可分为两类：一类是自养型，数量少；另一类是异养型，大多数的细菌是异养型的。异养型细菌按其对氧气的要求又分为好气性、嫌气性和兼气性三种。

（2）放线菌。土壤中放线菌数量很大，仅次于细菌。在潮湿、通气良好的土壤中旺盛生长，遇干旱时生长受抑制，但仍表现出某种程度的活力。土壤 pH 在 6.0 ～ 7.5 之间最适宜其生长。它对分解复杂的较稳定的有机化合物，如纤维素、几丁质、磷酯类等有较强的能力。

（3）真菌。土壤中的真菌在有机质丰富、通气性好的表层数量最大，在各种土壤 pH 值下都能旺盛生长，在较酸的土壤条件下仍然能良好生长，能将有机物质分解彻底，在细菌、放线菌无力分解时，主要靠真菌继续分解下去。

（二）土壤微生物的分布特点

（1）绝大多数微生物分布在土壤矿物质和有机质颗粒的表面，附着或缠绕在土壤颗粒上，形成无机－有机－生物复合体或无机－有机－生物团聚体。

（2）根系周围的土壤（根际土壤）比根外土壤更有利于微生物的旺盛生长。

（3）土壤表层一般有机质含量比底层高，因而表层土壤中微生物数量一般要比底层高。

（4）土壤微生物在不同气候、植被、土壤类型下，其类群、数量都有很大不同。

（5）土壤微生物的类群和数量，随土壤熟化程度的提高而增多。

（6）土壤是个不均质体，同时存在着各种类群的微生物。

（三）土壤微生物的作用

（1）参与有机质的合成和分解，促进土壤的形成。

（2）分解动植物残体，为绿色植物提供氧气，同时将土壤中不能为植物吸收利用的养分状态转化为植物可利用的状态。

（3）可提高土温，促进土壤中其他生命活动和物质转化的进行。

（4）通过生命活动产生维生素、生长素、氨基酸等物质，促进（微生物分泌的抗生素物质）或抑制（微生物分泌的有毒物质）植物生长。

（5）土壤微生物产生的各种酶，能增强土壤生物活性，直接影响土壤有机胶体的品质和数量，进而影响土壤肥力。

二、其他土壤生物

（1）蚯蚓。蚯蚓通过大量吞食土壤，经肠道改造后以粪便形式排出，形成水稳性团粒结构。蚯蚓一般喜欢在潮湿、通气、富含有机质和钙质的中性土壤中生活，在温暖季节活动旺盛。

（2）线虫。线虫又叫线形蠕虫或鳗形蠕虫。它以各种腐败的有机物质和土壤中其他微动物或细菌及藻类为生。有些种类是寄生性的，它侵入高等植物根部，特别是对蔬菜作物。

（3）原生动物。土壤中的原生动物以鞭毛虫类最多。它以细菌和少数其他微生物为食物。原生动物吞食细菌有助于有效养分的转化。原生动物适应性很强，能在各种环境下生存。

三、土壤中的酶

酶是一种具有催化功能的蛋白质，它是在生物体内产生的。任何活细胞都能产生各种各样的酶。因而，酶也称为生物催化剂。

土壤中的酶是由土壤生物，特别是土壤微生物体产生的。它与土壤微生物一样，是土壤的重要成分，是土壤生物活性的重要物质。尽管它的数量很少，但它在土壤各种化学、生物化学过程中所发挥的催化作用是无法用其他物质代替的。它在元素的生物学循环、有机物质的分解、腐殖质的形成与分解等方面，均起着重要的作用。

第四节　土壤有机质

土壤有机质是土壤的重要组成物质，包括动植物残体、施入土壤中的有机肥料，以及有机质经微生物的分解与合成所形成的腐殖质。一般只占土壤总重量的5%以下，显著低于土壤矿物质含量，但它对土壤肥力的影响很深刻，影响着土壤的物理、化学和生物学特性。

一、土壤有机质的来源与性质

（1）土壤有机质来源物的组成。在自然条件下，各种植物的落叶、死亡茎秆、根系等，土壤中的小动物的排泄物和尸体，以及微生物的代谢产物及其尸体等有机物质，都是土壤有机质的来源物。其中，以高等植物的残体数量最大，最为重要。植物残体中一般含水60%～90%，平均75%，干物质约占25%。从元素组成看，在植物残体干物质中碳占44%、氢占8%、氧占40%、灰分（包括各种矿质元素）和氮素占8%。

（2）土壤有机质的类型。各种有机物质进入土壤后，在土壤生物，主要在微生物的作用下进行转化，而成为土壤的一个组成部分，这就是土壤有机质。土壤中的有机物质可分为两大类，一类是未分解或部分分解的动植物残体组织，它只是存在于土壤中的有机物质，尚未成为土壤的组成部分。另一类是腐殖质，它是土壤中的有机物质通过微生物的作用，在土壤中新形成的一类复杂的有机化合物，它不同于动植物残体组织和土壤生物的代谢产物中的一般有机化合物。腐殖质是土壤有机质的主体，土壤有机质含量主要指腐殖质的含量。

二、土壤有机质的转化

概括讲是两个方向不同的过程，一个是把复杂的有机物质分解为简单化合物的过程，叫有机质的矿质化过程。另一个是把复杂的有机物质分解后再合成复杂稳定的腐殖质的过程，叫有机质的腐殖质化过程（图 1-2）。

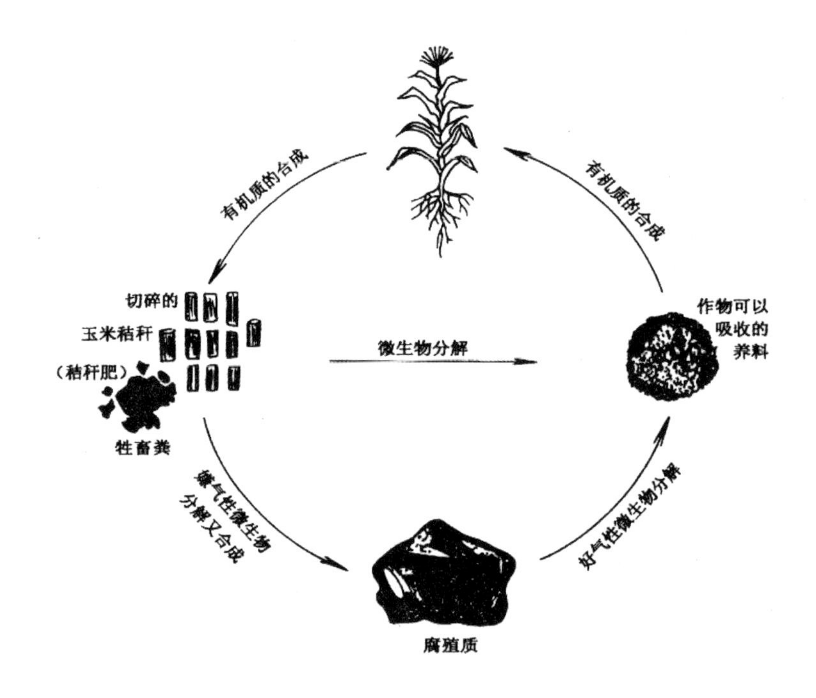

图 1-2　土壤有机质的分解与合成的示意图

一般认为腐殖质的形成有两个阶段。第一阶段主要产生构成腐殖质主要成分的原始材料。多元酚、醌类化合物、芳核结构单位、肽、氨基酸等含氮化合物，都是构成腐殖质主要成分的原始材料。第二阶段是将上述原始材料通过缩合等多种酶促反应和纯化学反应，合成腐殖酸的单体分子，再经进一步的缩合，形成极其复杂的高聚合态的腐殖质。

三、土壤腐殖质

（一）土壤腐殖质的性质

腐殖质本身不是一种单一的化合物，而是由多种化合物形成的聚缩物，其主体为腐殖酸及其盐，占腐殖质的 85% ～ 90%，称为腐殖物质。其余为微生物代谢所产生的较简单的化合物，因与腐殖酸紧密结合难以分离，故与腐殖酸合称为腐殖质。

（1）腐殖质不是一种纯的化合物，而是代表一类有着特殊化学和生物本性的、构造复杂的高分子有机化合物。

（2）腐殖质的元素成分，主要是 C、H、O、N、P、S、Ca 等。腐殖质含碳量约为 56% ～ 60%，平均为 58%。含氮量约为 3% ～ 6%（平均为 5.6%），其碳氮比例大致为 10 ∶ 1 ～ 12 ∶ 1，灰分占 0. 6%。

（3）腐殖质是一种黑色或棕色的有机胶体。它的化学构造式虽然还没有确定，但它们有若干共同点是可以肯定的，即分子巨大，以芳香族核为主体，附以各种功能团。其中主要的功能团为酚羟基、羧基、甲氧基，并有含氮的环状化合物等。

（4）腐殖质带有电荷，并且是两性胶体，在通常情况下，它所带的电荷是负的。

（5）腐殖质的凝聚。腐殖质是带负电荷的有机胶体，根据电荷同性相斥的原理，新形成的腐殖质胶粒在水中呈分散的溶胶液，但增加电解质浓度或高价离子，则电性中和而相互凝聚，形成凝胶。腐殖质在凝聚过程中可使土粒胶结在一起，形成结构体。另外，腐殖质是一种亲水胶体，可以通过干燥冰冻脱水变性，形成凝胶。腐殖质这种变性是不可逆的，所以能成水稳性团粒结构。

（6）吸水性。腐殖质是一种亲水胶体，有强大的吸水能力，单位质量腐殖质的持水量是硅酸盐黏土矿物的 4 ～ 5 倍，最大吸水量可以超过 500%。

（7）稳定性。稳定性很强，年矿化率在 1% ～ 2%。

（二）土壤有机质对提高土壤肥力的作用

土壤有机质，特别是腐殖质，对土壤肥力的影响是多方面的，主要可归纳为如下几点：

（1）植物养分的重要来源

土壤有机质含有大量而全面的植物养分，特别是氮素，土壤中的氮素 95% 以上是有机态的，经微生物分解后，转化为植物可直接吸收利用的速效氮。

（2）提高土壤的蓄水保肥和缓冲能力

腐殖质本身疏松多孔，具有很强的蓄水能力。土壤中的黏粒吸水力一般为 50% ～ 60%，而腐殖质可高达 600%。

（3）改善土壤的物理性质

新鲜有机质是土壤团聚体主要的胶结剂，在钙离子的作用下，能够形成稳定性团聚体，腐殖质颜色深，能吸收大量的太阳辐射热，同时有机质分解时也能释放热，所以有机质在一定条件下能提高土壤温度。

（4）促进微生物的生命活动

土壤有机质能为微生物生活提供能量和养分，同时又能调节土壤酸碱状况。

（5）促进植物的生长发育

胡敏酸具有芳香族的多元酚官能团，可以提高细胞膜的透性，促进养分进入植物体，还能促进新陈代谢、细胞分裂，加速根系和地上部分的生长。

（6）其他方面的作用

腐殖质中含维生素、抗生素和激素，可增强植物抗病免疫能力，胡敏酸还有助于消除土壤中农药残毒及重金属离子的污染。另外，腐殖质还有利于盐、碱土的改良。

四、土壤有机质的调节

土壤有机质和腐殖质含量的多少，是土壤肥力高低的一项重要标志。通常把每克有机物（干重）施入土壤后，所能分解转化成腐殖质的克数（干重）称为腐殖化系数。腐殖化系数通常在 0.2 ～ 0.5。每年因矿质化而消耗的有机质量占土壤有机质总量的百分数，称为土壤有机质的矿化率。要增加土壤中的有机质，一是增加土壤有机质的来源，二是调节有机质的积累和分解速度。

（1）增加土壤有机质的途径。主要措施如下。

种植绿肥作物。种植绿肥后，采用沤肥办法或用换肥办法。稻田放养绿萍是解决绿肥与粮食争地矛盾的一个好办法，也是增加土壤腐殖质的一种有效措施。

发展畜牧业。养畜积肥具有农牧相互促进的辩证关系。农业的发展，为畜牧业提供了丰富的饲料；而畜牧业的发展，又为农业提供了大量有机肥料。

秸秆还田。秸秆直接还田是增加土壤有机质和提高作物产量的一项有效措施。秸秆在腐解过程中，能形成较多的腐殖质。

应该指出，增加有机质的途径，要因地制宜。例如以牧业为主的地区可以采用粮草轮作；在山区应结合山区综合治理，发展林业和畜牧业；在平原地区，除发展绿肥外，应积极发展林业，四旁绿化，使秸秆还田的数量不断增加。

（2）调节土壤有机质的分解速率。土壤有机质的转化，是通过微生物活动来进行的。因此，采取正确措施，以调节土壤有机质的分解速率，使之适应于作物生长发育的需要，就成了土壤有机质动态平衡中的另一个重要问题。

既然土壤有机质的分解速率是和土壤微生物活动相关联的，因此，我们可以通过控制影响微生物活动的因素，来达到调节土壤有机质分解速率的目的。这些因素主要包括土壤湿度与通气状况、温度、土壤反应以及有机质组成中的碳氮比等。

第五节　土壤胶体

一、土壤胶体概念和种类

胶体是指直径 1 ～ 100nm 的颗粒。土壤中的胶体物质主要是由矿物质胶体和有机质胶体构成的，还有由这两类胶体结合成的有机无机复合体，或称吸收性复合体。此外，土壤中有许多微生物，其个体大小属胶体范围，是活的生物胶体。

二、土壤胶体的基本特性

（1）土壤胶体具有巨大的比面和表面能。比面是指单位体积或重量物体的总表面积。土粒愈细，总表面积愈大，比面也愈大，表面能也就愈强。因而，颗粒微细的土壤胶体具有巨大的表面能，使其有很强的表面活性。

（2）土壤胶体具有带电性。所有土壤胶体都带有电荷。一般讲，土壤胶体带负电荷，在某些情况下也会带正电荷。

土壤中许多重要的物理学、物理化学性质，如离子的吸附和交换、土壤酸碱性、土壤结构性、土壤耕性等，均与土壤胶体的上述两个特性密切相关。因此，土壤胶体是土壤肥力最重要的基础物质，它深刻影响着土壤肥力。此外，土壤胶体还具有分散与凝聚性，其凝聚性有利于土壤结构的形成。

三、土壤复合胶体在土壤肥力中的作用

土壤复合胶体在土壤肥力中的作用主要表现为：有利于良好土壤结构的形成；调节土壤物理性质，降低土粒总面积和土壤容重，提高土壤孔隙度，使土壤耕性变好、通气透水性增强、水热变幅平稳；保蓄土壤养分，防止土壤养分的流失和土壤中水溶性养分含量的剧烈变动，使土壤具有良好的保肥供肥能力；能解离出氢离子和氢氧根离子，明显提高土壤的缓冲能力，利于土壤微生物的生存和提高其活性，促进土壤养分的转化、保蓄和供应。

第二章　土壤的基本性质

第一节　土壤交换吸收性能

一、土壤交换吸收性能的概念

土壤交换吸收性能是指土壤溶液中的离子态养分与土壤胶体上吸附的离子进行交换而被保存在土壤中的能力。土壤能对离子进行吸收和交换的根本原因是土壤胶体带有电荷。

土壤胶体一般以带负电荷为主，带负电荷的土壤胶体上的阳离子与土壤溶液中的阳离子进行交换，称为阳离子交换吸收作用。其作用的强弱通常用阳离子交换量来衡量，其大小是衡量土壤供肥和保肥能力的主要指标。

当土壤中存在带正电荷的胶体时，就可以发生对阴离子的交换吸收作用，被吸收的阴离子也可与溶液中的其他阴离子相替换。

二、土壤交换吸收性能的作用

（1）保持和供应植物养分。土壤胶体由于有巨大的表面能和带有负电荷，不但能吸收保持气体态养分，还能够保持某些分子态物质，特别是能吸收阳离子。在一定条件下，这些吸附性的阳离子可重新被交换出来转入溶液中。

（2）影响土壤结构性。土壤胶体的凝聚作用和分散作用是影响土壤结构性的重要因素。当土壤吸收性阳离子以钙为主时，通过有机胶体及无机胶体与钙离子发生凝聚所形成的凝胶，可以把分散的土粒胶结成水稳性团粒结构。相反，土壤胶体如果吸附大量的钠离子，会分散成溶胶状态，湿时膨胀泥泞，干后紧实开裂，结构性、物理性很差。

（3）明显影响土壤酸碱性。土壤吸收性阳离子组成与土壤酸碱性有密切关系。土壤胶体为钙所饱和时，土壤往往呈中性或微碱性反应；为氢或铝所饱和时则呈酸性、强酸性反应；而吸收性钠占阳离子交换量 15% ～ 20% 以上的土壤呈碱性、强碱性反应，pH 常大于 8.5。

（4）指导施肥措施的采取。对缺乏有机质的土壤，应增施如堆肥、厩肥、绿肥、土杂肥等有机肥料，以增加土壤中的有机胶体；对保肥供肥性能差的沙土，可实行翻底泥压沙，或加入含有一定养分的泥肥，施用化学肥料要掌握勤施、少施原则；酸性强的土壤施用石灰、草木灰等碱性肥料；为提高水溶性磷肥的肥效，在施用时应尽量减少磷肥与土壤的接触面，并尽可能与有机肥堆沤后施用；为减少硝酸根离子不被土壤吸收而流失的数量，硝态肥料不宜做基肥，而应分次施用，并用于旱作物土壤上。

第二节 土壤酸碱性及缓冲性

一、土壤酸碱性

土壤酸碱性分酸性、中性和碱性。当土壤溶液中氢离子浓度大于氢氧离子浓度时，呈酸性反应；反之，氢氧离子占优势时，呈碱性反应；而当氢离子与氢氧离子相等时呈中性反应。因此，土壤中的氢离子和铝离子是土壤酸性的根源；碳酸钙是维持中性至微碱性反应的物质基础；碳酸钠的存在是土壤呈碱性与强碱性的原因。

（一）土壤酸度和土壤碱度

（1）土壤酸度。土壤酸度根据氢离子存在的方式，按其为溶液态或胶体吸收态而分为活性酸度、潜性酸度两大类型，它们分别是由土壤溶液中游离的氢离子，以及土壤吸收性氢离子和铝离子所决定的。

土壤的活性酸度通常用pH值（酸碱度）表示，土壤酸碱度一般分为9级（表1-2）。

表1-2 土壤酸碱度分级

pH值	酸碱度分级	pH值	酸碱度分级
＜4.5	极强酸性	7.0～7.5	弱碱性
4.5～5.5	强酸性	7.5～8.5	碱性
5.5～6.0	酸性	8.5～9.5	强碱性
6.0～6.5	弱酸性	＞9.5	极强碱性
6.5～7.0	中性		

（2）土壤碱度。土壤碱性强弱的程度称为碱度。碱性土壤中氢氧离子的来源主要是弱酸强碱盐水解的结果。此外，当土壤胶体上吸收性钠离子和钙离子的饱和度增加到一定程度后，也会引起代换水解作用而使溶液呈碱性反应。

（二）土壤的酸碱性对作物生长的影响和调节

土壤的酸碱性反应对作物养分的有效性和作物生长都有很大影响。不同作物对土壤酸碱度均有一定的要求（表1-3），但大多数作物适宜在中性或微酸、微碱性土壤上生长，土壤中参与有机质分解的微生物大多数在接近中性的环境下生长发育。因此，土壤养分的有效性一般以接近中性反应时为最大。如土壤中的氮、钙、镁、钾、硫在pH值为6～8时，其有效性最好；磷在pH值为6.5～7.5时有效性最高；铜、锌、锰在pH值在5.5以下时因可溶而有效性提高；钼随pH值的增高而有效性增大（图1-3）。

表 1-3　主要作物生长最适宜的酸碱度

作物名称	pH 值	作物名称	pH 值	作物名称	pH 值
水稻	6.0 ～ 7.0	花生	5.0 ～ 6.0	桃、梨	6.0 ～ 8.0
小麦	6.0 ～ 7.0	烟草	5.0 ～ 6.0	栗	5.0 ～ 6.0
玉米	6.0 ～ 7.0	茶	5.0 ～ 5.5	西瓜	6.0 ～ 7.0
大豆	6.0 ～ 7.0	马铃薯	4.8 ～ 5.4	橄榄	6.0 ～ 7.0
甘蔗	6.0 ～ 8.0	紫英、苕子	6.0 ～ 7.0	番茄	6.0 ～ 7.0
棉花	6.0 ～ 8.0	紫花苜蓿	7.0 ～ 8.0	南瓜	6.0 ～ 8.0
甜菜	6.0 ～ 8.0	橙柑	5.0 ～ 7.0	黄瓜	6.0 ～ 8.0
甘薯	5.0 ～ 6.0	荔枝	6.0 ～ 7.0	桑	6.0 ～ 7.0

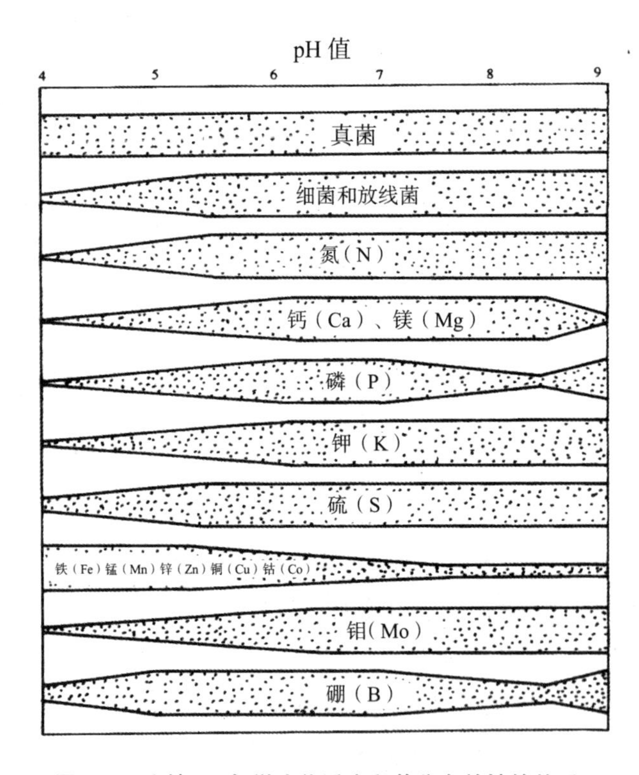

图 1-3　土壤 pH 与微生物活度和养分有效性的关系

生产中调节土壤酸碱度的方法有：增施有机肥料，提高土壤缓冲能力；酸性土壤宜施碱性肥，碱性土壤宜施酸性肥；酸性土壤常施用石灰或草木灰，碱性土壤宜用石膏、硫黄或明矾来改良。

二、土壤缓冲性

（一）土壤缓冲性的概念

土壤缓冲性能或缓冲作用，是指将酸或酸性盐、碱或碱性盐施入土壤后，在一定限度内，土壤具有抵抗这些物质改变土壤酸碱反应的能力。即土壤对酸碱变化的抵抗能力称为土壤的缓冲能力。

（二）土壤缓冲作用的机制

（1）土壤胶粒上有交换性阳离子的存在。这是土壤产生缓冲作用的主要原因，它是通过胶粒的阳离子交换作用来实现的。当土壤溶液中的氢离子增加时，胶体表面的交换性盐基离子与溶液中的氢离子交换，使土壤溶液的氢离子浓度基本上无变化或变化很小。

（2）土壤溶液中的弱酸及其盐类的存在。土壤溶液中的碳酸、硅酸、磷酸、腐殖酸以及其他有机酸及其盐类构成了一个良好的缓冲体系，故对酸碱具有缓冲作用。

（3）土壤中两性物质的存在。

（4）酸性土壤中铝离子的缓冲作用。

（三）土壤缓冲作用的重要性

缓冲性能是土壤的一种重要性质。它可以稳定土壤溶液的反应，使酸碱度的变化保持在一定范围内。如果土壤没有这种能力，那么微生物和根系的呼吸、肥料的加入、有机质的分解等都将引起土壤反应的激烈变化，同时又造成养分状态的变化，影响养分的有效性，作物将难以适应。所谓肥土“饿得、饱得”，能自调土温，其机理之一就是因为土壤缓冲性较强。而有机质贫乏的沙土，缓冲性很小，自动调节能力低，“饿不得、饱不得”，经不起温度和反应条件的变化。

土壤具有缓冲性，才能使土壤酸碱度保持在一定范围内，不致因环境条件的改变（施肥、微生物、作物根系呼吸、有机质分解）而产生剧烈的变化。生产上，沙土掺黏，增施绿肥、猪牛粪、堆肥等有机肥料，都是提高土壤缓冲性能的有效措施。

第三节　土壤孔隙性和结构性

一、土壤孔隙性

（一）土壤孔隙度

土壤孔隙的数量用土壤孔隙度表示。土壤孔隙度是指自然状态的土壤中，单位体积的所有孔隙的容积占土壤容积的百分比。土壤孔隙度的大小，与土壤结构、质地和有机质含量有关。一般沙质土孔隙度为 35% ～ 50%；中等质地和细质地约为 40% ～ 60%，具有良好结构的表土其孔隙度一般在 55% ～ 60%，高的可达 65%。有机质丰富的土壤因疏松多孔、孔隙度也大。

（二）土壤孔隙的类型

土壤孔隙根据其大小和性能分为两种。一种是毛管孔隙，是细小土粒紧密排列而成的小孔隙，它决定着土壤的蓄水性。黏土中以这种孔隙为主。毛管孔隙的容积占土壤容积的百分数，叫毛管孔隙度。另一种是非毛管孔隙，由大土粒或土团疏松排列或经人为锄松而形成，常为空气所占据，故又称通气孔隙，它决定着土壤的通气性和排水状况。沙土中以这种孔隙为主。非毛管孔隙容积占土壤容积的百分数叫非毛管孔隙度（或通气孔隙度）。

毛管孔隙还可以细分为毛管孔隙和无效孔隙（非活性孔隙）。当孔隙直径过小时（直径小于 0.001mm，或小于 0.002mm）孔隙中的水分所受吸力很大，水分基本上不能运动，作物难以利用，根毛插入困难，故称无效孔隙。

（三）理想的土壤孔隙性

实践证明，一般作物适宜的土壤孔隙度是 50% 左右或稍高一些；毛管孔隙度与非毛管孔隙度之比约为 1 ： 0.5；无效孔隙要求尽量少。还应说明，孔隙性在土层中的垂直分布应有不同，才能适应生产上的要求。一般耕层特别是近地表面处应有较丰富的非毛管孔隙。耕作层以下，除应以毛管孔隙为主外，非毛管孔隙仍应保持一定数量，以利于保水扎根及排除过量的水分，整个土层形成上虚下实的孔隙状况。

二、土壤结构性

（一）土壤结构及结构性

自然界中土壤固体颗粒完全呈单粒状态存在的很少，一般都胶结成大小不一、形状不同的土团。土壤相互黏聚排列成大小、形状、稳定性不同的集合体，称为土壤结构体。土壤结构性就是指土壤中结构体的形状、大小及其排列情况。

（二）土壤结构的类型

土壤结构类型主要根据结构的形状和大小判定，不同结构具有不同的特性。目前国际上尚无统一的土壤结构分类标准。常见的结构有块状结构、核状结构、柱状结构、片状结构、团粒结构（图 1-4）。

图 1-4　土壤结构示意图

土壤结构的功能主要在于调节热、水、气、肥四个肥力因素。在农业生产中团粒结构最为理想，具有团粒结构的土壤能协调土壤水分和空气的矛盾；能协调土壤养分的消耗和积累的矛盾；能协调土壤透水与保水的矛盾；有利于种子发芽和根系生长，能减少耕作阻力，提高耕作效果。

第四节　土壤的物理机械性

一、土壤的黏结性与黏着性

土壤的黏结性就是土粒间互相黏结在一起的性质。它使土壤具有抵抗机械破碎的能力，增加耕作阻力，并影响耕作质量，阻碍植物根系的发育。土壤黏结性的强弱决定于粒间接触面的性质及接触面积的大小，并受土壤质地、水分含量、腐殖质含量及结构性等的影响。

土壤黏着性是指在湿润状态下土壤黏着于其他物体表面的性能。这种性质使土壤在耕作时黏着农具，增加摩擦阻力，造成耕作困难。其强弱的影响因素与黏结性相同。

二、土壤的膨胀性与收缩性

土壤吸水后体积膨胀增大的性质称为膨胀性。干燥后土体收缩，称为收缩性。土壤的膨胀性与收缩性越强，对生产越不利。

土壤胶体是土壤膨胀性与收缩性产生的主要原因。质地越黏重，膨胀性与收缩性越强。黏土矿物的类型和吸收性阳离子的种类也影响胀缩性。吸收性离子为钠时，土壤的胀缩性大。

要降低土壤的胀缩程度，除了黏重的土壤应该改良质地外，还可以培育良好的土壤结构，增加土壤有机质含量，使土壤孔隙度增大，以便土体胀缩时多一些缓冲的余地。此外，还可适时耕锄，使土壤保持疏松状态。

三、土壤的可塑性

土壤在湿润状态下，可用外力作用塑造成各种形状，外力消失和土壤干燥后，仍然保持其形状的性能，称为土壤可塑性。影响土壤可塑性的因素有土壤水分含量、土壤质地、黏土矿物的类型、吸收性阳离子种类、有机质含量。

由上可知，土壤质地、有机质含量、结构性、胶体类型和吸收性阳离子的种类等土壤基本性质和成分都直接影响土壤的黏结性、黏着性、膨胀性、收缩性和可塑性。要使土壤具有良好的耕性，可以采取如下措施：改良土壤质地，使之向壤质土的方向发展；提高和维持土壤有机质的含量水平；改善土壤的结构性。

四、土壤耕性

土壤耕性是指在耕作过程中土壤所表现出来的特征特性。土壤宜耕范围是指适宜进行土壤耕作的土壤含水量范围。此时耕作消耗的能量少，形成团粒的效果最好。宜耕范围是根据土壤的结持性来考虑的。土壤的结持性是在不同含水量条件下土壤黏结性、黏着性和可塑性的综合表现。

耕性良好的土壤一般应具有阻力小、易松碎和宜耕期长等特点。耕性不良的土壤如黏质土，干燥时僵硬不易破碎，湿时黏犁，耕作阻力大。取一把土握紧，然后放开手，松散时即宜耕状态；或者把土握成团，而后松手使土块落地，散碎的即宜耕状态；或试耕，犁起后的土垡能自然散开，即宜耕状态。

土壤宜耕期是指保持适宜耕作的土壤含水量的时间长短。主要取决于土壤水分、土壤有机质含量等因素。宜耕期长，能在雨后及早下地，利于农事操作的安排，不误农时；宜耕期短，则有误农时的可能。

第三章　土壤的肥力因素

土壤在作物生长过程中，不断地供应和协调作物所需的水、肥、气、热和其他生活条件的能力，称为土壤肥力。热、水、气、肥通常称为四大肥力因素，它们之间不仅相互联系、相互制约，而且与外界环境条件息息相关。

第一节　土壤热性质

一、土壤温度与作物生长

作物生长发育的各个过程都需要一定的热量条件，即需要一定的气温和土温。如果土温不能满足作物要求，即使气温正常，作物也生长不好。

各种农作物的种子发芽都要求一定的土温（表 1-4）。土温过高或过低，不但会影响种子发芽率，而且对作物以后的生长发育以及产量、品质都有影响。

表 1-4　主要农作物种子发芽要求的土温

作物	最低温度（℃）	最适温度（℃）	最高温度（℃）
水稻	10 ～ 12	30 ～ 32	36 ～ 38
小麦	3 ～ 3.4	25	30 ～ 32
大麦	3 ～ 3.4	20	28 ～ 30
棉花	10 ～ 12	25 ～ 30	40 ～ 42
玉米	8 ～ 10	32 ～ 38	40 ～ 44
燕麦	4 ～ 5	25	30
大麻	8 ～ 10	35	45
高粱	8 ～ 10	32 ～ 35	50
烟草	13 ～ 14	28	30
蚕豆	3 ～ 4	25	30
向日葵	8 ～ 9	28	35

续表

作物	最低温度（℃）	最适温度（℃）	最高温度（℃）
胡萝卜	4 ～ 5	25	30
甜菜	4 ～ 5	25	36 ～ 38
菜豆	10	32	37

土温除了直接影响作物生命活动之外，还对土壤肥力有巨大影响。土壤中生物的、化学的、物理的和生物化学的过程都受土温的制约。

二、土壤热性质的分类

土壤热的主要来源是太阳辐射能，另外还有微生物分解有机质产生的生物化学热、放热化学反应产生的化学热和地心向地表传导的热量等。到达地表的太阳辐射能中的部分被地面反射回大气或作为热辐射（长波辐射）散失，部分用于土壤水分蒸发和植物叶面蒸腾，部分累积在植物和土壤中。土壤的基本热性质包括吸热性、热容量和导热性。

（一）土壤的吸热性

土壤对太阳辐射热的吸收能力叫吸热性。土壤吸热性的大小可以通过地面对太阳辐射能的反射率反映出来。土壤吸热性受土壤颜色、湿度及地表状况等许多因素的影响。

（二）土壤的热容量

土壤的热容量有两种表示方法：一为容积热容量，简称热容量，指每立方厘米土壤增温 1℃所需要的热量；二为重量热容量，简称比热，指每克土壤增温 1℃所需的热量。

热容量是影响土温的重要热特性。通常沙性土的热容量比黏性土小，故称沙性土为“暖性土”；而黏性土称为“冷性土”。影响土壤热容量的因素主要是土壤湿度。所以土壤水分和空气比例基本上就可决定土壤热容量的大小。

（三）土壤导热性

土壤导热性指土壤传导热量的性能，其大小以导热率表示。温度相差 1℃时，在厚度为 1cm、面积为 $1cm^2$ 的断面上每秒钟所通过的热量叫导热率。土壤导热率大，说明土壤热量易于传导。白天表土吸热后易于向下层传导；晚上土表散热冷却，下层热也易于向上传导，所以表层土温日变幅较小，表层与底层的温差也较小。

在土壤中，热传导的途径主要有两个：一是通过把固相分开的空气或水分进行传导；二是通过固相之间的接触点直接传导。土壤导热率的大小主要取决于土壤组成，土壤固体导热率最大，水次之，空气最小；黏土＞壤土＞沙土。

三、土壤热状况的调节

调节土壤热状况的主要任务在不同时间与不同条件下是不同的。调节土温的途径归纳起来不外乎两个方面：一是调节土壤热量的收支情况；二是调节土壤热性质。主要措施如下。

（1）耕作施肥。耕作可改变土壤松紧度和水、气比例，从而改变土壤热性质，达到调节土温的目的。施肥也是调节土温的重要措施之一。如在冷性土上施用马粪、羊粪、灰肥等热性肥，就有利于改善土壤热状况。

（2）灌溉排水。这不仅是调节土壤水、气状况的重要措施，也是调节土温的重要措施。早稻秧田管理中实行“日排夜灌”可以提高土温，盛夏酷热时实行“日灌夜排”有利于降温，可避免水稻早衰。冷浸田、烂泥田开深沟排水，可明显提高土温促进水稻生长。

（3）覆盖和遮阴。其不仅能改变对太阳辐射能的吸收，而且可以阻止土壤水分蒸发，从而给土温以很大影响。一般早春与冬季覆盖可以提高土温，夏季遮阴可降低土温。

（4）应用增温保墒剂。近年来，我国各地利用某些工业副产品，如沥青、渣油等试制成了一些增温保墒剂。这种增温剂喷射到土壤表面以后可形成一层均匀的、黑褐色薄膜，从而可增加土壤对太阳辐射能的吸收，减少蒸发对热量的消耗，能产生显著的增温效果。

第二节 土壤水分性质

一、土壤水分与作物生长

水分不仅是作物有机体的重要组成部分（许多作物体含水量高达90%），而且是作物体中一些最重要的生命活动的参与者。作物对养分的吸收与运转也都离不开水。此外，水分还能调节作物体温，防止作物烧伤。由于植物的巨大叶面积全部处在光的直接照射之下，如果没有叶面蒸腾，大量散热，作物将会被烧死。

另外，水分又是土壤的重要组成成分，对土壤中发生的物理、化学和生物学过程都有重要影响，从而影响作物生长。由此可见，土壤水分对作物生产十分重要。此外，如果水分过多，则会氧气不足，同样会影响作物的生长发育，导致产量和品质下降。因此，为了保证作物正常生长发育，要求土壤在作物整个生育期间都具有适宜的水分状况。

二、土壤水分类型及其性质

土壤水分主要来自大气降水和灌溉水。这些水分进入土壤后，由于受到土壤各种力的作用而形成性质不同的水分类型。

（一）吸湿水（紧束缚水）

由于固体土粒表面的分子引力和静电引力对空气中水汽分子的吸附力而被紧密保持的水分叫吸湿水。其分子排列紧密，无溶解力，不导电，不能自由移动，也不能为作物利用。

土壤吸湿水的多少，一方面决定于土壤质地、腐殖质等；另一方面还决定于大气的湿度和温度。大气湿度越大，土壤吸湿水越多，在空气相对湿度达95%～100%时，土壤吸湿水量可达最大值，这时的土壤含水量叫最大吸湿量。

（二）膜状水（松束缚水）

当吸湿状态土粒与液态水接触时，还可再吸附一层很薄的水膜，叫膜状水。其部分可以被作物吸收利用，但因仍受到土粒表面分子引力的束缚，移动缓慢，难以满足作物的需要。

膜状水的含量决定于土壤溶液浓度。膜状水含量达最大时的土壤含水量叫最大分子持水量。

（三）毛管水

由土壤毛管孔隙的毛管引力所保持的水分称为毛管水。毛管水又可分为以下几种。

（1）毛管上升水。地下水随毛管上升而被保持在土壤中的水分称为毛管上升水。土壤靠毛管上升作用所能保持的最大水量称为土壤的毛管持水量。毛管上升水与地下水有水压上的联系，随着地下水位的变动而变化。

（2）毛管悬着水。在地下水位很深的地区，降雨或灌水之后，由于毛管力保存在土壤上层中的水分叫毛管悬着水。它与地下水无水压上的联系，不受地下水升降的影响，好像悬着在上层土中一样。毛管悬着水达到最大数量时的土壤含水量叫田间持水量。

毛管水是土壤中可以移动的对作物最有效的水分，而且毛管水中还溶解有可供作物利用的易溶性养分。所以毛管水的数量对作物生长发育有重要意义。毛管水的数量因土壤质地、腐殖质含量及结构状况不同而有很大差异。有机质含量丰富、具有良好团粒结构的土壤，其内部具有发达的毛管孔隙，毛管水量最大。

（四）重力水

土壤含水量超过田间持水量时，多余水分受重力支配向下渗透，这种水分叫重力水。当重力水流到不透水层后，就在那里聚积起来形成地下水。地下水的连续水面叫地下水位。地下水位以下不透水层之上这层土壤叫蓄水层，其中全部孔隙都充满水，这时的土壤含水量称饱和持水量或全持水量。重力水对旱地作物无直接用处，但他是水稻生长发育所必需的。

三、土壤含水量的表示方法

土壤中水分的数量叫作土壤含水量，有人也叫土壤湿度。土壤含水量的表示方法很多，现将其介绍如下。

（1）重量百分数。重量百分数指土壤水分的重量占烘干土重的百分数，以土壤含水量（重量 %）表示之。它表示土壤中水分的实际含量。

土壤含水量 =（湿土重 - 烘干土重）/ 烘干土重 ×100%

（2）容积百分数。容积百分数指土壤水分的容积占土壤容积的百分数，以土壤含水量（容积 %）表示之。它表明土壤中水分占据孔隙的程度，可由重量百分数换算而得。

土壤含水量 = 水分容积 / 土壤容积 ×100%

（3）相对含水量。相对含水量指土壤自然含水量占田间持水量的百分数。它是自然含水量同田间持水量进行比较而言的。它反映了土壤中水分和空气状况的好坏。此外，土壤自然含水量占饱和持水量的百分数亦为相对含水量。

土壤相对含水量 = 土壤自然含水量 / 土壤田间持水量 ×100%

土壤相对含水量 = 土壤自然含水量 / 土壤饱和持水量 ×100%

四、土壤水分的调节途径

作物根系吸收水分困难，下部叶出现萎蔫，及时灌水作物还能正常生长，这时的土壤含水量到田间持水量范围的水分称为有效水。当萎蔫作物置于水汽饱和的大气中 12 小时仍不能恢复的土壤含水率范围，称为萎蔫系数。故萎蔫系数含水量称为无效水。由此可知，田间持水量和萎蔫系数分别表明了作物正常生长发育对水分要求的上限和下限，二者之差即土壤所含有效水量。

控制和调节土壤水分常用的措施：植树造林，涵养水源，调节气候；修建灌排系统，截留和保持水土；进行合理灌排，控制和调节土壤水分；精耕细作，保蓄水分；地膜覆盖栽培，雨后及时中耕松土，减少水分蒸发；开沟排水，消除低洼地水涝危害。

第三节　土壤空气性质

一、土壤空气的组成和特点

（一）土壤空气的组成

土壤空气主要来自大气，少量是土壤中生物化学过程所产生的气体。土壤空气存在于无水的土壤孔隙中，因此土壤空气含量决定于土壤孔隙度和含水量。土壤空气的组成与大气相同，但各成分的比例有差异（表 1-5）。

表 1-5　土壤空气与大气组成的比较（容积 /%）

气体	氮气（N_2）	氧气（O_2）	二氧化碳（CO_2）	氩气（Ar）	其他
土壤空气	78.08 ～ 80.24	20.90 ～ 0.0	0.03 ～ 20.0		
大气	78.08	20.95	0.03	0.93	0.03

（二）土壤空气的组成特点

（1）土壤空气中的 CO_2 含量比大气多。通常比大气高十多倍，甚至几十倍。因为植物根呼吸、微生物分解有机质都会产生大量的CO_2。如果土壤积水而通气不良，或施用大量新鲜绿肥，则土壤空气中的CO_2积聚起来，其浓度可增加到1%以上。

（2）土壤空气中的O_2含量比大气少。因为土壤中的生物活动，无论是植物根系的呼吸，还是微生物分解有机质，都要消耗大量O_2，同时放出CO_2。

（3）土壤空气中的水汽含量比大气多。土壤中的水汽几乎经常是饱和的。因为除表土层和干旱季节外，只要土壤含水量在吸湿系数以上，土壤水分就会不断蒸发，而使土壤空气呈水汽饱和状态，这对微生物活动有利。

（4）土壤空气中有时含有少量还原性气体。主要是渍水土壤含有CH_4、H_2S、NH_3、H_2等，危害作物生长。

（5）土壤空气成分随时间和空间而变化。大气成分相对比较稳定，而土壤空气成分常随时间、空间而变化。CO_2含量随土层加深而增加，O_2则随土层加深而减少。在耕层土壤中，CO_2含量以冬季最少，春季回暖时增加，夏季含量最高；降雨或灌水后，CO_2含量有所减少，O_2含量有所增加。

影响土壤空气组成变化的最基本因素，一是高等植物根系的呼吸作用，二是微生物的生命活动。因此，一切能改变土壤微生物和植物根系活动的因素都能改变土壤空气的组成。

二、土壤通气性

土壤的通气性是指土壤空气与近地层大气之间不断进行气体交换的过程。其交换的方式有气体的流动和气体的扩散两种。通过交换，土壤空气得以更新，排出CO_2，吸入O_2，保证作物正常生长。土壤通气性的强弱与土壤质地、土壤结构和土壤水分有关。

三、土壤通气性对作物生长发育的影响

（1）影响根系发育。大多数作物在通气良好的土壤中，根系长，颜色浅，根毛多。

（2）影响根系吸收功能。通气不良时，根系呼吸作用减弱，吸收养分和水分的功能降低，特别是抑制对K的吸收，其次为Ca、Mg、N、P等。所以，通气良好的土壤可提高肥效，特别是钾肥的肥效。

（3）影响种子萌发。种子的萌发需要吸收一定的水分和氧气，缺O_2会影响种子内物质的转化和代谢活动。

（4）影响土壤养分状况。土壤空气的数量和O_2的含量对微生物活动有显著的影响。O_2充足时，有机质分解速度快，分解得彻底，氨化过程加快，也有利于硝化过程的进行，故土壤中有效态氮丰富。缺O_2时，则有利于反硝化作用的进行，造成氮素流失或导致亚硝态氮的累积而毒害根系。

（5）影响作物抗病性。通气不良的土壤，将产生还原性气体，如H_2S能抑制细胞含铁酶（细胞色素氧化酶、过氧化氢酶等）的活性。如土壤溶液中H_2S含量达到一定水平时，水稻枯黄，稻根发黑。同时，缺O_2还会使土壤酸度增大，适于致病霉菌发育，使作物生长不良，抗病力下降。

四、土壤通气性的调节措施

在生产中改善土壤通气性、调节土壤空气状况常采取的措施：深耕结合施用有机肥，增加土壤总孔隙度，改善土壤孔隙状况和土壤结构；黏土掺沙，改造质地，提高土壤通气性；旱地适时中耕松土，破除结皮，以利通气；在有水源保证地区的水田，实行水旱轮作、浅水勤灌、适时烤田等管水措施；在地势低平的河网地区及山间平坝地区，注意建立完整的排水系统，改善农田内外排水条件，保证作物对土壤通气性的要求。

第四节　土壤养分性质

一、土壤养分的种类、形态和转化

土壤养分是指土壤向作物提供的其生长发育所必需的营养元素。土壤中的养分主要来自土壤中的有机质、矿物质以及施入的肥料。

养分在土壤中存在的形态一般有水溶态、代换态与难溶态（迟效态）三种。水溶态和代换态养分不需要经过转化就可以被作物利用，称为速效性养分或有效性养分。难溶态养分主要是一些复杂的有机化合物、难溶性盐类和矿物质，需要经过腐质化、矿质化及风化作用，分解转化为简单的易溶的形态之后，才能被作物吸收利用，称为迟效养分或潜在养分。养分由难溶的迟效性养分转化为易溶的速效性养分的过程称为养分的有效化过程；而易溶的速效性养分因化学和生物的作用转化为难溶的迟效性养分的过程称为养分的固定过程。

二、土壤养分状况的调节措施

（1）培肥土壤，增强土壤自调能力。提高肥力的重要措施就是增施有机肥，提高土壤有机质的含量。土壤有机质不仅自身含有各种养分，而且对提高土壤保肥性、增强土壤供肥性有重要作用。

（2）根据作物需要，合理施肥。这是调节作物和土壤养分供需的最主要的技术措施。要达到科学合理施肥，必须实行“看天、看地、看禾苗”的三看施肥原则，即根据当地气候条件、土壤养分供应能力和作物生长情况决定施肥的种类、数量和时间。

（3）调节土壤营养的环境条件，提高土壤供肥力。土壤供肥力不仅决定于土壤养分含量，而且决定于水、热条件以及土壤反应、氧化还原状况等多种因素。因此，通过调控这些因素，也可达到调控土壤养分的目的。我国农民群众采用的“以水调肥”“以温调肥”、施用石灰等都是调节土壤养分的重要措施。

第五节　土壤中热、水、气、肥的相互关系

土壤的热、水、气、肥都是植物在生长发育过程中不可缺少的条件，是土壤肥力的四大因素。从提高土壤肥力来说，要求肥力四因素共同增长，互相配合，并且与作物生理过程相协调。土壤肥力四因素时刻都在不停地变动着，而且各因素之间又相互影响、相互制约，其中任何一个因素的变动都会引起其他因素的相应变化，关系十分复杂。所以在考虑调节其中某一因素时，必须联想到其他因素。

在农业生产中，必须年年施用有机肥料，增加土壤腐殖质含量，结合精耕细作，促使土肥相融，创造良好的结构状况与孔隙状况，只有这样，才可能不断提高土壤自身调节肥力四大因素的能力。

第四章　土壤培肥和改良

第一节　土壤的生理性

一、土壤具有类生物体的特征

土壤既不是岩石碎屑一类的非生物，也不是具有细胞和各种器官的生物体，而是介于两者之间的类生物体。土壤中具有高度活力的、类似蛋白质的无机－有机－微生物－酶复合胶体，是表现其存在的基本形态。土壤中的微生物无论是与有机－矿质胶体呈复合状态，还是非复合状态，都具有生物的繁衍特性，同时不断进行“同化”和“异化”作用来更新或增强自身的活力，使之适应环境的改变。土壤复合胶体活性的强弱，除受环境的影响外，作物生长的影响也是重要的一面，所以又是一种低级的生命活动形式。

土壤还具有“自肥”的本领，即自己建造、培育自身躯体的能力，它是借助于植物的生长发育过程中根部的分泌物以及残根落叶在土壤中的积累而获得的。植物生长越旺盛，分泌与残留物越多，土壤越易变肥。土壤和作物是生态系统中的两个并列组成部分，也是农业生态系统的两个主体，只要保持土壤与作物的生理协调（因土种植、适土种植），就能保持生态平衡，促进区域土壤肥力的提高。

综上所述，土壤中存在着类似蛋白质的复合胶体，土壤具有自肥自养的能力和与作物有机的生理联系的特征，而把土壤视为类生物体是可置信的。

二、土壤的生理功能

（1）土壤的代谢功能。土壤中各种物质复杂的分解与合成作用总的表现是，土壤不断地“消化”有机物与岩石矿物质屑粒，将其分解为简单的化合物；不断进行“同化”作用，将分解产物合成黏土矿物与腐殖质并形成土壤复合胶体；同时又不断地进行“异化”作用，释放出可溶性养分、二氧化碳等供植物生长。后者即土壤养分的有效化过程。故代谢作用的结果是，土壤中的有效养分含量增高，从而使土壤获得生理自养能力（或自肥能力）。

（2）土壤的调节功能。土壤的调节功能主要在于调节环境的水、热变化（通过土壤中的腐殖质胶体和矿物质胶体来实现），调节土壤养分浓度和酸碱度变化（通过土壤复合胶体实现），对有毒物质的净化与降解作用（通过土壤复合胶体与土壤微生物来完成）满足植物正常生理的要求。正因如此，土壤才具有广泛的宜种性、宜肥性和抗逆性。

第二节　土壤的生产性

一、土壤生产性的表现

土壤对作物提供生活因素的能力及其与作物生长发育相适应的程度，是农业土壤生理功能的表现，也是土壤生产性能产生的原因。土壤生产性能，主要反映在以下三方面。

（1）在作物生长方面。不同土壤上的作物，在同一栽培措施下，土壤“发棵性”不同，作物长势有迟、早、健、弱之分；土壤“宜种性”不同，适宜种植的作物有多有少；土壤“耐肥性”不同，作物会“坐苗”或“疯长”等。这些都是生产性能在作物生长方面的反映。

（2）在抗御自然灾害能力方面。当气候条件出现旱、涝、风、寒危害时，不同土壤抗御自然灾害的能力表现出“耐旱性”“耐涝性”“耐蚀性”“耐毒性”“抗病性”等生产性能的差异。

（3）在耕作措施方面。不同土壤对耕作时间、方法有不同的要求，因而在“适耕性”上的表现有差别。

二、土壤生产性能分述

（一）发棵性

发棵性是土壤促进作物生长的特性，农民群众常用“发小苗不发老苗”或“发老苗不发小苗”等来描述。

（1）发棵性的表现类型。根据土壤发苗情况不同，大致可分为四种发棵性类型：表现为发小苗也发老苗的兼发性；表现为发小苗不发老苗的前发型；表现为发老苗不发小苗的后发型；表现为不发小苗也不发老苗的弱发型。

（2）土壤发棵性表现不同的原因。在气候的季节性变化过程中，不同土壤因稳温性、保水性不同，影响到养分的有效化作用和供肥能力，因而表现出不同的发棵性类型。

（3）影响土壤发棵性的主要因素。影响土壤发棵性的主要因素有土壤复合胶体的品质、土壤的质地与结构、农事活动。

（二）宜肥性

多施作物不疯长倒伏，少施作物不脱肥早衰；有的土壤需大水大肥，有的土壤需“少吃多餐”；有的土壤宜热性肥，有的土壤宜碱性肥，这些都是宜肥性的表现。

影响土壤宜肥性的因素主要包括土壤自然养分的组成与丰缺、土壤条件与肥效反应、土壤冷热性而引起的选肥性等。

（三）土壤耕性

土壤宜耕性是指土壤在耕作时所表现的性状，包括耕作难易程度、宜耕期长短及耕作质量等。农民常用“死、硬、板、淀浆”等表示土壤难耕，宜耕期短，耕后易成土块或板结，耕作质量差；用“泡、松、软”等表示土壤好耕，宜耕期长，耕作质量好。

（1）影响土壤耕性的因素。土壤的物理机械性是影响耕性的直接因素，而土壤的质地、有机质、结构等基本性质及土壤的含水状况，是影响耕性的间接因素。

（2）耕性的类型。我国各类土壤的耕性，大致可归纳为七种类型，即土酥柔软、土轻松散、土重紧密、淀浆板结、紧实僵硬、稀糊烂陷、顶犁跳犁等。

（3）土壤耕性的改良。改良土壤耕性的主要措施如下。

①因地制宜采用客土掺泥、翻淤压沙、引洪漫淤等方法改良沙质土。

②增施有机质肥料，改良土壤的结构性。

③通过合理灌溉排水，控制土壤含水量并在宜耕范围内进行耕作。

（四）耐旱性

耐旱性是指土壤能够维持适当的供水强度以满足农作物在不同生长发育时期对水分需求的能力。

影响土壤耐旱力的强弱的因素主要有土壤复合胶体的吸水特性、土壤质地层次与结构层次、土壤有机质含量。此外，还包括植被结构的特点、地形、水文条件等。

（五）耐涝性

土壤在发生洪涝危害时，能保持对水分的调节作用的能力，即土壤的耐涝性。

（1）产生涝害的原因。在下雨时，重力水向土层中渗透，并不断聚积，使植株感到水分过多与土壤空气不足，透气性变差。在一定时间后，作物表现出受涝害。

另一种情况的涝害，主要是因地区排水条件不良，土壤水分过多，形成土壤上层滞水。如下湿田、上浸地、低洼沼泽地等均属于此类。

（2）影响土壤耐涝性的因素主要包括土壤层次的水分性质、土壤质地、土壤胶体品质、土壤有机质含量。此外，土壤底层的地形、底土孔隙或裂隙的状态等均会影响耐涝性。因此，及时排水及改变地形等措施，可以有效地提高土壤耐涝性。

（六）耐蚀性

耐蚀性是指土壤抗御水力冲刷的能力。降雨对土壤的冲刷作用，是指土壤受雨滴和径流的破坏而使土壤胶粒和养分大量流失的现象。

土壤抗蚀力的强弱主要决定于它的吸水速度和保水能力。影响这两种性质的土壤因素主要有水稳性团粒结构、土壤胶体品质、土壤质地层次、土层厚度与底层性质、地区的降雨性质、地面坡度与坡长、耕作技术、植被状况等。

因此，在增加土壤有机质、改善胶体品质和结构的同时，改坡为梯，平整土地，加厚土层，实行轮、间、套作及等高耕作、林粮带状间作等措施，以及植树造林，结合工程治理，可以更加有效地保护水土，防止土壤侵蚀的发生。

第三节　土壤肥力实践

一、土壤肥力的实质

土壤肥力的实质是：在一定自然环境条件下，土壤稳、匀、足、适地为植物供应水分和养分的能力。这一概念指出了土壤肥力是土壤对植物表现的“功能”，衡量这种功能强弱的标准，是土层中热、水、气、肥周期性动态表现稳、匀、足、适地满足植物高产要求的程度；并且通过土壤的“自动”调节作用，保持植物、土壤的生理协调。

二、土壤肥力的综合表征

只要土壤复合胶体具有稳定而强大的代谢、调节功能，土壤肥力就能稳定提高，不断发展。这个“稳”是动态的稳，是土壤中热、水、气、肥综合性动态的稳。产生和支配这个“稳”是由土体内的三种物质（内三稳）和外界三种条件（外三稳）的稳定少变决定的。

“内三稳”，指土层内部腐殖质合成量和品质经久稳定，表土中有益微生物区系和数量经久稳定，土壤微结构的数量和品质经久稳定。

“外三稳”，是指大气层热水动态周期性变化稳定，植被层热水动态周期性变化稳定，土壤内部水平——垂直范围内热水动态周期性变化稳定。

“内三稳”是肥力发展的内因，“外三稳”是肥力发展的条件，它们相互促进、互相制约。土壤“三稳”程度的不同，表现出稳、匀、足、适地供应水分、养分能力的差异。

因此，高肥力土壤至少具备三个条件：有效水分和养分的贮量丰富，可以源源不断满足作物生长发育过程中的需要；具有良好的调节机制，使土壤在不良条件下仍然保持正常的代谢功能和供应作物养分、水分的能力；水、热条件稳、匀、足、适，能够保证生理调节机制正常运行。

三、提高土壤肥力的基本途径

（1）促进土体与环境的“三化”。所谓土体“三化”，是指土壤有较高的腐殖质含量而达到“腐殖化”，有多功能的生理群微生物区系而达到“细菌化”，有大小结构适当，水、气通畅而达到“结构化”的耕作层土壤的总称（简称土壤“小三化”）。所谓环境“三化”，是指为了保持近地面大气层（2～3m）水、热动态，植被层水、热动态，上层水、热动态周期性的稳定少变而实现大地园林化、土壤用养一致化、农地园田化的总称（简称“大三化”）。大小“三化”相结合，就能保证土壤稳、匀、足、适供应作物需要的水分和养分。

促进土体与环境“三化”的根本措施，就是进行以改土治水为中心的农田基本建设，实行山、水、林、田、路综合治理的措施。在促进土体“小三化”方面，具体措施是增施有机肥，进行适当的深耕、聚土。在促进环境“大三化”方面，首先是实现大地园林化，防止小气候的突变。

（2）走自然免耕的道路。农田自然免耕，是指农田在少耕或免耕的条件下，形成良好的土壤结构而保持毛管水不断浸润，土壤热、水、气、肥始终满足作物正常生理需要的耕作制度。这种制度在南方稻田区，可以实现省水、省肥、省药、省工而获得稻麦高产，同时又能保持土壤肥力。

（3）建立合理的农、林、牧、副、渔农业结构。土壤个体肥力可看成是小面积高产的基础，是田块肥力的表现，它主要决定于土壤的“三化”程度。而区域土壤肥力是大面积高产的基础，是指一定区域内，在综合自然因素作用下最佳生态效益和生产效益的反映。因此建立合理的农、林、牧、副、渔农业结构，是提高区域土壤肥力的基础。

第四节　土壤培肥和改良

一、高产稳产农田的标准

（1）高产稳产旱地土壤的标准。土层疏松、深厚（一般在 30cm 左右），质地适中、耕性良好、富含有机质的耕作层。保水保肥又不妨碍作物根系发育的犁底层。对水肥有良好保蓄能力，又通气透水的心土层。结构紧实、保水保肥力强的底土层。具有上松下实、上壤下黏的土体构型。土有埂，水有源，灌排配套。有机质含量一般为 1.5% ～ 2.0%，全氮含量为 0.1% ～ 0.15%，速效磷含量 10mg/kg 以上，速效钾含量为 150 ～ 200mg/kg，速效养分丰富而协调。

（2）高产稳产水稻土的标准。厚度 18 ～ 22cm，疏松肥沃、多鳝鱼斑的耕作层。厚度 10cm 左右，色较暗，呈扁平块状结构，干时可开裂细缝，湿时可闭合，紧实适中的犁底层。棱柱状结构，渗而不漏的心土层。保水保肥，不坐水，不囊水，障碍层次在 60cm 以下出现的底土层。渠系配套，能灌能排。肥沃水稻土的适当有机质含量为 2% ～ 4%，全氮含量为 0.13% ～ 0.23%，全磷和全钾含量分别为 0.1% 和 1.5% 以上，养分种类齐全，速效养分丰富。土壤微生物活性高，土壤结构、耕性良好，渗漏量适当。

二、高产稳产土壤的培育

（1）增施有机肥料，培育土壤肥力。应每年向土壤中施入一定数量的非腐解态有机物，以不断更新与活化土壤中逐渐老化的腐殖质，从而提高土壤肥力。

（2）发展旱作农业，建设灌溉农业。良好的旱作土壤水分性质应是：渗透易、蒸发少、保蓄强、供应多。发展灌溉、实现农业水利化是提高单产的重要措施。从农业技术方面考虑，在建设灌溉农业方面应注意：重视灌水与其他增产措施的配合；改进灌溉技术，节约用水；保护地下水资源，防止次生盐渍化，防止次生潜育化。

（3）合理轮作倒茬，用地养地结合。根据作物对土壤养分的影响程度分为耗地、养地和自养三类作物。耗地作物如水稻、小麦、玉米等，其收获物几乎全被人类消耗，只有少部分通过秸秆及牲畜粪便还给土壤；自养作物如大豆、花生等；养地作物如草木樨等，一半留在土壤，一半通过做肥料或家畜饲料，几乎全部还给土壤。

根据各地经验，有利于养地增产的轮作类型有：①绿肥作物与主要作物轮作。②豆类作物与粮棉作物轮作。③水旱轮作。

（4）合理耕作改土，加速土壤熟化。深耕结合施用有机肥料，是培肥改土的一项重要措施。但注意逐步加深、不乱土层，时间要因地制宜，深耕还应与耙耱、施肥、灌溉相结合。

（5）防止土壤侵蚀，保护土壤资源。在水和风等外力作用下，土壤发生冲刷或吹失的现象称为土壤侵蚀。水所造成的侵蚀称为“水蚀”，风所造成的侵蚀称为“风蚀”。“土壤沙化”是风蚀的结果。因此，防止水土流失和沙化是当前保护土壤资源中急待解决的问题。

运用合理的农、林、牧、水利等综合措施，可防止土壤侵蚀、防止水土流失。梯田是我国古代劳动人民的一项重要创造。加强造林，绿化祖国山川，严禁滥垦滥伐及破坏山林，是极为重要的。不过度开垦放牧，发展水利，建设基本农田和牧场是防止沙化的根本措施。

三、低产田土的改良

根据我国南方各种低产田的地形分布、环境因素、水利条件、土壤特性等的不同，可把它归为五种类型：冷浸类（烂泥田、膨湖田、冷水田）、黏瘦类（红泥田、黄泥田、赤土田、胶泥田、白鳝泥田）、毒质田（咸酸田、锈水田、矿毒田）、咸性类（咸田）、漏水类（漏沙田）。低产土壤主要有黏质土、沙质土、坡地土、薄土和酸性土等。

（一）冷浸类低产田

终年水土低温，或兼土层稀烂。冷泉水上涌或旁渗，或以冷水串灌。

主要改良措施有：采取“五改”（环改、水改、肥改、土改、耕改）与轮作相结合的办法。改造冷浸田周围山地的植被；修塘、挖沟改变土壤渍化；增施氮肥，并配合施用磷、钾、硫等，增施有机肥并种植绿肥；开沟排除积水和降低地下水位后的冬季犁翻晒白；改一年种一季稻为一年二季水稻和一季冬作物，或冬季休闲犁翻晒白，或改单作为轮作。

（二）黏瘦类低产田

这类低产田包括红泥田、黄泥田、赤土田、胶泥田、白鳝泥田等。红泥田和黄泥田肥力低，仍保留红壤、黄壤或红黄壤的特性。赤土田质地黏重。白鳝泥田（白土田）的土层中有漂白现象，土质黏滑如鳝鱼。

主要改良措施有：发展灌溉、防旱保收；广辟有机肥源、增加土壤有机质；施用速效氮磷钾肥、增加土壤有效养分；酸性土壤施用石灰；精耕细作、合理管理；把沟泥、湖泥、老墙土、垃圾肥、塘泥、河泥、泥炭、草木灰等施入土壤；对土壤黏重的黄泥田、红泥田、赤土田、胶泥田，在冬闲排干后，利用难以腐解的秸秆、杂枝、草头等作为燃料熏土；逐年深耕、加深耕层，结合施用有机肥和石灰。

（三）毒质类低产田

（1)咸酸田(反酸田、钒田、磺酸田)。这种土壤除含有大量可溶性盐外,还含有硫化物,酸性特强，称为酸性盐渍沼泽土。开垦种植水稻，就成为又咸又酸的咸酸田。

主要改良措施有：淹水压酸，即在水稻生长期间浅淹水；冲洗排酸，即种水稻前排水落干；石灰中和，即每亩用石灰 75kg 左右中和；填土压酸，即填上厚度至少 16.6cm 的肥沃表土；施用肥料，即施氮肥、磷肥、垃圾肥、堆肥、厩肥、绿肥等。

（2）锈水田。这种水田多是终年渍水、闷气，土壤处于还原状态，酸性又强。泥面有呈棕红色的絮状物，水面漂浮着油膜状的薄膜，妨碍大气中 O_2 溶入田水，致稻根窒息。

主要改良措施有：截断外界锈水的流入，引入清水洗锈，并开沟排除田里已有的锈水，结合中耕烤田和干冬犁翻晒田；施用碱性肥料，中和酸性并降低 Fe^{2+} 等毒质的溶解度；增施有机肥和速效氮、磷、钾肥；选用抗锈、耐锈的水稻品种。

（3）矿毒田。指水田受工矿的毒水、毒物污染，对水稻产生毒害作用。

主要改良措施有：修建山塘沟道，洗除和沉淀毒质；落水晒田，氧化矿毒物质；施用消石灰或含磷酸的化肥；保持土壤处于还原状态，防止严重污染田的犁底层渗漏水，降低其渗透量，施入有机肥等；把污染的土挖掉，换上未被污染的土壤。

（四）咸性类低产田

咸性类低产田指的是尚未改良好的咸田，含有相当数量的盐分，妨碍水稻的正常发育。

主要改良措施有：筑堤防潮和修筑水闸；种植防护林带；修建台田；合理灌排，排灌分家；有条件的地方还应增辟水源，建山塘水库和拦河筑坝，蓄水养淡；利用稻草回田，施大量的有机肥，以提高土壤肥力；选择合适的水稻品种。

（五）漏水类低产田

分布于溪河沿岸的冲积地、溃堤倒口处，由水流携带泥沙沉积而成。

主要改良措施有：客入肥泥，如塘泥、河泥、湖泥、海泥、红黄泥、草皮土、老墙土等；深耕翻土，把底层黏土翻入耕层；增施厩肥、堆肥、垃圾肥、绿肥，以作物残茬稻草回田等，并配合施用速效氮、磷、钾肥；施用水溶性化肥，要注意勤施薄施，分次少施即“少吃多餐”；增辟水源、引水灌溉。

（六）黏质土

黏土质地黏重，易板结，结构不良，通气透水性差。

主要改良措施有：掺沙；增施有机肥料；种植绿肥；深耕坑土；实行水旱轮作。

（七）沙质土

沙土质地轻，经常出现沙、浅、漏、瘦等。

主要改良措施有：掺泥；增施有机肥料；种植绿肥；筑堤防冲；植树种草，整治坡面水系。

（八）坡地土

坡土冲刷严重，土层薄，土质瘦，抗旱能力差。

主要改良措施有：坡改梯；砌好地埂；聚土种植或横坡种植；整治坡面水系，引水灌溉；种植绿肥，增施有机肥料；客土面土，加厚土层。

（九）薄土

薄土具有土层薄、瘦、产量低的特征。

主要改良措施有：传厢改土；聚土垄作；客土面土；深挖坑土。

（十）酸性土

改良措施有：施用石灰；施用碱性肥料；改旱作为水作；增施有机肥料和磷肥。

第五章　作物营养

养分（营养物质）对作物而言，犹如人类的粮食一样重要。农业生产上的很多措施，如施肥、灌水、中耕、除草等，都是通过调控作物的吸收效果来促进和提高光合效率，从而提高产量的。所以，营养是作物必需的元素，也是农业生产的重要条件。

第一节　作物主要营养元素的生理作用

经确定的作物必需营养元素，一般应具备三个条件：第一，这种营养元素是完成作物生命周期所不可缺少的。第二，缺少某种营养元素时会出现专一的缺素症，施加该种元素时症状便会减轻或消失，其他元素却不能代替该种元素的作用。第三，在作物营养上具有直接作用的效果，并非由于它改善了作物生活条件而产生间接的效果。科学研究结果证明，高等植物所必需的营养元素有 16 种，它们是碳、氢、氧、氮、磷、钾、钙、镁、硫、铁、硼、锰、铜、锌、钼、氯。

在这 16 种必需营养元素中，由于作物需要量不同，还可分为大量营养元素和微量营养元素两大类。大量营养元素有 C、H、O、N、P、K、Ca、Mg、S，各约占作物干重的百分之几十至千分之几。微量营养元素有 Fe、Mn、Cu、Zn、Mo、Cl 等，它们各占作物干重的千分之几到十万分之几，甚至更少。这 16 种元素中，C、H、O 一般来自水和空气中的 CO_2、O_2，N 间接来源于大气，其余 12 种元素均来自土壤。

农业生产实践证明，作物对土壤中 N、P、K 三种营养元素需要量高，土壤含量往往不足，施用这三种元素的增产效果十分显著。所以，通常称它们为“肥料三要素”。

一、必需营养元素的共同生理作用

（1）构成植物活体的结构物质和生活物质。如纤维素、半纤维素、木质素及果胶物质等结构物质是构成植物活体的基本物质，而氨基酸、蛋白质、核酸、脂类、叶绿素、酶等生活物质是作物代谢过程中最为活跃的物质，它们都是由碳、氢、氧、氮、硫、钙、镁等元素组成的。

（2）在植物体内代谢过程中起催化作用。大多数微量元素和钾、钙、镁等都具有加速植物体内代谢过程的作用，这些起催化作用的营养元素大多数是许多酶的组成成分或是酶的活化剂。

（3）对植物具有特殊的功能。钾、钙、镁等是活性较强的元素，它们在很多方面对植物有特殊的功能，能调节细胞的通透性、增强抗逆性等。

二、各种元素的生理作用

（1）氮的生理作用。氮是蛋白质和核酸的主要成分，而蛋白质又是构成细胞原生质的基本物质，因此说没有氮素就没有生命。核酸存在于细胞核和植物顶端分生组织之中，是携带遗传密码和促进细胞分裂的物质。氮素还是叶绿素的组成成分，而叶绿素则是植物叶子制造“粮食”的工厂。植物体内许多酶的组成成分中含有氮，酶在植物体中对各种代谢过程具有催化作用。此外，氮还是一些维生素和生物碱的成分，没有氮这些物质不能合成。氮素供应充足，作物能合成较多的蛋白质，促进细胞分裂与增殖，叶片面积增大速度较快，从而有利于干物质的累积与产量的提高。叶片大小和颜色深浅是判断作物氮素营养状况的依据。

（2）磷的生理作用。磷存在于作物体内许多重要有机化合物中，如核蛋白、磷脂、植素、磷酸腺苷等。核蛋白是细胞核和原生质的主要成分，它直接影响细胞分裂和新器官的形成。磷脂是原生质的重要成分，对细胞的渗透性和原生质的缓冲性有一定作用。植素是贮存磷的物质。磷酸腺苷贮藏的能量很多，在作物体内有调节能量的作用。磷还是多种酶的组成成分，参与呼吸作用、光合作用及蛋白质、糖、脂肪的合成和分解过程，对细胞分裂、作物生长有极重要的作用。磷还能促进氮的代谢。磷可以促进根及幼芽的生长，促进作物开花结实、提早成熟、改善品质。磷可以增强作物的耐旱、抗寒能力。作物体内的无机态磷具有缓冲作用，可提高作物耐盐碱的能力。

（3）钾的生理作用。钾呈离子状态溶于植物汁液之中，再利用性较强，在植物体中有活化酶的作用，促进光合作用的进行，有利于糖分和淀粉的合成。钾还与蛋白质的形成有关，增强蛋白酶的活性。钾能增强原生质胶体的亲水性，增强作物抗旱性和抗寒性。钾能提高植物体内纤维素的含量，增强作物的抗倒伏和抗病能力。

此外，钙是细胞壁胞间层果胶质的成分，不易移动，多分布在作物的叶肉，以老叶居多。镁是叶绿素的组成成分，缺镁不能合成叶绿素。硫是构成蛋白质的重要元素之一，也是许多酶的成分，对作物呼吸作用和物质转化有特殊重要的生理功能。作物叶绿素的合成有含铁的酶参与，对作物的光合作用、呼吸作用都有特殊意义。硼有增强输导组织的作用，可促进碳水化合物和生长素的运转，对生殖器官的发育有重要作用。锰是许多酶的成分或活化剂，缺锰会导致光合作用受阻，并影响硝酸态氮的还原。铜是一些氧化酶类的组成成分，对叶绿素有稳定作用。锌是某些酶的组成成分，可以促进蛋白质、生长素的合成和碳水化合物的转化。钼是硝酸还原酶的成分，也是固氮菌的固氮酶成分。氯离子参与水的光解作用，是细胞渗透压的调节剂和阳离子的平衡剂，但氯对许多作物有不良的影响，如烟草施氯肥会削弱燃烧性，薯类作物会降低淀粉含量，这些作物称为“忌氯作物”。

作物对上述各类营养元素的需要量往往与土壤中的含量相矛盾，生产上通过施肥措施来调节，使各种养分存在状况符合作物生长发育的需要，这就是养分平衡。土壤养分平衡是作物发育良好、实现高产稳产的重要条件。

第二节　作物对养分的吸收

一、根部对养分的吸收

根对矿物质养分的吸收，主要是通过庞大的根系从土壤溶液中或土壤颗粒表面获得的。根吸收养分最多的部位是根尖以上的分生组织区域。

（1）土壤中养分向根的表面迁移。土壤中养分被吸收前接近根的表面，一方面是根与养分直接接触，另一方面是养分不断向根表面迁移。主要又通过截获（数目很多的根毛与土壤中养分直接接触获取养分的方式）、扩散（养分由浓度高处向低处运动）、质流（因植物蒸腾作用而引起的土壤中养分随土壤水流动的运动）三种具体方式实现。

（2）根部对无机态养分的吸收。离子进入根细胞可划分为两个阶段，即被动吸收阶段和主动吸收阶段，植物吸收养料常常是两者结合进行的。外界的无机态养料通过根的被动吸收和主动吸收到达根细胞内，除少部分被根所利用，大部分养分都运输到其他器官中去，参与作物的代谢作用。

（3）根部对有机态养分的吸收。作物根系不仅能吸收矿物质养分，也能吸收分子量小、结构比较简单的有机态养分。

作物根系吸收营养的效果与土壤温度、土壤水分、土壤通气状况、土壤酸碱度、土壤溶液中的养分浓度等因素有关。

二、叶部对养分的吸收

叶部吸收养分的方式和机制与根部类似。一般认为叶部吸收养分是从叶片角质层和气孔进入，最后通过质膜而进入细胞内。叶面施肥称为根外追肥，但根外施肥只是一种辅助性施肥方法，多用于作物生长后期根系吸收能力降低的情况下。

（一）叶部吸收营养的特点

（1）直接供给作物养分，可以防止养分在土壤中固定和转化。有些易被土壤固定的元素如磷、锰、铁、锌等，叶部喷施能避免土壤固定；某些生理活性物质如赤霉素、B9 等，采用叶部喷施能克服施入土壤易于转化的缺点；在寒冷或干旱地区，采取叶部施肥则能及时供给植物养分。

（2）叶部对养分的吸收转化比根部快。这一技术可作为及时防治某些缺素症和作物因遭受自然灾害而需要迅速供给营养的补救措施。

（3）叶部施肥直接影响植物的体内代谢，有促进根部营养吸收、提高作物产量和改善品质的作用。

（4）叶部施肥经济效益高，节省肥料。叶部喷施磷、钾肥和微量元素肥料，用量只相当于土壤施肥用量的 1/10 ～ 1/5。

作物需要的大量元素仅依靠叶部供给是极其有限的，施用次数过多又增加了生产成本。因此，叶部施肥只能作为解决某些特殊问题时的辅助性措施。但是，它是供给作物微量元素营养的经济、有效措施，具有收效快、用量少的优势以及其他良好的生理作用。

（二）影响叶部营养的因素

影响叶部营养的因素主要有：溶液的组成、溶液的浓度及反应、溶液湿润叶面的时间、叶片特点及叶片大小、喷施的次数和部位等。

三、影响作物吸收养分的环境条件

作物吸收养分效果因受外界环境条件影响而不同。外界条件主要有温度、光照、通气、反应、养料浓度和土壤中离子间的互相作用等。

第三节　施肥的基本原理

一、作物必需营养元素的同等重要律和不可替代律

植物必需的营养元素在植物体内不论数量多少都是同等重要的；任何一种营养元素的特殊功能都不能被其他元素所代替，这就叫营养元素的同等重要律和不可替代律。

作物对各种养分的需要量还有一定的比例关系，必须通过施肥加以调节，使之大体符合作物的需要，以维持养分的平衡。土壤养分平衡是作物正常生长发育的重要条件之一，若施肥过多，尤其是偏施某种肥料，将破坏土壤养分平衡，不利于作物的正常生长。

二、养分归还学说

19 世纪中叶，德国化学家李比希提出了养分归还学说。其要点是：第一，随着作物的每次收获（包括籽粒和茎秆），必然要从土壤中取走一定量的养分。第二，如果不正确地归还养分于土壤，地力必然会逐渐下降。第三，要想恢复地力，就必须归还从土壤中取走的全部东西。第四，为了增加产量，就应该向土壤施加灰分元素。

三、最小养分律

最小养分律是李比希在 1843 年提出来的。其中心内容是：作物为了生长发育，需要吸收各种养分，但是决定作物产量的却是土壤中那个相对含量最小的有效养分。若无视这个限制因素，即使继续增加其他营养成分，也难以提高作物产量。总之，最小养分律是关系到正确选择肥料种类和科学施肥的规律，运用它指导施肥，就能不断地培肥地力，保持土壤养分比例的平衡，提高肥料利用率，增加肥料的经济效益，从而达到高产稳产的目的。

四、限制因子律

限制因子律是最小养分律的引申和发展。其内容是：增加一个因子的供应量，可以使作物生长加快；但是遇到另一生长因子不足时，即使增加前一因子也不能使作物生长加快，直到缺乏的因子得到补充，作物才能继续增长。各因子相对供给水平与作物的生长量或产量的关系，可以形象地用长短不同的木板所组成的木水桶来表示。

因此，在施肥实践中，不仅要注意到养分因子中的最小养分，还不能忽视养分以外生态因子供给能力相对较低的因子的影响。只有在外界各生态因子足以保证作物正常生长的前提下，施肥才能发挥最大的增产潜力。

五、报酬递减律

报酬递减律是一个经济学上的定律。一般表述是：从一定土地上所得到的报酬随着向该土地投入的劳动和资本量的增大而有所增加，但随着投入的单位劳动和资本量的增加，报酬却在逐渐减少，亦即最初的劳力和投资所得到的报酬最高，以后递增的单位投资和劳力所得到的报酬是渐次递减的。充分认识报酬递减律，在施肥实践中就可以避免盲目性、提高利用率，发挥肥料的最大经济效益。

第四节　作物的营养特性

一、作物营养的选择性

作物常常根据自身的需要对外界环境中的养分有高度的选择性。一般土壤中含有较多的硅、铁、锰等元素，而作物却很少吸收它们；相反，作物对土壤中有效成分较少的氮、磷、钾却有较多的需要。当我们向土壤施入某种肥料以后，由于作物具有选择吸收的特性，就必然会出现吸收肥料中的阴、阳离子不平衡的现象。鉴于作物选择吸收养分所产生的变化和影响，人们称硫酸铵为生理酸性肥料，称硝酸钠为生理碱性肥料。当把作物栽培在同一种土壤上时，常因植物种类不同，它们所吸收的矿物质成分和总量就会有很大的差别。如薯类作物需钾量比禾本科作物多，豆科作物需钙较多，叶菜类需要氮素较多，所以施肥时必须考虑植物的营养特性。

二、作物营养的阶段性

作物从种子萌发到种子形成的整个生长周期内，要经过许多不同的生长发育阶段。在这些阶段中，除前期种子营养阶段和后期根部停止吸收养分阶段以外，其他阶段都要通过根系从土壤中吸收养分。作物通过根系从土壤中吸收养分的整个时期称为作物的营养期，他包括各个营养阶段。这些不同的营养阶段对营养条件，如营养元素的种类、数量和比例等都有不同的要求，这就是植物营养的阶段性。

植物在不同生长发育期，其营养要求是不同的。因此，某种营养条件在植物某个生长期内可能是正常的，在另一个生长期内则可能是不正常的。一般作物吸收三要素的规律是：生长初期吸收的数量和强度都较低，随着生长期的推移，对营养物质的吸收逐渐增加，到成熟阶段后又趋于减少。不仅各种作物吸收养分的具体数量不同，而且所吸收养分的种类和比例也有区别。

三、作物营养的临界期

在作物生长发育过程中，有一时期对某种养分需要的绝对量不多，但迫切需要。此时如缺乏这种养分，对作物生长发育的影响极其明显，并由此而造成损失，即使以后补施该种养分也很难弥补。这一时期称为作物营养临界期。一般来说，作物在这一生长发育时期对外界环境条件较为敏感。

作物营养临界期因作物、养分不同而有较大差异。大多数作物磷的临界期都在幼苗期，例如棉花磷的临界期在出苗后 10 ～ 20 天，玉米在出苗后一周左右（三叶期）。作物氮的临界期则稍向后移，例如冬小麦是在分蘖和幼穗分化时期，棉花氮的临界期在现蕾初期，玉米氮的临界期在穗分化期。

四、作物营养最大效率期

在作物生长发育过程中还有一个时期，作物需要养分的绝对量最多，吸收速度最快，肥料的作用最大，增产效率最高，这时就是作物营养最大效率期。此时作物生长旺盛，对施肥的反应最为明显。例如玉米氮素最大效率期在喇叭口到抽雄初期，小麦在拔节到抽穗时期，棉花则是在开花结铃时期。另外，各种营养元素的最大效率期也不一致。据报道，甘薯生长初期氮素营养吸收效果较好，而在根块膨大时则磷、钾营养的吸收效果较好。

作物对养分的要求虽有其阶段性和关键时期，但绝不能不注意植物吸收养分的连续性。任何一种作物，除了营养临界期和最大效率期外，在各个生长发育阶段适当供给足够的养分都是必要的。若忽视作物吸收养分的连续性，作物的生长和产量都将受到影响。

第六章　化学肥料

肥料是指能为植物直接或间接供给养分的物料，包括直接肥料和间接肥料。

凡是用化学方法合成或是开采矿石加工制成的肥料，称为化学肥料，简称化肥，又称无机肥料。其主要特点是：某一养分的含量高；施用后见效快而猛；养分比较单纯；不含有机质。

化学肥料按所含营养元素可分为：氮肥、磷肥、钾肥、复混肥料和微量元素肥料。按水溶液的酸碱反应可分为：（1）化学酸性肥料，如过磷酸钙；（2）化学碱性肥料，如碳酸氢铵；（3）化学中性肥料，如尿素。按对土壤的反应可分为：（1）生理酸性肥料，如氯化钾；（2）生理碱性肥料，如硝酸钙；（3）生理中性肥料，如硝酸铵。

第一节　氮　肥

一、氮肥的种类及特点

氮肥的品种很多，按氮肥中氮素化合物的形态可分为：

（1）铵态氮肥。凡氮肥中的氮素以铵离子（NH_4^+）或氨（NH_3）的形式存在的，称为铵态氮肥，如碳酸氢铵、硫酸铵、氨水等。其共同特点是：易溶于水，是速效性养分，作物能直接吸收利用，迅速发挥肥效；肥料中的铵离子能与土壤胶体上吸附的各种阳离子进行交换作用，使铵态氮素移动性变弱而不易流失；液体氮肥和不稳定的固体氮肥（碳铵）本身易挥发，与碱性物质接触则挥发损失更为严重；在通气良好的土壤中，铵态氮可进行硝化作用，转化为硝态氮，使氮素易流失。

（2）硝态氮肥。是指肥料中的氮素以硝酸根（NO_3^-）的形态存在，如硝酸钠、硝酸铵、硝酸钙和硝酸钾等。硝酸铵兼有铵态氮和硝态氮，但通常仍把它归为硝态氮肥。其共同特点是：易溶于水，是速效性养分，吸湿性强；硝酸根离子不能被土壤胶体吸附，随土壤水运动而移动；在一定条件下，硝态氮素可经反硝化作用转化为游离的分子态氮（N_2）和各种氧化氮气体（NO、N_2O 等）而丧失肥效；大多数硝态氮肥易燃、易爆，在贮存、运输中要注意安全。

（3）酰胺态氮肥。凡含有酰胺基（$-CONH_2$）或分解过程中产生酰胺基的肥料均属酰胺态氮肥，如尿素、石灰氮。这类肥料需转化形成铵离子后才能被作物和土壤胶体吸收。

二、常用氮肥的性质和施用方法

（1）碳酸氢铵（NH_4HCO_3）：简称碳铵，含 N 量 17% 左右。弱碱性，是化学性质不稳定的一种白色晶体，易吸湿分解、易挥发、易溶于水。可做基肥和追肥，但不能做种肥或施在秧田里。无论在水田还是旱地均宜深施 6 ～ 10cm，并立即盖土。也可以 1% ～ 2% 的浓度兑水施用。不宜与碱性肥料混用，储藏时注意防高温、潮湿。

（2）硫酸铵 [$(NH_4)_2SO_4$]：含 N 量 20% ～ 21%，弱酸性，吸湿性弱，不易结块，属生理酸性肥料。硫酸铵易溶于水，易被作物吸收。适宜做种肥、基肥和追肥。在石灰性土壤施用时应深施覆土，酸性土壤应配合有机肥料和石灰施用。

（3）氨水（$NH_3 \cdot H_2O$）：含 N 量 12% ～ 17%，碱性液体肥料，有较强的挥发性和腐蚀性，易渗漏。旱田使用要开沟深施并结合灌水，水田结合灌水直接施用。贮存和运输过程应防挥发、渗漏、腐蚀。氨水不宜做种肥，否则易烧伤种子。

（4）硝酸铵（NH_4NO_3）：含 N 量 34% ～ 35%，弱酸性，吸湿性强，易受潮结块，属生理中性肥料，易燃。适用于各种土壤和作物，但因吸湿性强不宜做种肥。水田施用，因易被还原成氮挥发或随水流失，不如硫酸铵深施的效果好。储藏时要注意防潮，不要和易燃物同时存放在一处，以免发生火灾。

（5）氯化铵（NH_4Cl）：含 N 量 24% ～ 25%，弱酸性，吸湿性弱，属生理酸性肥料。易溶于水，易被作物吸收。可以做基肥、追肥，不宜做种肥。盐碱地和“忌氯作物”不宜施用。

（6）尿素 [$CO(NH_2)_2$]：含 N 量 45% ～ 46%，中性，有一定吸湿性，长期施用对土壤无不良影响。适宜做基肥、根外追肥，但不宜做种肥，也不能在秧田大量施用，做追肥要比一般肥料早施入土壤 4 ～ 5 天。尿素做水田基肥时应于耕前撒施，再耕翻入底层，过 3 ～ 5 天灌水整地。尿素做水田追肥时，田面应保持浅水，施肥后立即耕田，待 2 ～ 3 天后再灌水。尿素做旱地基肥时，先撒施，随即耕耙。做旱地追肥时，可穴施或沟施，施后覆土，也可兑水施入穴中。尿素做根外追肥的浓度一般为 0.5% ～ 2.0%，稻麦为 2.0%。

第二节　磷　肥

一、磷肥的种类

（1）水溶性磷肥。肥料中磷化合物可溶于水，作物能直接吸收利用，也易被土壤固定，如过磷酸钙、重过磷酸钙等。

（2）弱酸溶性磷肥。肥料中的磷化合物不溶于水，能被作物根系分泌的弱酸溶解，供作物吸收利用，肥效较缓慢，如钙镁磷肥、钢渣磷肥等。

（3）难溶性磷肥。不溶于水，也不溶于弱酸，只能溶于较强的酸；施入土壤后一般作物不能或很少吸收利用，如磷矿粉、骨粉等。

二、常用磷肥的性质和施用方法

（1）过磷酸钙 [$Ca(H_2PO_4)_2 \cdot H_2O$]。含磷（P_2O_5）12% ～ 18%，属水溶性磷肥。实际上是磷酸一钙和碳酸钙的混合物，呈灰白色或淡灰色粉状，有吸湿性和腐蚀性，易吸湿结块。久贮会使部分可溶性磷转变为弱酸溶性或难溶性磷酸盐，施入土壤后易产生化学固定作用。施用时应增加与根系的接触，减少与土壤接触，以提高肥效。不能做种肥，否则会严重影响发芽和出苗；可做基肥、追肥使用。其有效施用方法是：①集中、近根施用，即施于根系分布量大的土层，便于根系吸收。旱地采用穴施、条施，水田采用塞秧窝、沾秧根。用作追肥宜早施。②与有机肥料混合施用。既可减少固定，又可提高肥效。③制成粒径 3 ～ 5cm 的颗粒磷肥，可减少土壤对磷的吸附和固定作用。④分层施用，即将约 1/3 磷肥在种植时作为面肥或种肥施用，其余 2/3 在耕翻时犁入底层。

（2）重过磷酸钙。属高浓度磷肥，含磷（P_2O_5）40% ～ 52%。一般为深灰色，呈颗粒状或粉末状。易溶于水，水溶液呈酸性反应。吸湿性和腐蚀性比过磷酸钙强。其施用方法与过磷酸钙相同，仅施用量酌减。

（3）钙镁磷肥。含磷（P_2O_5）14% ～ 18%，为灰绿色、黑绿色或灰棕色粉末，不溶于水，不吸湿、不结块，属弱溶碱性磷肥，无腐蚀性，物理性状好，便于贮藏、运输和施用。最适宜做基肥，应尽早施用，不能做追肥或根外追肥。施于酸性土壤和油菜、豆科作物上肥效较好。做基肥宜采用穴施或条施，一般每公顷用量 225 ～ 375kg。

（4）磷矿粉。含磷（P_2O_5）10% ～ 25%，属难溶性的迟效磷肥，适用于酸性土壤，只宜做基肥，不宜做追肥和种肥。做基肥时，一般每公顷用量 750kg 左右，以撒施、深施为宜。磷矿粉与有机肥堆沤后施用，施后有效期为 3 ～ 5 年。

（5）骨粉。含磷（P_2O_5）22% ～ 34%，属难溶性磷肥，可在酸性土壤做基肥，可与有机肥堆沤后使用。

第三节　钾　肥

钾肥有以下四种类型：

（1）硫酸钾（K_2SO_4）。含钾（K_2O）50% ～ 52%，呈白色或淡黄色结晶状，易溶于水，易被作物吸收。吸湿性极弱，属生理酸性肥料。除做基肥或追肥外，还可做种肥和根外追肥。做基肥宜采取深施覆土，可减少钾的晶格固定，提高钾肥利用率。做追肥时，在黏重土壤上可一次施下，但在保水保肥力差的沙土上应分期施用。在水田中施用时，要注意田面水不宜过深，施后不能排水。在做种肥时，一般每公顷用量为 22.5 ～ 37.5kg，做根外追肥时浓度以 2% ～ 3% 为宜。适用于各种作物，对马铃薯、甘蔗、烟草等需钾多而忌氯的作物，以及十字花科等需硫的作物，效果更为显著。

（2）氯化钾（KCl）。含钾（K_2O）50% ～ 60%，呈白色结晶状，有时稍带黄色或紫红色。吸湿性不强，但长期贮藏也会结块。易溶于水，是速效性钾肥，属生理酸性肥料。可作基肥或追肥，但不宜做种肥。在中性和酸性土壤上做基肥时，宜与有机肥、磷矿粉等配合施用。在甘薯、马铃薯、甜菜、烟草等忌氯作物上不宜多用。特别适宜在麻类、棉花等纤维作物上施用，能显著提高纤维含量和纤维品质。

（3）草木灰。主要成分为K_2CO_3、K_2SO_4、K_2SiO_3等。含钾（K_2O）5%～10%，主要成分溶于水，呈碱性。适于各种土壤及作物，可做基肥、追肥。使用时忌与人粪尿、铵态氮肥混用。

（4）窑灰钾肥。为灰黄色或灰褐色细粒，松散轻浮，吸湿性强，属碱性肥料。除含钾外，还含有钙、镁、硅、硫、铁等多种营养元素。宜施用于酸性土壤，不能与铵态氮肥混合，也不能与过磷酸钙混合。不能做种肥，宜做基肥和追肥，一般每公顷施600～900kg。水田撒施，耕翻灌水。旱地施用应与两倍细土混匀，堆积过夜后施用。

第四节　复混肥料

在一种化肥中，含有氮、磷、钾等主要营养元素中的两种或两种以上成分的肥料，称为复混肥料。用化学方法制成的称复合肥料，用机械方法混合而成的称混合肥料。其有效成分用氮、磷、钾的相应的百分数表示，如20-15-5，表示氮、磷、钾含量分别为20%、15%、5%的三元型复混肥料；30-25-0，表示含氮30%、含钾25%的二元型复混肥料。

一、复合肥料

复合肥料性质稳定，养分含量高，无副成分或副成分少，可长期存放。其缺点是养分比例固定，很难适应不同的作物和不同的土壤，必要时应用某种肥料调节三要素比例。

（1）磷酸铵。主要成分是磷酸一铵和磷酸二铵，含N 12%～18%，P_2O_5 46%～52%。灰白色，有一定吸湿性，易溶，中性肥料。适用于各种土壤和作物，可做基肥、种肥和追肥，但做种肥时不能与种子接触。由于磷铵是以磷为主的一种高浓度复合肥料，应注意补充氮素，且不能与草木灰、石灰等碱性肥料混合施用，以防氨的挥发。

（2）硝酸磷肥。主要含有磷酸二钙、磷酸铵和硝酸铵，含N 12%～20%，P_2O_5 12%～20%。灰白色颗粒，易吸湿结块。适用于酸性和中性土壤，用于小麦、棉花、玉米等旱作物的效果好。各类硝酸磷肥均有一定的吸湿性，多制成颗粒，易随水流失，宜用于旱地，而不宜用于水田。因氮与五氧化二磷的比例接近于1，故对于喜磷轻氮的作物应补施磷肥。一般以做基肥和种肥为主，追肥宜早施、深施。

（3）磷酸二氢钾。含P_2O_5 50%、K_2O 30%。白色结晶粉末，吸湿性弱，易溶于水，呈酸性。一般用于浸种或根外追肥。浸种浓度为0.2%，浸泡10～20小时，晾干播种。根外追肥浓度为0.1%～0.3%，在禾谷类作物的拔节到开花期、棉花的盛花期喷1～2次。

（4）硝酸钾。含N 13%、K_2O 46%。白色结晶，易溶于水。易爆，运输、贮存要特别注意。适用于各种作物，特别适用于烟草。硝酸钾浸种浓度为0.2%，根外追肥浓度为0.6%～1.0%。

（5）硝磷钾肥。在生产硝酸磷肥过程中添加钾盐制成的三元复合肥，含N 10%、P_2O_5 10%、K_2O 10%。淡褐色颗粒，有吸湿性，应注意防潮。主要用于烟草，条施或局部深施做基肥。

二、混合肥料

（1）尿素磷钾肥。由尿素、磷酸一铵和氯化钾按不同比例掺和造粒而成的三元混合肥料。可根据不同土壤和作物选用不同比例的此种肥料。

（2）铵磷钾肥。是由硫酸铵、硫酸钾和磷酸盐按不同比例混合而成的三元混合肥料，也可由磷酸铵和钾盐混制合成。目前我国生产的铵磷钾三元混合肥的品种有氮磷钾1号、2号、3号，养分含量分别为：12-24-12，10-20-15，10-30-10。铵磷钾肥物理性状好，氮磷钾养分几乎都是速效性，易被作物吸收，可做基肥、追肥，目前多用于烟草、棉花、甘蔗等经济作物。适宜条施或穴施做基肥。根外追肥时，用0.5～0.75kg铵磷钾肥兑水75kg，喷施效果比磷酸二氢钾好。

第五节 微量元素肥料

微量元素肥料一般施用量少，增产效果显著；若施用过量，则作物受害，产量降低，甚至颗粒无收，造成土壤污染。此类肥料在施用时要严格控制用量并均匀施用，同时根据土壤、作物情况决定施用种类和方法。应该明白，只有在施足大量营养元素的基础上配合施用微肥，才有良好的增产效果。

（1）锌肥，常用的是硫酸锌。可做基肥、追肥、拌种、浸种和根外追肥。基肥、追肥每公顷用硫酸锌15～30kg、混合细土150～225kg，撒施或条施、穴施。拌种每kg种子用2～4g硫酸锌。浸种浓度为0.02%～0.05%，浸12～24小时。沾秧根用1%硫酸锌或1%氧化锌泥浆液浸沾半分钟。根外追肥用0.2%硫酸锌水溶液连续喷施2～3次，每次间隔7～10天。石灰性土壤及淋溶性强的酸性土壤（尤其是沙土）或长期大量施用磷肥的地块容易缺锌，玉米、高粱、棉花、蚕豆等作物对锌较敏感。

（2）硼肥，常用的是硼沙和硼酸。硼肥可与氮肥、磷肥混合均匀后一起施用，也可单独施用。可做基肥、追肥、种肥和根外追肥，但一般做根外追肥较多。在缺硼土壤用作基肥时，每公顷可施硼酸或硼沙1.8～3.0kg，且要均匀施用。浸种可用0.01%～0.10%硼酸或硼沙溶液，浸种6～12小时。拌种时每kg种子用硼酸或硼沙0.4～1.0g，用0.2%的硼沙溶液，在作物生长转入生殖生长期喷施2～3次。油菜、甜菜、花生、豆类、棉花、烟草、小麦、水稻、玉米、麻类等作物对硼有良好反应。

（3）锰肥，常用的是硫酸锰。可做基肥、种肥和根外追肥。基肥每公顷用15～30kg，与有机肥混匀后施用。拌种每kg种子用4～8g溶于少量水中，边喷边拌，晾干后播种。浸种浓度为0.05%～0.1%，浸8小时，晾干后播种。喷施用0.1%～0.2%的溶液，在作物苗期和生殖生长初期使用效果最好。

（4）钼肥，常用的是钼酸铵。用作种子处理和根外追肥。浸种用0.05%～0.1%的溶液，浸12小时。根外追肥用0.05%～0.1%溶液，每公顷喷750～1000kg。花生、大豆、蚕豆、豆科绿肥作物、油菜、甜菜等豆科和十字花科作物对钼敏感，施用钼肥都有良好的效果。钼对人、畜均有毒，经钼肥处理过的种子不要食用或用作饲料。

（5）铜肥，常用的是硫酸铜。在长期施用石灰或碱性肥料的小麦土壤上施用铜肥，有一定肥效。基肥每公顷用量为 15 ～ 30kg，如果采用条施或穴施，用量减少 1/3。浸种浓度为 0.01% ～ 0.05%，喷施浓度为 0.02% ～ 0.04%。

（6）铁肥，常用的铁肥是硫酸亚铁。花生、玉米等作物对铁反应敏感。铁肥喷施比土施效果好，叶面喷施用 0.2% ～ 1.0% 的溶液，喷 2 ～ 3 次。

第六节　菌　肥

菌肥是人们利用土壤中有益微生物制成的生物肥料，包括细菌肥料和抗生菌肥料。菌肥本身不含作物所需的营养元素，而是通过菌肥中的微生物生命活动的产物来改善作物营养条件，如固定空气中的氮素；参与养分转化，促进作物对养分的吸收；分泌激素刺激作物根系发育；抑制有害微生物的活动等。因此，菌肥不能单施，要与化肥和有机肥配合施用，才能充分发挥其增产效能。

目前主要有根瘤菌肥、自生固氮菌肥、叶面固氮菌肥、5406 抗生菌肥和磷、钾细菌肥及复合菌肥等。根瘤菌肥多用于拌种，在播种前将菌剂加少许清水或新鲜米汤，搅拌成糊状；再与豆种拌匀，置于阴凉处，稍干后拌上少量泥浆裹种；最后拌以磷钾肥，或添加少量钼、硼等微量元素肥料，立即播种。菌肥不能与杀菌农药一起使用，应在利用农药消毒种子后两周再拌用菌肥。

第七章　有机肥料

第一节　有机肥料的营养特点

含有有机质的肥料称为有机肥料，又称农家肥料。有机肥料种类多、来源广、数量大。它们的共同营养特点有：养分全面，不仅含有作物生长所必需的大量元素和微量元素，还含有丰富的有机质，是一种完全肥料；所含营养元素都呈有机态，必须经微生物转化才能被作物吸收利用，因而肥效缓慢而持久，是一种迟效性肥料；含有大量有机质和腐殖质，对改土培肥有重要作用；肥料中含有大量的微生物，以及各种微生物的分泌物——酶、刺激素、维生素等生长活性物质；养分含量较低，施用量大，施用时所需劳力和运力较多。

第二节　有机肥料的积制、腐熟和施用

一、人粪尿

人粪尿有机质含量少，偏氮，属速效性肥料（表 1-6）。粪尿入池，防漏，遮阴，加盖，防止养分损失。不要与碱性物质混合。一般经半月左右腐熟即可施用。可做基肥和追肥，对一般作物有良好的效果。水田，耕翻灌水前泼施。旱地，加水后条施或穴施，施于根系附近，施后覆土。特别适宜在叶菜类、禾谷类、纤维类等作物上施用，对马铃薯、甘薯、甜菜等忌氯作物不宜多施，对于烟草则不宜施用。

表 1-6　人粪尿主要养分含量（%）

种类	水分	有机物	氮（N）	磷（P_2O_5）	钾（K_2O）
人粪	70 以上	20 左右	1.00	0.50	0.37
人尿	90 以上	3 左右	0.50	0.13	0.19
人粪尿	80 以上	5 ～ 10	0.5 ～ 0.8	0.2 ～ 0.4	0.2 ～ 0.3

二、猪粪尿

猪粪尿的粪质细，碳氮比较低，腐熟速度较快，属温性肥料。养分含量不如人粪尿高，但氮、磷、钾含量比较均衡，施用量较大，施用方法与人粪尿基本相同。

三、牛粪尿

牛粪质细，养分含量低，尤其是氮含量低。碳氮比大，养分分解慢，属冷性肥料。通常有堆制和池腐两种，尿入池。为了提高肥料质量，可与人粪尿或猪粪尿混合贮存，或加钙镁磷肥、磷矿粉一起堆腐。干粪撒施入土，水粪可条施或穴施。

四、禽粪

禽粪中养分含量高于家畜粪尿，多呈有机态，较易分解，发酵温度高，属热性肥料。用细干土或泥炭做垫料，经常取出，风干后贮于干燥阴凉处；或禽粪与泥土、泥炭堆熟，外用泥封。也可将禽粪放入池内，加盖腐熟。注意禽粪必须经过腐熟才能施用。禽粪多用作追肥，每公顷用量为 375 ～ 750kg，可条施或穴施，施后盖土。干粪也可撒施做基肥。

五、沤肥

将植物残体、杂草、落叶、人畜粪尿、泥土混合，在嫌气条件下沤制而成。一般保持一定水层，使沤肥材料经常淹泡发酵，嫌气分解。沤肥为迟效性肥料，用于水田基肥，也可做旱地基肥。

六、堆肥

堆肥是以作物秸秆、落叶、杂草、泥炭、垃圾、草皮等为基本原料，混合适量人畜粪尿或化学氮磷肥、石灰，以好气性微生物分解为主的条件下积制而成的肥料。堆腐的快慢与微生物活动有关，有高温堆肥和普通堆肥两种。堆肥含有各种养分和丰富的有机质，属迟效性肥料。堆肥适用于各种土壤和作物。一般做基肥，每公顷 15000 ～ 30000kg，施后立即耕翻入土。腐熟好的堆肥可做追肥条施或穴施。

七、饼肥

榨油后剩下的残渣用作肥料即称饼肥。饼肥的成分因作物种类不同而存在差异（表 1-7）。适于各种土壤和作物，使用前要粉碎，加水或人畜粪尿堆沤发酵，半月左右即可腐熟施用。饼肥可做基肥，粉末于播种前 2 ～ 3 周施入土中，耕耙使泥肥混合。腐熟的饼肥可做追肥条施或穴施，施用量为每公顷 450 ～ 1200kg。

表 1-7　主要饼肥氮、磷、钾的平均含量

油饼种类	N（%）	P_2O_5（%）	K_2O（%）	饼肥种类	N（%）	P_2O_5（%）	K_2O（%）
大豆饼	7.00	1.32	2.13	蓖麻籽饼	5.00	2.00	1.90
花生饼	6.32	1.17	1.34	桐籽饼	3.60	1.30	1.30
芝麻饼	5.80	3.00	1.30	棉籽饼	3.41	1.63	0.97
菜籽饼	4.60	2.48	1.40	茶籽饼	1.11	0.37	1.23

八、沼气池肥

人畜粪尿、作物秸秆、青草等各种有机物质在沼气池内经嫌气发酵，制取沼气后的残渣和肥水，即沼气池肥。发酵液为速效性，适用作追肥。残渣为迟效性，宜用作基肥。

九、秸秆还田

秸秆还田是作物秸秆经铡碎之后，不经堆制直接入土。为了增强秸秆还田的效果，在施用方法上应注意：（1）作物秸秆碳氮比较大，为减少微生物与作物争氮的矛盾，应配合施用适量的氮素，对缺磷土壤则应配合施用适量速效磷肥。（2）用圆盘耙耙碎后翻耕，并使秸秆与土壤尽量混匀，同时保持土壤含水量达田间持水量的 60% 左右为宜。（3）一般在作物收割后立即将秸秆耕翻入土，以减少水分流失，利于腐解。（4）在薄地、氮肥不足的情况下，秸秆还田离播期又较近时，秸秆用量不宜过多；在肥地、氮肥较多，距播期较远时，则加大用量。一般翻埋量为每公顷 4500 ～ 6000kg。

注意：秸秆还田时应配合施用石灰，尤其是在酸性土壤上，以中和有机酸；有病害的秸秆不能直接还田；旱地应将秸秆切碎或粉碎，耕翻入 10 ～ 15cm 土层中后灌水；水田切碎翻入田内，施入适量石灰，浅水灌溉。

十、绿肥

用新鲜绿色植物体做肥料称绿肥。绿肥可以增加土壤有机质含量和氮素营养，改良土壤，提供作物所需养分，覆盖地面，减少土肥流失，调节作物茬口，节省施肥劳力，促进畜牧业和养蜂业的发展。必须合理轮作，利用一切可以利用的空茬、荒地、荒坡、水面种植绿肥。加强管理，提高绿肥产量，保证农作物的高产丰收。绿肥是偏氮的半速效性肥料，直接耕翻入田。一般在初花期或盛花期翻埋入 10cm 左右的土层中，不露出表土，配合施用磷钾肥。绿肥宜做饲料形成的家畜粪尿肥地。

第八章　施肥技术

第一节　作物主要营养元素缺乏的形态诊断

作物生长发育过程中需要吸收各种营养元素，如果某种营养元素缺乏或过量，都会在作物外部产生特异形态。人们通过肉眼观察判断、确定作物营养元素丰缺的方法称为作物营养的形态诊断。该方法简便，有一定准确性，但在很大程度上凭人的经验，缺乏量化指标。因此，形态诊断应与化学诊断配合进行。

作物缺氮一般表现为生长受阻，植株矮小，叶色变黄。缺氮首先出现在下部叶片，而后逐渐向上发展。缺氮使新叶淡绿，老叶黄化，枯焦早衰。作物缺磷一般表现为叶片变小，叶色为暗绿或灰绿，缺乏光泽，植株生长缓慢，生长期延迟；缺磷严重时，作物茎叶出现明显的紫红色条纹或斑点，叶片枯死脱落。作物缺钾一般表现为老叶叶尖和边缘发黄，进而变褐，渐次枯萎；叶片出现褐色斑点，甚至成斑状，但叶中部靠近叶脉附近仍保持原来色泽。缺钾严重时，幼叶上发生同样症状，整个植株和枝条柔软下垂，易产生倒伏。

作物缺硼一般表现为顶芽停止生长，逐渐枯萎死亡，根系不发达；叶色暗绿，叶形小，肥厚，皱缩，植株矮化，花发育不健全，果穗不实，块根、浆果心腐坏死。作物缺锌一般表现为叶片失绿，节间缩短，植株矮小，生长受抑制，产量降低。禾本科作物易发生“白苗病”，果树出现“花叶病”“小叶病”“青铜病”等。作物早期缺锰，叶片主脉和侧脉附近为深绿色，呈带状，叶脉间则为浅绿色；严重时，叶脉间的失绿区域变成灰绿色甚至灰白色，叶薄，枝有顶枯现象，长势很弱。作物缺钼后叶片失绿，失绿部分在叶脉间形成黄绿或橘红色的叶斑，然后叶边缘卷曲，凋萎以至坏死；叶片向上卷曲和枯萎，成熟的尖端有灰色褶皱或坏死斑点，叶和叶脉干枯。作物缺铜后幼嫩叶片褪绿、坏死、萎蔫、畸形以及叶尖枯死，出现白色叶斑，果、穗发育不正常。作物缺铁开始时在幼叶叶脉间失绿黄化，叶脉仍保持绿色，以后完全失绿，甚至整个叶片呈黄白色，而老叶仍保持绿色。作物缺镁后叶片变黄，尤其是叶肉变黄，叶脉仍为绿色；主脉间明显失绿，有多种彩色斑块，但不易出现组织坏死。作物缺钙后植株矮小，根系生长不良，茎和根尖的分生组织受损，严重时植株幼叶卷曲，茎叶柔软下垂、发黄、枯焦、早衰，心叶相互黏连。作物缺硫后新叶葱化，失绿均匀，生长期延迟。

第二节 施肥量的确定

一个比较合理的施肥量，受作物种类及计划产量水平、土壤类型及其供肥能力、肥料品种及其利用率、气候因子以及经济因素等的综合影响。因此，确定作物计划施肥量的最可靠方法，是在总结农民的作物丰产施肥经验的基础上进行肥料的适量试验，通过多年的科学试验，找出作物产量与施肥量的相应关系，作为科学施肥和经济施肥的依据。

一、施肥量的估算

即根据作物计划产量的需肥量与土壤供肥量之差来计算施肥量，其表达式为：

施肥量（kg/ha）=[农作物需肥量（kg/ha）- 土壤供肥量（kg/ha）]/
[肥料的有效养分含量（%）× 肥料利用率（%）]

式中的养分均按 N、P_2O_5、K_2O 来计算。从上式中必须明确以下三个主要参数：

（1）根据作物计划产量求出所需养分总量。首先要根据往年的收成预计出某农田能收的产量，也可以地定产、以水定产或以土壤有机质含量定产。然后按下式推算出作物计划产量的需肥量。

计划产量所需肥量（kg/ha）=[作物计划产量指标（kg/ha）×
形成 100kg 经济产量所需养分数量（kg）]/100

（2）土壤供肥量的确定。以田间无肥区农作物产量推算而得出，即在有代表性的土壤上进行五项肥料处理试验：CK 为对照，不施任何肥料；PK 表示无 N；NK 表示无 P；NP 表示无 K；NPK 表示为完全养分处理。其估算公式为：

土壤供肥量（kg/ha）=[无肥区作物产量（kg/ha）×
形成 100kg 经济产量所需养分数量（kg）]/100

（3）肥料利用率。指当季作物从所施肥料中吸收的养分占肥料中该养分总量的百分数。通过必要的田间试验和室内化学分析，可按下式求得肥料利用率。

肥料利用率（%）=[（施肥区作物体内该元素的吸收量 - 无肥区
作物体内该元素的吸收量）/ 所施肥料中该元素总量]×100

肥料利用率的大小与作物种类、土壤性质、气候条件、肥料种类、施肥量、施肥时期和农业技术措施有密切关系。各种肥料当年利用率可参考表 1-8。

表 1-8 肥料当年利用率

肥料	利用率（%）	肥料	利用率（%）
一般圈肥	20 ～ 30	氯化铵	60
土圈肥	20	碳酸氢铵	55

续表

肥料	利用率（%）	肥料	利用率（%）
堆肥	25 ～ 30	尿素	60
人粪尿	40 ～ 60	过磷酸钙	25
炕土	30 ～ 40	钙镁磷肥	25
新鲜绿肥	30	磷矿粉	10
氨水	50	硫酸钾	50
硫酸铵	70	氯化钾	50
硝酸铵	65	草木灰	30 ～ 40

实现作物计划产量所需养分总量与土壤供肥量的差值，即为需要通过施肥补给的养分数量。知道了需要通过施肥补充的养分数量，就可按照确定的基肥和追肥比例、肥料种类与质量（养分含量）、肥料利用率等，计算出基肥与追肥的计划施肥量。其计算公式为：

计划施肥量（kg/ha）=[需要通过施肥补充的养分数量（kg/ha）]/
[该肥料某种养分含量（%）× 该肥料利用率（%）]

此方法的优点是概念清楚，计算方法简单，容易掌握。

二、配方施肥

所谓配方施肥，是指综合运用现代农业科技成果，根据作物需肥规律、土壤供肥性能与肥料效应，在以有机肥为基础的条件下，产前提出氮、磷、钾和微量元素肥料的适用量和比例，以及相应的施肥技术，包括配方和施肥两个程序。配方，犹如医生诊断病情后开出处方，根据土壤、作物类型，产前定肥定量。施肥，则是配方的实施，根据“处方”确定肥料品种、用量，合理安排基肥和追肥的比例、追肥次数、施肥时期、配比。配方施肥的基本方法有地力分区（级）配方法、目标产量配方法、肥料效应函数法及有机和无机肥料的换算法。

地力分区（级）配方法是按土壤肥力高低分成若干等级，或划出一个肥力均等的田片作为一个配方区；利用土壤普查资料和肥料田间试验的成果，结合生产实践经验，估算出这一配方区内比较适宜的肥料种类及其施用量。

第三节　肥料的施用方法

良好的施肥方法应该做到：不断提高土壤肥力；改善土壤理化性质；满足作物对各种养分的需求；降低成本，产量高、品质好，经济效益最大。由于作物在整个生长发育期内可分为若干营养阶段，不同营养阶段对土壤和养分条件有不同的要求，同时各营养阶段所处的气候、土壤水分、热量和养分条件也随之发生变化。因此，为了使作物在各营养阶段都能得到适宜的养分种类、数量和比例，就要根据不同作物的营养特点和生长发育期的长短来确定不同目的的施肥方式。一般来说，施肥方式包括基肥、种肥和追肥。

一、基肥的有效施用技术

基肥，也称为底肥，它是指在播种或定植前结合土壤耕作翻入土中的肥料。其目的是培肥改良土壤，为作物生长发育创造良好的土壤条件，不断地满足作物在整个生长期对养分的要求。因此，基肥一是培肥地力、改良土壤，二是供给植物养分。因此，基肥用量通常为某种作物全施肥量的大部分，是肥效持久而有机质丰富的肥料。为了培肥和改良土壤，提高肥效，基肥应以有机肥为主，且用量要大一些，施肥应深一些，施肥时间要早一些。其有效施用方法有：

（1）结合深耕施用。肥料用量大，结合深耕将有机肥料施在根系集中分布区域和经常保持湿润状态的土层中，以做到土肥相融，起到培肥土壤和供给作物全生长发育期所需养分的作用。一般磷、钾肥的有效施用方法以深施为宜。但在养分贫瘠的地块上适当浅施，可以解决苗期的营养急需问题。在基肥用量大、密植作物以及作物根系分布广的情况下，均宜先撒施再结合深耕翻入土中。为了适应作物根系的不断伸长及其对养分的吸收，应结合深耕，把迟效性肥料施于土壤耕层的中、下部，在土壤耕层的上部施用速效性肥料，做到分层施肥，迟效与速效相结合。挥发性氮肥宜结合深耕施用，减少肥料与空气的接触，减少挥发。对于旱田密植作物，也可结合耕地先将碳酸氢铵均匀撒在地面并立即耕翻入土，或直接撒在垡片上立即耙盖，以减少肥分损失，提高肥料利用率。

（2）集中施用。用肥较少，肥效较高，增产效果较好，还可起到改良种子床的作用。常采用开沟条施或穴施的方法，将少量肥料集中施在作物播种行或播种穴中。磷肥与有机肥料混合集中施用，可以减少与土壤的接触面积，防止磷被土壤大量固定，并利用有机酸增强磷的有效性并提高利用率。

（3）多种肥料混合施用。将人粪尿和肥效较慢的厩肥混合施用，速效化肥与有机肥料配合施用，可以取长补短，使肥效平稳持久。同时，有机肥料与氮、磷、钾及微肥配合施用，可以更有效地按照各种作物的营养特性和土壤供肥特点提高肥效，保证作物各营养阶段所需养分得以及时供应。

二、种肥的有效施用技术

种肥是播种、定植时施于种子或幼株附近或与种子混播或与幼株混施的肥料。其目的是为幼苗生长发育创造良好的营养和环境条件。其作用，一方面供给幼苗养分，特别是满足幼苗营养临界期对养分的需要；另一方面用腐熟的有机肥料做种肥，还可改善种子床和苗床物理性状。因此，种肥在施肥水平较低、基肥不足且有机肥料腐熟程度较差的情况下施用效果良好；若土壤贫瘠和作物苗期因低温、潮湿、养分转化慢、幼根吸收力弱，施用种肥也有较显著的增产效果。在盐碱地上，施用腐熟有机肥料做种肥还可以起到防盐保苗的作用。要求浓度不过高，酸碱适宜，无腐蚀性，吸湿性不强，溶解时不产生高温、不含有有毒副成分的腐熟有机或速效性化肥以及细菌肥料等做种肥。其有效施用方法有：

（1）拌种法。用少量的化学肥料或细菌肥料与种子拌匀后一起播入土壤。

（2）蘸秧根。对移栽作物如水稻等，将化学肥料或细菌肥料配制成一定浓度的溶液，浸蘸秧根，然后定植。

（3）浸种法。用一定浓度的肥料溶液来浸泡种子，一段时间后，取出稍晾干后播种。

（4）条施或穴施。凡条播作物如小麦等，把肥料先施入土壤，再播种称条施种肥。凡点播或移栽作物如玉米、棉花、烟草等，把肥料施入播种穴的，称穴施种肥。

（5）盖种肥。开沟播种后，用充分腐熟的有机肥料或草木灰盖在种子上面，称盖种肥。

三、追肥的有效施用技术

追肥是在作物生长发育期间施用的肥料。其作用是及时补充作物生长发育过程中所需要的养分，以促进作物生长发育，提高作物的产量和品质。一般多施用速效性化肥，腐熟良好的有机肥料也可以用作追肥。为了充分发挥追肥的增产作用，除了确定适宜的追肥时间外，还要采用合理的施用方法。

（1）深施覆土。一般应深施在根系密集层附近，特别是磷、钾肥。在石灰性土壤上，无论施用化学性质不稳定的氮肥（如碳铵氨水）还是化学性质稳定的氮肥（如尿素、硫酸铵），均应遵守深施覆土原则。

（2）撒施结合灌水。小麦、水稻、蔬菜等密植作物封垄后，采用随撒施、随灌水的方法。

（3）喷灌施肥。把肥料溶于喷灌水中，养分随水喷入土壤中，肥料浓度不宜过高。

四、根外追肥的施用方法

根外追肥用量少、收效快，是一种辅助性施肥措施。在作物生长中后期，或环境条件不良、根系吸收养分能力减弱时，可进行根外追肥。用于根外追肥的肥料应是可溶性的，大量营养元素如氮、磷、钾的浓度为 1% ～ 2%，微量元素为 0.01% ～ 0.3%。最好在清晨和傍晚喷施。

第四节　肥料的混合配比

一、肥料混合配比的概念

肥料混合配比是根据土壤中的养分含量和要种植的农作物种类，确定作物在每个生长时期所施肥料应含的养分、数量，然后将单质化肥、复合化肥及有机肥料按照需要均匀混合而成。

二、肥料混合配比的优、缺点

肥料混合配比的优点有：可以一次使作物得到多种适当比例的营养元素，临时混配，具有灵活性；养分含量高，副成分少；可以改善肥料的物理和化学性质，使肥料发挥更好的作用；可以节省施肥时间和劳动力。

肥料混合配比的缺点，一是难于满足施肥技术的要求。一般来讲，氮肥适合用作追肥，而磷肥适合用作种肥或基肥。如果施用氮、磷混合肥料，或氮磷肥混合微肥、农药或有机肥料，就更难满足施用技术的要求。二是需要较高浓度的单质肥料。要配成高浓度的混合肥料，就必须有高浓度的单质肥料，否则难以混成较高浓度的混合肥料。

三、肥料混合配比的原则

肥料之间混合时，有时会发生化学反应，而使营养物质流失和使肥料的物理性变坏，这种现象称为肥料的对抗作用。相反，当肥料有效地混合，并不产生有害的副作用时，则称为肥料的协同作用。因此，在考虑肥料之间可否混合时，其原则是：混合后有利于改善肥料的物理、化学性状；肥料养分不受损失；有利于提高肥效和工效。根据各种肥料混合的忌宜情况，可归纳为图 1-5，以供参考。

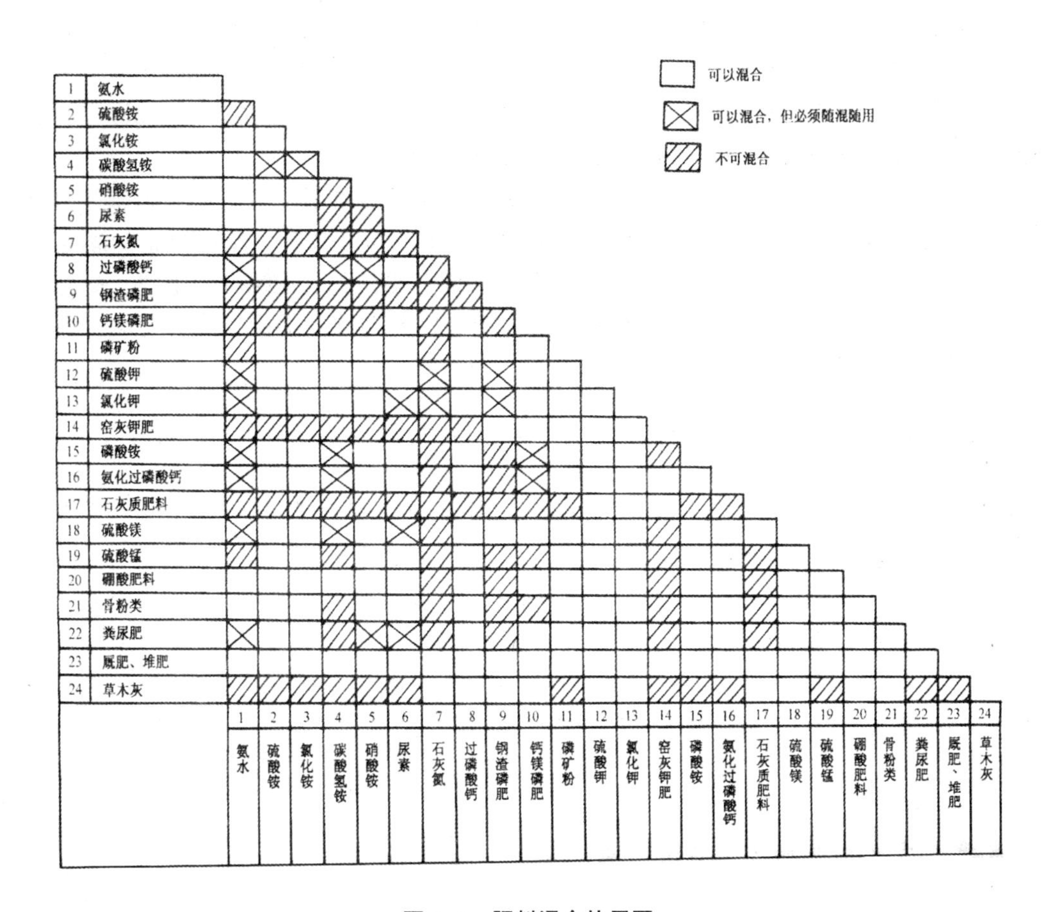

图 1-5　肥料混合使用图

四、化学肥料的混合

化学肥料混合适当与否，常有三种情况：

（1）可以混合。两种或两种以上的肥料经混合后，不但养分没有损失，而且还能减少各种肥料对于作物生长的不良作用。如硫酸铵和过磷酸钙、磷矿粉和硫酸铵、尿素和磷酸盐肥料等。

（2）可以暂时混合但不可久置。有些肥料混合后立即施用，不会有不良的影响；如果混合后长期放置，就会引起有效养分含量降低或物理性状变坏。如过磷酸钙和硝态氮肥、尿素和氯化钾等。

（3）不可混合。这类肥料混合后能引起养分的损失，降低肥效。如石灰氮、石灰、钢渣磷肥、草木灰等碱性肥料与铵态氮肥以及含铵态氮的复合肥料混合，会引起氨的挥发损失；与水溶性磷肥如过磷酸钙混合，常引起磷酸退化问题，降低有效磷含量；与难溶性磷肥混合，会进一步增强土壤碱性，将更难被作物吸收利用。

五、有机肥料和矿物质肥料的混合

有些有机肥料和矿物质肥料混合施用，其增产效果常比分别施用好；有些肥料混合后则肥效降低，不宜混合。

（1）可以混合。例如厩肥、堆肥与钙镁磷肥混合，可促使钙镁磷肥中磷的溶解，增强磷肥吸收效果。过磷酸钙与厩肥、堆肥混合施用，可减少磷肥与土壤的接触面，避免磷酸固定。鱼肥、泥炭等有机肥与草木灰、石灰氮混合，可提高其肥效。人粪尿混合少量的过磷酸钙，可形成磷酸二氢铵，防止或减少氨的挥发损失。

（2）不宜混合。有些有机肥料与矿物质肥料混合后会降低肥效。例如硝态氮肥与未腐熟的堆肥、厩肥或新鲜秸秆混合堆沤，易引起氮素损失。含有大量纤维素、碳氮比大的作物秸秆与氮素化肥混合后，常使无机态氮变成有机态氮，延缓氮肥肥效。此外，各种腐熟的有机肥料若与碱性肥料混合施用，也会造成氨的挥发损失，降低肥效，也不宜混合施用。

六、肥料混合的配制方法

配制混合肥料的关键是混合的均匀度。故应先将大块打碎过筛，先筛潮湿的，后筛干的，最后按需用量分别过秤，准备混合。首先，将含磷的肥料撒在平整而结实的地面上，厚薄均匀；其次，撒体积较小的，如氮肥；最后，撒体积最小的，如钾肥或填充物。撒时力求均匀，拌匀后再堆成一堆。如此反复多次，直至颜色完全均匀为止。混合完毕后再筛。

经过上述过程混合而成的肥料，尚可分为两种途径处理：第一，将混合好的肥料直接施入土壤；第二，将已混成的肥料用机械加工制成颗粒肥，作为商品销售。

七、肥料与农药的混合

肥料同农药混用在生产上和经济上都是可行的。它的主要优点是：减少操作流程，节省劳力，提高工效；提高肥效和药效；降低农药成本（肥料代替了农药中的填充剂）；弱化了农药的毒害性（肥料稀释了农药的浓度）。

（1）混合施用的原则。农药和肥料混合应遵循以下原则：

①不能因混合而降低肥效与药效。例如过磷酸钙与西玛津、扑草净施入土壤前直接混合，不改变其除草活性，但如果预先配制并长期保存（2～3个月），则会失去药效。因此，只能随混随用。西玛津和阿特拉津能与除石灰以外的固体肥料混合，不会降低其除草活性，可以混合使用。但是，多数有机磷农药在碱性条件下容易分解失效。含有 NH_4、N 或水溶性磷酸盐的肥料与碱性农药混合，则肥料的有效成分含量降低，不宜相互混用。

②混合后对作物无害。一般高度选择性的除草剂，如 2，4-D 类与化肥混合施用时不仅对作物无害，而且能提高除草能力。所以在麦类或禾本科牧草地上，可提倡 2，4-D 与化肥混合施用。而扑草净与液体肥料混合时会增强对玉米的毒性，故不可混合施用。

③混合后性质稳定。2，4-D 与过磷酸钙预先混合后仍有较强的稳定性和适宜性，是一种理想的混合剂型。

④混合后的施用时间、部位必须一致。

（2）肥料与农药混合的剂型。目前主要有固体与液体两类。前者将固体农药直接与固体肥料混合，或将液体农药喷在固体肥料上，或在肥料生产过程中将农药加入，一起制成颗粒肥料。后者是将固体农药和液体农药混入液体肥料中。同化肥混用的农药，以除草剂最多，杀虫剂次之，杀菌剂较少。

肥料与除草剂混用。除草剂与肥料混用比单用时分布更均匀，可扩大对杂草的杀伤面，提高除草剂功效。但除草剂具有一定的毒性，影响微生物的活动，因而除草剂最好不与有机肥料一起混用，以免影响肥效。根外追肥是某些除草剂和肥料混用时较有效的方法。

肥料与杀虫剂、杀菌剂混用。目前同肥料混用的杀虫剂主要是防治地下害虫的农药和具有内吸作用的有机磷农药，它们混用后互不影响效果。这类农药有七氯、氯丹、艾氏剂等。生产过程中可将它们同各种肥料混合后施入土中做基肥并兼治地下害虫，常与其混合的肥料有过磷酸钙和有机肥料等。

（3）肥料同农药混用应注意的事项。①肥料与农药混剂的配制（成分、比例）比较复杂，既要考虑作物营养，又要兼顾治虫和除草，涉及的因素很多。在配制前一定要根据作物、肥料、农药与防治对象的特性做合理的选择。②农业生产单位自行配制混剂时，应事先在小容器内做混合试验，观察肥料与农药混合的变化，确定无不良影响后（如不产生沉淀）才能采用。③液体混剂最好现用现混合，以免发生变化。④在施用过程中应注意经常搅动，边施用边搅动，直到喷完为止。

第九章　水肥一体化施肥技术

第一节　水肥一体化技术概述

一、水肥一体化技术的概念

水肥一体化技术是集节水灌溉和高效施肥于一体的现代农业生产综合水肥管理措施，具有显著的节水、节肥、省工、优质、高效、环保等特点，已广泛应用于作物生产中。

水是生命之源，是农业生产发展的必要条件，而肥料是作物增产的物质保证和基础。长期以来的缺水和过量使用肥料是制约我国农业持续健康发展的重要因素。我国的水资源相对比较贫乏，人均占有量仅为 2300m^3，只相当于世界人均淡水资源量的 1/4。目前，全球正经历着人类历史上前所未有的气候变化。自工业革命以来，全球大气中二氧化碳的浓度日趋升高，二氧化碳增加不仅会导致全球气候变暖还会使气候逐渐干旱化，引起或加剧土壤盐碱化，导致淡水资源更加匮乏。如何节约农业用水，如何通过采取工程、农艺管理等措施，提高农业水分利用率是节约淡水资源、促进水资源的可持续高效利用、加速社会经济发展的关键。化肥的过量使用不仅造成了严重的资源浪费，同时也引起了一系列的环境问题。因此，农业生产既要追求作物的高产、优质、低成本，同时也要保持绿色可持续发展，而实现这个目标的前提是有一个最优且平衡的水分和养分供应。

水分和养分的合理调节与平衡供应是作物增产的关键因素，而传统的灌溉和施肥是分开独立进行的。从施肥来看，传统的施肥方法如撒施、集中施、分层施用、叶面施用等，肥料利用率都较低；从灌水来看，传统的方式是大水漫灌、沟灌等，水分利用效率也较低。在水肥供给作物生长的过程中，最有效的供应方式是实现水肥同步供给，充分发挥两者的相互作用，在供给作物水分的同时最大限度地发挥肥料的作用，实现水肥同步供应，即水肥一体化技术。

水肥一体化技术也称为灌溉施肥技术，是将灌溉与施肥融为一体的一种新型农业技术，是精确施肥与精确灌溉相结合的产物。它借助压力系统（或地形自然落差），根据土壤养分含量和作物种类的需肥规律及特点，将可溶性固体或液体肥料配制成的肥液与灌溉水一起，通过可控管道系统均匀、准确地输送到作物根部土壤，直接浸润作物根系发育生长区域，使主要根系土壤始终保持疏松和适宜的含水量。根据灌水方式的不同，水肥一体化水渠灌溉、管道灌溉、喷灌、泵加压滴灌、重力滴灌、渗灌等。水渠灌溉最为简单，对肥料要求不高，但不利于节水；滴灌是根据作物需水、需肥量和根系分布进行最精确的供水、供肥，不受风力等外部条件限制；喷灌相对来说没有滴灌施肥适应性广。故狭义的水肥一体化技术也称滴灌施肥。

二、水肥一体化技术的特点

（一）水肥一体化技术的优点

水肥一体化技术与传统地面灌溉和施肥方法相比，具有以下优点。

（1）节水。水肥一体化技术可减少水分的下渗和蒸发，提高水分利用率。在传统的灌溉方式中，水的利用系数约为0.45，一半以上的灌溉用水流失或浪费了，而喷灌中水的利用系数约为0.75，滴灌中水的利用系数可达0.95。在露天条件下，微灌施肥与大水漫灌相比，节水率达50%左右。保护地栽培条件下，滴灌施肥与畦灌施肥相比，每亩大棚一季节水80～120m^3，节水率为30%～40%。

（2）节肥。利用水肥一体化技术可以方便地控制灌溉时间、肥料用量、养分浓度和营养元素间的比例，可实现平衡施肥和集中施肥。与手工施肥相比，水肥一体化的肥料用量可量化，作物需要多少就施多少，同时将肥料直接施于作物根部，既加快了作物吸收养分的速度，又减少了挥发、淋湿所造成的养分损失。水肥一体化技术具有施肥简便、施肥均匀、供肥及时、作物易于吸收、提高肥料利用率等优点。在作物产量相近或相同的情况下，水肥一体化技术与传统施肥技术相比可节省40%～50%的化肥。

（3）减轻病虫草害发生。水肥一体化技术有效地减少了灌水量和水分蒸发，提高了土壤养分有效性，促进了根系对营养的吸收储备，降低了土壤湿度和空气湿度，抑制了杂草生长和病菌、害虫的产生、繁殖和传播，在很大程度上减少了病虫草害的发生。因此，也减少了农药的投入和防治病虫草害的劳力投入，与常规施肥相比，利用水肥一体化技术每亩农药用量可减少15%～30%。

（4）降低生产成本。水肥一体化技术采用管网供水，操作方便，便于自动控制，可有效减少人工开沟、撒肥等过程，明显节省施肥劳动力；灌溉是局部灌溉，大部分地表保持干燥，可减少杂草的生长，也相应减少了农田除草劳动力；由于水肥一体化可减少病虫害的发生，减少了用以防治病虫害、喷药等的劳动力；水肥一体化技术实现了耕地无沟、无渠、无埂，大大减少了水利建设的工程量。

（5）改善作物品质，增加作物产量。水肥一体化技术适时、适量地供给作物不同生育期生长所需的养分和水分，明显改善了作物的生长环境，因此，可促进作物增产，提高农产品的外观品质和营养品质；应用水肥一体化技术种植的作物有生长整齐一致、定植后生长恢复快、提早收获、收获期长、丰产优质、对环境气象变化适应性强等优点；通过水肥的控制可以根据市场需求提早供应市场或延长供应市场。

（6）便于农作管理和精确施肥。水肥一体化技术只湿润作物根区，其行间空地保持干燥，因而即使是灌溉的同时，也可以进行其他农事活动，减少了灌溉与其他农作的相互影响。水肥一体化技术可根据作物的营养规律有针对性地施肥，做到“缺什么补什么”，实现精确施肥；可以根据灌溉的流量和时间，准确计算单位面积所用的肥料数量。

（7）改善微生态环境。采用水肥一体化技术除了明显降低大棚内空气湿度和棚内温度外还可以增强微生物活性，滴灌施肥与常规畦灌施肥技术相比，地温可提高2.7℃，有利于增强土壤微生物活性，促进作物对养分的吸收；有利于改善土壤的物理性质，滴灌施肥克服了因灌溉造成的土壤板结、土壤容重降低、孔隙度增加等问题。

（二）水肥一体化技术的缺点

水肥一体化技术是一项新兴技术，而且我国土地类型多样化，各地农业生产发展水平、土壤结构及养分间有很大的差别，用于灌溉施肥的化肥种类参差不一，因此，目前水肥一体化技术在实施过程中还存在如下缺点。

（1）易引起堵塞。灌水器的堵塞是当前水肥一体化技术应用中最主要的问题，也是目前必须解决的关键问题。如磷酸盐类化肥，在适宜的 pH 条件下容易发生化学反应，产生沉淀；当 pH 值超过 7.5 的硬水流过时，钙或镁会留在过滤器中；当碳酸钙的饱和指标大于 0.5 且硬度大于 300mg/L 时，也存在堵塞的危险；在南方一些井水灌溉的地方，水中的铁质诱发的铁细菌也会堵塞滴头；另外，水中的藻类植物、浮游动物也是堵塞物的来源，严重时会使整个系统无法正常工作，甚至报废。因此，灌溉时水质要求较严，一般均应经过过滤，必要时还需经过沉淀和化学处理。用于灌溉系统的肥料应详细了解其溶解度等物理、化学性质，对不同类型的肥料应有选择地施用。在系统安装、检修过程中，若采取的方法不当，管道屑、锯末或其他杂质可能会从不同途径进入管网系统引起堵塞。对于这种堵塞，首先要加强管理，在安装、检修后应及时用清水冲洗管网系统，同时要加强过滤设备的维护。

（2）引起盐分积累，污染水源。在含盐量高的土壤上进行滴灌或是利用咸水灌溉时，盐分会积累在湿润区的边缘，如遇小雨，这些盐分可能会被冲到作物根际区域而引起盐害，这时应继续进行灌溉；但在雨量充沛的地区，雨水可以淋洗盐分。在没有充分冲洗条件的地方或是秋季无充足降雨的地方，则不要在高含盐量的土壤上进行灌溉或利用咸水灌溉。施肥设备与供水管道连通后，若发生特殊情况，如事故、停电等，系统内会出现回流现象，这时肥液可能被带到水源处。另外，当饮用水与灌溉水用同一主管网时，如无适当措施，肥液可能进入饮用水管道，对水源造成污染。

（3）限制根系发展。由于灌溉施肥技术只湿润部分土壤，加之作物的根系有向水性，这样就会引起作物根系集中向湿润区生长。对于多年生作物来说，滴头位置附近根系密度增加，而非湿润区根系因得不到充足的水分供应其生长会受到一定程度的影响，尤其是在干旱、半干旱的地区，根系的分布与滴头有着密切的联系，因此，在应用灌溉施肥技术时，应正确地布置灌水器。

（4）工程造价高，维护成本高。与地面灌溉相比，滴灌一次性投资和运行费用相对较高，其投资与作物种植密度和自动化程度有关，作物种植密度越大，投资就越大，反之越小。根据测算，大田采用水肥一体化技术每亩投资在 400 ～ 1500 元，而温室的投资比大田更高。使用自动控制设备会明显增加资金的投入，但是可降低运行管理费用，减少劳动力的成本，选用时可根据实际情况而定。

第二节　水肥一体化技术各系统介绍

水肥一体化技术需要借助于灌溉系统实现。要合理地控制施肥的数量和浓度，必须选择合适的灌溉设备和施肥器械。常用的灌溉方式有滴灌、喷灌和微喷灌。

一、滴灌技术

滴灌是指按照作物需求，将具有一定压力的水过滤后经管网和出水通道（滴灌带）或滴头以水滴的形式缓慢而均匀地滴入植物根部附近土壤的一种灌水技术。滴灌适应于黏土、沙壤土、轻壤土等。滴灌的地面输水管结构简单，组装、拆卸较方便，因此，适用于各种复杂地形。

滴灌系统由水源工程、首部枢纽（包括水泵、动力机、过滤器、肥液注入装置、测量仪表、控制仪表等）、各级输配水管道和滴头 4 部分组成。一个完整的滴灌工程一般包括滴水器，各级输水管道和管件，控制、测量和保护设备，过滤器，施肥（农药）设备和水泵电动机等。

由于滴灌的滴水流量小，水滴缓慢入土，水的入渗主要借助于毛细管力的作用。水滴进入土壤后，在滴头下形成很小的饱和区，并向四周和向下扩散，形成湿润土体。湿润土体的几何形状（称为湿润模式）和尺寸取决于土壤性质、滴水流量、滴水总量和土壤前期含水量。滴灌水肥一体化技术是目前干旱缺水地区最有效的一种灌溉方式，水的利用率可达 95%。

目前，全球在滴灌技术发展方面最有代表性的国家是以色列。在以色列，几乎所有的果园都用滴灌施肥系统，其温室种植 90% 采用滴灌，主要用于高附加值的蔬菜、水果、花卉等作物，温室滴灌的最高水利用率为 95%。我国的水肥一体化技术主要应用在一些经济价值较高的作物上，如新疆的棉花膜下滴灌施肥技术已处于世界领先水平，现已作为棉花生产的标准技术得到大面积推广。除在棉花上大面积应用外，目前已推广到番茄、色素菊、辣椒、玉米等作物上。

（一）滴灌的优点

相对于地面灌溉和喷灌，滴灌具有以下优点。

（1）提高水分利用率。滴灌可根据作物的需要精确地进行灌溉，一般比地面灌溉节水 30% ～ 50%，有些作物可达 80% 左右，比喷灌省水 10% ～ 20%。

（2）提高肥料利用率。滴灌系统可以在灌水的同时进行施肥，同时可根据作物的需肥规律与土壤养分状况进行精确平衡施肥。滴灌施肥能够直接将肥液输送至作物主要根系的活动层范围内，作物吸收养分快又不产生淋洗损失，并且能够减少对地下水的污染。因此滴灌系统不仅能够提高作物产量，而且可以大大减少施肥量，提高肥效。

（3）易于实现自动化。相较于其他灌溉系统，滴灌系统更便于实现自动化控制。滴灌在经济价值高的经济作物区或劳力紧张的地区实现自动化，可提高设备利用率，大大节省劳动力，减少操作管理费用，同时能更有效地控制灌溉、施肥量，减少水肥浪费。

（4）降低能耗，减少投资。滴灌系统属于低压灌水系统，不需要太高的压力，比喷灌更易实现自压灌溉，而且滴灌系统流量小，降低了泵站能耗，可减少运行费用。

（5）对地形适应能力强。由于滴灌管较柔软，且滴头有较长的流道或压力补偿装置，对压力变化的灵敏性较小，可以安装在有一定坡度的坡地上，微小地形起伏不会影响其灌水的均匀性，特别适用于山丘、坡地等地形条件较复杂的地区。

（二）滴灌的局限性

滴灌也存在以下局限性。

（1）滴头堵塞。滴灌在使用过程中如管理不当，易引起滴头堵塞。滴头堵塞主要是由细沙和淤泥等悬浮物、不溶解盐（主要是碳酸盐）、铁锈、其他氧化物和有机物（微生物）引起的。滴头堵塞主要影响灌水的均匀性，堵塞严重时可使整个系统无法运行。因此，需要提前对系统进行合理的规划设计，正确使用过滤器，避免堵塞对系统造成危害。

（2）盐分积累。在干旱地区采用含盐量较高的水灌溉时，盐分会在滴头湿润区域周边产生积累。这些盐分易于被淋洗到作物根系区域，当种子在高深度盐分区域发芽时，会受到影响。但在我国南方地区，因降雨量大，对土壤盐分的淋洗效果良好，能有效阻止高浓度盐分积累区的形成。

（3）影响作物根系分布。对于一些多年生作物，滴头位置附近根系密度增加，而非湿润区根系因得不到充足的水分供应，生长会受到影响，尤其是在干旱、半干旱地区，根系的分布与滴头位置有很大关系。

二、喷灌技术

喷灌是喷洒灌溉的简称，它是利用动力机、水泵、管道等专门设备把水加压，或利用水的自然落差将水送到灌溉地段，通过喷洒器（喷头）喷射到空中散成细小的水滴，均匀地散布在田间进行灌溉的灌溉方式。喷灌系统把水源、喷灌设备和田间工程有机地结合起来，使它成为一个相对独立的整体，将灌溉用水均匀地喷洒到农田，满足农作物生长对水分的要求。喷灌系统通常包括水源（包括水泵与动力）、输水系统（管道渠系和田间工程）和喷灌装置（喷头）三大部分。在灌溉水源缺乏的地区、高扬程提水灌区、受土壤或地形限制难以实施地面灌溉的地区、有自压喷灌条件的地区、集中连片作物种植区及技术水平较高的地区，可以优先发展喷灌工程。

（一）喷灌的优点

喷灌与传统的地面灌溉方法相比，具有以下优点。

（1）喷水均匀、节约用水。喷灌通常根据地形地势、土壤质地和入渗特性等情况选择适合的喷头，控制合理的喷灌强度和喷水量，因此喷灌的喷水量分布的均匀程度较高，能够有效避免地表径流和深层渗漏损失。喷灌在输出灌溉水时用的是一套专门的有压管道，在输水过程中几乎没有漏水和渗水损失，显著地提高了水的利用系数，喷灌的灌溉水的利用系数可达 0.72 ～ 0.93。有研究表明，喷灌的灌溉水利用率可达到 72% ～ 93%，一般比地面灌溉节约用水 30% ～ 50%，在透水性强、保水能力差的沙性土壤上，节水效果更加明显，可达 70% 以上。喷灌受地形和土壤的影响较小，喷灌后地面湿润比较均匀，均匀度可达 80% ～ 90%。

（2）节约劳动力。喷灌可实现高度的机械化和电子控制装置自动化，在修筑田间输水毛渠、农渠、畦田的田埂等方面能大量减少用工，同时在喷灌时可以将肥料和农药混入灌溉水中共同施入，可减少施肥和喷洒农药的劳动量。有研究表明，在相同的生产条件下，喷灌所需的劳动量仅为地面灌溉的 50%。

（3）减少土地占用。喷灌时用管道输水，固定管道可以埋于地下，减少田间沟、渠、畦、埂等的占地，一般可增加耕地 7% ～ 15%。

（4）有利于保土。喷灌可根据土壤质地和透水性情况，适时对喷头的大小和喷灌强度、均匀度进行调整，以保护土壤的团粒结构，避免产生地面径流，避免土壤表土流失，因而可以严格控制土壤水分，保持肥力。在土壤盐碱化的地区，可采用喷灌控制湿度，消除深层渗漏，防止由于地下水位上升引起的次生盐碱化。

（5）适应性强。喷灌适用于各种地形和土壤条件，不一定要求地面平整，对于不适合地面灌溉的山地、丘陵、坡地等地形较复杂的地区和局部有高丘、坑洼的地区，都可以应用喷灌技术。除此以外，喷灌可应用于多种作物，对于所有密植浅根系作物，如小麦、花生、马铃薯等都可以采用喷灌。

（6）增加产量，改善品质。首先，喷灌能适时适量地控制灌水量，采用少灌、勤灌的方法，使土壤水分保持在作物正常生长的适宜范围内；同时，喷灌像下雨一样灌溉作物，不会对耕层土壤产生机械破坏作用，保持了土壤的团粒结构，有效地调节了土壤中水、肥、气、热和微生物状况。其次，喷灌可以调节田间小气候，增加近地层空气湿度，调节温度和昼夜温差，避免干热风、高温及霜冻对作物的危害，具有明显的增产效果，一般粮食作物可增产 10% ～ 20%、经济作物可增产 20% ～ 30%。最后，喷灌能够根据作物需水状况灵活调节灌水时间与灌水量，使整体灌水均匀，且可以根据作物生长需求适时调整施肥方案，有效提高农产品的产量和品质。

（二）喷灌的局限性

（1）易受风力和空气湿度影响。由喷头喷洒出来的水滴在落向地面的过程中其运动轨迹受风的影响很大。当风速在 5.5 ～ 7.9m/s，即四级风以上时，能吹散水滴，使灌溉均匀性大大降低，甚至产生喷漏，飘移损失也会增大。空气湿度较低时，则蒸发损失加大。据美国得克萨斯州西南大平原研究中心的试验，当风速小于 4.5m/s（三级风）时，蒸发飘移损失小于 10%；当风速增至 9m/s 时，损失达 30%。因此，当风力大于三级时，喷灌的均匀度就会大大降低，此时不宜进行喷灌作业，可在夜间风力较小时进行喷灌。灌溉季节多风的地区应在设备选型和规划设计上充分考虑风的不利影响，如难以解决，则应考虑采用其他灌溉方法。

（2）系统投资较高。喷灌系统需要大量的机械设备和管道材料，同时系统工作压力较高，与其配套的基础设施的耐压要求也相对较高，因而需要标准较高的设备，这就使得一次性投资较高。喷灌系统投资还与自动化程度有关，自动化程度越高，需要的先进设备越多，投资也就越高。

（3）耗能多和运行费用高。为保证喷头的正常工作，达到均匀灌水的要求，需要喷灌系统的加压设备提供一定的压力，在没有自然水压的情况下需要通过水泵进行加压，这需要消耗一部分能源（电、柴油或汽油），因而增加了运行费用。为解决这类问题，目前喷灌正向低压化方向发展。另外，在有条件的地方若充分利用自然水压，可大大减少运行费用。

（4）表面湿润较多，深层湿润不够。喷灌的灌水强度远高于滴灌，在水没有充分下渗、深层土壤未得到充分浸润时，土壤表层产生的径流会对深根作物的生长产生不利影响。这时通常采用低强度喷灌（慢喷灌）的方式，使喷头的平均喷灌速度低于土壤的入渗速度，同时又避免产生积水和地面径流。

此外，对于尚处于小苗时期的作物，由于没有封行，在使用喷灌系统进行灌溉尤其是将灌溉与施肥结合进行时，一方面容易滋生杂草，影响作物的正常生长：另一方面，加大了水肥资源的浪费。在南方的高温季节，在使用喷灌系统进行灌溉时，在作物生长期间容易形成高温、高湿环境，引起病害传播。

三、微喷灌技术

微喷灌也称微型喷洒灌溉，简称微喷，是指利用折射式、辐射式或旋转式微型喷头将水喷洒在作物叶面或作物根系的一种灌水技术。微喷灌时，水流以较高的速度由微喷头喷出，在空气的作用下破裂成细小的水滴落在地面上。微喷灌既可以增加土壤水分又可提高空气湿度，起到调节田间小气候的作用。微喷头出流口的直径和出流速度都比滴灌滴头大，从而大大减少了堵塞。由于微喷灌的工作压力低、流量小，在果园灌溉中仅湿润部分土壤，因而习惯上将这种微喷灌划在微灌范围内，但是严格来讲，它不完全属于局部灌溉的范畴。我国应用微喷灌的历史已有 20 多年，主要的灌溉对象是蔬菜、果树、花卉和草坪，在温室育苗及木耳、蘑菇等菌类种植中也适合使用这种灌水方式。微喷灌不仅与地面灌溉相比具有很多优点，而且与喷灌和滴灌相比，在某些方面亦有优势。

（一）微喷灌的优点

微喷灌具有以下优点。

（1）水分利用率高，增产效果显著。微喷灌的实际灌溉面积要小于地面灌溉，因而减少了灌水量，同时微喷灌具有较大的灌水均匀度，不会造成局部的渗漏损失，灌水量和灌水深度容易控制，可根据作物不同生长期需求规律和土壤含水量状况适时灌水，提高水分利用率，管理较好的微喷灌系统比喷灌系统用水可减少 20% ～ 30%。还可以在灌水过程中喷施可溶性化肥、叶面肥和农药，具有显著的增产作用，尤其对木耳、蘑菇、茶树等对温度和湿度有特殊要求的作物的增产效果更明显。

（2）灵活性大，使用方便。微喷灌的喷灌强度由单喷头控制，不受邻近喷头的影响，相邻的两微喷头间喷洒水量不相互叠加。微喷头可移动性强，可根据条件的变化随时调整其工作位置，如行间或株间等，在有些情况下微喷灌系统还可以与滴灌系统相互转化。

（3）降低能耗，减少投资。微喷头属于低压灌溉，设计工作压力一般在 150 ～ 200kPa，同时微喷灌系统流量要比喷灌小，因而对加压设施的要求要比喷灌小得多，可以节省大量能耗。发展自压灌溉对地势高差的要求也比喷灌小，同时由于设计工作压力低、系统流量小，又可减少各级管道的管径，降低管材压力，使系统的总投资大幅下降。

（4）改善田间小气候。由于微喷灌水滴雾化程度大，可有效增加近地面的空气湿度，在炎热天气可有效降低田间温度，甚至还可将微喷头移至树冠上，以防止霜冻灾害等。

（二）微喷灌的局限性

微喷灌的局限性表现在以下几方面：一是对水质要求较高。水中的悬浮物等容易造成微喷头的堵塞，因而要预先对灌溉水进行过滤处理。二是田间微喷灌易受杂草、作物茎秆的阻挡而影响喷洒质量。三是灌水均匀度受风的影响较大。在大于三级风的情况下，微喷水滴容易被风吹走，灌水均匀度降低，一般不宜进行灌水。因而微喷头的安装高度在满足灌水要求的情况下要尽可能低一些，以减少风对喷洒的影响。

第三节　大棚种植水肥一体化技术应用

一、大棚草莓水肥一体化技术

（一）草莓水肥一体化概况

草莓是一种多年生草本植物，分类学上属于蔷薇科草莓属，外观呈心形，果实鲜红、柔软多汁、甘酸宜人、芳香馥郁，且富含营养，深受消费者喜欢。西南地区通常采用大棚温室栽培草莓。近几年草莓的种植面积在快速增长。

草莓种植密度较大，通常种植畦面小，株距较小。以宽度为8m的大棚为例，每棚做9畦，最少有7畦，每亩滴灌带铺设长度为600～800m。由于株距较小（通常15～20cm），为达到均匀灌溉的目的，要求滴灌带滴孔距离较常规滴灌带要小。通常，草莓灌溉的滴灌带滴孔距离为15～20cm，这就要求在设计滴灌设施的过程中，考虑到单条滴灌带的首端和末端滴孔出水量均匀度相对要高，最好前后误差在10%以内，在草莓滴灌中，滴灌带长度在90m以内为宜。

（二）草莓水肥一体化应用实例

1. 水肥灌溉设备安装

滴灌用内镶滴灌带，选择规格一般为16mm×200mm，壁厚0.4mm，铺设时滴孔朝上，平整地铺在畦面的地膜之下。喷灌选择旋转微喷头，流量70L/h，采用双流道或单流道，双流道对压力范围要求较宽，在0.12～0.22MPa范围内均可以，单流道对压力要求较高，一般要求压力在0.22MPa以上。微喷灌的主要作用是在定植后的15～20天对草莓叶片进行加湿和灌水，以提高草莓的有效成活率。滴灌主要是在草莓生长过程中，结合草莓不同生长期的肥水需求进行灌溉施肥。阀门出口安装水压表，最大压力为0.6MPa，可用毛管连接在喷管上，以便有效调节喷灌的最佳压力。

安装微喷灌设备时，微喷头要在大棚内倒挂安装，喷头间距2.6m，毛管下挂长度0.8m，选择G型微喷头，双流道，流量70L/h，喷幅6m。微喷头G型桥架朝向朝一个方向，每套大棚安装两道，黑管距离4m，每道黑管配置一个25" 球阀，垂直向上，离地0.3m。喷头交叉排列，端部对齐。从经济性能和便于喷头工作的角度出发，不安装防滴器，只是在安装微喷灌的时候，调整做畦位置和支管安装位置，让剩余的水滴落在畦沟里。大棚的端部同时安装两个喷头，高差10cm，其中一个喷头40L/h。喷头按技术要求的说明安装，最后用尼龙轧带固定在棚管上。

安装滴灌设备时，由于草莓畦较窄，每畦铺设一条滴灌带。总管在每棚头分一个三通，与棚头横管用25" 黑管连接，每棚用一个32" 球阀，每条滴灌带配一个16" 带用旁通阀，滴灌带按技术说明铺设，与带用旁通阀连接。安装完成后，试压通水，冲洗安装过程中留在管道内的杂物，关水，滴灌带上封堵，25" 黑管上堵头。测试当前水泵在额定参数下一次轮灌的最大面积。

2. 施肥运行

当地草莓的定植时间大多在9月上旬，此时白天气温还比较高，定植后，由于叶片蒸发量大，容易脱水。如果采用人工喷水保湿，既难以保证植株成活率，又比较费工。用微喷能使草莓达到90%以上的成活率，每天早晚喷一次，每次60～100分钟，具体可根据当天气候和土壤湿度而定，连续喷15天左右。在给草莓微喷的同时，可配合给草莓根部进行适当滴灌，确保灌水均匀。初次滴灌，由于土壤团粒疏松，水容易直接往下流，针对此种情况可以采用短时间多次灌水的方式，每灌30分钟左右停15分钟，促使水分横向湿润草莓根部。

施肥时通过灌溉管道进行追肥。微喷施肥时可以适量用一些经济型的叶面肥，但要严格控制浓度，防止烧苗，其适宜的浓度小于常规喷雾浓度。滴灌施肥所用的肥料，应选择易溶解的肥料，如有机肥的浸出液、高塔复合肥、冲施肥等。如遇有较难溶的复合肥，需要提早半天在周转桶中充分搅拌溶解沉淀后，取其上层清液使用。

3. 草莓施肥技术

草莓根系较浅，吸肥能力强，养分需求量大，且对养分较敏感，施肥过多或不足都会对草莓的生长发育和产量、品质等产生不良影响。草莓生长初期吸肥量很少，自开花以后吸肥量逐渐增多。随着果实不断采摘，吸肥量也随之增多，特别是对钾和氮的吸收量最多。钾肥主要是促进果实成熟，提高果实含糖量，改善果实品质；氮肥的作用是促进形成大量的叶片，加强营养生长，增大果实，提高产量。定植后吸收量最多的是钾，其次是氮、钙、磷、镁、硼。

草莓的生长期较长，应施足底肥，一般每亩施腐熟的优质有机肥5000～8000kg或腐熟发酵鸡粪2000～3000kg，饼肥50～80kg和专用肥50～60kg，施肥均匀，翻耕20～30cm，使土肥充分混匀后准备定植。根据草莓的生长情况，在早春草莓开始生长之后至开花前进行追施肥，一般每亩施尿素10kg、磷肥2.5kg，利用水肥一体化系统，将肥料充分溶解后伴随灌溉水一起施入。草莓大量结果后，需要养分量增加，追肥应适当增加钾肥。每亩可施尿素和硫酸铵10～15kg、磷肥15～20kg、氯化钾7～10kg。

二、大棚葡萄水肥一体化实例

葡萄是多年生落叶攀缘植物，属葡萄科，喜光，在充分的光照条件下，叶片的光合效率较高、同化能力强，果实的含糖量高、口味好、产量高。葡萄产业是一项投入大、见效快、经济效益高的产业。近年来，葡萄产业在我国各省市地区得到了快速发展，是新时期广大农村的投资热点。

（一）大棚葡萄的水分需求和管理

1. 水分需求

水是葡萄的重要组成物质，葡萄的枝、根、叶等含水量约占 50 %，而果实的含水量则可达 80% ～ 85%。在生长期中缺水会影响新梢生长、果实膨大等，如严重缺水，叶片水势低于果实，会向果实夺取水分，使果实皱缩甚至脱落。在高温季节进行灌水，可降低土温、树温，提高空气湿度，减轻日灼。

2. 水分管理

催芽期需覆膜前灌大水，萌芽前灌中水，保持棚内湿度在 80% ～ 90%；花期时，于始花前 1 周灌中水，花期切忌灌水，棚内湿度在 60% 左右；坐果至硬核期时，视天气与棚内土壤墒情而定，保持棚内土壤湿润，充分保证果实膨大期用水，棚内湿度在 70% 以上；上色至成熟期时要控制灌水，注意排水。果实成熟期保持相对干燥，湿度在 60%；到采摘期，果实采摘期前后一个月的时间，要控制灌水，但要喷小水保持湿度在 50% ～ 60%；采后至越冬期要及时灌水，冬季视天气情况灌水。

（二）大棚葡萄的养分需求和管理

1. 养分需求

葡萄植株的养分需求是随物候期的进展而转移的，各生育期对氮、磷、钾三要素的吸收量也有所不同。氮的吸收从萌芽开始，此时土温低，根系活动微弱，氮的吸收量少。新梢生长至开花期，吸收量明显增加。幼果期需要大量氮素来合成蛋白质，以满足幼果膨大的需要。磷的吸收从树液流动期开始，以后随时间推移，吸收量增加，在新梢生长旺盛期至幼果膨大期吸收量达到高峰，硬核期吸收减慢，进入成熟期就不再吸收。钾的吸收从萌芽开始至果实晚熟期不断进行。临近开花时，茎叶中钾的含量明显增加，这时需要大量的钾肥。幼果膨大期至着色期，钾转移至果实，造成茎叶中的钾含量急剧下降，这是补给钾肥的关键时期。

2. 养分管理

早春芽眼膨大期：这次追肥的作用是促使葡萄花芽继续分化，使其芽内迅速完善花穗发育，并促使萌芽和抽梢。这一时期应以氮肥为主，使用量为全年的 5% ～ 10%。

谢花后果实膨大期：这次追肥主要是为了促使幼果迅速膨大，并有利于当年花芽分化，是一次关键追肥。这次追肥以氮肥为主，结合磷、钾肥，施肥量是全年肥料的 15% ～ 20%。

果实着色期：这一时期追肥对提高果实糖分、改善浆果品质、促进新梢成熟都有作用。这次追肥以磷、钾为主，添加少量速效氮肥，施肥量为全年肥料的 10%。

采后肥应在果实采收后立即施用，目的是迅速恢复树势，加强同化作用，促进枝蔓成熟与根系生长，增加树体的养分积累，完善花芽分化，为翌年丰产打下基础。这次施肥以氮为主，配合磷、钾等速效肥料，并辅以喷施叶面营养肥。

（三）技术方案

以总管直接取水，安装过滤器。葡萄行距约 4m，株距 1.5m 左右，在宽幅 8m 的大棚中可以分两畦，每畦种植两行。棚头为 32″ 黑管连接滴灌带，每畦铺设 2 条滴灌带，放置在葡萄根部两侧约 0.5m 处，滴孔朝上，每套大棚共铺设 4 条。

（1）施肥过滤配置。施肥器选用文丘里施肥器，在原 25″ 阀门处安装叠片过滤器，规格为 DN50，流量设置为 $15m^3/h$，连接 32″ 黑管，黑管由旁通阀连接滴灌带。

（2）滴灌安装。每畦铺设 2 条，每条滴灌带配 1 个 16″ 带用旁通阀，与带用旁通阀连接。

（3）灌溉施肥。采用文丘里施肥器进行施肥。葡萄在生长过程中所需的氮、磷、钾及微量元素均通过水肥系统进行补充，而且要尽量选择易溶解的肥料。葡萄根系发达，基本已经遍布整个畦面，需水量大，所以灌施肥时，为了让肥液更好地湿润畦面，灌溉时间要在 4 小时以上，具体灌溉时间可根据当时气候及土壤状况而定。

第十章　土壤污染与修复

第一节　土壤污染

由人为活动释放的各类有机和无机污染物，一旦进入生态系统就会在生物的作用下参与生物地球化学过程。尽管有许多植物和微生物可以适应某些低污染的环境，但是与吸收和利用生命活动需要的营养元素和有益元素不同，植物和微生物能够吸收、利用的污染物的种类较少。即使如此，也有一些生物，特别是重金属的超积累植物和能够分解各种异生物质的微生物，可以用于环境的生物修复。

据不完全调查，全国受污染的耕地约有 1.5 亿亩，污水灌溉污染耕地 3250 万亩，固体废弃物堆存占地和毁田 200 万亩，合计约占耕地总面积的 1/10 以上，其中多数集中在经济较发达的地区。严重的土壤污染造成了巨大危害。据估算，全国每年因重金属污染的粮食达 1200 万吨，造成的直接经济损失超过 200 亿元。根据 2014 年发布的《全国土壤污染状况调查公报》，中国土壤环境状况总体不容乐观，全国土壤污染超标率达 16.1%，在工矿业废弃地土壤环境问题突出的同时，耕地土壤环境质量更加堪忧。

土壤污染是由许多复杂因素引起的环境问题，主要涉及工业用地和农业用地两种类型。从工业用地看，企业在生产中产生的未经处理的污水可能存在跑冒滴漏或偷排现象，从而对泄露区或排放区的周围土壤造成严重污染。除此之外，还有许多产生危险废物的环节，相关单位随意放置或自行处置危险废物，从而在其放置的地方造成土壤污染。在农业用地中，除了农民滥用农药、化肥以外，工业企业向农田非法排污、倾倒有毒有害物质，矿山、油田等矿产资源开采活动等也是造成农用地大规模污染的主要原因。农用地土壤污染问题不能得到有效遏制，不仅会导致农作物污染、减产，食物品质下降，还会危害人体健康。工业用地污染不仅会严重影响土地的未来规划和利用，还会阻碍国家经济的稳定发展。

一、化肥和农药对土壤的污染

据联合国粮食及农业组织（简称“粮农组织”）2015—2020 年全球化肥产量增长数据统计，世界化肥总产量将整体呈现小幅上升趋势，但增长速度在逐渐放缓。世界化肥的生产集中分布在亚洲、北美洲以及欧洲，占据了世界化肥生产总量的 90% 以上，其中又以东亚、北美、南亚、东欧为化肥的主产区域。东亚的中国，南亚的印度、巴基斯坦，北美的美国、加拿大，东欧的俄罗斯、白俄罗斯等国都是世界化肥生产国的典型代表。自

20 世纪 90 年代末亚洲一举超越北美洲成为世界最大的化肥主产区以来，世界化肥生产区域的分布整体保持不变，亚洲一直是世界化肥生产的第一大区域，北美洲位列第二位，欧洲紧随其后，此后依次是非洲、南美洲和大洋洲。2009 年至 2019 年间，全球氮肥产量由 0.98 亿吨逐步提升至 1.23 亿吨，年均复合增速达到 2.30%。全球范围来看，2020 年全球磷肥产量为 4604 万吨。预计到 2024 年，磷肥产能将达到 5334 万吨。2021 年全球钾肥年产量为 4549 万吨，加拿大、俄罗斯和白俄罗斯钾肥产量分别占据全球钾肥产量的 32%、18% 及 17%，合计占全球产量的 67%，我国产量占 13%。俄罗斯、白俄罗斯的出口量占全球钾肥出口总量的 40% 左右，在钾肥行业中占据重要地位。

我国每年化肥的使用量已经超过 4100 万吨，成为世界第一大化肥消费国。为了提高农产品的增收量，化学肥料被大量运用，长期使用这些化学肥料，会破坏土壤结构，扰乱土壤内部营养成分的平衡，造成土壤结块、土质变差、储水功能降低等一系列问题。农产品的数量大大提高了，但其质量却令人担忧。因为过量使用化肥会使一些农作物在生长过程中吸收过多硝酸盐，人或动物食进这些含硝酸盐的农作物后，体内氧气的运输将受影响，使其患病，严重时甚至死亡。同样，大量农药的使用对土壤也造成了很大危害。大部分的农药是有机农药，其含有很多有害的化学物质，如苯氧基链烷酸酯类农药、多环芳烃、邻苯二甲酸酯等。这些有害化学物质将近 1/2 会残留在土壤中，随着时间的推移，在生物、非生物以及阳光等共同作用下，有害化学物就成了土壤中的组成成分，种植在土壤上的农作物又从土壤中吸收有害物质，在植物根、茎、叶、果实和种子中积累，人和动物食用后就会引发各种疾病。

二、重金属元素对土壤的污染

随着我国工业和城市化的不断发展，工业和生活废水排放、污水灌溉、汽车废气排放等造成的土壤重金属污染问题也日益严重。重金属污染不仅能够引起土壤的组成、结构和功能的变化，还能够抑制作物根系生长和光合作用，致使作物减产甚至绝收。更为重要的是，重金属还可能通过食物链迁移到人体，严重危害人体健康。镉米、砷毒、血铅等重金属污染危害近年来常见诸报道，土壤重金属污染已经成为土壤污染中备受关注的公共问题之一。农用化学物质的过度使用、工业污染的加剧，使得重金属污染日益严重。土壤中的重金属元素来源主要有三方面：随固体废弃物进入土壤的重金属，随着污水灌溉进入土壤的重金属和随着大气沉降进入土壤的重金属。固体废弃物种类繁多、结构复杂，而其中含有大量的重金属，通过日晒雨淋等作用，重金属就会被土壤吸收并扩散。生活污水、石油化工污水、工矿企业污水和城市混合污水是污水的四大来源。污水中含有大量的铅、铬、汞、铜等重金属，如果任意排放或处理不合理，都将导致污水中的重金属元素转移到土壤中，从而导致土质恶化。所有的这些重金属污染物进入土壤后，因其移动性差，停滞的时间长，大部分的微生物难以将其分解，便可以经过水、植物等介质最终危害到人类。

三、牲畜排泄物和生物残体对土壤的污染

畜禽粪尿中含有大量的氮、磷化合物，如猪大约将 53.1% 的食入氮和 79.8% 的食入磷排出体外，肉仔鸡粪便中大约含有 50% 的食入氮和 55% 的食入磷。由于畜禽粪尿的淋溶

性极强，可通过地表径流污染地表水，也可以经过土壤渗入底下污染地下水。水中氮、磷及有机质的大量增加会造成地下水氮污染和有机物污染，使水质恶化，失去饮用价值和灌溉价值，此外，氮挥发到大气中又会增加大气的氮含量，严重时造成酸雨，危害农作物。牲畜和人的粪便，以及屠宰产生的废物常常没经过有效处理就直接排放到土壤中，其中的寄生虫和病毒就会污染土壤和水，有时还会使土壤中毒，改变土壤原本的正常状态，而有害土壤通过水和农作物最终又会危害到人类。

四、污水灌溉对土壤的污染

当今世界范围内，各国都面临着不同程度的用水危机，有些地方水资源短缺甚至严重制约着社会的正常发展。农业是用水大户，约占总用水量的 60% ～ 70%。在中国，农业灌溉用水占总用水量的 70% 以上。随着社会发展、城市化进程加快和人口增加，水资源供需矛盾会更加尖锐，污水灌溉就成为缓解农业水资源供需矛盾的重要途径。污水回用于农田灌溉具有很大的潜力，但容易造成重金属累积以及病原微生物污染等风险，而且灌溉土壤一旦被污染将难以治理，也会带来一系列的水土环境、生态安全等问题。我国是一个农业大国，需要大量的水来对农作物进行灌溉。然而，水脉都是相连的，生活污水和工业废水一旦没经过科学的处理就排放，就会使得大量的污水流到农田，被污水灌溉过的农作物就会带有多种有害的物质，致使食用后的人类和动物生病。

五、大气污染对土壤的污染

大气污染造成的土壤污染主要是由工业或民用燃烧排放的废气和工业废气中的颗粒物等这些人类活动产生的重金属粉尘以气溶胶的形式进入大气，经过自然沉降和降水进入土壤，造成土壤污染。汽车运输对公路沿线造成污染，尤其是公路两边的土壤“病情”更为严重，污染源于汽车尾气排放的铅和未燃尽的四乙基铅残渣以及汽车轮胎磨损产生的粉尘进入土壤。另外企业排放的烟尘、废气中也含有重金属，如汞、镉、铅、铬和类金属砷等生物毒性显著的元素，以及有一定毒性的锌、铜、镍等元素，最终通过自然沉降和雨淋沉降进入土壤。过量重金属可引起植物生理功能紊乱、营养失调，镉、汞等元素在作物籽实中富集系数较高，从而影响果实品质。此外汞、砷能减弱和抑制土壤中硝化、氨化细菌活动，影响氮素供应。重金属污染物在土壤中移动性很小，不易随水淋滤，不为微生物降解，通过食物链进入人体后，潜在危害极大。

第二节　土壤修复

土壤修复是使遭受污染的土壤恢复正常功能的技术措施。污染土壤修复的技术原理为：（1）改变污染物在土壤中的存在形态或同土壤的结合方式，降低其在环境中的可迁移性与生物可利用性；（2）降低土壤中有害物质的浓度。按修复模式可分为原位修复技术和异位修复技术。原位修复指不移动受污染的土壤，直接在场地发生污染的位置对其进行原地修复或处理的土壤修复技术。异位修复是指将受污染的土壤从发生污染的位置挖掘出来，在原场址范围内或经过运输后再进行治理的技术。土壤修复技术分物理修复、化学修复和生物修复三类方法，我们可以根据土壤的特性和污染程度选择相对应的技术。由于土壤污染的复杂性，有时需要采用多种技术。农用地地块修复活动应当优先采取不影响农业生产、不降低土壤生产功能的生物修复措施，阻断或者减少污染物进入农作物食用部分，确保农产品的质量安全。

一、生物修复

生物修复是利用植物、动物和微生物在内的许多生物种类吸收、降解、转化土壤中的有机污染物，使有机污染物最终转化为水、二氧化碳等无毒无害的物质，从而实现土壤环境净化、生态稳定的有效手段，主要包括微生物修复、植物修复、动物修复。

微生物修复通过微生物将有机污染物作为碳源，进行生长繁殖，是一种可持续的降解和清除环境污染物的方法。微生物在好氧和厌氧的条件下均能降解有机污染物，通过分解、代谢、催化等过程转化有机污染物。微生物降解有机污染物的机制主要分为两种：一是与有机污染物发生酶促反应，直接降解有机污染物，主要的降解酶包括加氧酶、脱氯化氢酶、还原酶、脱氢酶、羟化酶等；二是通过矿化作用、累积作用、共代谢作用去除土壤中的有机污染物。植物修复是一种原位修复土壤有机污染物的有效手段，其利用植物的吸收作用将土壤中的有机污染物转移到植物体内进行分解或利用根系富集、固定土壤中的污染物。根据其作用和原理，植物修复可分为植物萃取、根际过滤、植物固定、植物降解、植物挥发等类型。植物种类是影响植物修复的关键因素，常见的植物修复物种包括南瓜属、芸薹属、苜蓿、烟草、羊茅和百日草等。动物修复是指土壤中线虫等小型动物对有机污染物进行吸收和富集，并通过自身代谢作用将污染物转化为低毒或无毒产物。蚯蚓是土壤中最典型的小型动物代表，他能通过生物富集作用或刺激土壤微生物的新陈代谢降低土壤中的菲、苯浓度。

二、物理修复

物理修复是指通过各种物理过程将污染物从土壤中去除或分离的技术。一般的物理修复手段有物理分离修复技术、蒸气浸提修复技术等。

物理分离修复技术主要应用在污染土壤中无机污染物的修复上，它最适合用来处理小范内射击场污染的土壤，从土壤沉积物、废渣中分离重金属，清洁土壤，恢复土壤的正常功能。物理分离修复技术有设备简单、费用低廉、可持续高产出等优点。蒸气浸提修复技术是通过降低土壤空气蒸气压，把土壤中的污染物转化为蒸气的形式而加以去除，是通过物理方法去除不饱和土壤中挥发性有机成分污染的一种修复技术，适用于处理高挥发性的污染物。浸提技术主要用于挥发性有机卤代物和非卤代物的修复，通常应用的污染物是那些亨利系数大于 0.01 或蒸气压大于 66.7Pa 的挥发性有机物，有时也应用于去除环境中的油类、重金属及其有机物、多环芳烃等污染物。在美国，蒸气浸提技术几乎已经成为修复受加油站污染的地下水和土壤的“标准”技术。热力学修复技术涉及利用热传导（加热井和热墙）或辐射（如无线电波加热）实现对污染环境（如土壤）的修复，如高温（约 1000℃）原位加热修复技术、低温（约 100℃）原位加热修复技术和原位电磁波加热技术等。

三、化学修复

化学修复是指向土壤中加入化学物质，通过对重金属和有机物的氧化还原、螯合或沉淀等化学反应，去除土壤中的污染物或降低土壤中污染物的生物有效性或毒性的技术。污染土壤的化学修复技术相对于其他修复技术来说是发展最早的，其特点是修复周期短。目前比较成熟的化学修复技术有固化 / 稳定化修复技术、氧化还原修复技术、淋洗 / 浸提修复技术、光催化降解技术、电动力学修复技术等。

固化 / 稳定化技术是利用某些具有聚结作用的黏结剂与受污染土壤混合，从而将污染物在污染介质中固定，使其长期处于稳定状态的修复方法。氧化还原修复技术是指通过向污染土壤中添加化学氧化剂或还原剂，使之与重金属、有机物等污染物发生化学反应，产生毒性更低或易降解的小分子物质，实现土壤净化。淋洗 / 浸提修复技术是指把水或者混着冲洗助剂的水溶液、带酸性或者碱性的溶液以及表面活性剂等淋剂液与污染土壤混合，从而达到洗脱污染物质的效果。这种离位修复技术被许多国家运用在工业中的存在重金属污染或者复杂污染物的土壤处理。淋洗 / 浸提技术的优点在于这种方法能够净化土壤中的有机污染物，因为本技术需要使用水溶液，用水量特别多，所以设置的修复场所尽可能在水源附近。光催化降解技术是一种创新度较高的土壤氧化修复技术，可有效修复含农药等有机污染物的土壤。电动力学修复是指利用电化学和电动力学的复合作用驱使污染物富集到电极区，再进行集中处理或分离的过程。这种技术就是通过向污染土壤两侧施加直流电压形成电场梯度，使土壤中的污染物质在电场的作用下通过电迁移、电渗流或电泳的方式富集到电极两端从而实现土壤修复。

第二篇　作物保护概论

本篇主要介绍了作物病虫害的基本知识以及防治方法，农药应用的知识以及常用的农药，农田杂草和鼠害的防治技术，最后介绍了主要农作物的病虫害类别及防治技术。

（1）初级农艺工掌握以下内容

了解危害农作物的有害生物的类别，掌握作物病害的概念，掌握常见的作物病害的病状和病征。掌握传染性病害和非传染性病害的区别。了解侵染周期的概念，掌握病害的侵染周期的主要阶段特征。理解当地常见农田昆虫的生活习性，以及这些习性与害虫防治的关系。掌握当前作物病虫害的综合防治措施。掌握常见农药的类型、特点和使用方法。能够表列当地小麦、水稻、玉米、油菜、棉花、花生等作物的主要农田杂草至少 5 种，并掌握防除药剂的名称。

（2）中级农艺工在初级农艺工的基础上掌握以下内容

掌握咀嚼式口器和刺吸式口器害虫的取食特点和危害作物的症状。重点掌握昆虫的繁殖方式，其个体发育要经过的阶段，各虫态的特点。理解昆虫因外部形态和内部结构上的变化而发生的变态问题，掌握不完全变态和完全变态的概念。掌握昆虫的发育史（包括昆虫的世代、世代重叠和年生活史等）。掌握昆虫的趋性、食性、群集性、迁移性、假死性等行为习性，以及这些习性与害虫防治的关系。重点掌握作物病虫害的发生流行必须具备的条件，作物病虫害常用的田间调查方法（五点取样法、棋盘式取样法等），以及这些方法的适用条件。

（3）高级农艺工在中级农艺工的基础上掌握以下内容

掌握虫口密度、作物发病率和严重度的计算方法。重点掌握作物病虫害的综合防治措施以及防治指标。掌握农药的类型、特点、应用的条件。掌握各类农药的使用方法。

（4）农艺工技师在高级农艺工的基础上掌握以下内容

掌握有效成分法、倍数法、百分浓度法和百万分浓度法等的区别与计算方法。掌握合理用药和安全用药的原则，并能列表说明 20 种农药的主要性能和防治对象。掌握农田杂草与作物的区别，以及有效防除农田杂草的常用方法。能表列当地小麦、水稻、玉米、油菜、棉花、花生等作物的主要农田杂草至少 5 种，并掌握防除药剂的名称。了解农田主要农作物的病虫害危害症状和危害规律，掌握各种主要病虫害的防治措施。

第十一章　作物病害基本知识

作物病害是危害农业生产的严重自然灾害，不仅对人类农业生产和国民经济有重大影响，而且对我国的农业可持续发展也有重大影响。为实现“两高一优”和获得“三大效益”，作物病害的防治显得尤为重要。

第一节　作物病害的概念及症状

一、作物病害的概念

（一）作物病害的定义

作物在生长发育及其产品贮运过程中，常常遭受有害生物的侵染和不良环境的影响，在生理上、组织上和形态上发生一系列的反常变化，使作物生长不良、产量降低、品质变劣，甚至整株或局部作株死亡的现象就称为作物病害。它有一个病理变化的过程，有别于风、雹、昆虫和高等动物对作物造成的机械伤害。

作物病害的基本特征是有一个持续的病理变化过程（简称病程）。作物遭受病原生物的侵染和不适宜的非生物因素的影响后，首先表现为作物的正常生理功能失调，即生理病变，然后出现内部组织的变化，即组织病变，随后是外部形态的各种不正常表现，即形态病变，从而使作物的生长发育过程受到阻碍，随着病变的逐渐加深，作物的不正常表现也愈来愈明显。由此可见，作物病害的形成过程是动态的，是一个病理变化过程。

此外，从生产和经济观点出发，理解作物病害概念的基本点应是，有致病因素的影响，有一个持续的病理变化过程，并对人类的经济活动造成损失。

（二）作物病害发生的原因

作物病害是作物与病原在外界环境影响下相互作用，并导致作物生病的过程。因此，作物病害发生的基本因素是病原、感病作物和环境条件。

（1）病原。病原是作物发生病害的原因，可分为非生物病原（不适宜的物理和化学因素）和生物病原（真菌、细菌、放线菌、病毒等）两大类。引起作物病害的生物，统称为病原生物，简称病原物，其中属菌类的病原物（如真菌、细菌等）称为病原菌。

（2）感病作物。作物病害的发生必须有感病作物的存在。

（3）环境条件。作物和病原都不能脱离环境而存在，在作物病害的发生过程中，作物和病原的相互作用也无时无刻不受环境的影响，作物病害的发生受到环境条件的制约。

二、作物病害的症状

需要有病原物、寄主植物和一定的环境条件三者配合才能引起作物病害的观点，称之为“病害三角”或“病害三要素”（见图 2-1）。

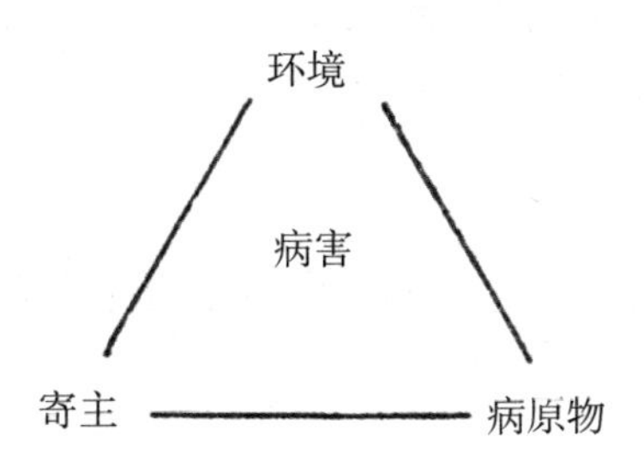

图 2-1　植物病害形成过程示意图

症状是作物受病原物的侵染或不良环境因素的影响，内部生理活动和外观生长发育所表现出的病态。一般把罹病后的作物本身的不正常表现称为病状，把病害在病部可见的一些病原物结构（营养体和繁殖体）称为病征。凡作物病害都有病状。真菌、细菌和寄生性种子植物所引起的病害有比较明显的病征。病毒、类病毒、植原体、螺原体等所引起的病害无病征。非传染性病害也无病征。内寄生作物病原线虫一般无病征，而外寄生线虫病在作物体外有病征。

（一）病状类型

常见作物病害的病状类型有五类，即变色、坏死、腐烂、萎蔫和畸形。

（1）变色。病作物的色泽发生改变。变色症状有两种形式：一种是整株植株、整片叶片或者叶片的一部分均匀地变色，主要表现为褪绿和黄化。另一种形式是叶片不均匀地变色，如常见的花叶。

（2）坏死。坏死在叶片上常表现为叶斑和叶枯。许多作物病毒所引起的叶枯是指叶片上较大面积的枯死。幼苗近地面茎组织的坏死，有时引起所谓的猝倒和立枯。

（3）腐烂。腐烂是指作物组织较大面积的分解和破坏。一般来说，腐烂是指整个组织和细胞受到破坏和消解。

（4）萎蔫。典型的萎蔫症状是指作物根茎的维管束组织受到破坏而发生的凋萎现象，而根茎的皮层组织还是完好的。萎蔫的程度和类型亦有区别，有青枯、萎蔫、黄萎等。

（5）畸形。作株受病原物产生的激素类物质的刺激而异常生长，可分为增大、增生、减生和变态四种。

（二）病征类型

常见的作物病征主要有如下几类。

（1）霉状物。病原真菌在病部产生各种颜色的霉层，如霜霉、青霉、灰霉、黑霉、赤霉、烟霉等。霉层是由真菌的菌丝体、孢子梗和孢子所组成的。

（2）粉状物。病原真菌在病部产生各种颜色的粉状物。

（3）锈状物。病原真菌在病部所表现的黄褐色锈状物，如小麦锈病等。

（4）点状物。病原真菌在病部产生的黑色、褐色小点，如小麦白粉病。

（5）线状物、颗粒状物。病原真菌在病部产生的线状或颗粒状结构，如油菜的菌核病。

（6）脓状物（溢脓）。病部出现的脓状黏液，干燥后成为胶质的颗粒，这是细菌性病害特有的病征，如水稻白叶枯病病部的黏液。

第二节　作物病害的种类

一、非传染性病害

由不适宜的物理或化学等非生物的环境因素引起的作物病害称为非传染性病害，属生理性病害。引起非传染性病害的原因很多，包括营养、气候（温度、湿度、光照等）、土壤（土壤水分、酸碱度及盐害等）、栽培管理条件（施肥、农药药害等）以及环境污染等。非传染性病害无病征，不具有传染性，一般成片发生。只要做到合理耕作、栽培、施肥、管水、改土等，非传染性病害是可以减轻的。

二、传染性病害

由生物病原物引起的作物病害称为传染性病害，是可以传染的。引起传染性病害的病原物有真菌、细菌、病毒、线虫及寄生性种子作物等。传染性病害多数有病征，病害具有传染性，一般先在中心病株或小面积上发生，然后迅速蔓延扩散。

第三节　作物传染性病害的病原

作物传染性病害的病原主要包括真菌、病毒和亚病毒、病原原核生物、线虫、寄生性种子植物等。

一、真菌

（1）真菌的主要特征。真菌的主要特征：为真核生物，有固定的细胞核；营养体简单，大多为菌丝体，细胞壁主要成分为几丁质，有的为纤维素，少数真菌的营养体是不具有细胞壁的原质团；营养方式为异养型，没有叶绿素或其他可进行光合作用的色素，需要从外界吸收营养物质；典型的繁殖方式是产生各种类型的孢子。

（2）病原真菌的作用。植物病原真菌指的就是那些可以寄生植物并引起植物病害的真菌。由真菌引起的病害数量最多，作物上常见的黑粉病、锈病、白粉病和霜霉病等，都是由真菌引起的。此外，真菌还能使食物和其他农产品腐败和变质，木材腐烂以及布匹、皮革和器材霉烂。一些真菌产生的毒素可以引起人畜中毒或致癌。

但是，真菌对人类也有有益的一面，许多真菌是重要的工业和医药微生物，可以用来生产抗生素、维生素、有机酸、酒精和酶制剂，作为中药或用于食品的加工。有些真菌是很有价值的食用菌。许多真菌可以分解土壤中的动植物残体，有的可以和植物根系共生形成菌根。还有些真菌对其他病原物有拮抗作用或寄生在其他病原物或昆虫上，可作为生物防治的材料。

（3）真菌的营养阶段。菌丝的繁殖能力很强，菌丝被截断可以发育成新的个体。真菌侵入寄主体内后，以菌丝体在寄主的细胞间或穿过细胞扩展蔓延。菌丝体与寄主的细胞壁或原生质接触后，营养物质因渗透压的关系进入菌丝体内。有的真菌侵入寄主后，在寄主细胞中形成吸收养分的特殊器官——吸器。吸器的形状有瘤状、蟹状、掌状和分枝状等。

（4）真菌的繁殖阶段。真菌经过营养阶段后，即转入繁殖阶段，先进行无性繁殖，产生无性孢子。有的真菌在后期进行有性生殖，产生有性孢子。真菌产生孢子的结构，不论简单或复杂，无性繁殖或有性生殖统称为子实体。

无性繁殖是不经过性细胞的结合过程而直接由菌丝分化形成孢子的繁殖方式。无性孢子有多种，主要包括：游动孢子、孢囊孢子、分生孢子（见图 2-2）。

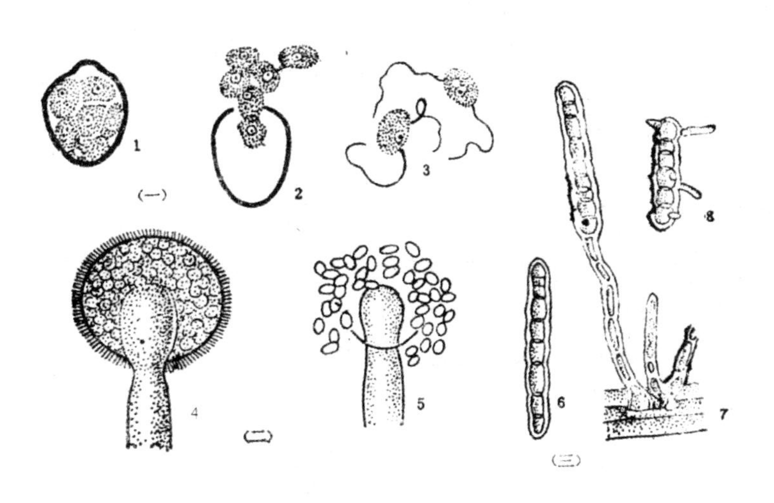

（一）游动孢子：1. 游动孢子囊　2. 囊孢子囊萌发　3. 游动孢子

（二）孢囊孢子：4. 孢囊梗和孢子囊　5. 孢子囊破裂释放孢囊孢子

（三）分生孢子：6. 分生孢子　7. 分生孢子梗　8. 分生孢子萌发

图 2-2　真菌无性孢子类型

有性生殖是真菌经过营养阶段和无性繁殖后，在菌丝体上分化出性器官。性细胞结合形成有性孢子，其发展过程要经过质配、核配、减数分裂三步。常见的有性孢子包括：卵孢子、接合孢子、子囊孢子、担孢子四种（见图 2-3）。

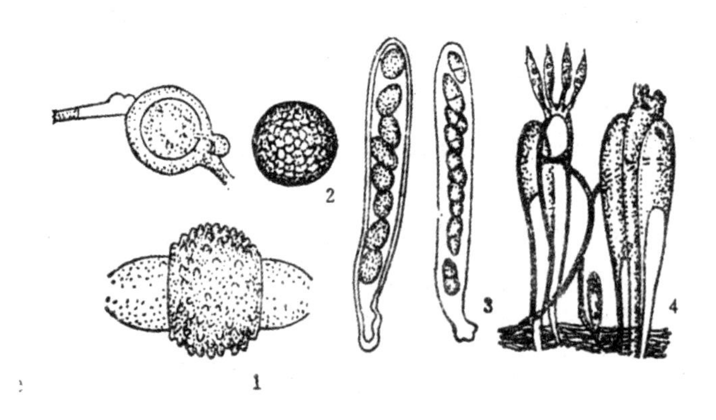

1. 卵孢子　2. 接合孢子　3. 子囊孢子　4. 担孢子

图 2-3　真菌孢子有性生殖产生的孢子

（5）真菌的生活史。真菌从一种孢子开始，经过生长和发育阶段，最后又产生同一种孢子的过程，称为真菌的生活史。真菌的生活史包括三个方面：发育过程有营养阶段和繁殖阶段；繁殖方式分无性繁殖和有性生殖；细胞核的变化分为单倍体阶段、双核阶段和双倍体阶段。

（6）真菌所致病害的特点。真菌所致的病害，常在寄主被寄生部位的表面长出霉状物、粉状物等，这是真菌性病害的重要标志。

二、细菌

（1）细菌的主要特征。细菌是单细胞生物，绝大多数都有鞭毛（见图 2-4）。菌体为单细胞，无叶绿素，属异养生物，依靠寄生或腐生生存。一般而言，寄生性强的作物病原细菌在培养基中生长缓慢，而腐生性强的病原细菌则生长较快。

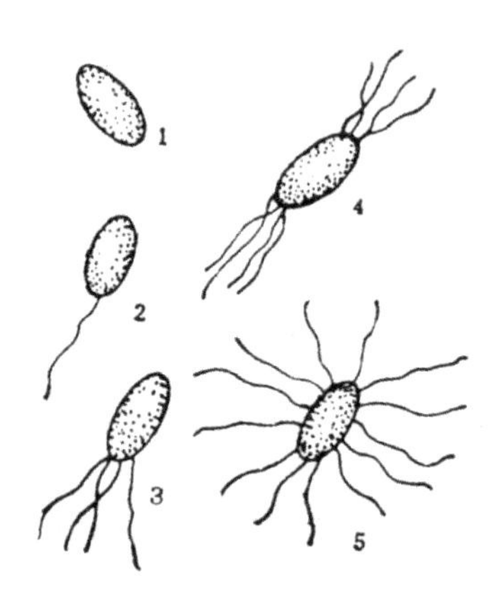

1. 无鞭毛　2. 单鞭毛　3. 单极丛毛　4. 双极丛毛　5. 周鞭毛

图 2-4　植物病原细菌的形态

（2）植物细菌病害的发生特点。细菌繁殖速度快，因而在短期内可迅速扩展蔓延。病原细菌的初侵染的菌源主要来自带菌的种子、种苗等繁殖材料、病残体、田边杂草或其他寄主、带菌土壤和昆虫等。细菌接触感病植物后通过伤口或植物表面的自然孔口侵入。植物病原细菌都是死体营养生物，它们侵入寄主后，通常先将细胞或组织杀死，然后从残废的细胞或组织中吸取养分，在寄主内扩展，可引起叶斑、腐烂等症状。植物细菌病害常在病部表现为水渍或油渍状，在空气潮湿时有的在病斑上产生胶黏状物称为菌脓。

植物病原细菌在田间的传播主要通过雨水、灌溉流水、风夹雨、介体昆虫、线虫等。许多植物病原细菌还可以通过人的农事操作在田间传播，如马铃薯环腐病主要通过切刀传播。由种子、种苗等繁殖材料传播的细菌病害，主要通过人的商业、生产和科技交流等活动而远距离传播，如稻白叶枯病就是由于引种带病种子使病区不断扩大的。一般高温、多雨、湿度大、氮肥过多等因素均有利于细菌病害的流行。

（3）植物细菌病害的防治。防治植物细菌病害首先要采用无病种子、种苗或进行种子消毒；搞好田间卫生、清除病残体，尽量减少初侵染源；加强栽培管理、实行轮作、选育抗病品种等。对某些种传的细菌病害要加强检疫工作，防止病区继续扩大。对某些流行性强的细菌病害还应搞好测报工作，适当进行化学防治。

三、病毒

（一）病毒的主要特征

植物病毒常有秆状、球状和纤维状三种形态（见图 2-5），但实际呈多态性。病毒是非细胞形态的生物，它是一层蛋白质外壳包着的核酸，体积比细菌小。病毒粒体可以在活细胞内增殖，所以被称为微生物。病毒具有一般细胞生物所有的遗传和变异特性，其变异在植物病害上具有重要经济意义。

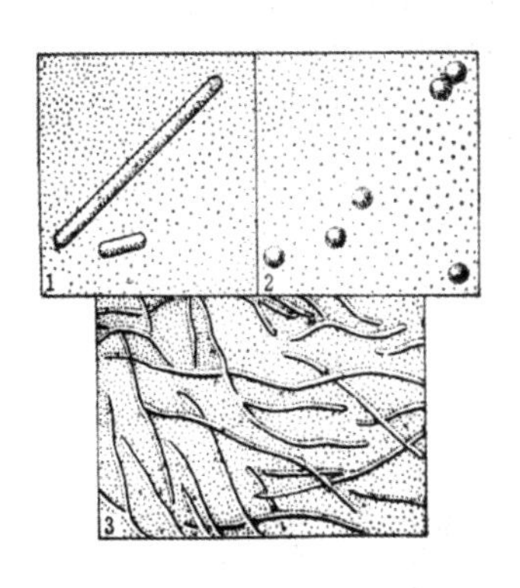

1. 秆状　2. 球状　3. 纤维状

图 2-5　植物病毒的各种形态

（二）病毒的侵染和传染

植物病毒可以是局部性侵染，如引起局部枯斑；也可以是全株性侵染，表现为全株性症状，但很少进入生长点和种子内。病毒在植物体内的移动是被动的，在叶细胞内随细胞质的流动和扩散而移动，并经过胞间联丝在细胞间移动。一旦病毒进入植物输导系统，例如韧皮部，便可随着营养物的流动而较快地移动。

植物病毒主要通过侵入作物体内在细胞中复制成许多新的病毒进行繁殖。病毒只能在活的细胞中生活。病毒侵染作物以后，多表现全株性症状，常引起变色、褪色、畸形、枯斑等。病毒主要通过昆虫（蚜虫、叶蝉、飞虱等）取食、病健株摩擦和嫁接三种途径传播。传染性和复制性是病毒的两大生物学特性。

（三）植物病毒病的症状

感染病毒的植物通常表现出可由感官察觉到的外部变化，称为症状或外症。同时在病株的组织内或细胞内也会发生改变，这种变化称作病变。植物病毒可能引发的外观症状很多，归纳起来主要有以下几类。

（1）生长减缩是最常见的症状之一，表现为植株的局部或全株减缩症状。具体又可划分为矮化、小果、小叶、缩根等，如水稻矮缩病、大麦黄矮病、玉米矮花叶等。

（2）变色也是极常见的症状，如褪绿白化、黄化、红化、紫化，以及褐化、银灰化、黑化等变色。

（3）畸形也是常见的症状，并有多种类型，如线叶、扁枝、肿枝、肿瘤、茎凹陷、耳突、丛枝、卷叶、束顶等。

（4）坏死表现为叶面的枯斑或植株生长尖端的死亡等症状类型，也有其他器官如果实、种子、块茎的局部坏死，还有韧皮部坏死等。

（5）萎蔫主要是由病植株失水所引起的，也有由病毒侵染导致木质部坏死或者产生侵填体等阻塞导管所造成的。

（四）两类病毒病及其特点

（1）花叶类病毒病的典型症状是深绿与浅绿交错的花叶症状，此外还有斑驳（黄色斑块较大型）、黄斑、黄条斑、枯斑、枯条斑等。这类病毒基本上分布于植株全身的薄壁细胞中（包括表皮细胞和表皮毛），很容易由病株汁液通过机械摩擦而侵染。担任传毒媒介的昆虫主要是蚜虫。有些花叶病毒可通过种子传播（见图 2-6）。

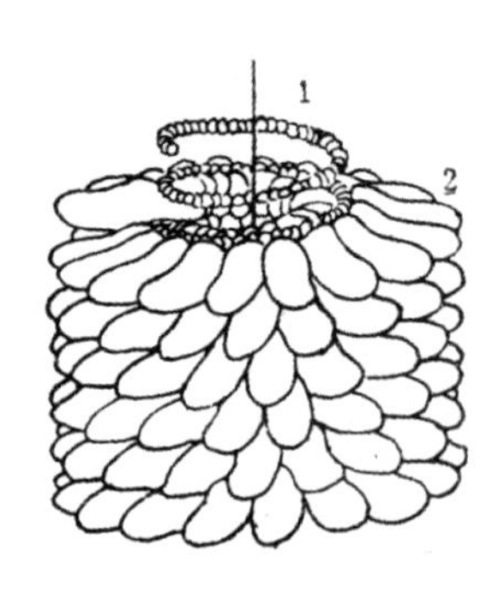

1. 菌核　2. 蛋白质

图 2-6　烟草花叶病毒结构

（2）黄化类病毒的主要症状是叶片黄化、丛枝、畸形和叶变等。病毒主要存在于寄主韧皮部的筛管和薄壁细胞中，通过嫁接和菟丝子等非机械摩擦的汁液接触而传染。媒介昆虫主要是叶蝉、飞虱，其次是木虱、蚜虫、蝽象和蓟马。还没有发现能通过种子传播的黄化类病毒。

四、线虫

线虫是一种低等动物，属于线形动物门。我国农作物中主要的线虫病有小麦粒线虫病、水稻潜根线虫病、花生根结线虫病、大豆孢囊线虫病等。

（1）植物病原线虫的主要特征。寄生线虫一般是圆筒状，两端尖，体形细小，大多数为雌雄同形、少数为雌雄异形，雌虫为梨形或肾形、球形和长囊状。线虫的口腔内有口针或轴针，用以穿刺植物，输送唾液并吮吸汁液（见图 2-7）。

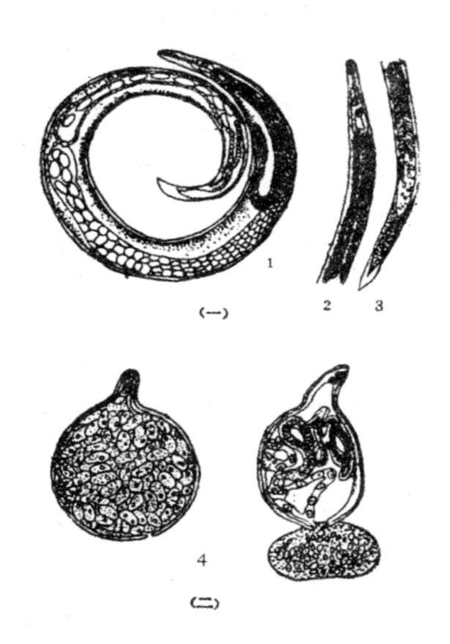

（一）小麦线虫：1. 雌成虫　2. 雄成虫前端　3. 雄成虫末端

（二）根结线虫：4. 雌成虫和卵

图 2-7　植物病原线虫形态

线虫主要借寄主植物的种子及无性繁殖材料等进行远距离传播，大多数线虫仅在寄主体外以口针穿刺进植物组织内进行寄生生活，称为外寄生；有些线虫则在寄主组织内寄生，称为内寄生；少数线虫则是先进行外寄生然后进行内寄生。

（2）植物病原线虫的致病性及症状特点。线虫对植物的致病作用，除用口针刺伤寄主和线虫在植物组织内穿行所造成的机械伤外，主要是线虫穿刺寄主分泌的唾液中含有各种酶或毒素，造成各种病变。线虫病的主要症状有：①植物生长缓慢、衰弱、矮小、色泽失常、叶片萎垂等，类似营养不良的现象。②局部畸形，植株或叶片干枯、扭曲、畸形、组织干腐、软腐及坏死，茎叶上产生褐色斑点等。③根部肿大、须根丛生、根部腐烂等。

第四节　育病原物的寄生性和致病性与寄主的抗病性

一、寄生性

（1）寄生性的概念。寄生性是寄生物从寄主体内夺取养分和水分等以维持生存和繁殖的特性。一种生物生活在其他活的生物上，以获得它赖以生存的主要营养物质，这种生物被称作寄生物。供给寄生物以必要生活条件的生物就是它的寄主，这两种生物之间存在的密切关系称为寄生关系。寄生是生物的一种生活方式。

（2）植物病原物的寄生类型。植物病害的病原物都是寄生物，但是寄生的程度不同。有的是只能从活的植物细胞和组织中获得所需要的营养物质的专性寄生物，其营养方式为活体营养型。有的除寄生生活外，还可以在死的植物组织上生活，或者以死的有机质为生活所需要的营养物质的非专性寄生物，这种以死亡的有机体为营养来源的称为死体营养型。只能从死亡有机体上获得营养的称腐生物。绝大多数的植物病原真菌和植物病原细菌都是非专性寄生的，但它们寄生能力的强弱有所不同。

弱寄生物的寄生方式大都是先分泌一些酶或其他能破坏或杀死寄主细胞和组织的物质，然后从死亡的细胞和组织中获得所需养分。因此，弱寄生物一般也称作死体寄生物或低级寄生物。强寄生物和专性寄生物的寄生方式不同，它们最初对寄主细胞和组织的直接破坏作用较小，主要是从活的细胞和组织中获得所需的养分，因此，寄生能力强的寄生物一般也称为活体寄生物或高级寄生物。

二、致病性

致病性是病原物所具有的破坏寄主并引起病害的特性。病原物的致病性和致病作用是一种病原物的属性，是较为固定的性状。

致病性的机制是病原物对寄主的影响，除从寄主吸取营养物质和水分外，还产生对寄主的正常生理活动有害的代谢产物，如酶、毒素和生长调节素。

（一）生理小种概念

在分类学上，生理小种是在种以下根据生理特性而划分的分类单位。生理小种主要以致病力来区分。在病原物的种内，在形态上相同，但在培养性状、生理、生化、病理、致病力或其他特性上有差异的生物型或生物型群称为生理小种。

（二）病原物的致病性

病原物诱发病害的能力称为致病性。

（1）致病性是病原物诱发病害的能力总称，一般用来描述对不同种的寄主的致病力。在能致病的前提下，致病力的差异则用毒性来表示。

（2）毒性是指病原物诱发病害的相对能力，用来衡量和表示致病力的差异。因此，在病原物能致病的前提下，用强毒力和弱毒力两个名词来比较和描述致病力的差异。

（3）侵袭力是在病原物对寄主有强毒力的前提下，两个生理小种引发同一寄主发病的程度，可用侵袭力的强弱来表示毒力的差异。

（三）病原物的致病性变异

病原物的致病性可以经常发生变异，变异的途径有多种。

（1）有性重组。在有性生殖中，性细胞结合后经过质配、核配和减数分裂的过程，基因进行重新组合，遗传性发生变异，所产生的后代的生物学特性与亲本不同。

（2）无性重组。不少真菌可以在无性生殖阶段通过体细胞的染色体或基因的重组而发生变异。在细菌和病毒中，也有迹象表明他们会通过遗传物质的重组而发生变异。

（3）突变。病原物在遗传性状上出现原因不明的突然变化称为突变。这种变化与遗传物质发生变化有关。

（四）病原物的适应性

适应性是指生物通过改变使自身能在某种环境中更好地生存的能力。适应有两种情况：一种是表现型适应，即生物因环境不同而调节自己，当环境条件恢复时，生物又表现为原来的状态，属于非遗传性的和可逆的；另一种是遗传性适应，即这种适应性变异涉及生物的遗传组成的改变，是不可逆的。

三、寄主的抗病性

植物的抗病性是寄主抵抗病原物侵染或限制侵染危害的一种特性，它是植物和病原物在一定的外界环境条件下长期斗争所积累的遗传特性，既有一定的稳定性，也有变异性。

（一）寄主的反应

寄主对病原物侵染的反应可分以下 4 种类型。

（1）感病。寄主遭受病原物的侵染后，使生长发育、产量或品质受到很大的影响，甚至引起局部或全株死亡。

（2）耐病。寄主遭受病原物的侵害后，发生相当显著的症状，但对寄主的产量或品质没有很大的影响，称为耐病。

（3）抗病。病原物能侵入寄主并建立寄生关系，但由于寄主的抗病作用，病原物被局限在很小的范围内，不能继续扩展，寄主仅表现出轻微的症状。有的病原物不能继续生长发育而趋于死亡。有的能继续生长，甚至还能进行小量的繁殖，但对寄主几乎不造成危害。

（4）免疫。寄主植物能抵抗病原物的侵入，使之不能与寄主建立寄生关系；或是病原物虽能与寄主建立初步的寄生关系，但由于寄主的抗病作用，使侵入的病原物不久便死亡，寄主不表现出任何症状。

四种反应类型之间没有明显的界限。根据实际需要，感病还可以分为高感、中感、感病，抗病也可以分为抗病、中抗、高抗。

（二）寄主的抗病性

寄主的抗病性是指寄主作物抵抗病原物侵染的性能。根据寄主品种的抗病性与病原物生理小种的致病力之间的关系，可将寄主抗病性分为以下几种。

（1）垂直抗性和水平抗性。作物的抗病性可分为两类：一类是垂直抗性。寄主和病原物之间有特异的相互作用，即某品种对病原物的某些生理小种能抵抗，但对另一些则不能抵抗，抗性由个别主效基因控制，虽表现为高度抗病或免疫，但抗病性不稳定、不持久。另一类是水平抗性。寄主和病原物之间没有特异的相互作用，一个品种对所有小种的反应是一致的，一般由多个微效基因控制，表现为中度抗病，其抗病性是稳定和持久的。

（2）专化抗性和一般抗性。专化抗性即小种专化抗性，是指对某些小种能抵抗，但对另一些小种不能抵抗的抗性，相当于垂直抗性。一般抗性不表现为过敏性反应，但能对病原物的侵入、发育和扩展造成障碍，它能提供稳定和持久的保护作用。一般抗性通常是由多基因控制的，与水平抗性有类似的含义，但不完全相同。

（3）持久抗性。在广泛种植情况下能长期保持的抗性称为持久抗性。这个定义不涉及抗性机制、抗性表现的程度以及是否小种专化等。

（4）慢锈性（慢霉性）。用于锈病方面的称为慢锈性，用于白粉病方面的称为慢霉性，是使病害发生速度变慢的抗性。水平抗性和一般抗性都有这种性能。

（5）耐病性。耐病性是植物能忍受严重病害，但在产量和质量方面不受严重损害的性能。根据这一定义，耐病植物从表面看是感病的，但实质是耐病的。

（三）作物抗病性变异

作物抗病性变异是指在不同条件下，寄主抗病性的表现所发生的变化。产生这种变异的原因是处于寄主作物不同的发育阶段，病原物不同的生理小种的差异，不同的温度、水肥等的影响。

第五节　作物传染性病害的发生和流行

一、病害的侵染循环

病害的侵染循环又称侵染周期，是指病害从一个生长季节开始发生，到下一个生长季节再度发生的整个过程。这个过程可以划分为以下几个阶段。

（一）病害发生前阶段

这一阶段是指病原物越冬、越夏以及病原物从越冬、越夏场所通过一定的传播介体传到寄主的感病点上，与之接触的阶段。

（1）病原物的越冬、越夏。病原物的越冬、越夏场所主要包括种子、无性繁殖材料、病株残体、土壤、粪肥、温室或贮藏窖内等。各种病原物的越冬、越夏的场所各不相同，一种病原物可以在几个场所越冬、越夏。病原物越冬、越夏主要以休眠、腐生、寄生三种方式进行。

（2）越冬、越夏后病原物的传播。绝大多数的病原物都需要借助外力才能传播。病原物在越冬、越夏场所渡过不良环境后，其传播媒介和传播途径主要有：①人为传播。播种带有病原物的种子、块根、块茎，或在田间施用带有病原物的粪肥。②气流传播。在病株残体上越冬的真菌在生长季节遇到适宜的温湿度会产生大量的孢子，随气流传播到田间引起病变。③昆虫传播。越冬带毒的昆虫迁到田间作物上，可引起病害的发生。

（3）病原物和寄主接触。病原物从接触寄主植物开始到侵入寄主之前的一段时间称为接触阶段。接触阶段时间的长短，因病原物的种类和环境条件的不同而有很大差异，短的为几个小时或几天，长的要经过几个月。

（二）病害在寄主作物个体中的发展阶段

病原物从侵入寄主到开始发病这一阶段，也称为病程。病害发展可分以下几个阶段。

（1）侵入和抗侵入。从病原物开始侵入寄主作物到侵入后建立寄生关系为止的一段时间称为侵入阶段。在这一过程中，病原物必须克服寄主的抵抗才能侵入。

（2）扩展和抗扩展。从病原物侵入到寄主开始表现症状为止的一段时间称为潜育期。在真菌病害中，从病原物侵入到开始在寄主表面出现孢子为止的一段时间称为潜伏期。潜伏期和潜育期是病原物在寄主体内扩展和寄主作物抗扩展的阶段。

（3）发病。寄主开始显症的阶段称为发病阶段。在这一时期内，寄主表现出症状，局部侵染的病害只出现局部性症状，系统侵染的病害出现全株性症状。

（三）病害在寄主作物群体中的发展阶段

从病原物在植物个体上初次侵染发病后，在植物群体中进行再次侵染和进一步发展直到病害停止发展或作物成熟收获为止的阶段。病原物侵染寄主有初侵染和再侵染之分。病原物越冬、越夏后第一次侵染寄主称为初侵染。初侵染后产生新的繁殖体进行再次侵染称为再侵染。

病害在植物群体中的发展有两种情况：只有初侵染没有再侵染的病害称单循环病害；有再侵染的病害，再侵染次数的多少因病害种类和环境条件而异。再侵染次数少的，称少循环病害；再侵染次数多的，称多循环病害。

病害发生的轻重主要取决于适于发病的环境条件和再侵染的次数。

（四）病害或病原物的延续阶段

一年生的作物收获后，病原物即转入越冬或越夏阶段，到下一生长季节再引起病害。有的在作物收获前，病原物转移到同一作物上；有的从一种作物转移到另一种作物上；有些病害通过块根、块茎在贮藏期继续发展为害，成为下一生长季节发病的菌源。

应该指出，病害循环有别于病原物的生活史。病害循环是指病害发生发展的过程，生活史是指病原物的个体发育和系统发育的循环。

二、作物病害的流行

（一）作物病害流行的概念

病害普遍而严重发生的现象称为病害流行。在发病频率上，病害虽不每年流行，但却经常发生的地区称为常发区；偶然流行的称为偶发区。在地理范围上，多数病害是局部地区流行，称为地方流行病；而一些由气流传播的病原物，可以传播较远，甚至涉及几个国家，称为广泛流行病。

（二）影响病害流行的因素

在农业系统中植物病害的消长是受各种因素制约的。影响病害流行的因素主要有以下几种。

（1）寄主植物。种植感病的品种是病害流行的先决条件；种植感病品种面积的大小和分布与植物病害流行范围的大小和危害程度有关。

（2）病原物。病原物是病害流行的又一基本条件。没有病原物存在，病害是不能流行的。与此相关的是病原物的毒性、病原物的数量、病原物传播的有效介体或动力。

（3）环境条件。与病害流行有较大关系的环境条件是温度、湿度和雨水。影响病原物侵入寄主前的主要因素是湿度。因为高湿度有利于真菌孢子的形成、萌发和细菌的繁殖，所以雨水多的年份常引起多种真菌性和细菌性病害的流行。田间湿度高、昼夜温差大，容易结露，雨多、露多或雾多都有利于病害流行。

（三）病害流行的类型和变化

（1）病害的流行类型。

①积年流行病。只有初侵染，没有再侵染，或虽有再侵染，但在当年病害发生的过程中所起的作用不大。这类病害要经过多年积累大量的病原物群体后才逐年加重，最后达到流行的程度。这类病害称为积年流行病。

②单年流行病。这类病害有多次再侵染，在一个生长季节中病害就可以由轻到重达到流行程度。这类病害称为单年流行病。

（2）病害流行的变化。

①季节变化。季节变化是指病害在一个生长季节中的消长变化。单循环病害、少循环病害没有大的季节变化。多循环病害则季节变化大，一般有始发、盛发和衰退三个阶段。

②年份变化。年份变化是指一种病害在不同年份发生程度的变化。单循环和少循环病害需要逐年积累病原物才能达到流行的程度。多循环病害在不同年份是否流行和流行的程度主要取决于气候条件的变化。

第十二章　作物害虫基本知识

作物害虫种类很多，其中绝大多数是昆虫，其次是螨类和鼠类。全世界有 100 多万种昆虫，如蛀食作物茎杆的水稻螟虫、玉米螟，咬食叶片的黏虫、稻苞虫，吸食作物汁液的蚜虫、飞虱等害虫和家蚕、蜜蜂、瓢虫、螳螂等益虫。

昆虫属于节肢动物门昆虫纲。其主要特征有：①成虫的体躯分为头、胸、腹 3 个体段，各段由若干体节组成；②头部为感觉和取食的中心，具有三对口器附肢和一对触角，通常还有复眼及单眼；③胸部是运动的中心，具有三对足，一般还有两对翅；④腹部是生殖及内脏活动中心，其中包含生殖系统和大部分内脏，无行动用的附肢，但多数转化成外生殖器的附肢；⑤昆虫卵发育到成虫要经过变态。根据这些特征，可以把节肢动物门的昆虫和螨类区别开来（图 2-8）。

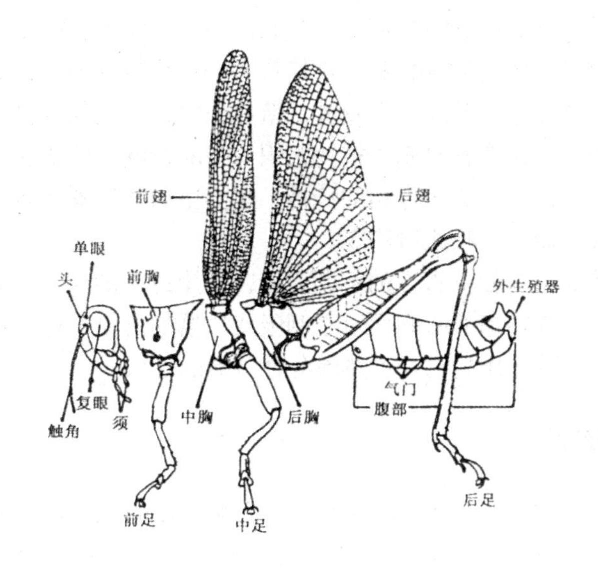

图 2-8　昆虫纲的主要特征（雄性蝗虫）

螨类与昆虫的最主要的形态区别是体躯无明显的头、胸、腹之分，有四对足、没有翅、无复眼。与农业有关的螨类可分为两大类群，一是有害螨类，二是有益螨类。螨类的生殖有两性生殖或单性生殖。螨一生要经历卵、幼螨、若螨和成螨 4 个阶段。螨的生活型分自由生活型和寄生生活型两大类。

本章主要介绍昆虫的有关知识。

第一节　昆虫的基础知识

一、昆虫的头部

昆虫的头壳外壁坚硬多呈半球形，虽由几个体节构成，但分节不明显。头部着生有触角、复眼和单眼等器官和取食的口器。因此，头部是昆虫感觉和取食的中心。

（1）触角。除少数种类外，昆虫都具有一对触角，着生于额的两侧。触角的形状因昆虫种类而异，主要有刚毛状、线状或丝状、连球状、锯齿状、鳃叶状、球杆状、环毛状等，但其基本构造可分为3个部分：柄节、梗节和鞭节。

（2）昆虫的眼。昆虫的眼有单眼和复眼之分。完全变态昆虫的成虫期和不完全变态昆虫的成、若虫期都具有复眼，它是主要视觉器官，对于昆虫的取食、觅偶、群集、避敌等起重要作用。有些昆虫的成虫，除有一对复眼外，其背方还生有2～3个单眼，称为背单眼；完全变态昆虫幼虫的头部两侧，一般各有1～7个单眼，称为侧单眼，因其单眼在发育到成虫阶段即消失，故又称临时单眼。单眼被认为是一种激动器官，使飞行、降落等活动迅速实现。

（3）昆虫的口器。昆虫由于食性和取食方式不同，而产生各种类型的口器。主要有两种：一种是以植物的固体物质为食料，常使被害部位形成孔洞、缺刻，甚至吃成光杆，或钻蛀茎杆和种子，或吐丝卷叶在里面咬食，造成作物机械损伤的昆虫的口器，即咀嚼式口器；另一种口器为针状，取食时刺入植物组织内吸取汁液，使被害部位形成斑点，以致茎叶变黄，皱缩畸形，甚至造成病毒病的传播，这类昆虫的口器为刺吸式口器。此外还有虹吸式口器、舐吸式口器、锉吸式口器等。

在施用药剂防治时，可根据害虫的不同口器，选用适宜的药剂。对咀嚼式口器的昆虫使用胃毒剂，可取得好的防治效果；而对于刺吸式口器的昆虫，应改用内吸剂或触杀剂；而兼具胃毒、内吸和熏蒸作用的药剂可防治各种口器的害虫。

二、昆虫的胸部

胸部是昆虫的第二体段，位于头部之后，由前胸、中胸和后胸三个体节组成，各胸节的侧下方均生一对足，依次称为前足、中足和后足。在中胸和后胸的背面两侧，常各生一对翅，分别称为前翅和后翅。足和翅是昆虫的主要运动器官，所以胸部是昆虫的活动中心。

（1）昆虫的胸足。昆虫的胸足常分为6节，即基节、转节、腿节、胫节、跗节和前跗节。跗节腹面较柔软而薄，有感觉器，当其在喷有触杀剂的植物上爬行时，药剂易进入虫体而中毒死亡。胸足是昆虫体躯上最典型的附肢，是昆虫行走的器官。昆虫由于生活环境和生活方式的不同，形成步行足、跳跃足、捕捉足、开掘足、游泳足、抱握足、携粉足等各种类型的足。

（2）昆虫的翅。翅是昆虫飞翔的工具，对于昆虫寻找食物、追求异性、营巢育幼、躲避敌害以及传播分布等都非常有利。昆虫的翅由胸部背板向两侧展伸而成，多为膜质薄片，贯穿着翅脉，一般多呈三角形。按昆虫翅的发达程度、质地和翅面上的特殊饰物，可将其分为：覆翅、鞘翅、半鞘翅、平衡棒、缨翅、鳞翅和毛翅等。

三、昆虫的腹部

腹部是昆虫的第三体段，一般无分节的附肢。腹内包藏着各种脏器和生殖器官，腹部末端具有外生殖器，所以腹部是昆虫新陈代谢和生殖的中心。昆虫的腹部一般由10—11节组成，腹节可以前后套叠，伸缩弯曲，以利于交配产卵等活动。腹部1—8节两侧各有气门一对，用以呼吸。在腹部的第8和第9节上着生有外生殖器，即雌雄交配的器官。有些昆虫种类在10—11节上长着尾须，是一种感觉器官。

四、昆虫的体壁

昆虫等节肢动物的骨骼长在身体的外面，而肌肉着生在骨骼里面，所以昆虫的骨骼系统称为外骨骼，亦称体壁。体壁的功能是构成昆虫的躯壳，着生肌肉，保护内脏，防止体内水分蒸发，以及微生物和其他有害物质的侵入。体壁上还具有各种感觉器与外界环境取得广泛的联系。昆虫的前肠、后肠、气管和某些腺体也多由体壁内陷而成。体壁由表皮层、体细胞层和底膜三部分组成。

五、昆虫的内部构造和功能

昆虫内部器官都浸浴在血液里，充满血液的体腔称为血腔。

（1）消化系统。昆虫的消化道是一条由口到肛门纵贯体腔中央的一条管道，由前向后分为：前肠、中肠和后肠三部分。其功能是消化食物、吸收营养和排泄粪便。

（2）排泄系统。主要指马氏管，其功能相当于高等动物的肾脏，能从血液中吸收各种组织新陈代谢排出的含氮废物，如酸性尿酸纳或酸性尿酸钾等。

（3）呼吸系统。由许多具有弹性和一定排列方式的气管组成。由于气门开口于身体两侧，当空气中含有有毒物质时，毒物也就随着空气进入虫体，使其中毒致死，这就是熏蒸剂杀虫的基本道理。

（4）循环系统。昆虫属开放式循环动物，即血液循环不是封闭在血管里，而是充满在整个体腔，浸浴着内部器官。

（5）神经系统。昆虫的一切生命活动，如取食、交配、趋性、迁移等都受神经系统的支配。了解神经系统，利用害虫神经系统引起的如假死性、迁移性、趋光性、趋化性等，可用于害虫防治。

（6）生殖系统。雌性的生殖系统由一对卵巢及其相连的输卵管、受精囊、生殖腔和附腺组成。雄性的生殖系统由一对睾丸及其相连的输精管、贮精囊、射精管、阴茎和生殖附腺组成。

六、昆虫的激素

昆虫激素是昆虫体内腺体分泌的一种微量化学物质，起着支配昆虫的生长发育和行为活动的作用。按激素的作用和作用范围可分为内激素和外激素两类。激素间的协调作用使昆虫的生长发育和变态得以调节和控制。昆虫在性成熟后，能分泌性外激素，引诱同种个体前来交配。在我国已有人工合成的多种害虫的性外激素用于防治害虫的事例。

第二节　昆虫的生活习性

一、昆虫的繁殖发育

（一）昆虫的繁殖方式

昆虫的繁殖方式，大致有下列几种。

（1）两性生殖。通过两性交配后，精子与卵子结合，雌虫产下受精卵，每粒卵发育为一个子代个体，这种繁殖方式又称为两性卵生，这是昆虫繁殖后代最普遍的方式。

（2）孤雌生殖。孤雌生殖又称单性生殖，是卵不必经过受精就可以发育成新个体的繁殖方式。如一般没有雄虫或雄虫极少的昆虫，完全或基本上以孤雌生殖进行繁殖，而另外一些昆虫是两性生殖和孤雌生殖交替进行，故又称异态交替，这种交替往往与季节有关。

（3）卵胎生和幼体生殖。卵胎生是指卵在母体内成熟后，并不排出体外，而是停留在母体内进行胚胎发育，直到孵化后直接产下幼虫，其胚胎发育只靠卵本身的卵黄体供给营养，生活史缩短，繁殖快，如蚜虫的单性生殖。卵胎生能对卵起一种保护作用。

另外有少数昆虫，母体尚未达到成虫阶段就进行生殖，称为幼体生殖。凡进行幼体生殖的，产下的都不是卵，而是幼虫，可将其看成卵胎生的一种方式。

（4）多胚生殖。多胚生殖是由一个卵发育成两个或更多的胚胎，每个胚胎发育成一个新个体，最多一个卵可孵出 3000 个幼虫。多胚生殖是对活体寄生的一种适应，它可以利用少量的生活物质和在较短时间内繁殖较多的后代。

（二）昆虫的个体发育

昆虫的个体发育过程，划分为胚胎发育和胚后发育两个阶段。胚胎发育是从卵发育成为幼虫（若虫）的发育期，又称卵内发育。胚后发育是从卵孵化后开始至成虫性成熟的整个发育期。昆虫个体发育过程具体又可分为以下四个阶段。

（1）卵期。卵是昆虫胚胎发育的时期，也是个体发育的第一阶段，卵自产下后到孵出幼虫（若虫）所经过的时间，称卵期。农业害虫从卵孵化为幼虫，就进入为害时期，所以灭卵是一项预防措施，利用具有杀卵作用的药剂在卵期用药，或人工释放卵寄生蜂进行生物防治，可把害虫消灭在为害之前。

（2）幼虫（若虫）期。不完全变态的昆虫，自卵孵化为若虫到变为成虫时所经过的时期称为若虫期；完全变态的昆虫，自卵孵化为幼虫到变为蛹时所经过的时期，称为幼虫期。幼（若）虫期由于体壁坚硬，生长受到限制，就必须脱去旧的表皮，才能继续生长，脱下的皮称为蜕。两次脱皮之间所经历的时间，称为龄期。昆虫随着龄期的增长，食量增大，为害加剧，抗药力也增强。因此，要掌握害虫龄期的长短和龄虫的形态，抓紧时机，治早、治小，除治害虫在幼龄阶段。

（3）蛹期。这是完全变态类昆虫特有的发育阶段，也是幼虫转变为成虫的过渡时期。蛹期是昆虫个体发育过程中生命活动最弱的一环，对入土化蛹的害虫在秋季进行翻耕、碎土，把蛹翻到土面，破坏蛹的生态条件，可使蛹大量死亡，收到防治效果。

（4）成虫期。由蛹羽化或末龄若虫脱皮变为成虫起直到死亡所经历的时间，称为成虫期。成虫期是昆虫个体发育过程的最后一个阶段，是交配、产卵、繁殖后代的生殖时期。对于成虫期有取食花蜜作为补充营养习性的夜蛾，可利用糖、醋、酒液进行诱杀。

（三）昆虫的变态

昆虫的生长发育是新陈代谢的过程。昆虫的一生自卵产下时起至成虫性成熟为止，在外部形态和内部构造上，要经过复杂的变化，从而形成几个不同的发育阶段，这种现象称为变态。按昆虫发育阶段的变化，变态可分为下列两大类。

（1）不完全变态。不完全变态是在个体发育过程中，只经过卵、若虫和成虫三个阶段，其若虫和成虫的形态、生活习性基本相同，但若虫形体比成虫小，生殖器官末发育完全，翅在体外发育，并处于翅芽状态，如蝗虫、蝼蛄、盲蝽、叶蝉等的幼体称为若虫。

（2）完全变态。完全变态是在个体发育过程中要经过卵、幼虫、蛹和成虫四个阶段。幼虫的形态、内部器官、生活习性和成虫截然不同。幼虫往往有成虫期所没有的临时性器官，同时隐藏有成虫期的复眼和翅芽，经过蛹期的剧烈改造，才变为成虫。

（四）昆虫的休眠和滞育

昆虫在一年的生长发育过程中，常出现暂时停止发育的现象。这种现象，从其本身的生物学与生理上来看，可区分为两大类，即休眠与滞育。

休眠是物种在个体发育过程中对不良环境条件的一种暂时性的适应，当这种不良环境条件一旦消除而能满足其生长发育要求时，便可立即停止休眠而继续生长发育。

滞育是一种比较稳定的遗传性。滞育常发生在一定季节，一定的发育阶段，在滞育期间，虽然给予良好的生活条件，也不能解除，必须经过一定的滞育期，并要求有一定的刺激因素（如低湿），才能重新恢复生长发育。

二、昆虫的世代和年生活史

昆虫的生活周期，从卵发育开始，经过幼虫、蛹到成虫性成熟产生后代的个体发育史，称为一个世代，即一代。昆虫在整个一年中发生的代数，各虫态出现的时间，和寄主作物发育阶段的配合及越冬情况等，称为年生活史。一年发生一代的昆虫，它的年生活史，就是一个世代，一年发生多代的昆虫，年生活史就包括几个世代。昆虫在适温范围内，温度升高，发育加快，完成一代所需的时间就缩短。同种昆虫在同一地区内一年发生的世代数，因耕作制度和气候条件的变化而有所不同。

凡一年发生多代的昆虫，往往因发生期参差不齐，成虫羽化期和产卵时间长，而出现第一代和后几代混合发生的现象，造成上、下世代间界限不清，称为世代重叠。一年中发生的代数越多，世代重叠现象越重。此外，由于昆虫生长发育不整齐，如三化螟的最后一代，常受秋季短日照的影响，一部分 3 ～ 4 龄幼虫开始滞育，另一部分预蛹或蛹期的继续发育转化为下一世代，称为局部世代。

三、昆虫的行为

行为是生命活动的综合表现，是通过神经活动对刺激的反应，受感受器所接受的环境刺激及虫体分泌的外激素的协同影响和作用，表现出适应其生活所需的种种行为。

（一）趋性

趋性是通过神经活动对外界环境刺激所表现的“趋”“避”行为，按刺激物的性质分为以下几种。

（1）趋光性。昆虫通过视觉器官，趋向光源的反应行为，称为正趋光性，反之则为负趋光性。如夜出活动的夜蛾、螟蛾、金龟子有正趋光性，在白昼日光下活动的蝶类、蚜虫等，对灯光为负趋光性。

（2）趋化性。昆虫通过嗅觉器官对化学物质的刺激而产生的反应行为，称为趋化性，趋化性也有正负之分。对于某些有强烈趋化性的害虫，如地老虎、黏虫等可用糖、醋、酒等混合液诱集；棉铃虫、黏虫、黄地老虎等用杨、柳新鲜枝诱集。

（3）趋温性。昆虫是变温动物，它的体温有随所处环境而改变的特点。因此，当环境温度变化时，昆虫就趋向于适宜它生活的温度条件。

（二）食性

昆虫在生长发育过程中按照取食食物的性质可分为以下几类。

（1）植食性。植食性即以新鲜植物体或其果实为食，又根据其食性范围大小，可分为三种：单食性，即只取食一种作物；寡食性，即一般只取食一科或近缘科内的若干种作物；多食性，即能取食不同科、属的许多作物。

（2）肉食性。以小动物或其他昆虫活体为食，多为益虫，按其生活和取食方式又分为捕食性的（如螳螂捕食蚜虫）和寄生性的（如寄生在玉米螟幼虫体上的寄生蜂）。

（3）腐食性。以动、作物尸体或粪便等为食。

（4）杂食性。既食作物又食动物的昆虫，如蟋蟀等。

昆虫的食性有一定的稳定性，但不是绝对的，有一定的可塑性。如取食的作物缺乏时，会被迫取食其他作物，逐渐产生新的食性。

（三）群集性

大多数昆虫都是分散生活的，但有些种类有大量个体高密度聚集在一起的习性，即群集性。它又可分为临时群集和永久群集。前者是在某一虫态或一段时间群集在一起，以后就散开，如很多瓢虫。后者是终生群集在一起，如飞蝗。

（四）迁移性

不少农业害虫，在成虫羽化到翅骨变硬的羽化幼期，有成群从一个发生地长距离地迁飞到另一个发生地的特性。这是昆虫的一种适应性，有助于种的延续生存。

（五）假死性

昆虫受突然的接触或震动，全身表现出一种反射性的抑制状态，身体蜷曲，或从植株上坠落地面不动，片刻又爬行或起飞，称为假死性。可利用此习性振落捕杀害虫。

第十三章　作物病虫害防治的基本方法

病虫害大量发生必须具备三个基本条件：第一，要有足够数量的致病力强的病原物和害虫；第二，要有大量感病的寄主作物或适宜害虫取食的生育期；第三，外界环境条件适合病虫害的发展，而不利于作物和天敌的生长。

第一节　作物病虫害的诊断

一、诊断的概念及意义

作物病虫害的诊断是检查病虫害发生的原因，确定病虫害的种类，从而确定具体病虫害的名称，然后，根据病原、害虫的特性，发生、发展规律，提出防治病虫害的具体方法。

准确诊断对防治病虫害具有重要意义。只有准确诊断，才能做到有的放矢，对症下药，采取相应的防治方法，收到满意的防治效果。因此，诊断是防治作物病虫害的前提。

二、诊断步骤

（1）田间观察。到病虫害发生现场进行田间诊断，调查病虫害在田间的分布、危害的部位，病虫害的发生、发展情况和发生条件。

（2）症状鉴别。分清是病害还是虫害。是病害的，再仔细观察症状部位的病状，有无病征和病征的类型。系统性症状，要注意变色、萎蔫、畸形和生长习性的改变；局部性症状，要注意斑点的形状、数目、大小、色泽、排列和有无轮纹；腐烂症状，要注意腐烂组织的色、味、结构（软腐、干腐）以及有无虫伤。是虫害的，要注意危害部位是咀嚼式口器还是刺吸式口器昆虫所为；观察危害部啃食植物组织形状，是否只啃食叶肉留下表皮，有无虫粪和脱皮，有无孔洞、潜道、卷叶和虫瘿。

（3）种类鉴定。病害通过田间观察、症状鉴别后尚不能得出肯定的结论，就还需进一步做病原鉴定。虫害除通过田间观察和症状鉴别外，还需要将田间采集到的昆虫卵、幼虫及蛹带回做进一步鉴定，有的还需要通过饲养至成虫阶段才能鉴定其种类。

三、各类病虫害诊断的一般方法

（一）病害诊断

生理病害和侵染性病害是不同性质的病原（生物和非生物）危害所致，在其防治上有着不同的防治方法。诊断时应首先确定这两类不同性质的病害。

（1）生理病害的诊断。生理病害是由不适宜的环境因素所致，其病状特点是引起植物的变色、萎蔫和畸形，只有病状而无病征。田间分布特点是一般均匀成片，无由点到面的逐步扩展过程，即田间无发病中心。危害程度是由轻到重，发病率比较稳定。其发生与地势、土质、施肥、灌溉、气象条件、土壤缺素、药害等有关。其病原鉴定方法有以下几点。

①化学诊断法。主要用于营养缺乏及盐碱害。通过将有病植物汁液或病田土壤进行化学分析，测定其营养元素的成分和含量，并和健康植物正常值进行比较，从而查明病因。

②人工诱发和药物治疗试验。根据可疑病因，人为提供类似发病条件，观察健康植物是否发生同种症状；或采用治疗措施，即补充缺乏元素，观察病株症状是否痊愈或减轻。

③指示植物鉴定法。此法用于缺素症，选用对各种元素最敏感，且症状表现最明显而稳定的植物，种植在病株附近，观察其症状反应借以鉴定。

（2）侵染性病害的诊断。侵染性病害是由病原物所致，其症状特点是引起植物的变色、坏死、腐烂、畸形和萎蔫，有病状，多数还具有病征。田间分布特点是具有发病中心，有扩展蔓延的趋势。危害程度是发病率和严重程度一般具有上升加重的趋势。

①真菌性病害的诊断。真菌性病害的诊断可根据病状特点和繁殖体（病征）的形态特征来确定病害种类。

②细菌性病害的诊断。细菌性病害诊断可采用症状观察、病部脓状物病征观察、病原形状观察、染色反应和培养性状的观察、生理生化测定、血清反应及噬菌体检测等方法，确定病名和细菌种名。

③植原体和螺原体病害的诊断。此类病害的症状特点是黄化、丛生、系统性。对这类病害诊断可采用治疗试验。

④病毒、类病毒病害的诊断。病毒、类病毒病害的病状特点主要表现为变色、畸形，病部无病征。田间观察时，应注意观察有无发病中心（即传染性），与昆虫的发生有无联系，是否经汁液传播。在诊断时，可根据其传播方式、寄主范围、指示植物症状进行鉴定。

⑤线虫病害的诊断。一是观察其症状表现；二是解剖病组织查找线虫；三是病部较难看见虫体时，采用漏斗分离法或叶片染色法进行检查。线虫在田间的危害常常是成块分布。

（二）虫害诊断

通过田间观察和症状鉴别，如排除了病害的可能，即可对虫害做一步的诊断，以确定害虫的种类。在进行害虫的鉴定时，主要依据成虫的形态特征进行分类鉴定，注意观察与分类相关的性状，如翅的有无、口器的类型、翅为一对或两对、翅的质地（角质或膜质）、翅被鳞片或透明、翅脉特征、有无螯刺、触角的类型、足的类型、眼及复眼等。

四、作物病虫害诊断注意事项

（1）病害和虫害的区别。病害有病变过程，虫害则没有，这是两者的根本区别。蚜虫、螨类常刺激植物产生类似病害的症状，对此要通过镜检，或检查有无排泄物等进行区别。

（2）侵染性病害与生理病害的区别。侵染性病害中的病毒、类病毒和植原体、螺原体病害的症状与生理病害的症状相似，且都无病征。诊断时可根据田间观察做出初步诊断，必要时通过病原鉴定和传染性试验予以确诊。

（3）咀嚼式口器害虫和刺吸式口器害虫的区别。咀嚼式口器害虫，多以植物的根、茎、叶、果等固体物质为食料，在被害部形成缺刻、孔洞、潜道等明显机械性损伤，常有虫粪留下。刺吸式口器害虫以植物组织汁液为食料，其被害部无明显机械性损伤，常表现出局部性的褪色、黄化、卷叶、虫瘿等被害状。

（4）病害症状的复杂性。症状不是固定不变的，相同病原物在不同寄主上可引起不同症状，不同病原物在同一寄主上也常表现出相似症状；同一病原物在同一寄主的不同生育期，在抗病品种和感病品种上可以表现不同症状。因此，诊断病害要注意症状的复杂表现。

第二节　病虫害的田间调查

一、调查原则

在进行调查时须遵循以下基本原则：

（1）明确调查的任务、对象、目的和要求；

（2）根据病虫害的性质和调查目的，确定其调查方法，拟定计划，做好调查准备工作；

（3）调查的所有资料，应真实地反映客观规律；

（4）调查前应仔细研究本地病虫害的发生情况，力求调查结果准确并具有代表性。

二、调查内容

（1）病虫害发生和危害情况调查。其主要调查内容是，某种栽培植物在一定范围、一定时期内的病虫害种类、发生时期、分布情况、发生数量、发育进度和危害程度等。

（2）病虫害越冬情况调查。主要是对病虫害越冬场所进行调查，了解病虫害越冬基数和越冬存活等情况。

（3）防治效果的调查。主要包括防治前后病虫害发生程度的对比调查，不同防治方法的对比调查等。

三、调查方法

（一）选点取样

病虫害的田间调查是预测、预报和防治的基础。调查时，在田间随机抽取能正确反映实际病虫情况的一定数量的样本。常用的调查取样方法有：

（1）5点取样法。适用于地块小、近方形、病虫害分布均匀的选点取样。其做法是在田间随机选取5点。

（2）棋盘式取样法。适用于面积较大或长方形地块，病虫害田间分布均匀或有发生中心的情况，即按棋盘式选取10个点。

（3）“Z”型取样法。适用于病虫害田间分布不均匀时的选点取样，即样点在田间排成“Z”字型。

（4）对角线取样法。适用于病虫害田间分布比较均匀的随机分布型选点取样。

（5）平行线或抽行取样法。适用于成行种植植物或田间有发病中心的病虫害取样，即用平行线法隔一定行数抽查一行中的一段。

以上各种取样方法，要注意随机，切忌随意，样点要远离地边。

（二）取样单位

（1）长度单位。适用于生长密集的条播植物，单位m。

（2）面积单位。适用于苗期、撒播植物、地下害虫，单位m^2。

（3）植株或部分器官。适用于虫体小，密度大的害虫或叶片及果实上的病害。

（4）其他。根据病虫的特点，可采用特殊的统计单位。

（三）取样数量

取样数量取决于病虫害的分布均匀程度、虫口密度和调查田块的大小。一般每样点取量为：全株性病虫100～200株，叶部病虫10～20片叶，果实病虫100～200个果，地下害虫1～2m^2，样点长度1～2m不等。

（四）调查资料的整理

病虫害的危害程度，一般用被害率、虫口密度、病情指数及损失率等来表示。

（1）被害率。表示作物的株、杆、叶、花、果实等的发病或受病害虫危害的普遍程度或百分数，一般不考虑每株（杆、叶、花、果等）的受害轻重。其计算公式如下：

被害率（%）=[受害株（杆、叶、花、果）数/调查总株（杆、叶、花、果）数]×100

（2）虫口密度。表示一定数量的植株或面积内害虫数量，常用表示方法的计算公式如下：

百株虫数（头）=[总害虫数（活虫）/调查总株数]×100

虫口密度=[总害虫数（活虫）/调查总面积数]×100

（3）病情指数。表示单位面积上作物受病虫危害的平均严重程度。调查前，需人为地将病虫危害的严重程度分为几个便于计算的级别，以0级表示无病虫，最高数值代表最严重的受害程度，中间值表示不同受害程度，一般分为3～5级。病情指数的计算公式如下：

病情指数=[（各级被害株数×相应代表级别）的总和/（调查总数×最高级别值）]×100

病情指数越大病情越严重，反之则轻。

（4）损失率。通过大田调查或小区对比试验或调查分析，算出受害病虫株各级的平均损失率，然后计算出整体损失率。其计算公式如下：

损失率（%）=[（各级发病数 × 各级损失率）的总和 / 调查总数]×100

第三节　作物病虫害的综合防治

一、植物检疫

（1）植物检疫的意义与任务。植物检疫工作是国家保护农业生产的重要措施。它是由国家颁布条例和法令，对植物及其产品，特别是种子、苗木、接穗等繁殖材料进行管理和控制，防止危险性病、虫、杂草传播蔓延。其基本属性是强制性和预防性。

植物检疫的主要任务有：①禁止危险性病、虫、杂草随着植物或其产品由国外输入和由国内输出；②将在国内局部地区已发生的危险性病、虫、杂草封锁在一定的范围内，并采用措施逐步将其消灭；③当危险性病、虫、杂草传入新区时，采取紧急措施，就地肃清。

（2）植物检疫对象的确定。检疫对象必须具备以下三个基本条件：

必须是局部地区发生的；

必须是主要通过人为因素进行远距离传播的；

必须是具有危险性的。

（3）植物检疫主要采取的措施。

禁止进境。针对危险性极大的有害生物，严格禁止进境。

限制进境。提出允许进境的条件，要求出具检疫证书。

调运检疫。检疫对象的空间调运，应在指定的地点和场所进行检疫和处理。

产地检疫。种子、无性繁殖材料、农产品在其产地或加工地实施检疫和处理。

国外引种检疫。引进对象除施行常规检疫外，还必须在特定的隔离苗圃中试种。

旅客携带物、邮寄和托运物检疫。对旅客携带植物和植物产品按规定进行检疫。

紧急防治。对新引入和定植的病原物与其他有害生物，要尽快扑灭。

二、农业防治

其目的是运用各种农业调控措施，减少病原物和虫口数量，提高植物抗性，创造有利于植物生长发育而不利于病虫害发生的环境条件。它是最经济、最基本的防治方法。

（1）使用无病虫害的繁殖材料。生产和使用无病虫害种子、苗木、种薯以及其他繁殖材料，可以有效地防止病虫害传播和减少病虫数量。在病害方面，建立无病种子繁育制度。商品种子实行健康检查，确保种子健康水平。带病虫害种子用机械筛选、风选或用盐水、泥水漂选等方法汰除种子间混杂的菌核、菌瘿、粒线虫虫瘿、病植物残体、病秕籽粒和虫卵。对于表面和内部带菌的种子则需实行热力消毒或杀菌剂处理。

（2）建立合理的种植制度。轮作病虫害防治已成为栽培防治的主要措施之一，轮作防病在一定时期内可使病原物处于“饥饿”状态而削弱致病力或减少病原传播体的数量。具体轮作方式和年限，通常根据病、虫种类而定。

（3）加强田间管理。主要包括精选种子、适期播种、及时中耕、消灭杂草、整枝间苗、清洁田园等项措施，这对减轻病虫害都必不可少。

三、植物抗害品种的利用

（1）抗病品种的利用。这是防治植物病害最经济有效的措施。我国目前在主要农作物和危险病害方面已积极培育出抗病品种，并在生产中采用。

（2）抗虫品种的利用。作物抗虫品种很多，在害虫防治中起到了很重要的作用。

四、生物防治

运用有益生物防治植物病害及利用天敌和微生物防治虫害的方法，称为生物防治法。生物防治的核心和特色体现了环境保护的“相融性”和可持续发展的“统一性”。

（一）植物病害的生物防治

（1）拮抗作用及其利用。一种生物产生某种特殊的代谢产物或改变环境条件，从而抑制或杀死另一种生物的现象，称为拮抗作用。利用拮抗微生物来防治病害是生物防治中最重要的途径之一。主要有两种方式：

①直接使用。把人工培养的拮抗微生物直接施入土壤、喷洒在植物表面或制成种衣剂黏附在种子表面，建立拮抗微生物的优势，从而控制病原物，达到防治病害的目的。

②促进增殖。在植物的各个部位几乎都有拮抗微生物的存在，创造一些对其有利的环境条件，可以促使其大量增殖，形成优势种群，从而达到防治病害的目的。

（2）重寄生作用和捕食作用。重寄生是指一种寄生微生物被另一种微生物寄生的现象。一些原生动物和线虫可捕食真菌的菌丝和孢子以及细菌，有的真菌能捕食线虫，这些现象称为捕食作用，也是生物防治的途径之一。

（3）交互保护作用及其利用。在寄主植物上接种亲缘相近而致病力弱的菌株，以保护寄主不受致病力强的病原物的侵害，这种现象称为交互保护作用。

（4）诱导抗病性及其利用。利用生物的、物理的或化学的因子处理植株，改变植物对病害的反应，产生局部或系统的抗病性，这一现象称为诱导抗病性。

（二）植物虫害的生物防治

（1）以虫治虫。以虫治虫的基本内容是增加天敌昆虫数量和提高天敌昆虫控制效能，大量饲养和释放天敌昆虫以及从外地或国外引入有效天敌昆虫。

（2）以菌治虫。已经在生产上应用的昆虫病原微生物主要是细菌、真菌、病毒三大类。

（3）以激素治虫。主要包括利用性外激素控制害虫和利用内激素防治害虫两大类。利用性外激素控制害虫的常用方法有诱杀法、迷向法、引诱绝育法三种。利用内激素防治害虫的常用激素有脱皮激素、保幼激素两类。

五、物理防治

物理防治是通过热处理、射线、机械阻隔等方法防治病虫害的方法。

（1）病害的物理防治。常用的方法有：

汰除。汰除是将有病植物的种子和与种子混杂在一起的病原物清除掉。

热力处理。利用热力（热水或热气）消毒来防治病害。

地面覆盖。在地面覆盖杂草、沙土或塑料薄膜等，阻止病原物传播和侵染。

高脂膜防病。将高脂膜兑水稀释后喷到植物体表，其表面形成一层很薄的膜层，其膜允许氧和二氧化碳通过，从而控制病害。

（2）虫害的物理防治。常用的方法有：

捕杀。利用人力或简单器械，捕杀有群集性、假死性的害虫。

诱杀。利用害虫的趋性，设置灯光、潜所、毒饵等诱杀害虫。

阻杀。人为设置障碍，防止幼虫或不善飞行的成虫迁移扩散。

高温杀虫。用热水浸种、烈日曝晒、红外线辐射，都可杀死种子中的害虫。

六、化学防治

农药具有高效、速效、方便、经济效益高等优点，但易产生药害，引起人畜中毒，杀伤有益微生物，导致病虫产生抗药性，造成环境污染等。

（1）化学防治的原理。对病原生物有直接或间接毒害作用的化学物质统称为杀菌剂。其化学防治的原理，基本上有保护作用、治疗作用、免疫作用、钝化作用四种。

根据杀虫剂对昆虫的毒性作用及其进入虫体的途径不同，一般可分为触杀剂、胃毒剂、内吸剂、熏蒸剂、绝育剂、拒食剂与驱避剂和引诱剂七种。

（2）化学防治的方法。主要有喷雾法、喷粉法、种子处理、土壤处理、熏蒸法、烟雾法等六种。

综合防治并不是以上几种措施的简单相加，而是根据有害生物和环境之间的相互关系，充分发挥自然因素的控制作用，因地制宜地协调应用必要的措施，将有害生物控制在经济受害水平之下。所谓经济受害水平就是挽回的经济损失和防治费用相等。进行综合防治首先要摸清本地病虫种类、主次及天敌情况，其次要掌握病虫的发生规律，最后要在准确科学测报的基础上制定综合防治措施。

第十四章　农药应用技术

第一节　农药的基础知识

用于农、林以及其他产业杀灭、预防、驱避或减少为害农作物的病、虫、草、鼠等有害生物的物质和调节作物生长发育的物质，统称为农药。前者称为化学保护或化学防治，后者称为化学控制。

一、农药的类别

农药按防治对象（用途）可分为杀虫剂、杀菌剂、杀螨剂、杀鼠剂、杀线虫剂、除草剂、杀软体动物剂和作物生长调节剂八大类；按来源可分为矿物源农药、生物源农药、有机合成农药等。每一类农药又可按其作用方式进行分类，下面以杀虫剂、杀菌剂、除草剂为例进行介绍。

（1）杀虫剂。主要用来防治害虫。按作用方式可分为：

胃毒剂。药剂通过害虫的口器及消化系统进入虫体，引起害虫中毒死亡的作用称胃毒作用，以胃毒作用为主要作用方式的药剂叫胃毒剂，如敌百虫等。主要用于防治咀嚼式口器害虫。

触杀剂。药剂通过接触害虫的体壁渗入虫体，使害虫中毒死亡的作用称为触杀作用，具有触杀作用的药剂称为触杀剂，如敌杀死、松脂合剂等。

熏蒸剂。药剂气化或经化学反应产生有毒气体，通过害虫气门及呼吸系统进入虫体内发挥作用，使之中毒死亡的作用叫熏蒸作用，以熏蒸为主的药剂称为熏蒸剂，如敌敌畏、溴甲烷、磷化铝等。

内吸剂。药剂施用后通过作物的叶、茎、根和种子被吸收进入作物体内，扩散到作物的各部位，害虫取食带毒的汁液而中毒死亡的作用叫内吸作用，具有内吸作用的药剂叫内吸剂，如氧乐果、甲拌磷等。主要用于防治刺吸式口器害虫。

大多数杀虫剂的杀虫作用不是单一的，往往具有多种作用，或以一种作用为主，兼有其他作用。如辛硫磷以触杀为主，兼有胃毒作用。

（2）杀菌剂。防治作物病害的药剂。按作用方式可分为：

保护剂。在作物发病前将药剂喷洒到作物或土壤上，保护作物免受危害的药剂。如波尔多液，福美类、代森类及有机硫杀菌剂等。

治疗剂。在作物发病后施药，能抑制或杀死作物体表或体内的病菌，这种药剂称治疗剂。如甲基托布津、代森铵、多菌灵、三环唑等。

铲除剂。铲除剂直接接触作物病原并杀伤病菌，使它们不能侵染作物。铲除剂多用于处理休眠期的作物种子，以及处理作物或病原菌所在的环境，如土壤。

（3）除草剂。用来防除杂草的药剂。按作用方式可分为：

灭生性除草剂。灭生性除草剂也称非选择性除草剂，能杀灭绝大多数绿色植物，应在作物播种前施用。如草甘膦、克芜踪等。

选择性除草剂。此类除草剂能杀死某些作物而对另一些作物则安全无害。如农得时可除水田杂草，而不伤水稻；盖草能能杀禾本科杂草，而不杀双子叶杂草。

除草剂还可按在作物体内输导性能分为触杀性和内吸性两类。触杀性除草剂施用后只能杀死杂草直接接触到药剂的地上部分活组织。这类除草剂只能防除由种子萌发的杂草，而不能很好防除多年生杂草的地下根、地下茎，如敌稗、百草枯、克芜踪等。内吸性除草剂能通过杂草的叶、茎和根吸收并传导到杂草组织的各个部位，使其全株死亡，对多年生宿根杂草有很好的杀伤力，如农达、莠去津等。

二、农药的剂型

剂型是指农药有效成分与辅助剂等配成具有一定理化性状，可适应于一定使用方法的农药制剂。它是根据有效成分理化性质、药剂使用和技术与药械的水平来决定的。

（1）粉剂。由原药与填料粉碎混合而成，主要用于喷粉、拌细土撒施和拌种，不用水，工效高，但容易飘失，污染环境，不易附着在作物的体表上，如甲基对硫磷粉剂。

（2）可湿性粉剂。基本组成是原药、润湿剂、分散剂和填料，用于兑水喷雾、泼浇等，附着力强，药效比粉剂高，喷洒不均会造成局部药害，如甲基托布津可湿性粉剂。

（3）乳油。由油溶性有效成分的原药、有机溶剂和乳化剂组成，是一种透明的油状液体，可作喷雾、涂抹、泼浇或加工成颗粒剂等施用，防效好，残效期长，如氧化乐果乳油。

（4）颗粒剂。由原药、载体（如沙子、玉米芯）与助剂制成的粒径大小较均匀的颗粒，直接撒施，目标性强，对环境污染小，残效期长，使用方便，如杀虫双颗粒剂。

（5）水剂。适用于多种方法施用，容易失效，易被雨水淋失，展布性差，如克芜踪水剂。

（6）悬浮剂。适应于各种喷洒方式，展布性、黏附性能好，不易被雨水淋失，如多菌灵胶悬剂。

三、农药的使用方法

（1）喷雾法。使用喷雾器将药液形成细小的雾滴均匀覆盖在防治对象及作物上的施药方法。喷雾要选择无风或风力不大的天气，不要在烈日曝晒的高温天气施药。根据喷雾量多少及雾滴大小可分为：

①常量喷雾。用喷雾器喷雾，每亩用药量 50 ～ 75kg，喷雾时喷头对准作物，距离作物 50cm 左右为宜，要保证压力恒定，喷洒均匀，枝叶湿透。

②低容量喷雾。一般用弥雾喷粉机大面积喷雾，每亩施药量为 5 ～ 7.5kg，喷头不能直接针对作物，让雾滴飘移到作物上，省力，效果好。

（2）喷粉法。一般用手动喷粉器或机动弥雾喷粉机将农药粉剂从药械中吹送出去，经过短距离飘散，再慢慢均匀沉积到作物、虫体上。要求喷洒均匀周到，使作物体表覆盖一层薄薄的药粉。

（3）撒施法。将农药与土混合或颗粒剂直接用手撒施。每亩选择细土或河沙20～30kg与亩用农药均匀混合，做成毒土。主要用于稻田病虫防治和化学除草。

（4）泼洒。习惯上指泼浇和灌根，用于防治土传病害和地下害虫。

（5）拌种和浸种。拌种主要要求混拌均匀，使药黏附于种子表面；浸种主要注意浸泡时间。主要用于防治种子传带病虫、地下害虫和苗期病虫。

（6）毒饵。利用害虫或鼠类喜食的食物为饵料，与农药混合制成的毒饵来防治地下害虫和老鼠的方法。药量一般为饵料重量的0.2%～0.3%。

（7）土壤处理。将药剂施于表土或土壤中。这种方法主要用于防治地下害虫和土传病害。

（8）熏蒸。利用常温下有效成分为气体的药剂或通过化学反应能生成具有生物活性气体的药剂施用而发挥作用。一般在密闭空间或相对密闭环境进行。

四、农药的稀释计算

商品农药，除低浓度的粉剂和颗粒剂外，一般都要加水稀释后才能使用。农药用量或浓度在生产上常用四种方法表示。

（1）亩用有效成分重量。根据每亩商品农药用量和商品农药的浓度，可以求得亩用有效成分重量。其公式为：

亩用有效成分重量＝每亩商品农药用量 × 商品农药的浓度（%）

如每亩用25%粉锈宁可湿性粉剂35g防治麦类锈病，问每亩有效成分为多少？

代入公式：

亩用有效成分 =35g×25%=8.75g

（2）亩商品农药用量。根据有效成分用量和商品农药原药的含量，可以求得商品农药的用量。其公式为：

亩商品农药用量＝亩用有效成分重量（g）/ 商品农药浓度（%）

如防治飞虱的扑虱灵有效成分量是每亩5～7.5g，问每亩需用25%可湿性粉剂多少克？

代入公式：

亩商品农药用量 =5 ～ 7.5g/25%=20 ～ 30g

（3）倍数法。农药一般要稀释100倍以上使用，常用等量倍数法计算。其公式如下：

稀释倍数＝稀释剂用量 / 原药剂用量或稀释倍数＝原药剂浓度 / 所配药剂浓度

例1：亩用80%敌百虫可溶性粉剂150g稀释500倍，防治菜青虫，问需兑水多少？

用（水）量＝原药剂用量 × 稀释倍数，即150g×500=75000g

例 2：用含 5 万单位的井冈霉素水剂，加水稀释成 50 单位的浓度防治水稻纹枯病，求稀释倍数。

稀释倍数 =50000 ÷ 50=1000，即原药 1ml 兑水 1000ml 或 1kg。

（4）百万分浓度。即 100 万份药液中含农药的有效成分数，用 PPM 表示。

PPM= 百分浓度 × 10000

例：用 85% 赤霉素晶粉配成 25PPM，在杂交水稻制种田母本穗期喷药调节花期，问如何稀释？

85%=85 × 10000=850000PPM

稀释倍数 =850000PPM/25PPM=34000，即 1g 药粉兑水 34kg。

五、合理安全使用农药

合理安全用药的要求是防治效果好，经济效益高，无药害，对人、畜和天敌安全。因此必须做到：

（1）对症下药。根据防治对象，充分了解农药的防治范围，选择适宜的农药品种和剂型。

（2）适时施药。以病虫草害发生规律为基础，抓其薄弱环节，结合外界环境进行施药。

（3）适量用药。要准确控制药液浓度，每亩用药量和施药次数。

（4）选用适当的施药方法。根据病虫的传播方式和发生特点，选用适当的施药方法。掌握各方法的关键使用技术，掌握重点施药部位，做到合理混药和农药的交叉使用。

（5）安全用药。施用化学农药时既要考虑到人、畜及周围环境的安全，又要考虑到病虫天敌的安全，同时还要考虑到农药对作物的安全。

第二节　农田常用农药

一、杀虫剂

（1）敌百虫。80% 可溶性粉剂、80% 的晶体；低毒，具有强的胃毒作用；适用于稻、麦、棉等作物的咀嚼式口器害虫防治，如稻苞虫、二化螟、棉铃虫等；作毒饵可防治地老虎、蝼蛄等；对高粱、玉米和瓜类、豆类的幼苗敏感，使用要避免药害。

（2）敌敌畏。80% 乳油；中毒，具有熏蒸、胃毒和触杀作用；防治咀嚼式和刺吸式口器害虫，如棉蚜、造桥虫、稻纵卷叶螟、稻蓟马、麦蚜、烟青虫等；高粱、玉米不宜使用。

（3）辛硫磷。40% 乳油；高效、低毒，具有较强的触杀和胃毒作用；适用于小麦、玉米、高粱、花生、水稻等拌种和土壤处理防治地下害虫，喷雾防治稻螟、飞虱、叶蝉、粉虱等；但见光易分解。

（4）乐果、氧化乐果。具有强的内吸、触杀和胃毒作用；适用于多种作物的害虫防治，如棉蚜、棉红蜘蛛、稻飞虱、叶蝉、烟青虫、麦蚜等；但对高粱的一些品种、烟草、一些果树品种易产生药害。

（5）抗蚜威，又名避蚜雾。50%可湿性粉剂，25%、50%水分散粒剂；属于高效选择性杀蚜剂，具有触杀、熏蒸和内吸作用；适宜防治小麦、油菜、大豆、烟草、甘蓝作物上的蚜虫。

（6）杀虫双、杀虫单。18%杀虫双水剂，36%、50%杀虫单可溶性粉剂，3.6%杀虫双或杀虫单颗粒剂；中毒，具有强的内吸、触杀和胃毒作用，可防治水稻螟虫、卷叶螟、甘蔗条螟、大螟；对家蚕有毒，棉花、豆类不宜使用。

（7）优乐得，又名扑虱灵。25%可湿性粉剂；具有触杀和胃毒作用；防治稻飞虱、叶蝉效果好。

（8）Bt乳油。细菌杀虫剂，具有胃毒作用；可防治稻苞虫、蝗虫、棉铃虫、造桥虫、烟青虫、玉米螟、菜青虫等；对家蚕有毒，气温在20℃以上使用为宜。

（9）敌杀死，又名溴氰菊酯。2.5%的乳油；中毒，主要是触杀作用；可防治蚜虫、棉铃虫、黏虫、二点螟、菜青虫等。

（10）水胺硫磷。40%乳油，具有触杀和胃毒作用；能防治粮、棉、果、林等作物的多种害虫，如蚜虫、稻蓟马、卷叶螟等。

二、杀菌剂

（1）波尔多液。用硫酸铜和石灰乳配制，一般比例为1份硫酸铜加生石灰1份加水100份配制而成；可防治霜霉、白锈、炭疽、疮痂等病。

（2）代森锌。80%可湿性粉剂；具有触杀、保护作用；可防治叶斑病、白粉病、霜霉病、叶霉病等。

（3）多菌灵。25%、40%、50%、80%可湿性粉剂，40%悬浮剂；具有内吸治疗作用；可防治小麦黑穗病、赤霉病、炭疽病、油菜菌核病、立枯病、茎腐病等。

（4）甲基托布津。70%可湿性粉剂；具有内吸、预防和治疗作用；与多菌灵防治范围一样。

（5）三环唑。70%可湿性粉剂；中毒，为内吸保护性杀菌剂；采用浸种、浸根和喷雾防治稻瘟病。

（6）稻瘟灵。30%、40%乳油；主要用于防治稻瘟病，具有保护和治疗作用。

（7）粉锈宁。15%、25%可湿性粉剂；低毒，具有内吸作用，兼预防和治疗作用；对锈病、白粉病高效，可防治麦、菜锈病、白粉病、稻粒黑粉病、稻曲病等。

（8）叶枯宁。20%可湿性粉剂；低毒，具有内吸、预防和治疗作用；可预防细菌病害，如白叶枯病、细菌性条斑病等。

（9）井冈霉素。3%、5%、10%水剂，500万单位粉剂；低毒，具有强的内吸作用；可防治水稻、小麦、玉米纹枯病，稻曲病等，兼治稻紫杆病、小粒菌核病等。

三、杀鼠剂

（1）敌鼠。80% 钠盐，高毒；使用毒饵浓度 0.05%。

（2）甘氟。80% 油状液体；一般使用毒饵浓度 0.5% ～ 2%。

（3）磷化锌。粉剂；使用毒饵浓度 1%（水泡麦粒或稻谷 99 份加 1 份磷化锌或鲜红薯 99 份加 1 份磷化锌）。

四、除草剂

（1）盖草能。12.5% 乳油；选择内吸传导型除草剂；防治大豆、花生、棉花、蔬菜等双子叶作物田的禾本科杂草。

（2）绿麦隆。25%、50% 可湿性粉剂；选择内吸传导型土壤处理剂；防治麦类、玉米、花生、大豆、马铃薯田的繁缕、看麦娘、野燕麦等。

（3）农得时。10% 可湿性粉剂；选择传导型除草剂；主要用于防治水稻田中的阔叶杂草和莎草。

（4）克芜踪，又名百草枯。20% 水剂；中毒，属灭生性除草剂，具有触杀作用；可用于免耕栽培除草。

（5）农达，又名草甘膦。10% 水剂；内吸传导型灭生性除草剂；可用于空地除草。

（6）2，4-D。72% 乳油；较强内吸传导性除草剂；主要用于防治小麦、大麦、青稞、玉米、高粱等禾谷类作物田中的阔叶型杂草。

（7）草灭畏。20% 水剂、10% 颗粒剂；低毒，选择性激素型土壤处理剂；适用于大豆、菜豆、玉米、甘薯等作物田防治繁缕、藜、苋、蓼等阔叶杂草及马唐、狗尾草等禾草。

（8）乙草胺。50%、88% 乳油、20% 可湿性粉剂；低毒，选择性芽前除草剂；适用于大豆、花生、玉米、油菜、甘蔗、棉花等旱田作物芽前防除一年生禾本科杂草及某些双子叶杂草。

五、作物生长调节剂

（1）赤霉素。85% 结晶粉，4% 乳油，40% 水溶性粉剂；属内吸促进作物生长的激素主要用于水稻制种，喷雾调节花期；使用结晶粉时要先用酒精溶解。

（2）萘乙酸，又称 NAA。80% 原粉，2% 钠盐水剂，2% 钾盐水剂；用于小麦、玉米浸种培育壮苗。

（3）乙烯利。40% 水剂；低毒，属内吸传导促进作物成熟衰老激素；主要用于棉花、烟草叶面喷施；但忌与碱性农药或碱性强的水稀释，用前先小区试验，再大面积应用。

（4）矮壮素，又称 CCC。50% 水剂；低毒，属作物生长延缓剂；用于小麦、玉米浸种或小麦、棉花、马铃薯叶面喷施。

（5）多效唑。25% 乳油、15% 可湿性粉剂；低毒高效作物延缓剂；广泛应用于水稻、小麦、油菜等作物的苗期叶面喷施，控制株高，防止倒伏。

第十五章　农田杂草防除

第一节　杂草的分类

一、杂草的概念和共同特点

杂草一般是指农田中非有意识栽培的作物。从生态经济的角度来看，在一定的条件下，凡害大于益的作物都可称为杂草，均属防治对象。田间杂草适应了农田的栽培条件，形成了许多有别于作物的一些特点和特性，其中包括：（1）结实多，落粒性强；（2）传播方式多样；（3）种子寿命长，在田间存留时间长；（4）发芽出苗期不一致，从作物播种前到作物成熟后，都有杂草种子发芽出苗；（5）适应性强，可塑性强，抗逆性也强，生态条件苛刻时，生长量极小，而条件适宜时，生长极繁茂，且都会产生种子。（6）拟态性，与作物伴生，如稗草伴水稻，谷莠子伴谷子，亚麻荠伴亚麻等。

二、杂草的种类

目前危害性较大的农田杂草有 50 多种。

按杂草的生活环境可简单地分为水田杂草和旱地杂草。水田杂草主要有眼子菜、异形莎草、牛毛毡、鸭舌草、千金子等。旱地杂草主要有马唐、牛筋草、狗尾草、香附子、看麦娘、猪殃殃、繁缕、野燕麦等。稗草是水旱皆有的恶性杂草。

按杂草的生活周期可分为一年生杂草和多年生杂草。一年生杂草在一年内发芽、生长、开花、结籽完成生活周期。这类杂草数量大、种类多，是主要的农田杂草，主要以种子繁殖，防除比较容易。属春季发芽生长及秋季开花结籽的有稗、马唐、异形莎草、鸭舌草等。属秋季发芽出苗，越冬后第二年春夏开花结籽的，又称越年生杂草，如繁缕、猪殃殃、看麦娘等。多年生杂草在两年或两年以上才能开花结籽完成生活周期。这类杂草以种子和根茎繁殖，防除较困难，如眼子菜、牛毛毡、香附子等。

按杂草防除对策，杂草对各类除草剂的敏感性，可将杂草分为：（1）禾本科杂草，如稗草、千金子、看麦娘、马唐等；（2）双子叶杂草，如繁缕、猪殃殃、眼子菜等；（3）莎草科杂草，如水莎草、牛毛毡和香附子等。

第二节　杂草的防除

目前最广泛和最有效的杂草防除法是耕作措施和化学除草。

一、耕作措施

合理轮作换茬，可以改变生态环境，减少杂草危害，如棉稻轮作可消灭香附子等。耕作措施包括人工翻耕、除草和利用地膜覆盖除草等。

二、化学除草

化学除草是指用除草剂来防除杂草。根据杂草的特点和除草剂的性能，掌握施药范围、时间、方法和剂量，才能收到好的效果。按除草剂使用方法可分为土壤处理和茎叶处理。土壤处理是将除草剂施于土壤，药剂通过杂草的不同器官吸收而产生毒效；茎叶处理是将除草剂直接喷洒在杂草株体之上。从施药时间上分，又有播种前施药和作物生长期间施药之别。不论选择何种除草剂，也不论在何时或采用何种方式施药，均需严格按除草剂使用说明操作，切不可马虎。

（1）水稻田化学除草。

①秧田。亩用10%农得时13g加96%禾大壮乳油100ml，在秧田二叶期前后用毒土撒施或兑水30～40kg喷雾，保持浅水层5～7天。

②本田。亩用60%丁草胺乳油120～150ml或10%农得时20g毒土撒施，保持浅水层5～7天。主要防治牛毛毡、眼子菜或水莎草。

（2）小麦田化学除草。在小麦二叶期亩用50%扑草净可湿性粉剂150～200g或25%绿麦隆可湿性粉剂200～250g，兑水50kg喷雾。可防除繁缕、看麦娘等。在小麦播后芽前，亩用60%丁草胺乳油75ml加50%扑草净可湿性粉剂100g兑水50kg喷雾可防除猪殃殃等。

（3）玉米田化学除草。在玉米播后出苗前亩用50%阿特拉津可湿性粉剂150～200g或48%拉索乳油120ml，兑水40kg喷雾土壤。在玉米4～5叶期，亩用20%二甲四氯钠盐水剂100ml或40%阿特拉津胶悬剂150～200ml，兑水50kg喷雾杂草。

（4）棉田化学除草。在出苗或移栽后，杂草3～5叶期，亩用12.5%盖草能乳油30～40ml，兑水50kg喷雾。

（5）油菜田化学除草。在油菜移栽返青后，亩用20%拿捕净100ml或12.5%盖草能乳油50ml兑水50kg喷雾。

（6）花生、大豆田化学除草。在花生、大豆第一复叶，杂草3～5叶，亩用20%拿捕净乳油75ml或盖草能50ml兑水50kg喷雾。

第十六章　农田害鼠防治

农用害鼠主要有黑线姬鼠、褐家鼠、大足鼠、黄胸鼠、小家鼠等。

第一节　预防与捕捉

由于鼠类有打洞筑巢、盗食粮食等特性，居室和仓库应保持清洁，收贮规范，断绝鼠粮；门窗、墙壁应加固，防止害鼠进入；定期检查，堵塞鼠洞，破坏其生存条件。农田规范化，减少田块，粮食及时收贮，铲除杂草，深耕土地，恶化其生活环境。利用鼠夹、鼠笼捕杀；翻动草堆、杂物进行围捕。保护鼠类的天敌，如捕鼠蛇、猫头鹰、黄鼠狼、家猫等。

第二节　化学药剂灭鼠

在农田害鼠发生严重的地方，应统一行动，组织好大面积毒饵灭鼠工作。灭鼠时间为春播（3～4月）前和秋播（9～10月）前，特别以春季灭鼠效果最好。毒饵杀鼠剂用磷化锌、毒鼠磷、敌鼠、甘氟等。饵料一般选择小麦、大米、玉米、碎粒等无壳粮食。饵料和杀鼠剂按一定比例拌和均匀，晾干制成毒饵。毒饵一般投放在害鼠经常出没的地方，每亩投饵100～200g，每5m左右投放一堆，每堆5～10g。

第十七章 主要农作物病虫害及防治

第一节 水稻病虫害

一、稻瘟病

（一）危害症状

因危害时期和部位不同，可分为苗瘟、叶瘟、节瘟、穗颈瘟和谷粒瘟。

（1）苗瘟。秧苗在三叶期前发病，主要由种子带菌所引起，病苗基部灰黑色，上部变褐，卷缩枯死，病部产生大量灰色霉层。三叶期后发生时，叶片上病斑纺锤形，或密布不规则小斑，灰绿色或褐色，天气潮湿时病部生有灰绿色霉层。苗瘟严重时会使秧苗成片枯死。

（2）叶瘟。病害在秧苗三叶期后至穗期均可发生，在分蘖期至拔节期盛发。病斑常因天气条件的影响和品种抗病性的差异，分为普通型（慢性型）病斑、急性型病斑、白点型病斑、褐点型病斑四种类型。

（3）节瘟。多在抽穗后发生，病害初在稻节上产生褐色小点，后围绕节部扩展，使整个节部变黑腐烂，干燥时病部易横裂折断。

（4）穗颈瘟。在穗颈上初生褐色小点，病害扩展后可使穗颈成段变褐色或黑褐色。

（5）谷粒瘟。颖壳变成灰白色或产生褐色椭圆形、不规则形病斑，可造成种子带病。湿度大时，节、穗颈、枝梗和谷粒的病部均可产生灰色霉层。

（二）危害规律

稻瘟病菌以菌丝或分生孢子在稻草和种子上越冬。播种带病的种子后，附在种子表面的分生孢子萌芽后从幼苗基部侵入，或秋冬堆放的带病稻草于次年春天温度条件适宜时产生大量分生孢子，传播到幼苗上，引起发病。稻瘟病发病的条件受品种、菌源、天气和栽培管理等综合因素影响。

（三）防治方法

稻瘟病防治应以选育抗病品种为基础，切实抓好以水肥管理为主的高产防病措施，尽可能消灭初侵染源，并在发病期间及时辅以药剂防治。

（1）消灭带菌稻草。

（2）用药剂浸种。如种子消毒用10%401抗菌剂1000倍液浸种48小时；或用

80%402 抗菌素 8000 倍液浸种 2 ～ 3 天；用 1% 生石灰水浸种 2 天；用 40% 克瘟散乳油 1000 倍浸种 1 小时后播种。

（3）合理施用肥料。注意氮、磷、钾，以及有机肥与无机肥配合施用，适当施用含硅酸的肥料（草木灰、矿渣、窑灰钾肥），做到施足基肥，早施追肥，中后期看苗、天、田巧施肥。

（4）分蘖盛期，及时防治叶瘟，抽穗扬花在 10% 左右时防治穗颈瘟。每公顷用 40% 异稻瘟净乳油 2250 ～ 3000ml 或 40% 稻瘟净 1800 ～ 2250ml，兑水 900 ～ 1125ml 喷雾；每公顷用 40% 克瘟散乳油 750 ～ 1050ml 或 40% 克瘟散可湿性粉 1125 ～ 1500g，兑水 900 ～ 1125L 喷雾；每公顷用 40% 富士一号乳油 855 ～ 1080ml，兑水 900 ～ 1125L；或每公顷用 20% 三环唑可湿性粉剂 1000 倍液喷雾；或每公顷用 50% 多菌灵可湿性粉剂 1125 ～ 1500g，兑水 1125L 喷雾；或每公顷用 40% 多硫悬浮剂 1200 ～ 1800g，兑水 1050L 喷雾；或每公顷用 28% 多井悬浮剂 375 ～ 525g，兑水 1050L 喷雾等均可控制发病。

二、白叶枯病

（一）危害症状

白叶枯病的症状，可分为三种类型。

（1）叶枯型。由于环境条件影响和品种抗病性不同，这一类型症状又可分为两种类型。

普通型。病害大多数从叶尖或叶缘开始发生，产生黄绿色或暗绿色斑点；向下加长加宽而扩展成条斑，长可达叶片基部，宽可达叶片两侧；病健组织交界明显，分界处有时呈波纹状，最后呈灰白色（多见于籼稻）或黄白色（多见于粳稻）。

急性型。在环境条件适宜或易感品种上发生。叶片产生暗绿色病斑，几天内可使全叶呈青灰色或灰绿色，似开水烫伤状，随即纵折干枯。在湿度大时，病部常有蜜黄色胶黏状鱼籽大小的菌脓溢出，干后成粒状或薄片状。

（2）凋萎型。在秧苗后期到拔节期发生，但以移栽后 15 ～ 20 天（分蘖期）最重，病株心叶或心叶下第一片叶首先呈现失水、青卷、枯萎的症状，随后其他叶片相继青萎，病重稻田大量死苗、缺丛。折断病株的茎基部并用手挤压，可见大量黄色菌脓涌出。

（3）黄叶型。新出叶呈均匀褪绿或呈黄绿色宽条斑。

（二）危害规律

病菌主要在带病种子、稻草及稻茬上越冬。这些带病的病源在适宜的条件下随水流传播到秧苗。稻根的分泌物可吸引周围的病菌从根部的伤口、叶片、芽鞘或叶鞘基部的气孔侵入，引起发病。发病轻重受菌源量、品种抗病性、气候条件及栽培管理条件的影响。

（三）防治方法

防治白叶枯病应在控制菌量的前提下，以抗病品种为基础、秧苗防治为关键，狠抓水肥管理，辅以药剂防治。

（1）严格检疫，不在病区引种换种，控制病区种子的调运。

（2）选用无病种子，进行种子消毒。用农用链霉素 100 ～ 200 单位浸种 24 小时，或用 50% 代森铵 500 倍液、10% 叶枯净 200 倍液等浸种 24 ～ 48 小时。

（3）处理病草，合理用水用肥。防串灌串排，重视浅水勤灌，适期晒田；施足基肥，早施追肥及巧施穗肥和氮、磷、钾配合。

（4）及早用药剂消灭发病中心。用 50% 代森铵水剂 1000 倍液、10% 叶枯净 300 ～ 500 倍液、25% 叶枯灵可湿性粉剂 250 ～ 400g/ 亩兑水均匀喷雾，每隔 7 天喷 1 次，或每公顷用 25% 噻枯唑可湿性粉剂 1500 ～ 2250g 兑水喷雾。

三、水稻纹枯病

（一）危害症状

水稻纹枯病主要危害叶鞘和叶片。叶鞘发病先在近水面处出现暗绿色水渍状小斑，逐渐扩大成椭圆形，并可互相联合成云纹状大斑。干燥时，病斑边缘褐色，中央草黄至灰绿色，后变灰白色；潮湿时呈水渍状，边缘暗褐色，中央灰绿色，扩展迅速。病鞘常因组织受破坏而使其上的叶片枯黄。其病斑与叶鞘相似。严重发生常导致植株倒伏或整丛枯死。湿度大时，病部长有许多白色至灰色蛛丝状菌丝，并在病部见到白色至暗褐色菌核。

（二）危害规律

病菌能以菌核在土壤中越冬，也能以菌丝和菌核在稻草和其他寄主作物或杂草上越冬。春耕灌水后，越冬菌核飘浮水面，插秧后菌核随水漂流附在稻株茎部的叶鞘上，在适当的气温下，菌核萌发出菌丝，菌丝从叶鞘缝隙进入叶鞘内侧，先形成附着孢，通过气孔或从表皮直接侵入。该病发病轻重受菌源量、品种抗病性、气候条件及栽培管理条件的影响。

（三）防治方法

（1）消除菌源，打捞菌核。

（2）合理密作，注意晒田，干湿管理。在水肥管理上要贯彻“前浅、中晒、后湿润”的用水原则，避免过量追施氮肥。

（3）每公顷用 20% 稻脚青可湿性粉剂 750 ～ 1050g，兑水 1125L 喷雾，或 1875g 加水 6000L 泼浇，或 1875g 拌细土 375kg 撒施；每公顷用 70% 甲基托布津 1125g 或 50% 多菌灵可湿性粉剂 1125 ～ 1500g，兑水 1125L 喷雾；每公顷用 3% 或 5% 井冈霉素水剂 2250 ～ 3000ml 或 1500 ～ 1800ml，兑水 1125L 喷雾。

四、水稻螟虫

（一）危害症状

三化螟幼虫危害后分别表现为苗期、分蘖期和圆杆期胺害后的枯心苗，孕穗期的枯孕穗，出穗后的白穗、半白穗和虫伤株等。二化螟一般先群集在叶鞘危害，成水渍状枯黄而形成枯鞘，分蘖时造成枯心苗，孕穗期造成死孕穗，抽穗危害造成白穗，成熟期造成虫伤株。大螟幼虫在叶鞘内群居取食，形成枯鞘，以后转株咬孔侵入危害，但蛀食多不过节，被害茎秆虫孔大，并排出大量虫粪。

（二）危害规律

一般拔节前卵多产于叶片上，拔节后多产于叶鞘上，初孵幼虫群集为害造成“枯鞘”，老龄幼虫分散蛀茎，造成枯心、白穗，以老龄幼虫在稻桩或谷草中越冬。

（三）防治方法

（1）压低越冬虫源基数，及时春耕冬灌稻田，彻底处理稻桩，对二化螟和大螟还要注意清除其他越冬寄主及早春越冬作物和杂草上的防治。

（2）调整水稻布局，改进栽培技术，减少三化螟的“桥梁田”。

（3）在水稻生长前期，于螟虫产卵的高峰期，组织人工摘除卵块，以减少危害。

（4）在螟虫卵孵化高峰期，施用杀螟杆菌进行防治。

（5）播种或插秧前用药剂处理。播种或插秧前，每公顷施用3%呋喃丹颗粒剂37.5～45kg，或每公顷施用3%呋喃丹颗粒剂22.5～30kg，掺细土225～300kg拌匀后，撒施水面；插秧时，用90%晶体敌百虫0.5kg，加水400～500kg，浸秧苗10分钟；在插秧后的药剂防治的比例是：50%杀螟松乳油、50%巴丹水剂、50%甲胺磷乳油。

五、水稻叶蝉、飞虱

（一）危害症状

均以成虫和若虫在稻丛基部刺吸汁液，分泌的唾液使水稻中毒萎缩。危害严重时，水稻点、片枯黄并倒伏。卵多产在叶鞘或叶中脉两侧的脉间和叶鞘内侧。若虫一般在稻株下部为害，受害严重时，造成烂杆倒伏，作株枯萎变黄，似火烧状，又称火旋。

（二）危害规律

它们均具有趋嫩绿性、趋光性，产卵时刺伤叶鞘、茎秆、叶脉等组织。冬季无特别低温，2～3月少雨干旱，4～5月气温较高的年份，发生较重。

（三）防治方法

（1）冬春结合施肥，清除田间杂草，减少中间寄主，减少越冬虫口数量。

（2）统一规划，合理布局，减少虫源。在双季早稻区，选择早熟丰产品种，早稻收割后及时灭茬。

（3）加强田间水肥管理，做到基肥足，追肥及时，田间灌溉要浅灌勤灌，以防水稻贪青徒长，降低田间湿度。

（4）通过养鸭防治飞虱效果很好，放入稻田治虫的鸭以250～400g体重的小鸭为宜。

（5）前期可用3%呋喃丹颗粒剂1.5～2kg/亩，或4%叶蝉散颗粒剂2～3kg/亩撒施；后期可以用25%扑虱灵可湿性粉剂20～30g/亩，或20%好年冬乳油200～250ml/亩兑水常量喷雾。也可每公顷用25%西维因可湿性粉剂3～3.75kg，兑水1125kg喷雾；每公顷用25%乙酰甲胺磷乳油3000～4500ml，兑水1125kg喷雾。

六、稻蓟马

（一）危害症状

稻蓟马又称秧苗焦尖虫，形状为针尖大小黑色的小虫，成虫和若虫常群集叶耳、叶舌和心叶内锉吸叶片汁液，受害部最初为黄白色小点，以后扩展成白色条斑，叶尖被害，引起枯焦。受害秧苗返青慢，分蘖少。

（二）危害规律

稻蓟马生活周期短，发生代数多，适温为10℃～30℃。冬春气候温暖，利于该虫提早繁殖。

（三）防治方法

（1）铲除田间杂草，破坏其越冬及春夏繁殖场所，消灭虫源。

（2）同稻型、同品种集中或成片种植，避免混栽。

（3）合理施肥，控制无效分蘖。

（4）在秧苗四叶期和分蘖期施药。重害区，可在秧田表土施用钉虫剂，然后播种；每100kg水稻干种拌70%吡虫啉可湿性粉剂100～200g；秧田和本田期用70%吡虫啉可湿性粉剂4g/亩兑水喷雾；或5%锐劲特悬浮剂1000～2000倍液喷雾；或25%杀虫双水剂200ml，兑水30～40kg喷雾。

第二节　小麦病虫害

一、小麦锈病

（一）危害症状

主要有三种，条锈、叶锈和杆锈。小麦感病后，初期在麦叶和麦秆上表现出褪绿斑点，其后长出鲜黄色、红褐色或深褐色的粉疱，很像铁锈。

（二）危害规律

三种锈病以夏孢子世代在小麦为主的麦类作物上逐代侵染而完成其病害循环。在适合的温、湿度条件下，活力良好的夏孢子在2～3小时内开始萌发。

（三）防治方法

（1）消灭早期菌源。在播种一月左右，检查田间发病中心，用药剂喷施中心及周围0.3～1m的麦叶。

（2）每100kg种子用25%三唑酮可湿性粉剂120g拌种；40%卫福100g拌100kg种子；12.5%速保利可湿性粉剂180～480g/hm^2，兑水900kg喷雾；20%萎锈灵乳油200倍液喷雾；80%代森锌可湿性粉剂500倍液喷雾。

二、小麦白粉病

（一）危害症状

小麦白粉病主要发生在叶面上。其症状特点是病部表面覆有一层白粉状霉层。病部最先出现分散的白色丝状霉斑，逐渐扩大并互相联合成长椭圆形的较大霉斑，严重时可覆盖叶片大部，甚至全部，霉层增厚可达 2mm 左右，并逐渐呈粉状。后期霉层逐渐由白色变为灰色乃至褐灰色，上面散生黑色小点，最后病叶逐渐变黄褐色枯死。

（二）危害规律

病原菌以菌丝体或分生孢子潜伏在土表麦苗叶鞘或底部叶片上越冬，冬季温暖、雨雪多、土壤温度高，有利于病原菌越冬存活，并在越冬后借风雨传播。白粉病喜温耐干燥，发病适温 5℃～15℃，25℃以上对发病有抑制作用，相对湿度 25%～85% 均可发病。阴雨天多，湿度大，光照不足是麦类白粉病流行的主要环境条件。

（三）防治方法

（1）选用抗病良种。

（2）最佳防治时期为发病初期，最好在种麦时用药剂拌种预防发病。首选药剂为 15% 粉锈宁可湿性粉剂，按种量 0.2% 拌种；或选用 50% 甲基托布津可湿性粉剂 1000 倍液喷雾；25% 多菌灵可湿性粉剂 500 倍液喷雾。喷雾防治应在孕穗、齐穗、扬花期各用药一次。

三、小麦赤霉病

（一）危害症状

赤霉病发生于幼苗至抽穗期，引起苗枯、穗腐、基腐或秆腐，以穗腐最为普遍和严重。

苗枯是由种子或土壤残体带菌引起的。病苗先是芽鞘变褐腐烂，其后根冠随之腐烂，病苗黄瘦以至枯死。潮湿时，枯死苗茎部可产生粉红色霉状物。

穗腐于小麦开花后出现，初在小穗和颖壳上显水渍状褐色斑，渐蔓延至全部小穗，小穗随即枯黄。在颖壳缝隙处和小穗的基部生有粉红色的胶质霉层。发病后期，在高温高湿条件下粉红色霉层处产生蓝黑色的颗粒。

（二）危害规律

赤霉病病原菌在土表的麦株残体、稻桩和冬小麦上越冬。发病与降雨日数、相对湿度成正相关，与菌量有一定的关系。冬麦区，4 月上旬子囊壳明显增长，抽穗后先在颖片外侧蔓延，开始发病。

（三）防治方法

（1）消除稻桩。

（2）在小麦抽穗扬花期，如预报有连续阴雨，应及时施药或抓紧在雨停间隙施药。赤霉病一般在发病初期适时用药，首选药剂为多菌灵和甲基托布津。用 50% 多菌灵可湿性粉剂 800 ～ 1000 倍液，或 70% 甲基托布津可湿性粉剂 1000 倍液，另外用 0.8 波美度石硫合剂喷雾或用 50℃温水浸种 5 分钟，然后用福尔马林 400 倍液浸种 3 小时。

四、麦蚜

通常较普遍而重要的有：麦长管蚜、麦二叉蚜、黍蚜、无网长管蚜。

（一）危害症状

麦蚜危害主要以成、若蚜吸食叶片、茎秆、嫩头和嫩穗的汁液。麦长管蚜多在植物上部叶片正面危害，抽穗灌浆后，迅速增殖，并集中在穗部危害。麦二叉蚜喜欢在作物苗期危害，被害部形成枯斑，其他蚜虫无此症状。

（二）危害规律

麦蚜的越冬虫态及场所均依各地气候条件而不同，南方无越冬期。发生时间，麦二叉蚜早于麦长管蚜，麦长管蚜一般到小麦拔节后才逐渐加重。

麦长管蚜喜欢中温不耐高温，要求相对湿度为 40% ～ 80%，而麦二叉蚜则耐 30℃的高温，喜干怕湿，相对湿度 35% ～ 67% 为适宜。一般早播麦田，蚜虫迁入早、繁殖快，危害重；夏秋作物的种类和面积直接关系麦蚜的越夏和繁殖。小麦抽穗前后为发生高峰期。

（三）防治方法

（1）合理布局作物，冬、春麦混种区尽量使其单一化。选择抗蚜虫的小麦品种；冬麦适当晚播，实行冬灌，早春耙磨镇压。

（2）药剂防治应注意防治适期和保护天敌的控制作用。麦二叉蚜要抓好秋苗期，返青和拔节期的防治；麦长管蚜以扬花末期防治最佳。化学药剂用 40% 乐果乳油 2000 ～ 3000 倍液或 50% 辛硫磷乳油 2000 倍液，兑水喷雾；每公顷用 50% 辟蚜雾可湿性粉剂 150g，兑水 750 ～ 900kg 喷雾；用 50% 抗蚜威 4000 ～ 5000 倍液喷雾防治。

五、黏虫

（一）危害症状

黏虫成虫昼伏夜出，白天隐伏在柴草堆垛、屋檐等阴暗环境里，夜间活动、取食、交配、产卵。其幼虫的食性杂，1 ～ 2 龄幼虫多在心叶、叶背或叶鞘中啃食叶肉，留下表皮，呈长条状半透明小条斑；3 龄后叶片吃成缺刻；5 ～ 6 龄达暴食期。

（二）危害规律

具有间隙暴发的特点，取食叶片仅留叶脉或作物被吃成光杆。成虫对糖液有趋性，幼虫白天躲在作物基部或土缝，傍晚取食，而且有成群结队迁移习性，密作、荫蔽、高温高湿虫害发生重。

（三）防治方法

（1）冬季清理稻草堆垛、锄草灭茬、铲除堆肥、修理田埂、清除水稻根茬等。

（2）小麦播种或出苗前拾净稻根茬和稻草，减少其产卵机会。

（3）合理种植小麦品种，适期限早种早收，提早春管，亦能消灭越冬虫态；在苞麦套作地，在小麦收后及时拨出麦茬集中处理产于麦茬上的卵块。

（4）用稻草或稍蒿的杨柳枝等，扎成2枝长小把，倒挂在小杆子顶上，每亩10把以上均匀分布，7～10天换新把一次，每天以塑料袋罩顶查蛾灭蛾；也可在运苗时，将匀下的玉米、高粱苗扎把诱蛾。

（5）在发蛾盛期用有毒的糖醋液诱杀成虫。

（6）30%乙酰甲胺磷乳油120ml/亩喷雾；2.5%敌百虫粉或2%杀螟腈粉1.5～2.5kg/亩或甲敌粉1.5～2kg/亩喷粉；用90%敌百虫1000～2000倍液或50%辛硫磷2000倍液或80%液进行常规喷洒；5%抑太保乳剂2000倍液，25%灭幼脲3号悬浮剂1000倍液，25%灭虫王3号乳剂1000倍液喷雾，每公顷用药液量600～900kg。

第三节　玉米病虫害

一、玉米螟

（一）危害症状

玉米螟在玉米苗期危害可造成枯心；喇叭口期取食心叶，形成一排排小孔（花叶）；抽穗后钻蛀穗柄和茎秆，使其遇风被折断；穗期雌穗被害，嫩粒遇损引起霉烂，降低籽粒品质。幼虫大多数集中在玉米的叶丛、雄穗苞和雌穗顶端花丝茎部以及叶腹等处为害，表现出叶面排孔、早枯、假熟及倒状等被害状。

（二）危害规律

玉米螟以老熟幼虫在玉米茎秆和穗轴以及寄主被害部分和根茬内越冬。成虫昼伏夜出，有趋光性。成虫将卵产在玉米叶背中脉附近。初孵幼虫有吐丝下垂习性，并随风或爬行扩散，钻入心叶内啃食叶肉，只留表皮。3龄后蛀入危害，雄穗、雌穗、叶鞘、叶舌均可受害。

影响玉米螟消长的主要气候条件是雨量和温度，春季复苏的越冬幼虫必须嚼潮湿的秸秆或吸食雨水、露水，方可化蛹。成虫羽化后也要吸水才能正常产卵，产卵时要求有较高的相对湿度。

（三）防治方法

玉米螟的防治要做到四个相结合，即越冬防治与田间防治相结合、心叶期防治和穗期防治相结合、化学防治和生物防治相结合、防治玉米与防治其他寄主作物相结合。

（1）在成虫羽化前的冬春季节，采用铡、轧、沤、烧、泥封等方法处理玉米秸秆和穗轴，消灭越冬幼虫；选择含抗螟素较高的品种种植，能有效控制玉米螟对玉米心叶的危害；增加春玉米的种植面积，减少夏玉米的种植面积，可以减轻玉米螟的危害。

（2）在玉米螟产卵始期至产卵盛末期，释放赤眼蜂 2 ～ 3 次，每公顷释放 15 万～ 30 万只，赤眼蜂对玉米螟卵的寄生率可达 62%。此外，在玉米螟幼虫发生期可大量使用白僵菌等生防制剂也有很好的效果。

（3）心叶期防治，以颗粒剂防治效果最佳。颗粒剂有 0.3% 辛硫磷颗粒剂、2.5% 西维因和 3% 呋喃丹颗粒剂。穗期防治，用 50% 敌敌畏 800 ～ 1000 倍液滴灌玉米雌穗花丝心。

二、玉米大斑病

（一）危害症状

玉米大斑病主要危害叶片，严重时也危害叶鞘和苞叶。一般先从底部叶片开始发生，逐步向上扩展。在叶上的病斑类型因品种的抗性基因不同而分成两类，一是褪绿型病斑，二是萎蔫型病斑。叶上病斑多时，常相互连接成不规则形大斑，引起叶片早枯。在潮湿条件下，病斑上密生灰黑色霉层。

（二）危害规律

此病原菌以菌丝体或分生孢子在病组织内、外越冬，种子上的少量病菌也能越冬。越冬后的分生孢子，借风雨、气流传播到玉米植株上，条件适宜即萌发侵染玉米。在湿润的条件下，分生孢子从叶片气孔伸出，产生大量的病原孢子，借气流传播再侵染。此病害流行与品种和菌源有密切的关系，玉米的抗病性是影响该病的基本因素之一。在一定数量的菌源和种植感病品种条件下，病害发生轻重主要取决于温度和湿度。

（三）防治方法

应采取抗病品种为主，辅之以栽培技术、清除菌源及药剂防治的综合防病措施。

发病初期，可选用 70% 代森锰锌 1000 倍液、50% 多菌灵 500 倍液，每公顷用 1500 ～ 2250kg 药液，隔 7 天喷药 1 次，2 ～ 3 次即可控制病情。

三、玉米纹枯病

（一）危害症状

最初主要发生在近地面的叶鞘和叶片上，然后逐渐向上发展。叶鞘病斑呈椭圆形，红色或紫红色，常互相遇合成不规则的云纹状斑。湿度大时，在寄主表面集结成暗色菌核。干燥气候下，病斑中部草绿色，边缘灰褐色，菌核稍动则落。

（二）危害规律

菌核在土壤中越冬，高温多湿利于此病发生。

（三）防治方法

（1）剥除茎部叶鞘。

（2）50% 退菌特可湿性粉剂 100g/ 亩。

第四节 马铃薯病虫害

一、马铃薯花叶病

（一）危害症状

叶片呈现黄绿花叶，顶部叶脉产生斑驳，主茎上产生褐色条斑，导致叶片坏死或萎蔫，叶片皱缩、变小，作株矮小，茎叶变脆。

（二）危害规律

初侵染源是带毒种薯、田间自生苗及其他寄主作物。高温、干旱和大风，利于此病发生。

（三）防治方法

（1）生产和使用无毒种薯。

（2）选育和利用抗病和耐病品种。

（3）加强药剂对害虫（蚜虫）的防治。

（4）因地制宜，适期播种，高畦栽培，合理管水用肥，注意改良土壤理化性质等。

二、马铃薯晚疫病

（一）危害症状

可发生于叶、叶柄、茎及块茎上，常出现在叶尖和叶缘，初期为一水渍状小斑，逐渐形成圆形、半圆形暗绿或暗褐色大斑，天气潮湿时病斑与健部交界处有白色稀疏的霉轮。严重时病斑扩大到主脉或叶柄，全株变为焦黑，呈湿腐状。

（二）危害规律

初侵染源主要是带病种薯。少量病苗至成株期在温湿度适宜条件下在病部产生气生孢子囊。病薯、病芽和土壤内的病菌也可通过起垄、耕地等作业传至地表，被雨水溅到作株下部叶片上，侵染底部叶。在高湿凉爽的气候条件下发病较重。

（三）防治方法

（1）选育和推广抗病品种及进行品种合理搭配。

（2）建立无病种薯田，选用无病种薯。

（3）及时发现中心病株，做好药剂防治。拔除中心病株，用 1% 波尔多液，或 0.15% 的硫酸铜液，或 75% 百菌清 500 ～ 1000 倍液，或 50% 托布津可湿性粉剂 500 倍液防治。

第五节　棉花病虫害

一、棉花炭疽病

（一）危害症状

棉籽刚发芽后，即可受害，幼根和幼苗变黄褐色、溃烂。棉苗茎基部发病，会形成红褐色的梭形病斑，纵裂凹陷，严重时病斑环绕基部扩展后变黑腐烂，幼苗枯萎死亡。子叶发病，多在边缘产生半圆形、近圆形的褐色病斑，边缘呈红褐色，最后病斑干枯脱落。

（二）危害规律

病菌在种子上越冬，借风、雨、昆虫等传播侵染。幼苗出土后 15 天内容易感病。

（三）防治方法

（1）与禾本科作物轮作，合理施肥，增强作株抗病力。

（2）播种前选用无病种子，并用 401 抗菌剂 1000 倍浸种 24 小时，也可用棉籽总量 0.2% ～ 0.4% 的 40% 的拌种灵可湿性粉剂拌种。

（3）当春季遇有阴雨连绵的气候时，在子叶展开期，用 1 ：1 ：200 的波尔多液、65% 代森锌可湿性粉剂 500 ～ 800 倍液、50% 多菌灵或 70% 甲基托布津可湿性粉剂 800 ～ 1000 倍液兑水喷雾。

二、棉花立枯病

（一）危害症状

棉苗受害时在近地面的茎基部开始有黄褐色病斑，后变成黑褐色，并逐渐凹陷腐烂，严重时，茎发病部变细，苗即萎倒或枯死。子叶病害时出现不规则黄褐色病斑，多位于子叶中部，以后病部破裂脱落成穿孔状，潮湿时病苗病部及周围土壤常沾有白色稀疏状菌丝。

（二）危害规律

病菌在土壤中越冬，可在土中存活 2 ～ 3 年，通过翻作活动、流水、地下害虫进行传播。春季低温多雨年份发生较重。

（三）防治方法

（1）25% 粉锈灵可湿性粉剂按种子重量的 0.8% 拌种，40% 拌种双按种子重量的 0.5% 拌种。

（2）药剂防治。用 5% 井冈霉素水剂 500 倍液灌根，45% 代森铵 400 倍液灌根。

三、棉铃虫

（一）危害症状

幼虫孵化后先食嫩叶，后为害蕾铃。嫩叶被吃成孔洞或缺刻，幼蕾被蛀食后，苞叶张开，变黄脱落。

（二）危害规律

成虫夜间活动，卵多产于棉株嫩叶和苞叶上；对杨柳树枝敏感，幼虫转移危害能力强，清晨或傍晚常在叶面上爬行。

（三）防治方法

（1）用杨柳树枝把诱集成虫。

（2）结合田间管理，及时打尖，消灭卵粒和减少产卵适宜场所。

（3）选用 10% 氯氰菊酯乳油 1000 倍液，2.5% 功夫乳油 1000 倍液，万灵可湿性粉剂 1000 倍液。

四、棉花红蜘蛛

（一）危害症状

棉花红蜘蛛一般为红色或锈红色，喜群集在棉叶背面叶脉处吐丝结网，被害叶片出现黄白色小点，以后逐渐变红，并向叶缘发展，严重时棉叶、棉铃大量枯焦脱落。

（二）危害规律

棉花红蜘蛛繁殖力强，一年可发生 15 代左右，干旱少雨发生重。

（三）防治方法

选用 50% 螨代治乳油 800 倍液，25% 螨克星乳油 1500 倍液，20% 扫螨净可湿性粉剂 1200 倍液，杀螨利果乳油 1500 倍液。

第六节　油菜病虫害

一、油菜菌核病

（一）危害症状

叶上发病为水渍状圆斑，后变铁青色，有时具有轮纹，高湿时产生白色霉，病斑中央黄褐色，易穿孔，周围叶色变黄。茎秆受病，先出现梭形的浅褐色水渍状病斑，略凹陷，以后变为白色；湿度大时病部软腐，表面生白霉，干燥时表皮破裂形如麻丝，遇风易折断；翻视病茎，有黑色鼠粪状颗粒，即菌核。

（二）危害规律

菌核落在土中或混杂在种子中越冬，3 月上旬至 4 月上旬为菌核萌发盛期，此时正值油菜最易感病的花期。此病先侵染衰老的叶片和花瓣，再传染给其他叶片和茎秆，在油菜花期，常有间歇性的倒春寒，造成油菜倒伏，而且作株抗病性降低，易造成当年病害流行。

（三）防治方法

（1）水稻和油菜轮作。

（2）摘除作株下部的病茎老叶，合理密作、合理施肥。

（3）在油菜进入盛花期开始施药，每隔 7 ～ 10 天喷一次，共喷 1 ～ 3 次，可选用 50% 多菌灵可湿性粉剂 800 倍液，70% 甲基托布津可湿性粉剂 800 倍液，扑海因可湿性粉剂 600 倍液。

二、油菜病毒病

（一）危害症状

白菜型油菜表现为“花叶”，故又称油菜花叶病。此病发作先从心叶的叶脉茎部开始，沿叶脉两侧褪绿，呈半透明状，以后发展为典型的花叶，并有皱缩现象；病重的作株显著矮化变小。甘兰型油菜表现为黄斑型及枯斑型两种症状，病斑从叶背面沿叶脉产生，初为黄色小斑点，以后黄斑中央出现褐色枯点；有的在叶片上表现褐色枯斑，正反两面组织枯死明显，有的在叶脉、叶柄及茎上产生褐色枯死条纹。

（二）危害规律

此病主要通过蚜虫传播。在油菜出苗后 20 余天的苗期是最易感病的时期。若气温在 15℃～ 20℃，天晴少雨，相对湿度在 70% 以下，早播，均有利于蚜虫繁殖和活动。

（三）防治方法

（1）根据品种及蚜虫危害特点，适期播种。

（2）苗期治蚜。在发现有蚜虫时立即用药防治。药剂可选用 80% 敌敌畏乳油 800 倍液，或 40% 乐氰乳油 1000 倍液，或 10% 赛波凯乳油 1500 倍液，或 40.7% 乐斯苯乳油 1000 倍液。

第七节　甘蔗病虫害

一、甘蔗凤梨病

（一）危害症状

感病蔗种或宿根蔗初期切口变红色，其后切口组织变黑色，切开内部开始变红色。严重时，薄壁组织逐渐败坏，中心部分变煤黑色，纵剖蔗茎的变黑部分呈黑色微粒。之后，节间内部薄壁组织完全腐烂，蔗皮内仅包有黑色松散头发状的纤维和大量煤黑色的粉状物。

（二）危害规律

病菌从切口侵入，向内部扩展蔓延至蔗芽。初侵染源是土壤和带菌蔗种，以及蔗田附近其他感染寄主。病菌以菌丝体或大型分生孢子潜伏在土壤或病组织中越冬。

（三）防治方法

（1）选择蔗茎中等大小的梢头苗留种。

（2）在蔗种剥叶斩断后用 2% 石灰水浸渍 12 ～ 24 小时，或 50% 多菌灵可湿性粉剂 1000 倍液浸种 10 分钟。

（3）选择温度有利于种苗早萌发、快萌发的适期下种，并在下种后保持田土有适当湿度。

（4）重发病区，每亩用 75kg 石灰沟施。

二、甘蔗螟虫

（一）危害症状

黄螟多在早期形成枯心苗，在甘蔗幼苗期、分蘖期，幼虫常食空芽眼或在根带部形成蚯蚓状的食痕，老熟幼虫在蛀食孔处作茧化蛹。条螟常危害心叶呈青枯状，出现枯心，对成长蔗株造成螟害节，遇风易折断。二点螟幼虫为害甘蔗生长点，造成枯心苗或螟害节，幼虫蛀入孔近圆形，孔口周围不枯黄，茎内蛀道较直。白螟幼虫由心叶蛀入，向下食成一条食道，表现带状横列的蛀食孔，食痕周围呈褐色，在龄幼虫为害常成枯心苗。

（二）危害规律

黄螟主要为害中、后期的蔗茎，也可为害宿根和春作蔗苗，产生枯心苗。条螟一般在甘蔗拔节后为害。二点螟为害宿根和春作蔗苗，造成枯心，老熟幼虫在蔗茎内化蛹，以幼虫或蛹在蔗茎内越冬。白螟多数以老熟幼虫在生长蔗株梢部蛀道内越冬，成虫有趋光性，飞翔力弱。

（三）防治方法。

（1）通过斩除秋笋、低斩收获蔗株、适时剥叶、浸水淹虫、合理实行轮作制等减少越冬蔗螟数量。

（2）人工捕杀。

（3）用药防治。药剂可选用 90% 敌百虫结晶 500 倍液或 40% 乐果乳油 1000 倍液。

第八节 烟草病虫害

一、烟草黑胫病

（一）危害症状

苗期发病先在茎基部产生黑斑。天气干燥时，病部干缩呈黑褐色，病苗枯死。天气潮湿时，黑斑很快扩大，斑上长满白霉，大量幼苗发病，成片死亡。成株发病在茎基部，病斑初为水渍状，迅速向四周及上下扩展，并变黑腐烂，全株叶片自下而上依次变黄枯萎。根部发病后变黑。多雨潮湿时，下部叶发生水渍状、暗绿色小斑，小斑扩大后中央呈褐色圆形大斑，隐约有轮纹。

（二）危害规律

烟疫霉菌的菌丝和厚壁孢子在土壤内病株残体或堆肥中越冬。病害传播途径主要借流水、灌溉水、带菌粪肥堆肥等。此病在高温高湿年份发病严重。

（三）防治方法

（1）合理轮作，前作以小麦、玉米、水稻、高粱、甘薯等为宜，最好实行 3 年轮作制。

（2）适时早栽，改进栽培技术，防止田间过水、积水。

（3）用 95% 敌克松兑干细土拌匀，于移栽封窝前及起垄培土前各施药一次，把药撒在烟株周围，并立即覆土。

二、烟草花叶病

（一）危害症状

病感烟草出现花叶、叶片畸形和作株矮缩。

（二）危害规律

此病主要通过汁液摩擦而传染。此外，蚜虫也是重要传染途径。

（三）防治方法

（1）选育抗病品种。

（2）实行麦烟间作、套作。

（3）培育无病壮苗。

（4）加强田间管理，及时追肥、培土、浇水。

（5）治蚜防病。

三、烟夜蛾

（一）危害症状

初龄幼虫能昼夜取食，并有吐丝下垂习性，3 龄后食量大增，并转达株危害；白天隐藏在烟叶下或土缝中，夜间及清晨活动取食；喜在烟株顶部咬食叶片和嫩茎，受害严重叶片仅留叶脉；现蕾后取食嫩蕾，开花后取食花、茎及蒴果，并钻孔蛀入取食种子。

（二）危害规律

以蛹在土中 7 ～ 13cm 深处越冬。高湿阴雨天气有利于卵的孵化和幼虫的生长发育。

（三）防治方法

（1）秋末冬初至早春对烟地和苗床进行深耕冬灌灭蛹。

（2）及时打顶抹杈，减少成虫产卵。

（3）捕杀幼虫和诱捕成虫。

（4）在卵孵化高峰期至 2 龄幼虫期，用 2.5% 功夫 20ml/ 亩或 10% 的天王星 15 ～ 20ml/ 亩或 2.5% 的敌杀死乳油 20 ～ 30ml/ 亩或 35% 赛丹 60 ～ 90ml/ 亩兑水喷雾防治。

第三篇　作物栽培总论

本篇主要介绍作物与作物栽培的性质和任务、作物和作物分类、可持续农业与作物栽培科技进步、作物的生长发育、作物与环境、作物产量与产品品质形成、作物栽培措施和技术。

（1）初级农艺工掌握以下内容：掌握农业生产的性质和特点、农作物和作物栽培的概念、作物栽培的本质属性和作物栽培学的特点，了解作物栽培的研究方法。掌握作物栽培的基本分类方法，了解食物安全的概念和食物安全的目标，理解可持续农业的概念和内涵。重点掌握作物的生长发育、生育期和生育时期的概念，理解营养生长和生殖生长的关系。掌握作物栽培中种子的含义、种子休眠和后熟、种子休眠的原因、延长种子休眠和打破种子休眠的方法等。理解作物与环境的关系，掌握自然环境、人工环境、温度三基点、积温蒸腾系数、需水临界期等基本概念，了解提高光能利用率的途径、作物抗高温和抗寒的主要措施、作物抗旱和抗涝的主要措施等。掌握作物产量的一些指标（如生物产量、经济产量、收获指数等）的基本概念，并理解作物产品品质的概念。掌握作物种植制度相关的一些基本概念，如复种、轮作、间作、混作、套作等基本概念，了解各种不同种植方式的具体农艺措施。了解土壤耕作的基本技术，以及基本耕作和表土耕作的方法。掌握土壤的培肥技术。掌握播种前种子处理的方法与技术（如种子清选、浸种、消毒、种子丸化包衣、催芽等）。了解作物的主要播种方式与规格要求和生产上的主要育苗方式等。了解植物生长调节剂的概念、种类和作用，重点掌握植物生长调节剂施用注意事项和人工控旺技术。了解作物设施栽培的种类，重点掌握地膜覆盖栽培技术。了解各类作物的主要简化轻型栽培技术，了解各类自然灾害后的应变措施。

（2）中级农艺工在初级农艺工的基础上掌握以下内容：掌握作物生育进程理论的基本内容，以及作物生育进程在生产上的应用价值。掌握作物的发育特性，以及感温性、春化作用、春化处理、感光性、基本营养生长期等基本概念。重点掌握连作减产的原因和连作技术，以及复种的技术要点。能对影响作物的环境因素进行分类，并明确各环境因素对作物的不同影响。

（3）高级农艺工在中级农艺工的基础上掌握以下内容：掌握作物的温光反应基本规律，理解作物温光反应和发育特性对农业生产的指导意义。理解逆境对作物生长发育的影响，明确各种逆境条件（如极端温度、极端水分等）对作物产生的危害，重点掌握农业预防措施。理解改良作物产品品质的途径和方法。理解作物种植制度及研究内容，以及作物布局的含义和原则。

（4）农艺工技师在高级农艺工的基础上掌握以下内容：掌握提高作物产量潜力的途径与方法。系统掌握间套作的主要技术要点。理解少耕和免耕栽培的基本原理、主要环节、增产机理等基本内容。掌握育苗移栽的技术优势及目前的主要育苗方式。掌握常用的轻型简化栽培技术措施，如节水灌溉技术、植物生长调节剂的使用、人工控旺技术、地膜覆盖技术等。掌握作物主要设施栽培的关键技术，掌握作物的收获及贮藏技术，并确定各类作物的收获适期、作物收获后的产后处理、延长种子寿命的主要储藏技术等。掌握各类作物的主要简化轻型栽培技术，掌握各类自然灾害后的应变措施。

第十八章　作物与作物栽培的性质和任务

第一节　农业生产的性质和特点

一、农业的含义

农业的内涵常随农业生产的发展而不断丰富和深化。从农业发展的全历程可知，农业经历了耕种土地（粮食作物生产）→粮经作物种植→种植业和畜牧业生产（小农业）→农、林、牧、渔、副综合生产（大农业）的渐进式发展过程。随着农业商品生产和农业生态学的发展，以及近代农业科技成果的不断涌现，农业的含义更加丰富，在近代世界农业范围内的不同历史阶段出现了如十字型农业、飞鸟型农业、石油农业、有机农业、生态农业、现代化农业等农业发展模式。

农业的发展模式有多种，有关农业的含义也有多种多样的解释，但概括而言，其实质不外乎包括两层含义：一是农业通过生物有机体的生活机能来获得有机物质；二是农业是一个社会生产部门，农业生产是一种经济行为，既要求量多、质优，又要求高效、低成本。

二、农业生产的性质

马克思提出："农业生产是一个自然再生产和经济再生产密切结合的一个物质生产的过程，是一个有生命的生产部门。"

从自然再生产来看，农业生产是一个生物的生产过程，以有生命活动的动物、植物和微生物（如食用菌）为主要对象。农业生产可分为三个过程：①植物生产过程。绿色植物进行光合作用，把空气中的 CO_2 和土壤中的水分和矿质营养转化成有机物，同时把太阳能转化成为化学能。因此，植物生产的实质就是把太阳能转化成化学潜能的一个物质和能量的转化过程。②动物生产过程。在该过程中，以植物为饲料，建筑在植物生产的基础上。③有机物的分解过程。动植物残体、排泄物到了土壤，被微生物分解成为无机物，然后再被植物利用。这样三个过程：生产→消费→分解，再生产→再消费→再分解，循环往复，都离不开光、热、水、土等环境因素的影响和制约。

经济再生产是人类通过劳动和智慧，对动植物进行养育，对自然环境进行利用和改造，不断地提高生物的转化率，即提高它们对太阳能利用的效率，使生物的自然再生产过程，按照人类的经济目标进行。

三、农业生产的特点

农业生产的对象是动物、植物，是生物体，是有生命的。它们都有生长发育规律，都不能脱离外界环境的作用。人类生产劳动必须与生物的生产发展规律相适应，处理好生物、自然环境和人类社会这三方面的关系。因此，农业生产与其他社会物质生产有以下不同的特点。

第一，严格的地域性。因不同地区纬度、地形、地势、气候、水利等自然条件不同，再加上社会经济、生产条件、作物种类和技术水平的差异，农业生产呈现地域性特征。如干旱地区选择抗旱品种；低洼潮湿地区要开沟排水，选择耐湿品种；高寒地带则要注意防御低温问题。

第二，明显的季节性。农业生产周期较长，是露天工厂，而春夏秋冬一年四季的光、热、水等状况不同，因此农业生产会不可避免地受到季节的强烈影响。要做好农业生产，必须掌握农时季节。

第三，生产的连续性。在农业生产中，一个生产周期与下一个生产周期上、一茬作物与下一茬作物都是紧密相连、互相制约的。土地只要合理使用，可以连续生产，肥力不但不会降低，反而能够提高，这也导致了农业生产的连续性。

第四，农业生产的综合性。农业持续丰收，是生物体、外界环境和人工劳动三者综合的结果。而生物体、外界环境、人工劳动各自包含不同的层次和因素，它们相互之间的关系错综复杂。在农业生产中，农、林、牧、渔各业和各种环境因素有机地联系着，表现为一个大的复杂系统、一个统一的综合体。

综上，要发展农业生产力，必须把农业当作一个整体，综合分析各种因素，采取综合措施，发挥总体效益。

第二节　作物生产在农业生产中的地位和作用

绿色植物以其特有的叶绿素吸收日光能，通过光合作用将由空气中吸收的 CO_2 和由土壤中吸收的水分和无机盐类，经过复杂的生理生化活动，合成富含能量的有机物质，其中一部分直接用作人类的食物，另一部分作为畜牧业和渔业生产的饲料，转化成奶、肉、蛋等食品。作物生产在农业生产中的地位和作用主要表现在以下方面。

一、作物生产是第一性的生产，是人类生存和发展的必要保证

人类栽培的绿色植物称为作物，它是有机物质的创造者，是日光能的最初转化者。作物生产的实质是利用绿色植物的光合作用，以少量的肥、水，利用空气中的 CO_2 和土壤中的水分和无机盐，生产出各式各样作物产品，其产物是人类生命活动的物质基础，也是一切以植物为食的动物和微生物生命活动的能量来源。因此，作物生产称为第一性生产。

二、农业生产是综合性生产，作物生产是农业生产的主体

广义的农业包括农、林、牧、渔、副五业，五业之间存在着相互依赖和相互促进的关系；狭义的农业主要指粮食作物和经济作物种植两大内容。国家列入统计指标的有粮、棉、油、麻、糖、丝、茶、菜、烟、果、药、杂等 12 项，这些为广义的作物；狭义的作物指农田大面积栽培的粮、棉、油、麻、糖、烟等，一般也称农作物，是作物栽培学研究的主要对象。在不同国家种植业在农业中所占比例有很大差异，我国农业中的种植业占农业总产值的 2/3 以上，同时以农产品为原料的轻工业产值约占轻工业总产值的 2/3。

三、农业是国民经济的基础，作物生产是农业生产的重要基本环节

农作物生产不仅为人类提供必需的基本生活资料，为轻工业提供丰富的生产原料，而且为畜牧业和渔业的生产提供丰富的饲料来源，并通过农产品或加工产品出口换取外汇，以支援国家的经济建设。

第三节　作物栽培的发展趋势

随着现代工业、现代科技对农业装备力度的增加，农业的发展日新月异。当今快速发展的生物技术、信息技术等对农业科学的影响，以及 20 世纪 80 年代中期国际出现的“可持续农业”热潮，使我国的作物栽培技术呈现如下发展趋势。

第一，从注意单一作物向两作、多作或复合群体，乃至有关的连作、轮作方面发展。

第二，从单纯追求产量向着眼于高产、优质、高效、低耗协调统一的方面发展。

第三，从单纯的靠天栽培向包括大棚、温室、塑膜、无土栽培、组织培养、育苗移栽等设施栽培方面发展。

第四，从只顾向自然索取而不注重资源环境保护向高产与资源环境保护相结合的可持续农业道路发展，如合理灌溉、秸秆还田、盐碱地改良、用地与养地相结合、建立合理耕作制度、定量施用化肥农药除草剂等。

第五，从传统经验农业向利用计算机技术对多因素进行模拟和决策，使作物栽培向规范化、程序化方向发展。

第四节　作物栽培的性质和任务

一、作物栽培的性质

作物栽培是研究作物生长发育、产量和品质形成规律及其与环境条件之间的关系，并在此基础上采取栽培技术措施以达到作物高产、稳产、优质、高效目的的一门应用科学。简言之，作物栽培是研究作物高产、稳产、优质、高效生产理论和技术措施的科学。作物栽培的宗旨在于适应和改造作物的特征、特性，使其更加经济有效地为人类服务。

二、作物栽培的任务

栽培作物包括作物、环境和措施三个环节。决定作物产量和品质的因素，首先是品种。作物品种的基因型和遗传性在作物生产中是第一性的，是内因。但作物品种基因型如何完全表达，遗传性如何充分发挥，还要靠栽培技术和措施。

作物栽培学的任务在于根据作物品种的要求，为其提供适宜的环境条件，采取与之相配套的栽培技术措施，使作物品种的基因型得以表达，使其遗传潜力得以发挥。为此，人们必须掌握与作物、环境、措施三个环节有密切关系的各种知识，懂得作物要求什么样的环境条件，懂得选择和创造环境条件以满足作物的要求，这是适地适种和合理布局问题；此外还要掌握并学会采用相应的措施和手段以调控作物的生长发育和产量形成，这是栽培技术问题。

栽培作物的实践活动过程，概括起来包括作物、环境、措施三大方面，因此作物栽培学是研究作物、环境、措施三者之间关系的一门科学。

作物是作物栽培的研究对象，每种作物都有其自身的生育规律，如作物个体生长发育规律、作物群体结构和发展动态规律、产量形成规律等。这些规律只有在一定的环境条件下才能表达出来。

环境条件包括自然因素（如光、热、水、气）、土壤因素（如土壤类型、土壤养分、水分）、生物因素（如杂草、有害和有益动植物和微生物）等。作物与这些因素有各种规律性的联系，环境条件的改变，直接影响作物生长发育和后代繁衍，关系着农产品的数量和质量。研究作物与环境之间的关系，能够为运用栽培技术措施提供理论依据。

措施是人为因素，是一种调控手段，人们通过主观努力，创造和利用各种影响作物生长发育和产量形成的因素，使作物向着人们所需要的方向发展。

第五节　作物栽培的概念和本质属性

一、作物和作物栽培的概念

地球上有记载的植物约有 30 余万种，其中被人类利用的约有 2500 ～ 3000 种。在被人类利用的植物中，人工栽培的约有 2300 种（其中食用作物约有 900 种、经济作物约有 1000 种、饲料绿肥作物约有 400 种），它们被称为栽培植物。那些在大田里栽培面积较大的栽培植物，才称农作物。我国常见的大田作物约有 50 余种。

农作物是栽培植物的一部分，栽培植物又是植物的一部分。但栽培植物、农作物的范围并非固定不变，而是随着人类的发展、科技水平的提高，栽培植物和农作物的种类、范围愈来愈广。所谓作物栽培，是指以提高农作物产量和改进产品品质为目的的一系列农事活动。

二、作物栽培的本质属性

从古代原始农业、经验农业到现代工业化农业，虽然人类社会和耕作栽培的技术手段发生了根本性的变化，但是农作物生产的重要地位及其特点仍然没有变。作物栽培的本质属性主要表现在以下方面。

（1）作物栽培是生物生产的弱质产业。相对于工业来说，农作物生产是复杂的生物生产，是以有生命的机器（具有生活机能的植物体）生产有生命的产品（植物的器官或组织）。这种生产具有生命特征的新陈代谢过程，生产周期长，与周围环境交换物质和能量，是开放性大系统，易受气候条件、病虫害等自然方面的影响，属于弱质产业。

（2）作物栽培是转化和积累太阳能的理想产业。作物栽培是转化积累太阳能的产业，是调节近地面大气成分的产业。世界上一切有机物质都直接或间接来自绿色植物的光合作用。野生植物也能进行光合作用生产有机物质，但对于人类来讲，没有作物这样经济、有效、适食、适用。

（3）作物栽培是为全社会生产原料的基础产业。作物栽培是初级生产，别的生产部门都是直接或间接以作物栽培为基础的。以农产品为工业原料的产业有棉纺织工业、榨油工业、制糖工业、酿酒工业、制烟工业、食品工业、饲料工业等，以及在此基础上发展起来的其他产业。

（4）作物栽培是露天生产的“天控”产业。作物栽培绝大多数是在露天条件下进行的，很大程度上受大自然的支配。露天条件千变万化、错综复杂，对农作物生长发育的影响是直接的、深刻的。目前，人类虽掌握了温室栽培、地膜覆盖、人工降雨、防雹人控措施和技术，但技术也属自然的一部分，不可能改变作物栽培露天生产这一本质属性，但“人控”的过程将愈见加速。因此，作物栽培具有明显的地区性、季节性、年度性等特点。

第六节　作物栽培的特点和研究方法

一、作物栽培的特点

（1）复杂性。多种多样的作物各有其不同的特征特性。每种作物又有不少的品种，每个品种也有不同的特征特性。同时，环境条件（如气象条件、土壤条件、生物条件）不同、栽培措施不同，也会对作物的生长发育带来不同的影响。由此可见，作物栽培的研究对象（包括作物、环境、措施三个方面）是极其错综复杂的。

（2）季节性。作物生产具有严格的季节性，违背天时农时，就可能影响全年的生产，有时甚至将间接地影响下一年或下一季的生产。因此，在作物生产上，历来遵循“不违农时”的原则。

（3）地区性。从大处说，不同地区适于栽培不同的作物；从小处说，即使在同一地点（如县、乡、村）的不同地块（如阳坡、阴坡、高燥地、平缓地、低洼地等），对所种植的作物也不应强求一致。

（4）变动性。随着人们对作物产量和品质形成规律认识的加深、新作物新品种的引种和创新，以及新技术新措施的引进，作物栽培的方法、措施等也要不断变化，以寻求效率和产量的提升。

二、作物栽培的研究方法

（一）农作物高产理论与技术研究的基本路线

（1）生长分析研究路线，即以个体或群体的干物质积累、叶面积增加为中心进行研究。

（2）发育分析研究路线，即从农作物的生育进程研究产量因素的形成及其相关性状的变化，提出相应的产量形成促控技术和产量因素协调理论等。

（3）源－库分析研究路线，即研究在不同条件下，源、库对产量的相对限制作用、同化物分配与产量形成的关系及其调控机制等。

（二）作物栽培的常用研究方法

研究作物栽培的基本方法是在田间进行试验。任何一个作物、品种或一项措施、技术，都必须在当地通过田间试验和示范，证实其确有应用价值（如增产增收、降低成本、省工省力），方可推广应用。田间试验法即产量对比法，就是对不同作物品种或不同栽培技术措施进行田间小区或大田对比试验。试验过程中进行详细的观察测定和记载，收获时进行测产、考种，最后对试验结果进行统计分析，决定品种或措施的优劣和取舍。对于作物自身生长发育和产量形成进行研究，常采用的方法如下。

（1）生物观察法。作物生产的过程是作物生长发育、器官建成、产量形成和物质积累的过程。对这些过程进行跟踪，必须通过肉眼观察和仪器测量。作物的形态、结构与机能是统一的，作物的局部与整体是一致的。因此，在观察作物的形态、结构时要结合其机能，观察局部时要联系其整体。

（2）生长分析法。该方法的出发点是，作物的生育进程以植株的干物质积累来衡量，干物质积累又与光合面积（叶面积）有直接的关系。比较同一作物的不同品种，或者同一品种在不同栽培条件下叶面积消长和干物质积累的差异，可以在一定程度上鉴别品种的好坏和栽培技术措施的优劣。即间隔一定天数，在田间取样调查，测定叶面积消长和干物质动态，进而比较同一作物的不同品种，或者同一品种在不同栽培条件下叶面积消长和干物质积累的差异，确定出品种的好坏和栽培技术措施的优劣。

（3）发育研究法。该方法是在作物生育期间，每隔一定的天数测量植株的生长状况，特别注意分蘖消长、穗分化状况等的测定，收获时统计单位面积上的穗数、每穗粒数和粒重等，最后把收获产物分解为产量构成因素。该方法可从基本苗和分蘖消长规律分析穗数的形成过程，并从干物质的消长分析穗粒重的形成过程。

（4）生长发育研究法。该方法是在生长分析法和发育研究法的基础上形成的。其做法是，根据器官建成规律，调查各营养器官的分化、发展和衰亡时期及其持续时间；观察穗分化（禾谷类作物）和花芽分化进程，追踪小穗、小花（或花芽）分化数、退化数（或脱落数）和成粒数及其临界期；测定不同时期有效叶面积及各器官的干重、碳素和氮素的含量以及碳氮比等；最后分析查明产量构成的各个因素。通过生长发育状况的分析，可以评估某种栽培技术措施的作用和优劣，进而制定出相应的促进或控制的措施。

第十九章　作物和作物分类

如前所述，地球上有记载的植物约有 30 余万种，其中被人类利用的约有 2500 ～ 3000 种。作物的种类很多，各种作物在人类长期的培育和选择下形成了众多的类型和品种。为了更好地对作物进行研究和利用，有必要将庞杂的作物进行分类。

第一节　植物学分类

植物分类是按照科、属、种进行的。一般用双名法对植物进行命名，称为学名，这种分类法的最大优点是能把全世界所有植物按其形态特征进行系统的分类和命名，并为国际上所通用。但这种分类法对农业工作者来说有时不太方便。

第二节　按作物生物学性状分类

一、按作物对温度条件的要求分类

（1）喜温作物。其生长发育的最低温度为 10℃左右，最适温度为 20℃～ 25℃，最高温度为 30℃～ 35℃，全生育期要求较高的积温。喜温作物有稻、玉米、谷子、棉花、花生、烟草等。

（2）耐寒作物。其生长发育的最低温度为 1℃～ 3℃左右，最适温度为 12℃～ 18℃，最高温度为 26℃～ 30℃，要求积温也较低。耐寒作物有小麦、大麦、黑麦、燕麦、油菜、豌豆等。

二、按作物对光周期的反应分类

（1）长日照作物，即适宜在长光照条件下通过光照阶段、延长光照时间能促进发育的作物，如麦类作物、油菜等。

（2）短日照作物，即适宜在短光照条件下通过光照阶段、缩短光照时间能促进发育的作物，如稻、大豆、玉米、棉花、烟草等。

（3）中性作物。中性作物是指作物的生长发育对日照长短无严格要求的作物，即作物在长日或短日条件下均能正常生长发育的作物，如荞麦、豌豆等。

（4）定日作物，是指生育周期的完成需要特定日照长度的作物，如个别甘蔗品种只能在 12 小时 45 分钟的日长条件下才能进行生殖生长，进而开花结实。

三、按作物对二氧化碳同化途径的特点分类

（1）三碳作物。其光合作用最先形成的中间产物是带三个碳原子的磷酸甘油酸，在光照下二氧化碳的补偿点高，有较强的光呼吸。这类作物有稻、麦、大豆、棉花等。

（2）四碳作物。其光合作用最先形成的中间产物是带四个碳原子的草酰乙酸等双羧酸，其光合作用的二氧化碳补偿点低，光呼吸作用也低，在较高温度和强光下比三碳作物的光合强度高，需水量低。这类作物有甘蔗、玉米、高粱、苋菜等。

（3）景天科作物。这类作物晚上气孔开放，吸进二氧化碳，与磷酸烯醇式丙酮酸结合，形成草酰乙酸，进一步还原为苹果酸，白天气孔关闭，苹果酸氧化脱羧放出二氧化碳，参与卡尔文循环形成淀粉等，植物体在晚上有机酸含量高，碳水化合物含量下降，白天则相反。这种有机酸合成日变化的代谢类型称景天酸代谢。

第三节　按农业生产特点分类

（1）按播种期分类，作物可分为春播作物、夏播作物、秋播作物、冬播作物。

（2）按播种密度和田间管理分类，作物可分为密植作物和中耕作物等。

（3）按栽培季节分类，作物可分为夏季作物和冬季作物等。

第四节　按用途和植物学系统相结合进行分类

一、粮食作物（或称食用作物）

（1）谷类作物。谷类作物绝大部分属禾本科，主要有小麦、大麦、燕麦、黑麦、稻、玉米、谷子、高粱、黍、稷、稗、龙爪稷、蜡烛稗、薏苡等，也叫禾谷类作物。

（2）豆类作物。豆类作物属豆科，主要提供植物性蛋白质，常见的作物有大豆、豌豆、绿豆、小豆、蚕豆、豇豆、菜豆、小扁豆、蔓豆、鹰嘴豆等。

（3）薯芋类作物。薯芋类作物主要用来生产淀粉类食物，常见的作物有甘薯、马铃薯、木薯、豆薯、山药、芋、菊芋、蕉藕等。

二、经济作物（或称工业原料作物）

（1）纤维作物。其中有种子纤维作物，如棉花；韧皮纤维作物，如大麻、亚麻、黄麻、苘麻、苎麻等；叶纤维作物，如龙舌兰麻、蕉麻、菠萝麻等。

（2）油料作物。常见的油料作物有花生、油菜、芝麻、向日葵、蓖麻、苏子、红花等。

（3）糖料作物。糖料作物主要有甘蔗和甜菜，此外还有甜叶菊、芦粟等。

（4）嗜好作物。嗜好作物主要有烟草、茶叶、薄荷、咖啡、啤酒花、代代花等。

三、饲料及绿肥作物

豆科中常见的饲料及绿肥作物有苜蓿、苕子、紫云英、草木樨、田菁、柽麻、三叶草、沙打旺等；禾本科中常见的饲料及绿肥作物有苏丹草、黑麦草、雀麦草等；其他饲料及绿肥作物有红萍、水葫芦、水浮莲、水花生等。

四、药用作物

药用作物的种类颇多，栽培上常见的有人参、枸杞、黄芪、沙参、颠茄等。

上述分类中有些作物可能有几种用途，例如大豆，既可食用，又可榨油；亚麻既是纤维作物，种子又是油料；玉米既可食用，又可作青贮饲料；马铃薯既可作粮食，又可作蔬菜；红花的花是药材，其种子是油料。因此，上述分类不是绝对的，同一作物，根据需要，有时把它划到这一类，有时又把它划到另一类。

第二十章　可持续农业与作物栽培科技进步

第一节　食物安全

一、人类营养与粮食生产

作物栽培的主要目的之一是解决人类的吃饭问题，其实质是解决人类对热量、蛋白质、脂肪的需求。据研究，一个成年人每天需要消耗 2000 ～ 3000kcal 热量的食物。一个人在休息时维持体重不变所消耗的热量称为基础代谢消耗。正常体重的男子每天的基础代谢消耗约为 1900kcal 热量。联合国粮农组织将基础代谢消耗的 1.2 倍（1900kcal × 1.2=2280kcal）作为营养低限基准。

发达国家每人每天平均摄取热量为 3315kcal，而发展中国家人均只有 2180kcal，处于营养基准低限以下。世界上每年仍有几亿人口在饥饿和营养不良中挣扎，因此，解决人类营养问题首先必须解决粮食生产。

二、食物安全的含义

食物安全是指能够有效地提供给全体居民以数量充足、结构合理、质量达标的包括粮食在内的各种食物。

《中国 21 世纪议程：中国 21 世纪人口、环境与发展白皮书》（1994）第 11 章第 20 条指出，到 2000 年，中国人民的食物和营养达到小康水平，人均每日食物中供给热量达到约 10MJ（2400kcal）、蛋白质 72g，其中优质蛋白质占 33%；在粮食供给量达到 5 亿吨、人均 400kg 目标的同时，加快发展动物性食物和蔬菜、水果；同时要解决贫困地区人民温饱问题，重视妇女、儿童、老人的营养要求；尽可能改善食物的生产环境，提供安全、质量达到标准的食物。为达到这一目标，我国要建立各级食物生产基地，包括商品粮基地以及畜产品、水产品、油、糖、水果、蔬菜的生产基地等，要提高食物环境质量，发展无污染的绿色食品，以保障食物的有效安全供给和增加供给的多样性。

此外，食物安全还包括有充足的粮食储备。粮食的最低安全系数是储备量至少占需要量的 17% ～ 18%。

三、食物安全与种植业“三元结构”

迫于人口压力，又由于长期片面强调“以粮为纲”，导致了我国农业结构的单一化。长期以来，我国口粮与饲料粮不分。这样一来，既加剧了粮食供需的缺口，又制约了饲料产业的发展。为了保障食物安全，更多地提供动物性食物和非粮食品，我国需要在现代食物观念指导下，进行种植业结构调整，由“粮食作物－经济作物”二元结构向“粮食作物－经济作物－饲料作物”三元结构转变。在改革、调整种植业结构的同时，我国需要相应地发展养殖业、饲料工业和食品工业，使种植业、养殖业、加工业相互促进、协调发展，形成农牧渔有机结合、产加销和贸工农一体化高产高效的农业综合生产体系。

第二节　农业可持续发展

一、可持续农业的含义

可持续农业是指通过管理和保护自然资源基础，调整技术和机构改革方向，以便确保获得和持续满足当代人和后代人的需要。这种持续发展能保护土地、水资源、植物和动物遗传资源，而且不会造成环境退化，同时技术上适当，经济上可行，能够被社会所接受。

上述定义有两个含义：一是发展生产满足当代人的需要，二是发展生产不以损坏环境为代价，使各种资源得以永续利用。

二、我国农业和农村的可持续发展

目前，中国农民已经实现了小康，但我国农业和农村发展面临以下问题：（1）人口基数大，人均耕地少，农业自然资源人均占有量不高。（2）农业综合生产力低，抗灾能力差，农业生产率常有较大的波动。（3）农业环境污染问题，受污染的耕地占比较高。（4）土地退化问题，以及自然灾害频繁。

中国的农业和农村可持续发展的目标如下：改变农村贫困落后状况，逐渐达到农业生产率的稳定增长，提高食物生产和食物安全，发展农村经济，增加农民收入。只有走可持续发展的道路，才能够保护和改善农业生态环境，合理、永续地利用自然资源，特别是生物资源和可再生能源，最终实现人口、环境与发展的和谐和协调。

第三节　作物栽培科技进步

一、吨粮田开发

中国农业大学王树安教授等经多年的研究，在黄淮海低平原沧州地区吴桥县建立了小麦－夏玉米两茬平均亩产吨粮（1000kg）的理论和技术体系。

湖南省自 1986 年起，扩大冬种，科学利用晚稻专用秧田，至 1990 年建成吨粮田 43.7 万公顷，复种指数达到 269%，春、夏、秋三季产量合计平均每公顷为 15645kg。

二、作物生长模拟研究及其应用

作物生长模拟是引进系统分析方法和应用计算机后兴起的一个研究领域。它是通过对作物生育和产量的实验数据加以理论概括和数据抽象，找出作物生育动态与环境之间的动态模型，然后在计算机上模拟作物在给定的环境下整个生育期的生长状况，借以指导实际生产。其特点是把“天气、土壤、作物、技术”看作一个生产系统，在系统工程思想指导下，运用计算机人工智能（专家系统）和知识工程的技术方法，把模型技术和专家系统技术有机结合起来，从而可以按产量设计程序，实现计划生产，预测预报作物的生长发育，控制作物群体结构、株型、产量构成因素，确定因地制宜、因苗管理的应变决策，提出分类指导的最佳方案，提高现代化管理水平。

三、智能控制系统在作物栽培上的应用

智能控制系统是用于驱动自主智能机器，无须操作人员干预即可实现作业目标的系统。目前已研制出在诸如间苗、水果收获等用工量很大的作业中使用的农业机器人。有的国家在采用计算机监控喷灌、微灌的基础上，使灌水、施肥、防治病虫更精确、更自动化。

四、生物高新技术的研究将进一步促进作物栽培的发展

作物产量和品质潜力是由作物自身的遗传特性和生理生化过程等内在因素所决定的，而产量和品质潜力的实现，则取决于环境因子和栽培条件与作物的协调统一。作物栽培的任务，说到底是千方百计地改善环境、创造条件，以使作物的遗传潜力得以表达。

当前，人们已认识到，产量和品质潜力不但涉及作物形态、解剖、生理，而且与作物的基因、酶等有着密切的关系。在生理学水平上，改变光合色素的组成和数量，改造叶片的吸光特性，改良 CO_2 固定酶，提高酶活性及对 CO_2 的亲合力，均有助于提高光合效率。

第二十一章　作物的生长发育

第一节　作物生长发育的特点

一、生长与发育

生长是作物个体、器官、组织和细胞在体积或重量或数量上的增加，是一个不可逆转的量变过程。它是通过细胞分裂和伸长来完成的，包括营养体的生长和生殖体的生长。发育是指作物一生中，其结构、机能的质变，表现为细胞、组织和器官分化，最终导致植株根、茎、叶、花、果实、种子的形成。

在作物生活中生长和发育是交织在一起进行的。没有生长便没有发育，没有发育也不会有进一步的生长，生长、发育、再生长、再发育，是这样交替推进的。

植株由营养体向生殖体过渡，要求一定的外界条件。温度的高低和昼夜的长短对许多作物实现由营养体向生殖体的质变有着特殊的作用。此外，营养条件特别是碳氮比的大小对这一质变过程也有较大影响。

二、营养生长和生殖生长

作物营养器官根、茎、叶的生长称营养生长；生殖器官花、果实、种子的生长称生殖生长。二者通常以花芽分化（穗分化）为界限分为两段，之前为营养生长期，之后则为生殖生长期。

营养生长和生殖生长的关系是相互联系和相互制约的关系。营养生长是生殖生长的物质基础和能量基础，营养生长期生长的优劣直接影响生殖生长期生长的优劣，最后影响作物产量的高低。此外，生殖生长的优劣也会反过来影响营养生长。营养生长期和生殖生长期并不能截然分开：营养生长期主要进行营养器官的生长，但也有生殖器官的生长；在生殖生长期主要进行生殖器官的生长，但同样有营养器官的生长。因此，要提高作物产量，必须使营养生长和生殖生长协调发展。

三、“S”形生长过程

（一）“S”形生长过程的阶段划分

作物器官、个体、群体的生长随时间而变化的关系常以大小、数量、重量来度量，并可以用曲线表示。作物的个别器官、全株的生育以及作物群体的建成可用和产量的积累均要经历前期较缓慢、中期加快、后期又减缓以至停滞衰落的过程。这一过程可用一条“S”形的曲线来表达（见图 3-1）。

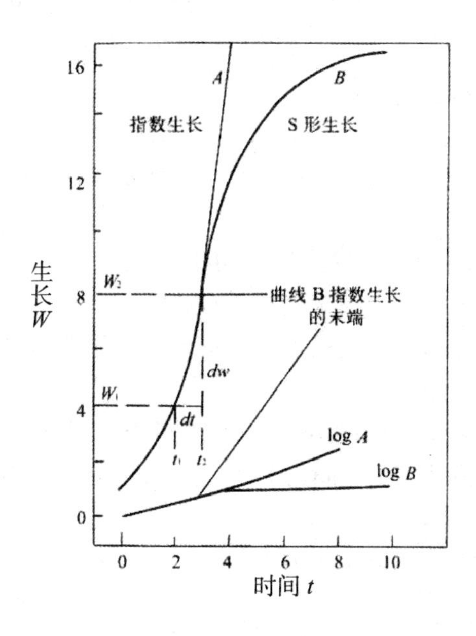

图 3-1　作物生长的“S”形模型

“S”形曲线按照作物种子萌发至收获来划分，可细分为如下四个时期。

（1）缓慢增长期。在此时期，种子内细胞处于分裂时期和原生质积累时期，生长比较缓慢。

（2）快速增长期，也称指数增长期。处于作物生长初期，群体的叶面积很小，叶片彼此互不遮蔽，且新长出的器官（叶片）还能进行再生产，此期群体干物质积累与叶面积成正比，因而呈指数增长。

（3）减速增长期，也称直线增长期。此期群体干物质的积累速度比较快而稳，积累量大，随着植株的生长和叶面积增加，叶片之间相互遮蔽严重，虽以单位叶面积计算的净同化率随叶面积的增加而下降，但因此期叶面积总量大，单位土地面积上群体的干物质仍以较快速度增长。

（4）缓慢下降期。随着叶片变黄（或脱落）和机能衰退，同化产物由营养器官向生殖器官运输和转化，群体干物质的积累速度减缓。当植株转入成熟时，生长进入停滞状态，干物质积累停止。

各种作物群体的干物质积累大体上都符合上述“S”形生长曲线，不过，不同作物、不同品种，在不同的生态环境中和栽培条件下种植，其生长进程（包括干物质积累总量、各个时期所经历的时间和干物质积累速度等）又各有不同。我们要运用这种规律性，采取相应的调控措施，创造高产的生长进程。值得指出的是，不但作物生长过程遵循“S”形增长曲线，而且作物对养分吸收积累的过程也符合“S”形曲线。

（二）生育进程理论的应用

整株作物的生育过程所遵循的“S”形曲线是顺序出现的新老器官交替的结果。必须指出，生育进程是不可逆的。在作物的生长过程中，无论在哪一个阶段上偏离了“S”形曲线（或未达到，或超越），都会影响生育的进程和速度，并且危及最终的产量。同时，“S”形曲线也可作为检验作物生长发育进程是否正常的依据之一。研究作物的生育进程，对于指导作物生产有如下重要的实际意义。

（1）各种促进或抑制生长的措施，都应在生育最快速度到来之前应用。例如，用矮壮素控制小麦拔节，应在基部节间尚未伸长前施用，如基部节间已经伸长再施矮壮素，就达不到控制该节间伸长的效果。

（2）同一作物的不同器官通过生育周期的步伐不同，生育速度各异，因此在控制某一器官生育的同时，应注意到这项措施对其他器官的影响。譬如，拔节前对稻麦施速效性氮肥，虽然能对早、中稻的穗形大小或稻麦的小花分化起促进作用，但同时也会促使基部1～2个节间伸长，易引起以后植株倒伏。

（3）作物生育是不可逆的。在作物出苗至成熟的整个过程中，应当密切注视苗情，注意各个同步生育的器官，协调它们之间的关系，达到该期应有的长势和长相。

四、生长中心与有机物的合成分配

组成作物体的有机物是碳水化合物、脂类和蛋白质，称为三大物质。这些物质的合成与转移，与作物器官的生长发育有密切的关系。作物各个生育时期有其生长中心，大体表现如下：苗期的生长中心为根、叶；产品器官形成期的生长中心为茎、花器；产品器官成熟期的生长中心为地下储藏器官、种子和果实等。各个生育时期三大物质的代谢都与器官生长中心相适应。

（一）生长中心与碳氮代谢

生长中心的转移总是与碳氮代谢的盛衰相适应的，而且一旦通过外界影响改变其碳氮代谢关系，作物的器官生长和生长中心的转移也随之发生改变。以整株植物而言，生长中心与碳氮代谢的关系可归纳为如下三大阶段。

（1）氮素代谢占优势阶段。此期为作物苗期，蛋白质合成居于优势地位。碳氮比小，碳水化合物中可溶性糖的比率高，光合产物合成的这一特点是支持苗期的生长中心——叶、根的生长所必需的。

（2）碳氮代谢并旺阶段。本阶段相当于粒用作物花器分化后至开花前的花器发育期；块根、块茎作物的藤、薯两旺期；以及茎叶用作物的产品器官成熟期。代谢特点是碳氮代谢都很旺盛，既支持了营养器官的旺盛生长，又支持了生殖器官或地下贮藏器官的形成，本期碳氮比逐渐加大，是从氮代谢占优势过渡到碳代谢占优势的时期。

（3）碳素代谢占优势阶段。本阶段相当于粒用作物的籽实发育期或块茎、块根作物的茎叶衰落至薯块迅速膨大期。代谢特点是已从氮代谢占优势转变为碳代谢占优势，且在碳水化合物中，储藏态的淀粉、纤维素、半纤维素和木质素大量积累，全株碳氮比达最大，导致茎生长衰落，种实或地下贮藏器官积累大量有机物而充实成熟。

茎叶用作物虽在全株尚处于氮素代谢旺期便收获，但其产品器官业已老熟。如烟草在成熟时含水量下降，干物重和糖氮比增大；甘蔗茎的碳氮比和含糖量增大；麻茎积累大量纤维素和半纤维素等。这些都是其产品器官老熟的特征，可见其老熟过程仍与器官内部的碳氮代谢变化相关联。

（二）生长中心与光合产物分配

1. 各生育时期的生长中心与光合产物分配

作物各生育时期处于生长中心的器官，因生长势强，生长量大，对光合产物需求迫切，竞争力强，因而成为全株有机养分的输入中心。在苗期，有机养分主要转移供应新生叶的生长、根的发生和发育、分枝（蘖）的生长。在花器分化发育期，有机养分主要供应叶的生长、茎的伸长和生长锥分化形成花器官的需要。在开花结实期，有机养分主要供应籽实充实之用。

主产品为营养器官的作物，都在苗期以后以产品器官为生长中心。

2. 光合产物分配的区域性

各种作物同化产物的运输和分配均存在时空上的调节和分工。不同部位叶片同化产物的分配基本遵循“就近分配”和“优先供应生长最活跃部分”的原则。

体内同化产物的运输和分配受多种因素的制约，其中包括温、光、水、肥等生态栽培因素的直接或间接影响。掌握其间关系，通过栽培措施加以调节，就能协调器官生长，提高作物产量和品质。

（三）生长中心与养分分配关系在栽培上的意义

在作物栽培上，常根据作物生长中心的不同，通过水、肥措施调节碳氮代谢，促进器官协调生长，提高作物产量。

（1）在苗期，施足基肥，早施速效追肥，促进氮素代谢，使出叶、发根、分枝（蘖）早而快，能为中后期生长奠定坚实基础。但若营养生长过旺，则应通过“蹲苗”控制水、肥以抑制氮素代谢。

（2）在营养生长与生殖生长并进期，既要供应充足水、肥，不使脱肥，保证长叶、长茎需要；又要防止氮素过剩，造成徒长。因而，氮素代谢不旺要及时追肥、灌水；营养生长过旺，则要节水控肥抑制氮代谢，并使其逐渐转向碳代谢占优势。

（3）在生殖生长期，既要维持根系活力，延长后期叶片的光合能力，防止脱肥早衰；又要注意控制水、肥，以免徒长贪青。

第二节　作物的生育期与生育时期

一、作物的生育期

作物一生从播种到成熟的整个生长发育所需的总天数称为该作物的生育期。但其准确计算应是从籽实出苗到作物成熟的天数。

以营养体为收获对象的作物，如麻类、薯类、绿肥、甘蔗等，生育期是从播种材料出苗到主产品收获适期为止的总天数。棉花一般将播种出苗至开始吐絮的天数称为生育期，而将播种到全田收获完毕的天数称为大田生育期。需要育秧（育苗）移栽的作物，如水稻、甘薯、烟草等，常将其生育期分为秧田（苗床）生育期和本田生育期，前者指出苗到移栽的天数，后者指移栽到成熟的天数。

作物生育期长短有所不同，主要是由作物的遗传性和所处的环境条件决定的。不同作物的生育期长短不同，同一作物不同品种的生育期长短也不同。在不同条件下，同一品种的生育期也会发生变化。同一作物生育期长短的变化，主要是营养生长期长短的变化，而生殖生长期长短变化较小。

一般来说，生育期长的晚熟品种（光合时间长）单株生产力高，当季产量较高，但不利于复种，遭灾机率大，适应性小。因此，生育期短的早熟品种多适于密植，而晚熟品种多适于稀植。

二、作物的生育时期

在作物一生个体发育过程中，因受遗传因素和环境因素的影响，作物在外部形态特征和内部生理特性上出现显著不同的各阶段，称作物的生育时期。

当前对生育时期的解释有两种：一是把它视为作物全田出现形态显著变化的植株达到规定百分率的日期；二是把它视为某一形态变化始期到下一形态变化始期的连续时段，并以延续期的天数计算。实际上常采用前一种方法，一般均以 10% 为始期，以 50% 以上为盛期。

各类作物生育时期的划分见表 3-1。

表 3-1　各类作物生育时期的划分

作物类别	生育时期
禾谷类	出苗期、分蘖期、拔节期、孕穗期、抽穗期、开花期、成熟期
豆　类	出苗期、开花期、结荚期、成熟期
棉　花	出苗期、真叶期、现蕾期、开花期、吐絮期
油　菜	出苗期、现蕾期、抽薹期、开花期、成熟期
麻　类	出苗期、真叶期、现蕾期、开花期、结果期、工艺成熟期、种子成熟期
甘　薯	出苗期、采苗期、栽插期、还苗期、分枝期、封垄期、落黄期、收获期
马铃薯	出苗期、现蕾期、开花期、结薯期、薯块膨大期、成熟期、收获期
甘　蔗	发芽期、分蘖期、蔗茎伸长期、工艺成熟期
烟　草	出苗期、十字期、生根期、成苗期、还苗期、团棵期、旺长期、成熟期

第三节 作物的生长发育过程

作物的生长发育要经历种子萌发到新种子成熟的全过程，这一过程称为作物的个体发育。作物栽培上一般将作物的全生育过程划分为发芽期、苗期、产品器官形成和成熟期。

一、发芽期

（一）种子的概念

农业生产上所指的种子泛指栽培作物所有能传种接代的播种材料，包括植物学上的三类器官：由胚珠发育而成的种子；由子房发育而成的果实；用作无性繁殖的根、茎、叶等营养器官。

（二）种子的休眠和萌发

1. 作物种子的休眠和后熟

休眠是指刚收获的有活力的新鲜种子（包括无性繁殖材料），即使在适宜的温度、水分和通气条件下，也不能发芽的一种状态。它所经历的时间称为休眠期。后熟是指作物种子完成生理成熟的过程，从表面上看，后熟指作物种子从休眠状态向萌发状态逐渐转变的过程。

种子休眠的原因主要是生理原因，如种皮不透气和不透水、胚的发育不完全、种胚在形态上已分化发育完全但生理上没有成熟、种子存在着发芽的抑制物质等。次要原因是环境条件的影响。为了保存和食用的目的，需要采用下列方法延长种子的休眠期：降低水分、降低温度、化学处理、物理处理。

生产上如果利用新鲜种子播种不发芽，就要采取打破休眠的方法：对种皮透气性差的种子采用机械划破；用低温或变温层积处理，促进后熟；用水浸种、冲洗，或低温高湿处理种子；先浸种后高温催芽处理种子。

2. 种子的萌发

种子胚里的胚根和胚芽突破种皮而伸长，称为发芽。其标准是胚与种子等长，胚芽达种子长的一半。种子萌发一般要经历吸胀、萌动（破胸、露白）、发芽三个阶段。

（三）种子发芽力

种子发芽力是指作物种子在适宜条件下能发芽并能长出正常幼苗的能力。种子发芽的快慢表明了种子发芽力的强弱。发芽力的强弱主要取决于种子本身的活力。

二、苗期

作物苗期的生长中心是根、茎、叶。

根是作物的地下营养器官，主要功能是从土壤中吸收水分和无机盐，并使作物固定在土壤中；合成某些重要的物质，如氨基酸、激素及植物碱等；有些根还具有贮藏营养物质和繁殖的作用。

茎的主要功能是支持叶、花和果实，使叶片获得充分的阳光以进行光合作用，同时有利于传粉；担负作物的输导作用，把根吸收的水分和无机盐输送到茎、叶和其他部分，又将叶片制造的有机物质输送到根和其他部分；有些茎还具有一定的繁殖作用。

叶是作物进行光合作用的主要器官，形成作物所需的有机物质；进行蒸腾作用和气体交换；有些叶还具有贮藏营养物质和繁殖的机能。

作物苗期的生长，因作物不同，其特点也各不相同。

三、产品器官形成和成熟期

作物产品器官的用途不同，它们的产品器官形成和成熟的表现也不相同。

（1）烟草为叶用作物。一株烟草的叶片成熟是先下部叶，然后上部叶渐次成熟，故应分期采收。

（2）甘蔗和麻类是茎用作物。其产品器官形成和成熟分三个阶段：茎的伸长、分蘖（枝）的产生、茎的工艺成熟。

（3）甘薯、马铃薯是块根块茎类作物。其产品器官形成和成熟过程分三个阶段：茎叶盛长期、地下储藏器官逐渐形成期、地下贮藏器官膨大成熟至茎叶衰落期。

（4）禾谷类作物。其成熟过程分为三个阶段：花器官的分化和发育、开花与传粉、受精结实成熟。籽粒的成熟又可分为乳熟、蜡熟和完熟三个阶段。

第四节　作物的发育特性和温光反应

一、作物的发育特性

作物性器官形成前有段时间对温、光等条件有特殊的要求，并且反应特别敏感，若不满足其需要会延迟发育，甚至不能形成性器官，导致生育期（主要是营养生长期）延长，作物从营养生长转入生殖生长所表现出的这一特性称为作物的发育特性，包括感温性、感光性和基本营养生长期（简称“两性一期”）。

（一）作物的感温性

作物生育转变受温度条件显著影响的特性称为作物的感温性。冬小麦、冬黑麦、冬油菜等越冬作物在其营养生长期必须经过一段较低温度诱导，才能转为生殖生长，这段低温诱导的时期称为春化阶段。萌动的作物种子进行的低温处理，称为春化处理。低温促进作物发育的作用，称为春化作用。不同作物品种要求低温的范围和时间不同（见表 3-2），为此将作物分为冬性类型、半冬性类型和春性类型三类。

（1）冬性类型。这类作物品种需要的春化温度较低，春化时间也较长，否则不能进行花芽分化和抽穗开花。一般为晚熟品种或中晚熟品种。

（2）半冬性类型。这类作物品种对春化温度的要求介于冬性类型和春性类型之间，如果不满足条件则花芽分化、抽穗开花大大推迟。一般为中熟或早中熟品种。

（3）春性类型。这类作物品种对春化温度的要求不严格，春化时间也较短。一般为极早熟、早熟和部分早中熟品种。

表 3-2　小麦、油菜通过春化所需要的温度和天数

作物	类型	春化温度范围（℃）	春化时间（d）
小麦	冬性	0 ～ 3	40 ～ 45
	半冬性	3 ～ 6	10 ～ 15
	春性	8 ～ 15	5 ～ 8
油菜	冬性	0 ～ 5	20 ～ 40
	半冬性	5 ～ 15	20 ～ 30
	春性	15 ～ 20	15 ～ 20

进一步研究表明，小麦、油菜的低温诱导，可在处于萌动状态的种子时期进行，也可在苗期进行，苗期的感应部位是茎尖和叶片基部的分生组织，即春化作用均发生在能分裂的细胞组织内。

水稻、玉米等春（夏）播作物没有低温春化现象，相反，高温可促使其生育转变，即该类作物在幼龄期若遇高温会显著提早开花、结实，使生育期缩短。此外，感光性强的晚稻只有在短日条件下才能表现其感温性。

（二）作物的感光性

作物品种的生育转变随日照长短不同而发生变化的特性称为作物的感光性，也称光周期现象。不同作物生育转变所需的临界日长不同（见表 3-3），为此可将作物分为以下三种类型。

（1）短日照作物。对此类作物来说，日照长度短于一定的临界日长时才能开花，如果适当延长黑暗、缩短光照可提早开花。相反，如果延长日照，则延迟开花或不能进行花芽分化。属于这类的作物有大豆、晚稻、黄麻、大麻、烟草等。

（2）长日照作物。对此类作物来说，日照长度长于一定的临界日长时才能开花，如果延长光照、缩短黑暗可提早开花。相反，如果延长黑暗，则延迟开花或花芽不能分化。属于这类的作物有小麦、燕麦、油菜等。

（3）日中性作物。此类作物在开花之前并不要求一定的昼夜长短，只需达到一定基本营养生长期，在自然条件下四季均可开花，如荞麦等。

然而，长日照作物生育转变所需临界日长不一定比短日照作物长。临界日长还因作物品种、叶龄和环境而异，各早熟品种一般对日长的要求都不严格。

作物的感光性也是作物在长期的系统发育过程中形成的。短日照作物和长日照作物在北半球的分布情况如下：在低纬度地区没有长日照条件，所以只有短日照作物；在中等纬度地区，长日照作物和短日照作物都有，长日照作物在春末夏初开花，而短日照作物

在秋季开花；在高纬度地区，由于短日时气温已低，所以只能生存一些要求日照较长的作物。

温度，尤其是暗期温度与光周期诱导关系极为密切，暗期温度低，常使晚稻迟熟。有的感温性强的水稻品种即使日长较长，只要具备高温条件，也能完成其光周期诱导作用，若温度较低，则必需较短日长才能完成，即高温与短日可在一定范围内相互代替。

表 3-3　一些短日照作物和长日照作物的临界日长

类型	作物	24h 周期中的临界日长（h）
短日照作物	大豆	约 15
	稻	12 ～ 15
	甘蔗	12 ～ 5
长日照作物	大麦	10 ～ 14
	小麦	12 以上
	甜菜	13 ～ 14
	白芥	约 14

（三）作物的基本营养生长期

作物的生殖生长是在营养生长的基础上进行的，其发育转变必须有一定的营养生长作为物质基础。因此，即使作物处在最适于发育的温度和光周期条件下，也必须有最低限度的营养生长才能进行幼穗（花芽）分化。这种在作物进入生殖生长前，不受温度和光周期诱导影响的最短营养生长期，称为基本营养生长期。如不同水稻品种基本营养生长期的变化幅度为 15 ～ 60 天。不同春播甘蓝型油菜品种基本营养生长期的变化幅度为 24 ～ 27 天。我国感光性强的水稻品种的基本营养生长期都较短，而感光性弱的迟熟品种比早熟品种的基本营养生长期要长。

二、作物的温光反应

作物的花芽（或穗）分化对温度和光周期都有一定的要求，即在花芽开始分化之前需要一定的温度和日照长度的环境条件，以完成对花芽分化的诱导。在适当的温光条件下可提早花芽的分化，而不适的温光条件则延迟甚至阻碍花芽的分化，此种反应称为作物的温光反应。

（一）作物的温光反应类型

按作物的温光反应，作物可分为以下两大类型。

（1）高温短日型。这类作物包括稻、玉米、高粱、大豆、棉花、黄麻、红麻、花生、烟草等。其特点如下：就光照而言，在长于各自所要求的临界日照长度条件下不能分化花芽，而且在一定的日照长度范围内，日照愈短则花芽分化愈早；就温度而言，在一定的温度范围内，温度越高则花芽分化越早。

（2）低温长日型。本类型作物包括小麦、大麦、黑麦、燕麦、蚕豆、豌豆、油菜等。其温光反应与高温短日型相反，即花芽分化要求一定长日照条件，在短于所要求的临界日照长度下不能分化花芽，或虽分化但不能正常进行花器的发育，在一定日照长度范围内日照愈长则花芽分化愈早愈快；就温度而言，要求一定的低温条件，在高于临界温度的条件下不能分化花芽。

一些低温长日型作物的温光反应具有明显的阶段性和顺序性，即先以一定时间完成对花芽分化的温度诱导，称为感温阶段或温期阶段，然后再经一定时间完成对生长锥的光照诱导才能正常进行花器发育，这个阶段称为感光阶段或光期阶段。小麦感温阶段在生长锥伸长期结束，而感光阶段在生长锥伸长至雌雄蕊形成期通过。但水稻、玉米等高温短日作物的感光期和感温期是同时进行的，且二者间有相互作用，并不存在温度诱导和光诱导的明显阶段性和顺序性。

（二）温光反应类型的形成

温光反应类型的形成，是作物在长期的历史发育中同化了不同的外界环境条件的结果。基本型的温光反应，反映了原产地的温光条件，而演变型的温光反应，则反映了从原产地扩大分布于其他地区所接受的温光条件。作物的栽培历史越悠久，分布地区越广，其温光反应类型也越多。这些不同的温光条件，是由于栽培地区纬度的不同和栽培季节的差异所形成的。

三、作物的发育特性和温光反应在生产上的意义

（一）在引种上的应用

（1）对高温短日型作物来说，在北种南移时，生育期缩短，营养生长受到影响，对以生殖体为产品器官的作物来说，这会使生殖器官发育的养分供应不足，产量降低；对以营养体为产品器官的作物（如麻类）来说更是直接影响产量。因而此类作物引种在栽培上必须通过提早播种、加大种植密度、适当增施速效肥等措施来弥补提早成熟所带来的损失，如果生育期缩短过甚，则不宜引种。

此类作物在南种北移时，作物生育期延长，对粒用作物要注意保证其安全开花结实，而对利用营养器官的作物则有利于增产。这类作物必须注意保证其抽穗不致过迟遭受秋季冷害，通过早熟栽培仍不能安全抽穗、结实的品种不宜引种。以茎韧皮纤维为主产物的黄麻、红麻属高温短日型作物，生产上用南种北移的方法使其现蕾开花期推迟，营养生长期延长，导致植株增高，麻茎加粗，能显著提高纤维产量。

（2）对低温长日型作物来说，其在南北引种中的表现与高温短日型作物相反。

综合上述可知，粒用作物以同纬度地区引种较易成功，是这类作物引种的主要方向，在必要时可南种北引，但必须保证安全生育；北种南移要保证有必要的营养生长。某些利用营养体的作物则可以通过南北引种改变环境条件，推迟花芽分化以提高产量。

（二）在栽培上的应用

作物栽培的基本要求是趋利避害，给作物创造最适宜的生活环境，使之生育良好，获

得量高质优的产品。因此除了解气候变化规律外，还需了解作物的发育特性和温光反应，才能选用生育期适当的品种，并安排适宜的栽培时期。

在四川，高温短日型作物在春季播种，而低温长日型作物用半冬性或春性品种秋季播种。这样，前者能利用夏季长日进行营养生长和夏季高温满足穗分化的要求；后者在年前就与营养生长同时开始进行缓慢的花器发育，入春气温升高后能较早开花，既能保证充足的营养生长，又有利于成熟。水稻、玉米、大豆的早熟品种一般应早播，因其对短日要求不严格，虽迟播仍能在春夏由短变长的日照下抽穗，但因夏季高温促进，生育期过短，产量不高；用早熟水稻、玉米品种翻秋作晚稻、秋玉米时，因温度更高，提早抽穗，植株矮小，必须相应采取密植多肥措施才能获得丰产。春性愈强的小春作物品种愈宜迟播，否则易造成年前早穗，减产以至无收。在水稻双季栽培时，早、中、晚熟种都可以作晚（后）季稻（但生育期长短不同），但晚熟品种不能作早（前）季稻，即使提早播种也不能提早在早季抽穗、成熟，不合晚季栽培的要求。

（三）在育种上的应用

在制定作物育种目标时，要根据当地自然气候条件，提出明确的温光反应特性要求。在杂交育种（或制种）时，为了使两亲本花期相遇，可根据亲本的温光反应特性调节播种期。为了缩短育种进程或加速种子繁殖，育种工作者应根据育种材料的温光反应特性决定其是否进行冬繁或夏繁。此外，在我国春小麦和春油菜区若需以冬性小麦和冬性油菜为杂交亲本时，则首先应对冬性亲本进行春化处理，使其在春小麦和春油菜区能正常开花、进行杂交。

第二十二章　作物与环境

第一节　作物的环境

作物生存离不开环境。作物产量受作物自身遗传特性及其所处环境之间的相互作用所控制；作物与环境的相互作用，通过作用的生理生化过程，最终反映在作物产品的数量和质量上。同时，作物遗传潜力是指作物利用环境条件形成产量的潜在能力；环境条件则指围绕在作物周围，与作物有直接或间接关系的自然和栽培条件。因此，栽培作物的过程就是要通过一定的措施，处理好作物与环境之间的相互关系，既使作物适应当时当地的环境条件，又使环境条件满足作物的要求，最终获得高产优质的作物（见图 3-2）。

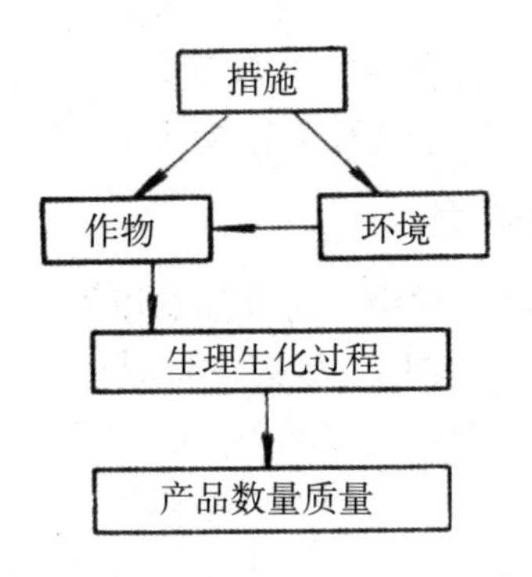

图 3-2　作物、环境、措施示意图

一、自然环境

在作物生产过程中，生产管理者通过栽培技术措施干预作物与环境，协调作物与环境之间的关系，使作物向着人们所需要的方向发展。因此，栽培作物的实践活动，包括作物、环境、措施三个方面。作物产品的形成，正是作物、环境、措施三方面共同作用的结果，从而共同构成了农田作物栽培的生态系统。在此系统中，环境是指作物生活空间的外界自然条件的总和，不仅包括对作物有影响的自然环境条件，而且包括生物有机体的影响和作用。从现代系统论的观点来看，环境、作物、措施三者之间互相联系，共同构成了农田作物栽培的生态系统。

二、人工环境

广义的人工环境是指所有为作物正常生长发育所创造的环境；而人为的环境污染、干扰和破坏是人工环境的负面表现。狭义的人工环境是指在人工控制下的作物环境，例如作物的薄膜覆盖生产，可以提高土温、减少土壤水分蒸发、促进作物生长发育、提前农事季节。我国北方蔬菜保护地栽培中的向阳温室，冬季可生产番茄、黄瓜，是行之有效的人工环境。

三、环境因素的生态分析

（一）环境因素的分类

在研究作物与环境的关系时，可将环境因素划分为如下五类。

（1）气候因素，包括光能、温度、空气、水分等。

（2）土壤因素，包括土壤的有机和无机物质的物理、化学性质以及土壤生物和微生物等。

（3）地形因素，包括地球表面的起伏、山岳、高原、平原、洼地、坡向、坡度等。

（4）生物因素，包括动物、植物、微生物等。

（5）人为因素，主要指栽培措施，包括如整枝、喷洒生长调节剂等直接作用于作物的措施，也包括如耕作、施肥、灌水等用于改善作物环境条件的措施，还包括人为环境污染的危害作用。

上述五类因素统称为作物的生态因子，其中，人为因素对自然环境中的生态关系起着促进或抑制、改造或建设的作用。在众多的生态因子中，日照、热量、水分、养分和空气是作物生命活动不可缺少的，这些因子又称为作物的生活因子。

（二）环境因素的生态学分析

在研究作物与环境因素关系的过程中，必须注意以下几个基本方面。

（1）环境因素相互联系的综合作用。生态环境是许多环境因素综合作用的结果，进而对作物起着综合的生态作用。各个因素之间不是孤立的，而是互相联系、互相制约的，环境中任何一个因素的变化，都将引起其他因素不同程度的变化。因此，环境对作物的生态作用，通常是各环境因素共同组合在一起对作物起综合作用的。

（2）主导因素。组成环境的因素都会影响作物的生长发育，但其中必有一两个因素是起主导作用的，其存在与否和数量的变化，会使作物的生长发育情况发生明显的变化，这种起主要作用的因素就是主导因素。

（3）环境因素的不可替代性和可调性。一方面，作物在生长发育过程中所需要的环境条件，如光、温度、水分、空气、无机盐类等因素，是同等重要、不可缺少的。缺少任何一种因素，都能引起作物生长发育受阻，甚至死亡；而且任何一个因素都不能由另一个因素来代替。另一方面，在一定情况下，某一个因素量上的不足，可以由其他因素的增加或加强而得到调剂，并仍然有可能获得相似的生态效应。

（4）环境因素作用的阶段性。每一个环境因素，对同一作物的各个不同发育阶段所起的生态作用是不同的；在作物一生中，所需要的环境因素也是随着生长发育的推移而变化的。

（5）环境因素的直接作用和间接作用。在对作物生长发育状况和作物分布进行分析时，应区别环境因子的直接作用和间接作用。干热风、低温等对作物的影响属于直接作用。很多地形因素，如地形起伏、坡向、坡度、海拔、经纬度等，是通过改变光照、温度、雨量、风速、土壤性质等进而对作物发生影响，这是环境因素的间接作用。

第二节 作物与光照

从作物栽培的角度来说，光照强度、日照长度和光谱成分都与作物的生长发育有密切的关系，并对作物的产量和品质产生影响。

一、光对作物生长发育的影响

（一）光照强度的作用

光照强度与光合速度的关系如图 3-3 所示。

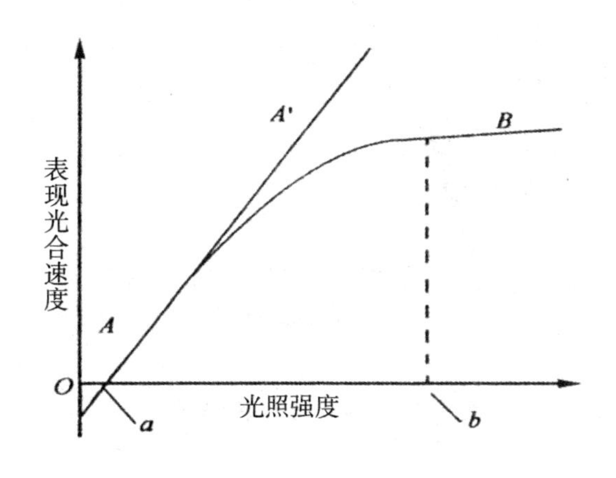

a. 光补偿点　　b. 光饱和点

图 3-3 光照强度与光合速度的关系

1. 光照强度与作物生长

光是作物进行光合作用的能量来源，光合作用合成的有机物质是作物进行生长的物质基础。光还能促进组织和器官的分化，制约器官的生长发育速度。植物体各器官和组织保持发育上的正常比例，也与一定的光照强度有关。

2. 光照强度与作物发育

作物花芽（幼穗）的分化和形成受光照强度的制约。通常作物群体过大，单株有机营养的同化量少，花芽的形成也减少，已经形成的花芽也由于体内养分供应不足而发育不良或早期死亡。在作物开花期，如果光照减弱也会引起结实不良或果实停止发育，甚至落果。

3. **光照强度与光合作用**

虽在正常条件下，自然光强超过光合的需要，但在丰产栽培条件下，常常由于群体偏大而影响通风透光。中下部叶片常因光照不足而影响光合，并削弱个体的健壮生育。但是光太强，接近或超过高限就会造成极大的浪费，可能还会产生其他不良影响，如光抑制。所以，生产上必须进行合理调节，才能提高光能利用率而获得高产。

作物对光照强度的要求通常用“光补偿点”和“光饱和点”来表示。它们分别代表作物光合对光强要求的低限与高限，可作为作物需光特性的两个重要指标。大田作物大多为喜光类型，一般要求较充足的光照，但不同作物或品种需光量也有高低，C4 作物（玉米、甘蔗）的光饱和点高于 C3 作物（水稻、大豆、小麦），如图 3-4 所示。

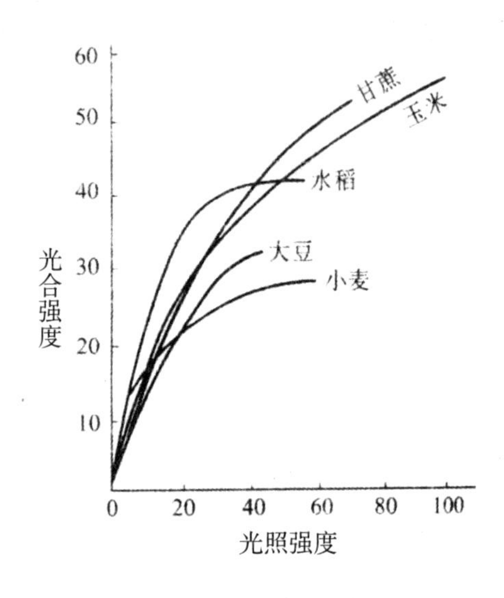

图 3-4　几种作物的需光特性

（二）光周期反应

1. **光周期反应的定义**

许多作物在其发育的某一阶段要求一定长度的昼夜交替才能开花结果，作物这种对一定长短昼夜交替的反应，称为光周期反应，这种现象称为光周期现象。但由于各作物多年的南北栽培及选种，同一作物的不同品种往往对光周期的要求不尽相同。

在理解作物对日照长度的反应时，应注意：第一，作物在达到一定的生理年龄时才能接受光引变。日照长度是作物从营养生长向生殖生长转化的必要条件，并非作物一生都要求这样的日照长度。第二，对长日照作物来说，绝非日照越长越好，对短日照作物亦然。

2. **光周期反应在作物栽培上的应用**

一般来说，短日照作物由南方（短日照、高温）向北方（长日照、低温）引种时，往往出现营养生长期延长、开花结实推迟的现象。短日照作物由北方向南方引种时，则往往出现营养生长期缩短、开花结实提前的现象。人们常将北方作物品种引到南方，用于夏季播种，争取一茬收成；也利用短日照作物的南种北引，提高以营养器官为主产品的作物产量。

在作物栽培实践中，根据作物品种的光周期反应确定播种期是常有的事。在水稻双季栽培时，早、中、晚熟种都可以作晚（后）季稻（但生育期长短不同），但晚熟品种不能作早（前）季稻，即使提早播种也不能提早在早季抽穗、成熟，不合乎双季栽培的要求。冬性强的甘蓝型油菜可以早播，在秋季高温、短日照下不会早抽薹、开花，而有利于保证足够的营养生长期和及早成熟；而春性强的白菜型、芥菜型品种播种就较迟，否则会过早现蕾、开花，遭受冬季和早春冷害而增加无效花、蕾和无效角果数。

适于在春季播种的玉米、高粱、大豆等短日照作物，如因种种原因而推迟播种，应注意到晚播后植物生长发育加快植株矮小的特点，通过适当增大种植密度亦可获得丰收。

3. 光周期反应与作物品质

开花后延长光照，可使大豆蛋白质含量下降，脂肪含量上升，油酸、软脂酸占脂肪酸的比例下降，亚油酸、亚麻酸和硬脂酸比例上升。在较长的光照长度下，大豆开花后各生育阶段延长。这一结果为优质品种生育期结构的设计和优质栽培提供了重要依据。

（三）光谱成分的作用

在光合作用中，作物并不能利用光谱中所有波长的光能，只是可见光区（380～760mm）的大部分光波能被绿色植物所吸收，用于进行光合生产，所以常把这部分辐射称为光合有效辐射。光合有效辐射约占太阳总辐射量的40%～50%。

业已证明，红光有利于碳水化合物的合成，蓝光则对蛋白质合成有利。紫外线照射对果实成熟起良好作用，并能增加果实的含糖量。增加红光比例对烟草叶面积的增大有一定的促进作用，净光合速率增加，叶片总碳、还原糖含量增高，总氮、蛋白质含量下降，碳代谢增强，碳氮比明显增加；增加蓝光对叶片生长具有一定的抑制效应，但可使叶片加厚，净光合速率降低，叶片总氮、蛋白质、氨基酸含量提高，使氮代谢增强，碳氮比降低（见表3-4）。

表3-4　植物对于不同波长辐射的反应

波长范围（μm）	植物的反应
大于1.0	对植物无效
1.0～0.72	引起植物的伸长效应，有光周期效应
0.72～0.61	为植物中叶绿素所吸收，具有光周期反应
0.61～0.51	植物无什么特别意义的响应
0.51～0.40	为强烈的叶绿素吸收带
0.40～0.31	具有矮化植物与增厚叶子的作用
0.31～0.28	对植物具有损毁作用
小于0.28	辐射对植物具有致死作用

用浅蓝色薄膜育秧与用无色薄膜相比，前者秧苗及根系都较粗壮，插后成活快，分蘖早而多，生长茁壮，叶色浓绿，鲜重和干重都有增加，这是因为浅蓝色的薄膜可以大量透过光合作用所需要的 380 ～ 760nm 波长的光，因而有利于作物的光合过程和代谢过程。

二、提高作物光能利用率的途径

（一）作物光能利用率低的原因

作物对可见光不能完全利用，至少有如下三方面的损失。

（1）漏光损失。作物生长初期的叶面积很小，日光大部分漏射在地面上而损失。生产水平较低的大田，一生不封行，直到后期漏光也很多。

（2）光饱和浪费。已知稻麦光饱和点约为全日照的 1/3 ～ 1/2，更强的光不能提高光合速率而形成浪费。事实上，光强远在光饱和点以前，光合速率已不随光强成比例地增加，说明那时光能已不能被充分利用而浪费了。即使群体的光饱和点较高，甚至在全日照下仍未饱和，但上部叶层仍因光饱和而产生浪费，下部则因光照不足而达不到应有的光合速率。

（3）条件限制。有时由于环境条件不合适，如温度过高或过低、水分过多或过少、某些矿质元素缺乏、CO_2 供应不足以及病虫害等，一方面会使光合能力不能充分发挥，限制光能利用；另一方面会使呼吸消耗相对增多，最终使产量降低。

（二）提高作物光能利用率的措施

作物生产的实质就是把光能变成化学潜能。提高作物产量，就是改善作物对光能的利用，制造和积累大量的有机物质以供人类生活的需要。提高光能利用率的主要措施有：

（1）培育具有光合能力强，呼吸消耗低，不早衰，光合机能保持时间长，株型、叶型紧凑，利于密植等特性的高光效作物品种。

（2）充分利用生长季节，合理安排茬口，采用间作套种、育苗移栽等措施提高复种指数。

（3）合理密植，正确运用肥、水，充分满足作物各生育阶段的要求。

（4）通过补施 CO_2、人工补充光照、抑制光呼吸等提高光合效率。

第三节　作物与温度

作物的生长、发育要求一定的热量，而用于表示热量的是温度。温度的规律性或节奏性变化和极端温度的出现，都会对作物产生极大的影响。

一、温度对作物生长发育的影响

（1）作物的“播性”与春化处理。根据季节安排农事，不违农时，是作物生产的根本原则之一。作物生长发育与温度变化的同步现象称为温周期。春小麦于秋季播种，不能越冬；强冬性的冬小麦于春季播种，虽能长茎叶却不能抽穗结实。可是，当冬小麦种子在播前接受一段时间的低温处理，就能在春播后正常抽穗、开花和结实。

（2）作物的基本温度。维持生命的温度范围宽于生长的温度范围，而发育的温度范围更狭窄。作物在生长过程中，对温度的要求有最低点、最适点和最高点之分，称为温度三基点。在最适点温度范围内，作物生长发育得最好，当温度处于最低点或达到最高点时，作物尚能忍受，但生命力降低。如果温度在最低点以下或最高点以上，作物则开始受到伤害，甚至死亡（见表3-5）。

表3-5　一些重要作物生长发育的基本温度范围　（℃）

作物名称	基本温度		
	最低温度	最适温度	最高温度
小麦	3～4.5	25	30～32
黑麦	1～2	25	30
燕麦	4～5	25	30
玉米	8～10	32～35	40～44
水稻	10～12	30～32	36～38
牧草	3～4	26	30
烟草	13～14	28	35
甜菜	4～5	28	28～30
紫花苜蓿	1	30	37
豌豆	1～2	30	35
扁豆	4～5	30	36

作物不同生育时期所要求的温度三基点也不相同。总的来说，种子萌发的温度三基点常低于营养器官生长的温度三基点，后者又低于生殖器官发育的温度三基点。但作物在开花期对温度最为敏感（见表3-6）。

表3-6　几种作物开花期的温度三基点　（℃）

作物	最低温度	最适温度	最高温度
油菜	5	14～18	30
小麦	10	20	32
大豆	13	25～28	29
水稻	13～15	25～30	40～45
玉米	18	25～28	38
花生	16	25～28	40～41
棉花	18～20	25～30	35

（3）地温与作物根系生长。大多数作物，在最适温度以下，随着地温的上升，根部、地上部的生长量也逐渐增加。由于地上部所要求的温度比根部高，所以在0℃～35℃，温度越高，地上部生长发育越快，根冠比越小。

一般根的生长取决于地温。在冷凉的春秋季，根系生长活跃，夏天的生长量则较小。在种植冬小麦的地区，早春小麦返青期“划锄”能够提高地温，促进根系生长发育。作物的根即使在20℃以下也能很好地延伸，特别是深层的根，在更低的温度下也能伸展。在低温下，根呈白色，多汁，粗大，分枝减少，皮层生存较久；反之，在高温下，根呈褐色，汁液少，细小而分枝多，木栓化程度大，皮层破坏较早。与地上部相比，根系对高温的抵抗能力更弱。

（4）温度与干物质积累。作物干物质积累与光合作用和呼吸作用有很大的关系，而温度高低对光合作用和呼吸作用的影响是不同的。

在自然条件下（光饱和点以上的光强度、CO_2浓度0.03%），在作物能够生育的温度范围内（约在14℃～37℃），作物的光合作用几乎不受温度的影响。与光合作用不同，呼吸作用非常容易受到温度的影响，在可生长发育的温度范围内，各种作物的呼吸消耗有随温度上升而增大的趋势。

因此，在稻、麦生产中，建立合理的群体结构，使群体内通风透光，既注重提高光合作用的总积累，又尽量减少因温度升高而导致的呼吸消耗，有利于提高产量。

二、温度对作物分布的影响

由于温度能影响作物的生长发育，因而能制约作物的分布。同时，由于作物长期生活在一定的温度范围内，在生长发育过程中，既需要一定的积温，又要求一定的温度变幅，所以也形成了温度的作物生态类型。各种作物对温度的要求与它们的起源地有一定的关系，习惯上把它们分为耐寒作物和喜温作物。作物分布虽然主要受温度的影响，但是也与降水等气候因素相关联。

三、积温与作物生产

作物除需要达到一定的温度才能生长发育外，还需要有量的积累，才能完成其生命周期。通常把作物整个生育期或某一发育阶段内高于一定温度的昼夜温度总和，称为某作物或作物某发育阶段的积温。积温可分为有效积温和活动积温两种。作物不同发育时期中有效生长的温度下限叫生物学最低温度，在某一发育时期中或全生育期中高于生物学最低温度的温度叫活动温度。活动温度与生物学最低温度之差叫有效温度。有效积温是作物全生长期或某一发育时期内的有效温度之总和。活动积温是作物全生长期或某一发育时期内的活动温度之总和。一般是起源和栽培于高纬度地区的作物需要积温的总量少，起源和栽培于低纬度地区的作物需要积温的总量多。

对作物生产来说，积温具有重要的意义。第一，可以根据积温来制定农业气候区划，合理安排作物。根据作物生长期内需要积温的总量，再结合当地的温度条件，就可以有目的地调种、引种，合理搭配品种，以提高复种指数。第二，积温又是作物对热量要求的一个指标，它表示作物某一生育期或全生育期所要求的温度之总和。

四、极端温度对作物的危害及作物的抗性

（一）低温对作物的危害及抗寒措施

（1）低温对作物的危害。在低温逐渐到来时，作物体内会发生一系列生理生化变化，新陈代谢强度降低，适应性增强，生命活动得以延续。可是，当作物还没有获得对寒冷的适应性准备，或温度低于作物所能忍受的限度时，作物将会受到严重的伤害，甚至死亡。

除冬季低温影响作物生存、生长外，晚秋出现的早霜和开春后的晚霜对作物生长的影响也很大。早霜会使甘薯、棉花等晚秋作物受冻或提前死亡，影响产量和品质；晚霜或“倒春寒”会使早春作物的幼苗和越冬作物如小麦、油菜等冻伤，造成减产。

作物抗低温能力的强弱，主要取决于作物体内内含物的性质和含量。作物体内可溶性碳水化合物、自由氨基酸，以及属于细胞重要成分的磷、硝酸盐、蔗糖酶、抗坏血酸、高能磷化物和核酸的含量多少，与作物的抗寒性成正相关。因此，凡是能诱发增加上述物质的一切措施，都能增加作物的抗寒性。例如，合理施用磷钾肥能提高细胞汁的浓度，降低冰点，提高作物的抗寒性。秋播作物在冬前气温逐渐下降时，体内发生抗寒的生理生化变化过程，称作抗寒锻炼。

（2）抗寒的农业措施。采用抗寒的农业措施，主要从提高作物自身抗寒性和防止不利因素对作物影响两个方面入手。

①栽培管理上，秋播作物、强冬性品种应适时早播；春性较强的品种，不可播种太早。此外，适宜的播种深度，施用有机肥、磷钾肥等，都可增强作物抗寒性。早春气候变化较大，当冬小麦返青后，如遇晚霜，可采取熏烟、灌水等措施。

②改善田间气候。育苗时利用温室、温床、阳畦、塑料薄膜和土壤保温剂等均可克服低温的不利因素，提早播期。大田设置风屏、覆盖等，可减缓低温侵害。在寒潮来临时，对稻秧采用灌水防冻护秧的方式（但气温回升后，呼吸耗氧增多，又要注意排水）。

（二）高温对作物的危害及抗高温措施

（1）高温对作物的危害。当温度超过最适温度范围后，再继续上升，也会对作物造成伤害，使作物生长发育受阻，特别是作物在开花结实期最易遭受高温的伤害。

高温危害作物的主要原因包括：一是破坏作物的光合作用和呼吸作用的平衡，使呼吸作用超过了光合作用，导致作物因长期饥饿而死亡。二是高温还能促进蒸腾作用，破坏水分平衡，使植物萎蔫干枯。三是高温能促使叶片过早衰老，造成高温逼熟。过高的温度还会促使蛋白质凝固和导致有害代谢产物（如氨）积累，而使植物中毒。

（2）抗高温的农业措施。要想降低高温的有害影响，除了增加作物的抗热性，培育抗热新品种外，还可以通过改善作物环境的温度条件，如营造防护林带、增加灌溉、调节小气候等，以减少高温给作物带来的伤害。此外，还可以通过调整播期等措施，把作物对高温最敏感的时期（开花受精期）和该地区的高温期错开，这叫作避害。

第四节 作物与水分

水是作物的主要成分，是很多物质的溶剂，它能维持细胞和组织的紧张度，使作物器官处于直立状态，以利于各种代谢的正常进行；水还是光合作用制造有机物的原料。此外，由于水有较大的热容量，当温度剧烈变动时，能缓和原生质的温度变化，以保持原生质免受伤害。所以，水是作物生存的重要因子。

水是连接土壤－作物－大气这一系统的介质，在吸收、输导和蒸腾过程中把土壤、作物、大气联系在一起。对作物生产来说，水的收支平衡是高产的前提条件之一。水通过不同形态、数量和持续时间三方面的变化对作物起作用。

一、水对作物的生态作用及作物的生态适应性

（一）作物对水的反应

作物种子萌发时需要一定的土壤水分，因为水分能使种皮软化，氧气易透入，使呼吸加强；同时，水分能使种子中凝胶状态的原生质向溶胶状态转变，使生理活性增强，促使种子萌发。土壤水分含量的多少，直接影响作物根系的生长。在潮湿的土壤中，作物根系不发达，生长缓慢，分布于浅层；土壤干燥，作物根系下扎，伸展至深层。

作物水分低于需要量，则萎蔫，生长停滞，以致枯萎；高于需要量，根系缺氧、窒息，最后死亡。只有土壤水分适宜，根系吸水和叶片蒸腾才能达到平衡状态。

水分对作物的品质有较大的影响。就粮食作物而言，夏季高温、少雨，粮食作物籽粒中蛋白质的含量高；低温、多雨则有利于籽粒中淀粉的形成。要想既增加粮食产量，又不降低蛋白质含量，必须在灌溉条件下增施氮肥。对于油料作物，土壤水分充足有利于油分的积累。相关学者对甜菜含糖量与水分关系的研究表明，无论是自然降水还是人工灌水，都有利于糖分的积累。在纤维作物生长发育期间，适时、适量地供应水分，能促进优质韧皮纤维的形成；水分不足，会造成组织木质化和木质素沉淀，降低纤维品质；水分过多也难获优质纤维。

（二）作物的水分平衡

（1）作物水分平衡。在正常的情况下，作物一方面蒸腾失水，另一方面不断地从土壤中吸收水分，这样就在作物生命活动中形成了吸水与失水的连续运动过程。一般把作物吸水、用水、失水三者的动态关系称为水分平衡。只有当吸水、输导和蒸腾三方面的比例适当时，才能维持良好的水分平衡。作物体内的水分经常处于正负值之间的动态平衡，这种动态平衡关系是植物的水分调节机制和环境中各生态因子间相互调节、制约的结果。

作物吸收和散失水分是相互联系的矛盾统一过程。当失水小于吸水时，可能出现吐水现象，或在阴雨连绵的情况下，作物体内的水分达到饱和状态，容易造成作物的徒长或倒伏，产量降低。当蒸腾大于吸收时，作物体内出现水分亏缺，组织内含水量下降，叶片萎缩下垂，呈现萎蔫状态，体内各种代谢活动如光合、呼吸、有机物合成、矿质的吸收与转

化等都受到影响，作物的生长受到抑制。只有作物吸水与失水维持动态平衡（即失水与吸水相等）时，作物才能进行旺盛的生命活动。

（2）作物的需水量。作物的需水量一般用蒸腾系数（作物每形成 1g 干物质所消耗的水分克数）表示。影响作物需水量的因素很多：一是气候条件，大气干燥、气温高、风速大，蒸腾作用强，作物需水量多；反之则需水量少。二是土壤条件，土地肥沃或施肥后作物生长良好，干物质积累多，但需水量并不相应增加。

（3）作物的需水临界期。作物一生对水分的需要量大体上是生育前期和生育后期需水较少，中期因生长旺盛，需水较多。作物一生中对水分要求最敏感，若水分不足，对作物生长发育和最终产量的影响最大的时期，称为需水临界期。主要作物的需水临界期是：麦类作物——孕穗至抽穗；玉米——开花至乳熟；高粱——抽花序至灌浆；豆类、荞麦、花生、芥菜——开花期；向日葵——葵盘的形成至灌浆；棉花——开花结铃期；瓜类——开花至成熟；马铃薯——开花至块茎形成。在作物生产中，确定作物灌水时期和灌水量，除应考虑需水临界期外，还应注意当地降水量的多少和土壤墒情的好坏。

二、旱、涝对作物的危害及防治措施

（一）干旱对作物的危害及抗旱措施

（1）干旱对作物的危害。环境中的水分低到不足以满足作物正常生命活动的需要时，便会出现干旱现象。作物遇到的干旱有大气干旱和土壤干旱两类。大气干旱是空气过度干燥，相对湿度低到 20% 以下；或因大气干旱伴随高温，土壤中虽有一定水分，但因蒸腾强烈，造成体内水分平衡失调，使作物生长近乎停止，产量降低。土壤干旱是指土壤中缺乏作物可利用的有效水分。春旱（3 ～ 5 月）影响冬小麦拔节、抽穗、开花以及棉花等春播作物的播种或育苗；伏旱易引起棉花蕾铃脱落，造成玉米“晒花”；小麦生长后期如遇干热风为害，常常“青干”。这些干旱常造成作物生长停滞，产量降低。

干旱引起作物死亡的原因包括：第一，代谢作用紊乱。第二，细胞脱水变形，原生质受到机械伤害而死亡。第三，干旱缺水，蒸腾减弱，植株不能降温；当体温超过一定限度后，原生质发生凝聚变性，结构破坏，引起死亡。

（2）抗旱措施。为抗御干旱对作物造成的危害，常采用下列措施：

蹲苗。在作物苗期减少水分供应，使之经受适度缺水的锻炼，促使根系发达下扎，根冠比增大，叶绿素含量增多，光合作用旺盛，干物质积累加快。经过锻炼的作物如再次碰上干旱，植株体保水能力增强，抗旱能力显著提高。

种子处理。其做法是播种前将一定水（如小麦为风干重的 40%、糜子为 30%、向日葵为 60%）分 3 次拌入种子，每次加水后，经过一定时间的吸收，再风干到原来重量，如此反复进行 3 次，然后播种。

增施磷钾肥和微肥。磷钾肥能促进 RNA、蛋白质的合成，提高胶体的水合度；改善作物的碳水化合物代谢，增加原生质的含水量，提高作物的抗旱能力，促进作物根系发育，提高作物吸收能力。多施厩肥能增加土壤中的腐殖质含量，有利于增强土壤持水能力。

（二）涝害对作物的危害及抗涝措施

（1）涝害对作物的危害。水分过多对作物的不利影响称为涝害。水分过多一般有两层含义：第一，指土壤含水量超过了田间最大持水量，土壤水分处于饱和状态，根系完全生长在沼泽化的泥浆中，这种涝害也叫湿害。第二，水分不仅充满土壤，而且田间地面积水，作物的局部或整株被淹没，这才是涝害。湿害和涝害使作物处于缺氧的环境，严重影响作物的生长发育，直接影响产量和品质。

（2）抗涝措施。作物的湿害和涝害主要是地下水水位过高和耕层水分过多造成的。因此，防御湿害和涝害的中心是治水。首先，因地制宜地搞好农田排灌设施，加速排除地面水，降低地下水和耕层滞水，保证土壤水气协调，以利于作物正常生长和发育。其次，采取开沟、增施有机肥料以及田间松土通气等综合措施，也能有效地改善水、肥、气、热状况，增强作物的耐湿抗涝能力。

三、水污染对作物产量和品质的影响

（1）水体污染对作物的危害。水体污染源大致包括工矿废水、农药和生活污水 3 种。污水中往往含有有毒或剧毒的化合物如氰化物、氟化物、硝基化合物、酸、汞、镉、铬等，还含有某些发酵性的有机物和亚硫酸盐、硫化物等无机物。这些有机和无机物都能消耗水中的溶解氧，致使水中生物因缺氧而窒息死亡；有的物质还直接毒害作物，影响其生长发育、产量和品质，重者影响人体健康。

（2）污水灌溉。北方干旱、半干旱地区利用城市污水灌溉农田，是缓解水资源紧张状况的有效途径之一。利用城市污水灌溉不仅节约水资源，而且污水还是一种有机复合肥料，可培肥土壤，降低成本。但是，污水灌溉会使污水中的有害物质在土壤中累积而造成土壤污染，作物吸收后造成粮食、蔬菜等受到不同程度的污染。

城市污水处理，可推行污水处理厂与氧化塘、土地处理系统相结合的办法。污水土地处理是实现污水资源化、促进污水农业利用的主要途径。它是利用土壤及水中的微生物、藻类和植物根系统对污水进行处理，同时利用污水的水、肥资源促进作物生长，并使之增产的一种工程设施，一般由一级处理设施→氧化塘→贮存塘（库）→农灌系统等部分组成。

第五节　作物与空气

空气的成分非常复杂，但其中以 CO_2 与作物的关系最为密切，而豆类作物则与 N 的关系最为密切。

一、CO_2 与作物生产

作物进行光合作用所需要的 CO_2 不但来自群体以上空间，而且来自群体下部，其中包括土壤表面枯枝落叶分解、土壤中活着的根和微生物呼吸、已死的根系和有机质腐烂等

释放出来的 CO_2。在光照和肥水充足、温度适宜而光合旺盛期间，光合的主要限制因子是 CO_2 亏缺。

提高 CO_2 浓度可以促使某些作物增加产量，但目前 CO_2 施肥多半还是在温室中或在塑料薄膜保护下进行的。在大田生产中，比较现实的提高 CO_2 浓度的措施是增施有机肥。有机肥施入土壤后，能增加土壤中好气性细菌的数量，增强其活力，使其释放出更多的 CO_2。

二、豆科作物与固氮菌

豆科作物通过与它们共生的根瘤菌能够固定并利用空气中的氮素。大豆每年固氮量为 47 ～ 97kg/hm^2，三叶草为 104 ～ 160kg/hm^2，苜蓿为 128 ～ 600kg/hm^2，羽扇豆为 150 ～ 196kg/hm^2。

但根瘤菌所固定的N大约只占豆类作物需氮总量的1/4 ～ 1/2，并不能完全满足其要求。在轮作中安排豆类作物对于缓和土壤肥力的减退有一定的好处。但是，除了绿肥能够增强肥力外，其他豆类作物并没有“养地”作用。以收获籽粒为目的的豆类作物从土壤中带走的氮素远比它们遗留给土壤的要多。

生物固氮是一个耗能过程，这些能量来源于豆类作物的光合产物——碳水化合物。如大豆根瘤菌所消耗的能量大致相当于大豆光合产物的 12% ～ 14%。

在栽培措施中，加强光照、稀植、单作、施有机肥，都有助于根瘤菌固氮；相反，遮阴、与高秆作物间作、密植、施无机肥，都抑制根瘤菌固氮。

三、大气环境对作物生产的影响

（一）温室效应

温室效应主要由大气中的 CO_2、CH_4 和 N_2O 等气体含量增加引起，CH_4 来自稻田、自然湿地、天然气的开采、煤矿等，土壤中频繁进行的硝化和反硝化过程，导致了 N_2O 的生成和释放。全球变暖对作物生产的影响可能表现为：

（1）对作物生产不利。温室效应引起的气温上升使降雨量分布发生不同的变化。秋、春两季蒸发量增强，使土壤更加干旱，夏季因缺水而导致的干旱程度提高，对作物生产有着不利的影响。

（2）大气中的 CO_2 浓度增加。可使作物和野草的产量均增加，然而虽然作物产量增加了，但是栽培植物与野生植物之间的竞争将加剧，杂草防治更加艰巨。

（3）对病虫害的影响。温室效应导致的气温和降水量的变化，会进一步影响各种作物病虫害的发生、分布、发育、存活、行为、迁移、生殖、种类动态，加剧某些病虫害发生。

（二）SO_2、氟化物和氮氧化物

SO_2、氟化物和氮氧化物是大气污染的主要气体成分。SO_2 和氟化物的长期或急性暴露，可引起作物叶片气孔阻力和 K^+ 渗出量增加，光合作用、蒸腾作用和叶绿素含量降低，呼吸速率提高，使作物叶片出现焦斑，植株生长缓慢和产量降低。

氮氧化物排放引起的大气中氮氧化合物过高可导致某些植物群落的变化。在某些地方，当 SO_2 排出物减少时，氮氧化物还是酸雨的成分。在低层大气中，氮氧化物在形成对植物具有毒害作用的臭氧方面亦起着重要作用。

（三）O_3

O_3 是 NO_2 在太阳光下的分解产物与空气中分子态氧反应的产物。大气中的 O_3 对作物的伤害是：提高作物细胞膜透性并导致离子外渗，钝化某些酶并使光合作用碳还原率降低，改变代谢途径，刺激乙烯的产生，促进体内蛋白质的水解，干扰蛋白质合成，从而引起作物生长缓慢，提早衰老，产量降低。有研究表明，O_3 浓度增加与作物减产率呈正相关。另外，当 O_3 和大气中的 SO_2 或 NO_2 或酸雨同时存在时，将增强其对作物的不良影响。

（四）酸雨

酸雨（大气酸沉降）是指 pH 小于 5.6 的大气酸性化学组分通过降水的气象过程进入陆地、水体的现象，它包括雨、雾、雪、尘等形式。酸雨主要是煤和石油燃烧后，产生大量的硫氧化物（主要是 SO_2）和氮氧化物（主要是 NO、NO_2）而形成的。

酸雨使作物受到双重危害，酸雨在落地前影响叶片，落地后则影响作物根部。酸雨可加速破坏叶面蜡质，淋失叶片养分，破坏作物的呼吸、代谢，引起叶片坏死性损害，并诱发叶簇器官产生病理变化；对处于生殖生长中的作物，则会影响种子的萌发率，缩短花粉的寿命，减弱繁殖能力，从而影响产品产量和质量；降低作物的抗病能力，诱发病原菌对作物的感染，抑制豆科作物根瘤菌生长和固氮作用。

第六节　作物与土壤

一、土壤对作物的生态作用

（1）土壤质地和结构。土壤的基本物理性质是指土壤质地、结构、容重、孔隙度等。其中，土壤质地、结构性质，并由此引起的土壤水分、土壤空气和土壤热量的变化规律，对作物的根系和作物的营养状况可能产生明显的影响。由于土壤质地对水分的渗入和移动速度、持水量、通气性、土壤温度、土壤吸收能力、土壤微生物活动等各种物理、化学和生物性质都有很大影响，因而又直接影响作物的生长和分布。

（2）土壤水分。土壤水分主要来自降雨、降雪和灌水。土壤水分参与土壤中的物质转化过程，因而与土壤养分的有效性有很大的关系。土壤水分还能调节土壤温度，对防高温和防霜冻有一定的作用。所以，控制和改善土壤的水分状况，如提高土壤蓄水保墒能力，进行合理灌溉，是提高作物产量的重要措施。

（3）土壤空气。土壤空气的组成 80% 是 N，20% 是 O 和 CO_2 等。由于土壤中生物（包括微生物、动物和作物根系）的呼吸作用和有机物的分解一般要求土壤中保持 10% ～ 12% 的 O_2 含量。排水良好的土壤中含 CO_2 量在 0.1% 左右，CO_2 积累过多会影响根系生长和种子发芽。土壤通气性程度还影响土壤微生物的种类、数量和活动，并进而影响作物的营养状况。

（4）土壤温度。土壤温度主要影响作物的发芽、根系生长，同一作物在不同的生长发育时期对土壤温度的要求不同。对大多数作物来说，在10℃～35℃的范围内，随着土壤温度的增高，生长加快。土壤温度过高或过低都影响根系的吸收能力。同时，土壤温度还制约各种盐类的溶解速度、土壤气体交换和水分的蒸发、各种土壤微生物的活动以及土壤有机物质的分解速度和养分的转化，进而影响作物的生长。

（5）土壤pH。各种作物对土壤pH都有一定的要求。多数作物适于在中性土壤上生长，典型的嗜酸性或嗜碱性作物是没有的。不过，有些作物及品种比较耐酸，另一些则比较耐碱。可以在酸性土壤上生长的作物有荞麦、甘薯、烟草、花生等，能够忍耐轻度盐碱的作物有甜菜、高粱、棉花、向日葵、紫花苜蓿等。紫花苜蓿被称作盐碱土的“先锋作物”。种植水稻也是改良盐碱地的一项措施。

（6）土壤养分。作物生长和形成产量需要有完全营养的保证。不过，从施肥和作物对营养元素反应的角度，常常把作物分作喜氮、喜磷、喜钾三大类。

①喜氮作物。水稻、小麦、玉米、高粱属于这一类，它们对氮肥反应敏感。这类作物每生产1t籽粒的平均吸氮量为21kg。因此，平均每生产48kg籽粒，植株就需吸收lkg的N（约2/3的N是生产籽粒蛋白质，剩余部分生产茎、叶和根的蛋白质）。

②喜磷作物。油菜、大豆、花生、蚕豆、荞麦等属于这一类。对这些作物施用磷肥后，一般增产比较显著。北方的土壤几乎普遍缺磷，南方红、黄壤更是贫磷，施磷增产效果良好。

③喜钾作物。糖料、淀粉、纤维作物如甜菜、甘蔗、烟草、棉花、薯类、麻类等属于这一类，向日葵也属于喜钾作物。施用钾肥对这些作物的产量和品质都有良好的作用。

不同作物对微量元素的需要量不同，水稻需Si较多，被称作硅酸盐作物；油菜对B反应敏感；豆科和茄科作物则需要较多的Ca。

（7）土壤有机质。有机质是各种作物所需养分的源泉，它能直接或间接地供给作物生长所需的N、P、K、Ca、Mg、S和各种微量元素，促进土壤团粒结构的形成，改善土壤的物理和化学性质，影响和制约土壤结构的形成及通气性、渗透性、缓冲性、交换性和保水保肥性能，而这些性能的优劣与土壤肥力水平的高低是一致的。所以，土壤有机质含量和性质是评价土壤肥力的重要指标，对农田来说，培肥的中心环节就是保持和提高土壤有机质含量，培肥的重要手段就是增施各种有机肥、秸秆还田和种植绿肥。

（8）土壤生物特性。土壤的生物特性是土壤动物、植物和微生物活动所造成的一种生物化学和生物物理学特性。土壤微生物直接参与土壤中的物质转化，分解动植物残体，使土壤有机质矿质化和腐殖质化。

此外，微生物的分泌物和微生物对有机质的分解产物如CO_2、有机酸等，还可直接对岩石矿物进行分解。这些细菌的活动加快了K、P、Ca等元素从土壤矿物中溶解出来的速度。可见土壤微生物对土壤肥力和作物营养起着极为重要的作用。

二、土壤污染与作物

（1）土壤污染对作物的影响。土壤作为生态环境的重要部分，不仅直接受到污染物的污染，而且是水污染和大气污染的受害者。土壤污染物按成分可分为无机污染物和有机污染物。无机污染物包括Cd、Cr、Hg、Ni、Pb、Zn等重金属及As、S等非金属，N、P

等无机盐及酸碱物质，放射性物质等。有机污染物包括三氯乙醛、酚、石油、氰化物等有机毒物，耗氧有机污染物，病原微生物以及农药等。

土壤中的有毒物质能直接影响作物的生长，使作物生长发育迟缓，作物的光合作用和蒸腾作用下降，产量减少，品质变劣。近年来，农业生产中的氮素施用量大幅度增加，特别是为了片面追求蔬菜高产，过量施用氮肥，造成硝酸盐在蔬菜可食部分大量积累，从而诱发食管癌、胃癌、肝癌等。

（2）土壤污染的治理方法。近年来，国内外治理土壤污染按处理方式分为工程措施、生物措施、农业措施和改良剂措施四类。工程措施是指用物理（机械）、物理化学原理治理污染土壤，常见的有客土、换土、去表土、翻土，隔离法、清洗法、热处理和电化法。生物措施是利用某些特定的动植物和微生物较快地吸走或降解土壤中的污染物质，而达到净化土壤的目的。农业措施包括增施有机肥、控制土壤水分、选择合适形态的化肥和选择抗污染的作物品种等。施用改良剂、抑制剂等的作用是降低土壤污染物的水溶性、扩散性和生物有效性，从而降低它们进入植物体、微生物体和水体的能力，减轻对生态环境的危害。

不同的作物或同一种作物的不同品种对污染物的吸收累积不同。因此，我们可以筛选出在食用部位累积污染物少的品种。此外，改变栽培制度或将农用地改为非农业用地，将中、轻度污染区作为良种基地繁育种子或改种非食用植物，如花卉、苗木、棉花、桑麻类等，都是土壤污染综合治理的有效方法。

第二十三章　作物产量与产品品质形成

第一节　作物产量及其构成因素

一、生物产量和经济产量

栽培作物的目的是获得较多的有经济价值的产品。作物产量即作物产品的数量，作物产量通常分为生物产量和经济产量。生物产量是指作物一生中，即全生育期内通过光合作用和吸收作用，即通过物质和能量的转化所生产和累积的各种有机物的总量。在总干物质中，有机物质占 90% ～ 95%，矿物质占 5% ～ 10%。因此，光合作用形成的有机物质是农作物产量形成的主要物质基础。经济产量是指栽培目的所需要的有经济价值的主产品的数量。由于人们栽培目的所需要的主产品不同，而不同作物所提供的产品器官也各异。禾谷类作物、豆类和油料作物的产品器官是种子；棉花为籽棉或皮棉，主要利用种子上的纤维；薯类作物为块根或块茎；麻类作物为茎纤维或叶纤维；甘蔗为茎秆；甜菜为根；烟草为叶片；绿肥作物为茎和叶等。

二、收获指数

经济产量是生物产量中所要收获的部分。经济产量占生物产量的比例，即生物产量转化为经济产量的效率，叫作经济系数或收获指数。通常，经济产量的高低与生物产量的高低成正比，要想提高经济产量，只有在提高生物产量的基础上提高收获指数，才能达到提高经济产量的目的。

一般来说，收获营养器官的作物，其经济系数比收获籽实的作物要高；同为收获籽实的作物，产品以碳水化合物为主的作物的经济系数比以蛋白质和脂肪为主的作物要高。通常，薯类作物的经济系数为 0.7 ～ 0.85，甜菜、烟草为 0.60 ～ 0.70，水稻、小麦为 0.35 ～ 0.50，玉米为 0.30 ～ 0.50，大豆为 0.25 ～ 0.40，油菜为 0.28 左右，棉花（籽棉）为 0.35 ～ 0.40，皮棉为 0.13 ～ 0.16。

三、产量构成因素

（1）作物产量构成因素。作物产量是指单位土地面积上的作物群体的产量，由个体产量或产品器官数量所构成。作物产量可以分解为几个构成因素，并依作物种类而异（见

表 3-7）。例如，禾谷类作物的产量构成为：产量 = 穗数 × 单穗粒数 × 粒重，或产量 = 穗数 × 单穗颖花数 × 结实率 × 粒重；豆类作物为：产量 = 株数 × 单株有效分枝数 × 每分枝荚数 × 单荚实粒数 × 粒重；薯类作物为：产量 = 株数 × 单株薯块数 × 单薯重等。田间测产时，只要测得作物各构成因素的平均值，便可计算出理论产量。

表 3-7　各类作物的产量构成因素

作物名称	产量构成因素
禾谷类	穗数、每穗实粒数、粒重
豆　类	株数、每株有效分枝数、每分枝荚数、每荚实粒数、粒重
薯　类	株数、每株薯块数、单薯重
棉　花	株数、每株有效铃数、每铃籽棉重、衣分
油　菜	株数、每株有效分枝数、每分枝角果数、每角果粒数、粒重
甜　菜	株数、每株块根重
甘　蔗	有效茎数、单茎重
麻　类	株数、每株纤维重
烟　草	株数、每株叶数、单叶重
绿　肥	株数、单株重

一般来说，产量构成因素很难同步增长，往往彼此之间存在着负相关关系。尽管如此，在一般栽培条件下，株数（密度）与单株产品器官数量间的负相关关系较明显，在产量构成因素中存在着实现高产的最佳组合，说明个体与群体协调发展时，产量可以提高。

（2）产量构成因素的形成。作物产量的形成与器官分化、发育及光合产物的分配和累积密切相关，了解其形成规律是采用先进栽培技术，进行合理调控，实现高产的基础。

禾谷类作物产量因素的形成是作物在整个生育期内不同时期依次而重叠进行的。如果把作物的生育期分为三个阶段，即生育前期、中期和后期，那么以子实为产品器官的禾谷类作物，生育前期为营养生长阶段，光合产物主要用于根、叶、分蘖的生长；生育中期为生殖器官分化形成和营养器官旺盛生长并进期，依靠器官的相对生长特性，在单位营养体上形成较多的生殖器官，以形成较大的潜在贮藏能力；生育后期是结实成熟阶段，光合产物大量运往籽粒，营养器官停止生长且重量逐渐减轻，穗和子实干物质重量急剧增加，直至达到潜在贮存量。

谷类作物产量成分的主要特点是产量成分的补偿能力，这种补偿能力陆续在生育的中后期表现出来，并随个体发育的进程而降低。产量因素在其形成过程中具有自动调节功能，这种调节主要反映在对群体产量的补偿效应上。不同作物的自动调节能力亦不同，分蘖作物，如水稻、小麦等，自动调节能力较强；主茎型作物，如玉米、高粱等，自动调节能力稍弱。

由产量因素的形成过程及自动调节的规律可以看出，禾谷类作物产量因素的补偿作用，主要表现为生长后期形成的产量因素补偿生长前期损失的产量因素。例如，种植密度偏低或苗数不足，可以通过发生较多的分蘖，形成较多的穗数来补偿；穗数不足时，每穗粒数和粒重的增加，也可略有补偿。生长前期的补偿作用往往大于生长后期，而补偿程度则取决于作物种或品种，并随生态环境和气候条件的不同而有较大差异。

第二节　作物体干物质的积累与分配

一、作物体干物质的积累

作物在生育期内通过绿色光合器官，将吸收的太阳辐射能转化为化学潜能，将叶片和根系从环境中吸收的 CO_2、H_2O 及矿质营养合成碳水化合物，再进一步转化形成各种有机物，最后形成有经济价值的产品。因此，作物产量形成的全过程包括光合器官、吸收器官及产品器官的形成以及产量内容物的形成、运输和积累。从物质生产的角度分析，作物产量实质上是通过光合作用直接或间接形成的，并取决于光合产物的积累与分配。

作物的干物质积累动态遵循 Logistic 曲线（S 形曲线）模式。作物生长初期，植株较小，叶片和分蘖或分枝不断发生，并进行再生产。在此期间，干物质积累量与叶面积成正比。随着植株的生长，叶面积的增大，净同化率因叶片相互荫蔽而下降，但由于单位土地面积上叶面积总量大，群体干物质积累近于直线增长。此后，叶片逐渐衰老，功能减退，群体干物质积累速度减慢，同化物质由营养器官向生殖器官转运。当植株进入成熟期，生长停止，干物质积累亦停止。作物种类或品种、生态环境和栽培条件不同，各个时期所经历的时间、干物质积累速度、积累总量以及在器官间的分配均有所不同。大麦生育期间干物重的变化如图 3-5 所示。

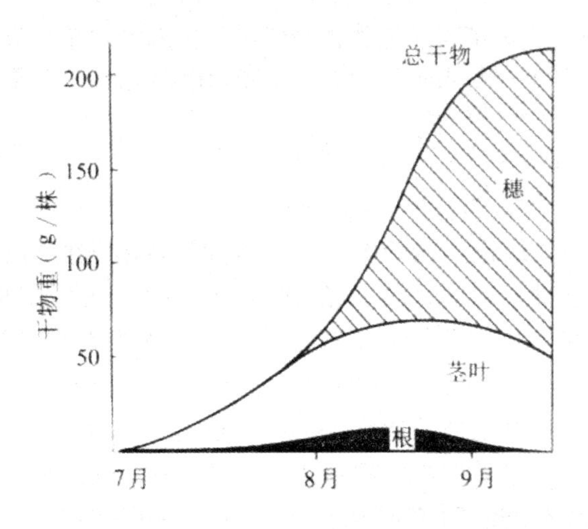

图 3-5　大麦生育期间干物重的变化

二、作物体干物质的分配

干物质的分配随作物种、品种、生育时期及栽培条件而异。生育时期不同，干物质分配的中心也有所不同。以玉米为例，拔节前以根、叶生长为主，地上部叶子干重占全干重的 99%；拔节至抽雄，生长中心是茎叶，其干重约占全干重的 90%；开花至成熟，生长中心是穗粒，穗粒干物质积累量显著增加。品种间干物质的分配特点与生物产量高低有关。

第三节 作物产量潜力

作物在其生育期间不断地与环境同化，把从环境中吸收的能量和物质转化成新物质，实现能量和物质的积累。在充分理想条件下所能形成的产量，即作物产量的潜力得到充分发挥时所能达到的产量，称为潜在生产力或理论生产力。在具体的生产条件下所能形成的产量，称为现实生产力。

一、作物的光能利用和光合潜力

投射到植物群体上的太阳辐射，一部分为植物体所反射，一部分透过群体而到达地面，剩下的一部分则为植物所吸收而用于光合作用。阳光的反射率、透射率和吸收率，因群体的结构以及光线入射角的不同而变化。

光合生产力是植物把太阳能转化为化学能，并形成干物质的能力，是产量形成的基础。光合生产力的形成涉及与光合作用有关的各生理生化过程以及包括光合源、库、光合产物转运与分配、碳氮代谢等复杂的体系，可以概括为：基因 × 环境→光合表现→作物生产力。这就意味着遗传因子与环境互作下的光合生产力即作物生产力。

光能利用率是指日光中的能量被作物光合作用转化为化学能贮藏在光合产物中的百分数。在作物生长季节，某种产量水平下的作物光能利用率可用下式表示：

$$Eu=K\times \Delta W/\sum S=(\text{生物产量}\times\text{潜热能})/\text{作物生育期单位面积的总辐射能}$$

潜热能以干物质的平均含热量 4250kcal/kg 计。

对作物光能利用率在理论上的最大值，可依如下内容进行概算：①作物生长季节中单位面积太阳辐射总量；②作物用于光合作用的可见光占太阳总辐射的比例，一般为 45% ～ 50%；③投射到作物群体叶层被反射、漏射和光饱和等的损失，约占 30%；④叶层吸收利用转化为化学潜能的转换率，常以 20% 计；⑤呼吸作用消耗的比例，一般按 30% 计；⑥形成 1g 干物质需要的能量，一般按 4250cal/g 计。

通过计算，作物最大光能利用率为 4.9%。但实际生产中的光能利用率仅为 0.5% ～ 1.5%。由此说明，作物可以达到一个较高的产量水平纪录，且 4.9% 的光能利用率是完全可以达到的；最高产量纪录与实际平均产量之间相差 2 ～ 13 倍，因而大有潜力可挖。

光合生产潜力与实际产量间存在着很大差异，除了因为实际生产中的产量潜力还有相当部分没有发挥以外，还因为光合生产潜力并不等于作物生产潜力，在光合潜力转化为实际产量的过程中，还有温度、水分、土壤条件等将它“衰减”了。

二、提高作物产量潜力的途径

光合生产潜力是作物产量潜力形成的基础，由于种种不利环境条件的限制，光合生产潜力的70%左右得不到发挥。作物产量潜力是由自身的遗传特性、生物学特性、生理生化过程等内在因素决定的，产量的表现受外部环境物质能量输入和作用效率的制约。作物产量潜力的实现在于环境因子与作物的协调统一。

提高光能利用率可以提高产量，但要达到光合潜力理论高限，须同时具备如下条件：①具有充分利用光能的高光合效能的作物品种；②空气中的 CO_2 浓度正常；③环境因素均处于最适状态；④具备最适于接受和分配阳光的群体结构。

综上所述，要充分发挥作物的生产潜力，提高作物产量，必须从作物的生态生理出发，充分利用作物固有的基因多样性，加以遗传改进，提高其光合效率；采用先进的栽培技术；改善栽培环境，提高作物群体的光能利用率。

（1）遗传育种与提高光合效率。提高光合效率的遗传改良重点应集中在：改变光合色素的组成与数量，改造叶片的吸光特性，提高光饱和点，缓解光抑光合；改变 CO_2 固定酶，提高酶活性以及对 CO_2 的亲合力。

（2）提高作物群体的光能截获量。作物群体光能利用率受内外多种因素的影响，但主要取决于光合效率和群体对光能的截获量。作物群体的光能截获量主要与叶面积指数和叶面积持续时间有关，叶面积在垂直空间的分布及叶倾角对其也有一定的影响。同时，作物群体的光能截获量也与太阳辐射在冠层内的吸收、反射、透射和漏射有关。如果植株上层叶片近于上竖，下层叶片近于水平方向展出，则上层叶片单位面积吸收的太阳辐射量降低，使较多叶片处在光补偿点以上，群体光合效率高。

（3）降低呼吸消耗。呼吸作用约消耗光合产物的30%左右或更多，但同时又提供维持生命活动和生长所需要的能量及中间产物。因而，正常的呼吸作用是必要的。在大面积生产中，通过环境调控，防止逆境引起的呼吸过旺，减少光合产物损耗，是提高光合生产力的途径之一。

（4）改善栽培环境和栽培技术。首先，要排除由于肥料不足和水分缺乏而妨碍叶面积物质生产的各种限制因素；其次，要使光合作用效能最强的叶片维持最适叶面积指数状态；最后，为了充分利用生长季节，增加光合面积和提高光能利用率，要合理安排茬口，采用间作、套作方式，提高复种指数，以充分利用一年中的太阳辐射能量，增加单位面积上的年产量。

第四节　作物产品品质

一、作物产品品质的概念

作物栽培的目的是获得高额的有经济价值的产品，同时，对产品品质也有较高的要求。作物产品品质是指产品的质量，直接关系到产品的经济价值。作物产品品质的评价标准，即所要求的品质内容因产品用途而异。作为食用的产品，其营养品质和食用品质更重要；

作为服装原料的产品，其纤维品质是人们所重视的。评价作物产品品质，一般采用两种指标：一是化学成分以及有害物质如化学农药、有毒金属元素的含量等；二是物理指标，如产品形状、大小、味道、香气、色泽、种皮厚薄、整齐度、纤维长度和强度等。每种作物都有一定的指标体系。

（1）粮食作物的产品品质。粮食作物包括禾谷类作物、豆类作物和薯芋类作物，其产品为籽粒、块根和块茎。产品品质可概括为营养品质、食用品质、加工品质及商品品质等。

禾谷类作物。营养品质是指产品的营养价值，是产品品质的重要方面，它主要取决于产品的化学成分及其含量。蛋白质含量及其氨基酸组分是评价禾谷类作物营养品质的重要指标。一般根据氨基酸含量，判断蛋白质的生物营养价值（见表3-8）。

表3-8 禾谷类作物籽中化学成分平均含量（%，干物重）

作物	蛋白质	淀粉	脂肪	纤维素	糖	戊聚糖和其他碳水化合物	灰分
小麦	15	65	2.0	2.8	4.3	8	2.2
玉米	10	70	4.6	2.1	3.0	7	1.3
黑麦	13	70	2.0	2.2	5.0	10	2.0
燕麦	12	50	5.5	14.0	2.0	13	3.8
大麦	12	55	2.0	6.0	4.0	12	3.5
水稻	7	70	2.3	12.0	3.6	2	6.0
黍	12	60	4.6	11.0	3.8	2	4.0

豆类作物。食用豆类作物，如大豆、蚕豆、豌豆、绿豆、小豆等，其籽粒富含蛋白质，且蛋白质的氨基酸组成比较合理，因此营养价值高，是人类所需蛋白质的主要来源。

薯芋类作物。薯芋类作物的利用价值主要在于其块根或块茎中含有大量的淀粉，另含有丰富的维生素C（每100g含10～25mg）。

作为食物，不仅要求营养丰富、生物价值高，而且要食用品质好。食用品质与营养品质、蒸煮食味品质、加工品质及外观品质等有关。理化指标决定稻米食用品质的优劣，外观品质中的透明度与食味有极密切的关系。小麦、黑麦、大麦等麦类作物的食品品质主要是指烘烤品质，它与面粉中的面筋含量和质量有关。一般面筋含量越高，其品质越好，烘制的面包质量越好。面筋的质量是根据其延伸性、弹性、可塑性和黏结性进行综合评价的。

加工品质和商品品质的评价指标随作物产品不同而不同。水稻的碾磨品质是指出米率；小麦的磨粉品质是指出粉率；甘薯切丝晒干时，要求晒干率高，提取淀粉时，要求出粉率高、无异味等；稻米的外观品质即商品品质，优质稻米要求无垩白、透明度高、粒形整齐，优质玉米要求色泽鲜艳、粒形整齐、籽粒密度大、无破碎、含水量低等。

（2）经济作物的产品品质。经济作物包括纤维作物、油料作物、糖料作物及嗜好作物等。

①纤维作物。棉纤维品质由纤维长度、细度和强度决定。纤维的外观品质要求洁白、无僵黄花、成熟度高、干爽等。

麻类作物的产品为韧皮纤维和叶纤维，其品质取决于纤维长度、宽度和纤维束拉力。麻纤维质地及色泽决定其外观品质。

②油料作物。脂肪是油料作物种子的重要贮存物质，也是食物中产热量最高的物质。油料种子的脂肪及组分含量（见表3-9）决定其营养品质、贮藏品质和加工品质。一般来说，种子中脂肪含量高，不饱和脂肪酸中人体必需脂肪酸——油酸和亚油酸含量较高，且两者比值适宜，亚麻酸或芥酸（油菜油）含量低，是提高出油率、延长贮存期、食用品质好的重要指标。

表3-9　油料作物种子的脂肪及组分含量（%）

作物	脂肪	油酸	亚油酸	亚麻酸	芥子酸	棕榈酸	脂蜡酸
花生	50	43	40	—	—	10	5
油菜	40	20	14	2	48	—	1
向日葵	56	30	60	—	—	4	4
大豆	20	28	55	4	—	7	4

③糖料作物。甜菜和甘蔗是世界上两大糖料作物，其茎秆和块根中含有大量的蔗糖，是提取蔗糖的主要原料。出糖率是糖料作物的加工品质评价指标。

④嗜好作物。嗜好作物主要有烟草、茶叶、薄荷、咖啡、啤酒花等。烟叶品质由外观品质、化学成分、香吃味和实用性决定。

（3）饲料作物的产品品质。常见的豆科饲料作物如苜蓿、草木樨，禾本科饲料作物如苏丹草、黑麦草、雀麦草等，其饲用品质主要取决于茎叶中蛋白质含量、氨基酸组分、粗纤维含量等。一般豆科饲料作物在开花或现蕾前收割，禾本科饲料作物在抽穗期收割，茎叶鲜嫩，蛋白质含量最高，粗纤维含量最低，营养价值高，适口性好。

二、作物产品品质的形成

作物产品品质取决于所形成的特定物质，如储藏态蛋白质、脂肪、淀粉、糖、纤维以及特殊的综合产物如单宁、植物碱、萜类等的数量和质量，并随作物品种和环境条件的不同而有很大变化。作物的这些特性是由系统发育过程中生理生化作用所形成的机能决定的。

（1）禾谷类作物品质的形成。籽粒形成初期，种子中含有很多非蛋白氮，主要是游离氨基酸和酰胺，并合成较易移动的易溶蛋白质，如白蛋白、球蛋白。随着成熟，非蛋白氮、水溶及盐溶蛋白质含量急剧降低，而醇溶谷蛋白和谷蛋白合成加强。麦类作物的面筋是由醇溶蛋白和谷蛋白组成的，乳熟期亦有面筋形成，但质量极低，蜡熟至完熟期，面筋含量明显增加。维生素主要在叶片中合成，叶片衰老时转运到籽粒中。

（2）豆类作物品质的形成。大豆结荚鼓粒期间，籽粒中非蛋白氮逐渐减少，而蛋白氮的含量逐渐增加，直到叶片衰老后，蛋白氮的百分含量仍在增加。籽粒形成初期，油分只有5%，结荚中期迅速增长到最高限（25%），叶片衰老后期，油分含量又有所下降（21%）。淀粉浓度随籽粒体积增大而提高，叶片衰老期，糖的浓度升高，淀粉浓度下降。

豆类作物中的豌豆，其籽粒灌浆期是淀粉和蛋白质合成最强的时期，而多糖的合成在籽粒成熟末期最强。籽粒成熟期间，不溶解氮的数量增加，可溶解氮减少，成熟时，赖氨酸和组氨酸含量达最大值。

（3）油料作物品质的形成。油料作物种子在成熟期化学成分的变化，主要是由碳水化合物合成脂肪，由氨基酸合成蛋白质。种子中脂肪的生物合成和积累过程从受精开始持续到种子完全成熟为止。一般在开花之后，脂肪合成数量较少，多聚糖、水溶性碳水化合物和蛋白质数量较多，待种子组织生长结束后，蛋白质合成略有减弱，碳水化合物转化为脂肪的强度增大，种子成熟后期，脂肪合成强度显著下降。种子中脂肪成分随脂肪总量的变化而变化，未成熟种子的脂肪中含有许多游离脂肪酸，酸值较高，成熟时，脂肪中的游离脂肪酸减少，饱和脂肪酸的含量下降。

（4）棉纤维品质的形成。棉纤维是由受精胚珠表皮毛细胞经过分化、伸长、加厚发育而成的。随着成熟度提高，纤维素含量直线上升，而果胶、含氮物、蜡质脂肪、糖类及灰分则相对减少。在开花后 2 周内，棉纤维几乎不横向生长，只纵向伸长，使纤维细胞伸长成薄壁管状，中腔很大，内充满原生质，这时纤维素含量极少，富含果胶与蜡质，纤维强力很弱，无实用价值。开花后 20 ～ 40 天，纤维次生壁加厚和纤维素淀积增重最快。

（5）糖料作物品质的形成。糖料作物，如糖用甜菜，在块根膨大初期，幼嫩块根中水分、氮化合物，尤其是蛋白质比成熟块根中多，糖的含量少。随着块根的膨大，蔗糖合成过程明显加强，其绝对相对含量提高。块根在收获后的贮藏过程中，水分含量减少，蔗糖部分分解为单糖，呼吸作用又消耗一些糖，因而使糖的含量减少。同时，蛋白质部分水解成非蛋白氮化合物，使糖用甜菜品质变差。

（6）烟草品质的形成。在淀粉和糖的含量达到最大值时采收，烟叶的成熟度最为合适，品质最好。蛋白质对吸食烟气没什么好处，烟叶中总氮和蛋白质含量随成熟度的增加而减少，但是，烟叶过熟时，总氮和蛋白质含量过低，氨基酸含量增加，反而对品质不利。同一成熟度的不同部位的烟叶，其烟碱含量随叶位的升高而增加。酚类物质与烟叶颜色和质量有关，上等烟叶含多酚物质多，次等烟叶含多酚化合物少。多酚含量随株龄和烟叶成熟度的提高而增加，烟叶达到生理成熟后，多酚积累开始下降。烟叶中的石油醚提取物，如脂肪、脂肪酸、精油、树脂、蜡、磷脂、固醇等，随烟叶的成熟而增加，达最大值后又有所下降。

（7）饲料作物品质的形成。饲料作物生长前期蛋白质合成较强，随着生长发育进程的推移，粗纤维合成加强，蛋白质含量下降。因而，于生育中期收割最为适宜，可兼顾营养、品质和产量。

综上所述，不难看出，不同类型的作物，其产品的内在质量与不同生育阶段的物质代谢关系极为密切，要想获得高质量的产品，必须了解品质形成的规律。

三、作物品质的改良

作物品质的形成是由遗传因素和非遗传因素两个方面决定的。遗传因素是指决定品种特性的遗传方式和遗传特征，非遗传因素是指除了遗传因素以外的一切因素，如生态环境条件、栽培措施、矿质养分等。显然，作物品质的改良必须从以下三个方面入手：通过育种手段改善品质形成的遗传因素，培育高品质的新品种；要根据环境因子对品质形成的影响，采取相应的调控措施，为优质产品的形成创造有利条件；通过对产后所得产品的初步加工，增进和改善作物产品品质。

四、作物产量与品质的关系

实现高产优质栽培是作物遗传改良及环境和措施等调控的主要目标。作物产量及品质是在光合产物积累与分配的同一过程中形成的，因此，产量与品质之间有着不可分割的关系。不同作物，不同品种，其由遗传因素所决定的产量潜力和产品的理化性状有很大差异，再加上遗传因素与环境互作，使产量和品质之间的关系变得相当复杂。

从人类的需求看，作物产品的数量和质量同等重要，而且对品质的要求越来越高。实际上，即使是以提高某些成分为目标，但最终仍是以提高营养产量或经济产量为目的。笔者在大多数作物上观察到，一般高成分，特别是高蛋白质、脂肪、赖氨酸等含量很难与丰产性相结合。

环境和栽培措施对作物产量和品质均有明显影响。一般认为，不利的环境条件往往会提高蛋白质含量，提高蛋白质含量的多数农艺措施往往导致产量降低。但是，产量和蛋白质含量不是直线关系，合理的栽培措施、适宜的生态环境常常既有利于提高产量，又有利于改善品质。

随着生物技术的发展，通过进一步扩大基因资源，改进育种方法，利用突变育种或近缘种技术，根据作物、品种的生态适应性，实行生态适种，调节不同生态条件下的栽培技术，创造遗传因素与非遗传因素互作的最适条件等，是可以打破或削弱产量与品质之间的负相关关系，促进正相关关系的。

第二十四章　作物栽培措施和技术

由于作物营养调节技术和作物病虫草鼠害防治技术已在前面有关章节进行了阐述，因此，本节仅就作物栽培措施和技术的其他方面进行阐述。

第一节　作物栽培制度

作物种植制度是指一个地区或生产单位的作物结构在空间和时间上的配置以及所采取的复种、休闲、轮作、连作、单作、间作、混作、套作等种植方式所组成的一整套种植体系。其研究的内容包括：①种植业的总体部署——作物布局；②种植业的时间和顺序安排——轮作或连作；③熟制——复种或多熟种植；④种植形式——单作、间作、混作、套作。

一、作物布局

（一）作物布局的概念和意义

作物布局是指一个地区或一个生产单位种植作物的种类及其品种的种植面积、比例以及它们在时间、空间上的配置，既要考虑作物的茬口关系，又要考虑作物的种类和品种，以解决种什么、种多少和种于何处等问题。主要内容包括作物种类品种布局和熟制布局。

在我国，农业包括农（种植业）、林、牧、副、渔各业。因此，种植业的作物布局一方面应该服从整体的农业发展需要；另一方面，种植业是解决我国 14 亿人衣食温饱的特殊产业，不仅在农业生产中占有很大的比重，而且具有其他产业不可取代的战略地位。

（二）决定作物布局的因素

决定作物布局的因素很多，概括起来主要是作物的生态适应性、农产品的社会需求和社会发展水平。

（1）作物的生态适应性。作物的生态适应性指作物对一定环境条件的适应程度。作物的生态适应性是系统发育的结果，具有很高的遗传力，它是作物合理布局的生态学基础，主要表现为：①作物对积温的要求，积温决定推广的作物和采用熟制的可能性；②作物分布的纬度地带性，我国地跨八个温度带，各温度带均有其热量条件和生长期；③作物分布的经度地带性，我国从东南到西北受海洋气候影响不同而出现水分分布的明显差异。

作物布局的基本原则之一就是要实现因地种植，即根据生态环境条件的特点，将那些生态适应性相对较好的作物组合在一起，形成一个优化的作物布局方案。

（2）农产品的社会需求。农产品的社会需求可分为两个部分：一是自给性的需求，即生产者本身对粮食、饲料、燃料、肥源、种子等的需要；二是市场对农产品的需求，包括国家和地方政府定购的粮食及各种经济作物产品、农民自主出售的商品粮及其他农产品。在我国，农产品中的粮食首先应满足生产者的自给性需求，商品粮比例一般为35%左右，完全以商品形式出售或上缴的主要是经济作物。随着市场经济的建立和完善，根据市场需求确定作物布局显得愈发重要。

（3）社会发展水平。社会发展水平包括经济、交通、信息、科技等多方面因素。随着我国农业生产的发展和农产品的日益丰富，作物生产区域化、专业化将是一个不可避免的过程，特别是对一些商品性较强的经济作物而言，尤其如此。

（三）作物布局的基本原则

调整农业生产结构的指导思想和原则包括：一要坚持以市场为导向，立足本地市场，面向全国，考虑国际，适应内外贸易发展的需要，满足社会需求；二要坚持发挥区域比较优势，因地制宜，发挥资源、经济、市场技术等方面的区域优势，发展本地优势农产品；三要坚持提高农业综合生产能力，严格保持耕地、林地、草地和水资源，保护生态环境，实行可持续发展。在确定作物布局时，应注意：

（1）稳定粮食生产。粮食是人类赖以生存和发展的特殊物资，基本满足人民衣食温饱的需求是一个国家独立自主的基础。我国人均耕地资源少，农产品中的粮食需求压力大，因此作物布局必须稳定粮食生产。

（2）发挥资源优势与经济优势。一方面要根据当地所经营耕地的自然特点（如土壤、气候、水资源等）安排作物生产，同时，必须保持各种生产要素的合理而协调的配置，发挥自然资源的优势，并保证其不断更新和持续利用。另一方面，作物的经济效益通常与其生态适应性密切相关，应当在其生态适宜区种植，逐步形成专业化、规模化、集约化的产业带或产业区，实现高产、高效。

（3）提高经济效益。满足自给性需求和商品性需求的作物布局，都涉及经济效益问题。尽可能地减少投入、增加产出、提高投入产出比也是作物布局的一个原则。

（四）作物布局的步骤与内容

（1）明确对产品的需求。包括作物产品的自给性需求与商品性需求。

（2）查明作物生产的环境条件。包括当地的自然条件和社会经济条件。自然条件主要有热量条件、水分条件、光照条件、耕地条件、土壤条件等。社会经济条件有肥料条件、机械条件、能源条件、科技条件等。

（3）选择适宜的作物种类。确定作物种类，是作物布局的难点和关键。在一个地区或生产单位，需要在充分了解作物特点的基础上，尽可能地选择在本地生态适应性表现最好或较好的作物。但是，对一个地区或生产单位来说，作物不宜过于单一，以免增加作物生产的风险。

（4）确定作物配置。在确定作物配置的过程中，应当特别注意以本地区或本单位的总体平衡为目标，如粮食作物与经济作物和饲料作物等的比例、春夏收作物与秋收作物的比例、主导作物与辅助作物的比例以及粮食作物中谷类作物与豆类作物的比例等。在一些以农业为主的地区或生产单位，可对重点作物规划一定的生产基地和商品基地，以利于适应农业产业化和专业化发展的需要。

（5）进行可行性鉴定。包括：能否满足各方面需要；自然资源是否得到了合理利用和保护；经济效益是否合理；土壤肥力、肥料、水、资金、劳力是否基本平衡；加工储藏、市场、贸易交通等是否合理可行；科学技术、生产者素质是否可行；是否促进了农林牧、农工商的综合发展。

（6）保证生产资料供应。为了确保作物布局的真正落实和达到预想的效果，还有必要根据作物布局情况，预算所需的种子、化肥、农药及其他的生产资料，以便早做准备。

（五）品种选择及布局

在作物布局中，一个重要内容是同一作物的不同品种之间的面积比例。选择适宜的品种、确定品种及其所占面积比例和分布是作物栽培的重要环节之一。

（1）品种选择的意义。品种是作物生产的重要生产资料，优良品种能充分利用自然条件，克服不利因素，有效地解决倒伏、病虫及其他特殊问题，是保证增产的基本条件之一。优良品种首先应具备高产性和优质性；其次，应具备良好的适应性和抗逆性。实践证明，优良品种（组合）必须配合良好的栽培条件，才能实现高产优质高效。

（2）品种选择的原则。选择品种应遵循以下几个原则：

第一，根据当地栽培制度。多熟制地区，应选择熟期适当而高产优质的品种；茬口早的地区宜选择耐寒性较强、适于早播的品种；茬口晚的地区应选择耐迟播的品种；间套作地区宜选择早熟高产、株型紧凑、秆矮抗倒的品种。

第二，根据当地自然条件和生产条件。生长季节短的地区，应选早熟、耐寒性强的品种；土壤瘠薄、施肥水平较低的地区宜选耐瘠、适应性强的品种；地势低洼或盐碱地区，宜选择耐盐碱力强的品种；土壤肥沃或施肥水平较高的地区，宜选择耐肥、抗倒的品种；病虫害严重的地区，宜选择抗病虫性强的品种等。

（3）品种合理布局和搭配。即按照一定区域范围的气候、土壤等自然因素、栽培制度、栽培水平等社会经济条件，首先确定主推品种，再根据需要确定搭配品种。主推品种一经确定要相对稳定。搭配品种的选择可参考以下三个因素：

第一，在自然条件相对同一的地区，搭配品种的数目和种植面积可少一些。在自然条件复杂的地区，可多选择一些，面积也宜大一点。

第二，应考虑播种期和成熟期早晚有一定差异，便于调解栽播和收获的人力、畜力和机器紧张的矛盾。

第三，搭配品种对土、肥、水等栽培条件的要求应有所不同，以求得对当地自然条件的充分利用，又使得良种的优良特性充分发挥。

二、作物的轮作和连作

（一）轮作和连作的概念

在同一块田地上，在一定年限内有计划地按顺序轮换种植不同作物或采用不同复种方式的种植方式称为轮作。如一年一熟条件下的大豆→小麦→玉米3年轮作；一年多熟条件下的油菜、水稻→绿肥、水稻→小麦、棉花→蚕豆、棉花4年复种轮作。

与轮作相反，在同一田地上连年种植相同作物或采用同一复种方式的种植方式，前者称为连作，后者称为复种连作。

（二）轮作的作用

（1）均衡利用土壤养分。不同作物对土壤营养元素具有不同的要求和吸收能力。因此，不同作物实行轮作，可以全面均衡地利用土壤中的各种营养元素，用养结合，维持地力，充分发挥土壤的生产潜力。

（2）减少作物的病虫为害。将抗病作物或非寄主作物与易感病虫作物实行定期轮作，便可消灭或减少病虫害的发生和危害，特别是水旱轮作，生态条件改变剧烈，更能显著地减少病虫害的发生。轮作还可利用前作根系分泌物抑制后作的某些病害。

（3）减少田间杂草为害。实行合理轮作，可以有效地抑制或消灭杂草，如进行水旱轮作，眼子菜、野荸荠和藻类等水生杂草因得不到充足的水分而死亡；相反，香附子、苣荬菜、马唐、回旋花等一些旱地杂草，在水中则会被淹死。

（4）改善土壤理化性状。作物的残茬、落叶和根系是补充土壤有机质的重要来源。不同作物补充有机质的数量和种类不同，质量也有差别，分解的难易程度各不相同，对土壤有机质和养分的补充也有不同的作用。作物根系分布深度和数量不同，对不同层次土壤的穿插挤压作用就不同，因而对土壤理化性状的作用也有区别。

水旱轮作对土壤理化性状影响较大，在长年淹水条件下，土壤会出现结构恶化、容重增加、氧化还原电位下降、有毒物质增多的后果，水旱轮作能明显地改善土壤的理化性状。

（三）轮作的类型

根据轮作中的作物组成、生产性质和经济用途，可分为大田作物轮作、粮菜轮作和粮饲轮作等。

大田作物轮作的作物组成主要是粮食作物和工业原料作物，有的安排一些饲料和绿肥作物。随着农业结构的调整，粮菜轮作、粮饲轮作的比例正在增大。在安排轮作时，应遵循“高产高效、用地养地、协调发展和互为有利”的原则，充分发挥轮作的作用，以获得较高的经济、社会和生态效益。

（四）作物茬口特性及表现

茬口是指作物连续种植过程中，前后作物的相互衔接和相互影响关系。茬口特性是指后作对前作的要求和前作对后作影响好坏的特性。具体表现为：

（1）茬口的季节特性，即前作物收获和后作物播种季节的早迟。

（2）茬口的肥力特性，即前作物对后作物土壤理化性质的影响。

（3）茬口的生态特性，即前作物对后作物病、虫、杂草感染的影响。

（五）连作的危害及技术

作物生产中连作仍存在的原因是多方面的：一是社会需求所致，有些社会需求量大的主要作物，如粮、棉、油、糖等，不实行连作难以保证社会需求；二是自然资源制约，某些地区的气候、土壤只适于种植某种作物；三是经济效益使然，一些大型农场或机械化程度高的地区，种植作物种类少，连作可相应减少机械设备，节约投资和降低成本。

（1）连作的危害。连作弊多利少，有些作物连作常常引起减产。连作的作物不同，导致减产的原因有所不同。概括起来，引起连作减产的主要原因包括：①连作导致某些土传的病虫害严重发生；②伴生性和寄生性杂草滋生，难以防治，与作物争光、争肥、争水矛盾加剧；③土壤理化性质恶化，肥料利用率下降；④过多消耗土壤中某些易缺营养元素，影响土壤养分平衡，限制产量的提高；⑤土壤积累更多的有毒物，引起“自我毒害”作用。

（2）连作的技术。合理地选择连作作物和品种，有针对性地采取一些技术措施能有效地减轻连作的危害，提高作物耐连作程度，延长连作年限。

第一，选择耐连作的作物和品种。根据作物耐连作程度的不同，可把作物分为：①忌连作的作物，如大豆、豌豆、蚕豆、花生、烟草、西瓜、甜菜、亚麻、黄麻、红麻、向日葵等，这些作物连作很易加重土传病害，引起明显减产。因此，这些作物在同一块地种植后，应间隔 2 ～ 4 年或更长的时间才能再次种植。②耐短期连作的作物，如豆科绿肥、薯类作物等，这些作物短期连作，土传病虫害较轻或不明显，因此可在同一块地上连作 1 ～ 2 年，然后间隔 1 ～ 2 年后，又可再次种植。③耐长期连作的作物，如水稻、麦类、玉米、甘蔗等，这些作物可在同一块地上连作 3 ～ 4 年乃至更长的时间。

除了选择耐连作的作物外，选用一些抗病虫的高产品种，也能在一定程度上缓和连作危害。

第二，采用先进的栽培技术。这类技术包括：采用烧田熏土、激光处理和高频电磁波辐射等进行土壤处理，杀死土传病原菌、虫卵及杂草种子；用新型高效低毒农药、除草剂进行土壤处理或作物残茬处理，可有效地减轻病虫草的危害；依靠化肥工业的发展和施用农家肥的传统习惯，及时补充营养成分，可使土壤保持养分的动态平衡；通过合理的水分管理，冲洗土壤有毒物质等。

三、复种

（1）复种的概念。复种是指在同一块地上一年内接连种收两季或两季以上作物的种植方式。同一块田地，一年内种收两季作物，称为一年两熟，种收三季作物，称为一年三熟，两年内种收三季作物，称为两年三熟。我国南方热量条件充足，雨水充沛，作物繁多，周年可种，因而复种多熟就成为南方种植的重要特点之一。

休闲是指耕地在一定时间内不耕不种或只耕不种的方式，可分为全年休闲和季节休闲两种。撩荒是指耕地连续两年以上不耕种的方式。休闲和撩荒具有积蓄养分和恢复地力的作用。

（2）复种指数。耕地复种程度的高低通常用复种指数表示。复种指数是全年总播种面积占耕地面积的百分比，公式为：

$$\text{复种指数} = \text{全年作物播种总面积} / \text{耕地面积} \times 100\%$$

式中的“全年作物播种总面积”包括绿肥、青饲料作物的播种面积。复种指数的高低实际上表示的是耕地利用程度的高低。

（3）复种的作用。复种适合我国人多地少的国情，是我国农业增产的重要途径。它的主要作用包括：一是增加作物有效播种面积，提高单位面积的产量；二是恢复和提高土壤肥力，增加地面覆盖，减少径流冲刷，保持水土；三是有利于解决作物之间的争地矛盾，使“粮经饲”作物全面发展，农牧结合，增加农民的收入。但是，如果复种运用不当也可能带来地力消耗过大及经济效益低等问题。因此，复种是否可行还必须看其经济效益的高低。

（4）复种的条件。一个地区能否复种或复种程度的高低是有条件的，超越条件的复种既不能增产也不能增收。复种增产的主要原因是提高了土地和光能利用率，影响复种的自然条件主要是热量和水分，生产条件主要是水利、肥料、人畜、机具以及人地比例等。

①热量条件。热量条件是决定一个地区能否复种的首要条件，只有满足各茬作物对热量的需求，才能实行复种和提高复种指数。热量条件常用年平均温度、积温（≥ 0℃或10℃）和无霜期长短作为确定复种的热量指标。

②水分条件。在热量条件满足的地区，能否复种还受水分条件的限制。水分条件包括降雨量、降雨季节和灌溉水。降雨的季节性分布也有影响，降雨过分集中或旱季时间过长，都不利于复种。

③肥力条件。土壤肥力高有利于复种，只有增施肥料才能满足复种对养分的需求，达到复种高产。

④劳畜力、机械化条件。复种次数增多，用工量增大，前作收获后作播种，时间紧迫，农活集中，对劳畜力和机械化条件要求高。

（5）复种的技术。复种是一种时间集约、空间集约、投入集约、技术集约的高度集约经营型农业，只有因地制宜地运用栽培技术，才能达到复种高效的目的。

①合理进行作物组合。适宜的作物组合，有利于充分利用当地光热水资源。全国许多地方可以利用短生育期作物替代长生育期作物，开发短间隙期种填闲作物。

②培育和选用生育期适当的高产品种，并进行品种搭配。生长季节富裕的地区应选用生育期较长的品种；生长季节紧张的地区应选用早熟高产品种。

③改直播为育苗移栽。育苗移栽，特别是地膜育苗和温室育苗是克服复种与生育季节矛盾的最简便方法，其主要作用是缩短本田生长期。

④促进作物早发早熟。前作及时收获，后作及时播种，减少农耗期，有利于后作早发；采用地膜覆盖栽培技术，有利于作物早发，可早熟 7 ～ 10 天；在作物后期喷施乙烯利催熟剂，可提早成熟 7 天左右；重视底肥，避免后期重施氮肥，也可提早成熟；采用少免耕栽培、合理密植、打顶整枝、寄栽等技术，也可缩短田间生长期。

四、间、混、套作

（一）间、混、套作的概念

间、混、套作指的是两种或两种以上作物复合种植在耕地上的方式，与这种种植方式有关的种植方式还有单作、立体种植和立体种养等。

（1）单作，也称为清种，是在同一块田地上只种植一种作物的种植方式。其特点是作物单一，群体结构简单，生育期比较一致，便于统一种植、管理和机械化作业。机械化程度高的国家和地区大多采用这种方式。

（2）间作，是在一个生长季节内，在同一块田地上分行或分带间隔种植两种或两种以上生育季节相近作物的种植方式。其特点是群体结构复杂，个体之间既有种内关系，又有种间关系，种、管、收也不方便。

（3）混作，也称为混种，是把两种或两种以上生育季节相近的作物，在同一块田地上同时或同季节不分行或同行混合在一起种植的种植方式。其特点是简便易行，能集约利用空间，但不便管理，更不便收获，是一种较为原始的种植方式。

（4）套作，也称套种、串种，是在前季作物生长后期在其行间播种或移栽后季作物的种植方式。套作与间作都有两种作物的共生期，前者的共生期只占全生育期的小部分，后者的共生期占全生育期的大部分或几乎全部。套作选用生长季节不同的两种作物，一前一后结合在一起，两者互补，使田间始终保持一定的叶面积指数，充分利用光能、空间和时间，提高全年总产量。

（5）立体种植，是在同一农田上，两种或两种以上的作物（包括木本）从平面上、时间上多层次利用空间的种植方式。实际上，立体种植是间、混、套作的总称。它也包括山地、丘陵、河谷地带不同作物沿垂直高度形成的梯度分层带状组合。

（二）间套作的效益原理

间套作人工复合群体具有明显的增产增效作用，其原理在于种间互补和竞争，主要表现为空间互补、时间互补、养分互补、水分互补和生物间互补等。

（1）空间互补。合理的间套作在空间上配置的共性是将空间生态位不同的作物进行组合，使其在形态上一高一矮，或兼有叶形上的一圆一尖，叶片夹角的一平一直，生理上的一阴一阳，最大叶面积出现时间的一早一晚等，利用作物这些生物学特性之间的差异，使其从各方面适应其空间分配的不匀一性，提高光能利用率。

（2）时间互补。通过不同作物在生育时间上的互补特性，正确处理前后茬作物之间的盛衰关系，充分利用生长季节，延长群体光合时间，增加群体光合势，从而增产增值。

（3）养分互补、水分互补。作物的根系有深有浅，有疏有密，分布的范围有大有小；不同作物的根系从土壤中吸收养分的种类和数量也各不相同。运用作物的营养水分异质性，正确组配作物，有利于缓和水肥竞争，提高水肥利用率，起到增产增收的作用。

（4）生物间互补。间套复合群体的种间关系，除了在对空间、时间、水肥利用方面的互补与竞争外，还通过植物本身及其分泌物产生生物间的互补与竞争。这种互补和竞争主要表现在边行的相互影响、病虫害和抗灾的相互影响－补偿效应和分泌物的相互影响－对等效应。

（三）间套作的技术要点

（1）选择适宜的作物和品种。对间套作的作物及其品种的选择主要根据以下几个方面：

第一，对大范围的环境条件的适应性在共生期间要大体相同。

第二，作物形态特征和生育特性要相互适应，以利于互补地利用环境。如植株高度要高低搭配，株型要紧凑与松散对应，叶片要大小尖圆互补，根系要深浅疏密结合，生育期要长短前后交错，喜光与耐阴结合。

第三，作物搭配形成的组合具有高于单作的经济效益。

（2）建立合理的田间配置。合理的田间配置有利于解决作物之间及种内的各种矛盾。田间配置主要包括密度、行比、幅宽、间距、行向等。

第一，间作的种植密度要高于任一作物单作的密度，或高于单位面积内各作物分别单作时的密度之和；主作物占的比例应增大，密度要高于或等于单作，副作物的比例应偏小，密度小于单作。套作时，各种作物的密度与单作时相同，当上下茬作物有主次之分时，要保证主要作物的密度与单作时相同，或占有足够的播种面积。

第二，安排好行比和幅宽，发挥边行优势，减少边行劣势。间作作物的行数，要根据计划产量和边际效应来确定，一般高位作物不可多于、矮位作物不可少于边际效应所影响行数的2倍。高矮秆作物间套作，高秆作物的行数要少，幅宽要窄，而矮秆作物则要多而宽。

第三，间距是相邻作物边行之间的距离，在充分利用土地的前提下，主要应照顾矮位作物，以不过多影响其生长发育为原则。具体确定间距时，一般可根据两种作物行距一半之和进行调整，在肥水和光照条件好时，可适当窄些，反之则适当宽些。

（3）作物生长发育调控技术。为了使间套作达到高产高效，在栽培技术上应做到：

第一，适时播种，保证全苗，促苗早发。

第二，适当增施肥料，合理施肥，在共生期间要早间苗、早补苗、早追肥、早除草、早治虫。

第三，施用生长调节剂，控制高层作物生长，促进低层作物生长，协调各作物正常生长发育。

第四，及时综合防治病虫。

第五，早熟早收。

第二节　土壤培肥及整地技术

一、土壤培肥技术

作物需要从土壤中不断吸取营养和水分，才能进行生理活动、生长繁衍，因而土壤中的水分、养分逐年减少。要想保持地力常新，久用不衰，就要不断地给土壤增加物质和能量，培肥地力。培肥土壤的措施很多，概括起来包括合理轮作、施肥养地、秸秆还田、种植绿肥等。

（1）合理轮作。合理轮作之所以能起到养地的作用，是因为不同作物从土壤中吸收的以及遗留在土壤中的养分种类、数量不同，通过不同作物轮换种植，可在一定程度上调节土壤养分的消耗。严格地说，除绿肥作物将养分全部返回土壤外，所有作物包括以收获籽粒为目的的豆类作物都是耗费土壤养分的。

（2）施肥养地。目前，由于用地大于养地，有机肥数量不足，化肥的用量也不平衡，造成地力下降。因此，科学增施肥料是提高地力的主要途径。

①合理施用化肥，以无机促有机。采用有机肥与无机肥配合培肥土壤，以无机促有机，氮、磷、钾配合施用，增施优质有机肥料可起到作物持续增产和土壤快速培肥的双重作用。

②深耕增施有机肥，积极培肥地力。有机肥除含氮素外，还含有丰富的磷、钾和多种微量元素，养分齐全，肥效持久，可起到全面改善土壤肥力状况的作用。有机肥一般作基肥，完全腐熟后也可作追肥。有机肥的改土培肥作用不仅在于供应作物所需养分，还能够改善土壤的理化性状和土壤微生物状况，创造良好的土壤生态环境。

（3）秸秆还田。推广作物秸秆机械粉碎还田、旋耕翻埋还田、覆盖栽培还田、堆沤腐解还田等多种秸秆还田方式，结合施用氮肥和磷肥，可增加土壤蓄水、保墒、保肥能力和水肥的利用率，有利于作物持续增产。此外，通过发展畜牧业，使秸秆过腹还田，也可培肥地力。秸秆还田的技术与其效果有密切关系。第一，秸秆的C/N、C/P比大，应补施氮肥、磷肥、钾肥，避免微生物与作物争肥。第二，在嫌气条件下分解容易产生和积累有机酸和还原物质，影响根系呼吸。如还于水田中应施入适量石灰，并采用浅水灌溉、干干湿湿的水浆管理；而还于旱地则要注意保墒，覆土严密，以土壤湿度为田间持水量的60%～80%、土温30℃左右分解为快。第三，控制施用量，公顷用秸秆量不宜超过7500kg，以免影响分解速度或者导致分解过程中产生过多的有毒物质。第四，有病虫害的秸秆不能直接还田，应制成高温堆肥或经病虫害防治处理后施用。

（4）种植绿肥。栽培的绿肥以能固定空气中氮素的豆科绿肥为主。一般豆科绿肥以鲜重计，含N 0.5%～0.6%、P_2O_5 0.07%～0.15%、K_2O 0.2%～0.5%，C/N低，容易分解，因此是偏氮的半速效性肥料。绿肥可直接翻压施用，以产量最高、积累氮多、木质化程度低的时期为好，一般以初花期或初荚期为翻压时期。翻压期还要使供肥期与作物需肥期相适应，并翻入10～16.5cm土层，以不露出土表为度。如能配合施用磷肥、钾肥，更可提高绿肥效果。此外，绿肥可先作饲料，再利用家畜粪尿，这是最经济的利用形式。

二、整地技术

整地是指作物播种或移栽前一系列土地整理的总称，是作物栽培的最基础的环节。

（1）土壤耕作的实质和作用：

①土壤耕作的实质。土壤耕作是指在农业生产过程中，通过机械力调节土壤肥力条件而控制土壤肥力因素的最基本、最经常性的农业技术措施。其实质在于通过机械力的作用，改善土壤物理性状，调节土壤的三相比例，创造良好的耕层构造，充分发挥土地对作物生育的有利作用。

②土壤耕作的作用。土壤耕作的作用主要表现为：松碎土壤，增强土壤通透性；翻转耕层，混拌土壤，使土肥相融；平整地面，便于播种机作业，提高播种质量；压紧土壤，减少水分蒸发；开沟培垄，挖坑堆土，打埂作畦，为作物生长创造适宜的土壤条件。

土壤耕作措施对土壤的作用可概括为调节耕层土壤的松紧度、调节耕层的表面状态和调节耕层内部土壤的位置，从而达到调节耕层土壤的水、肥、气、热状况，为作物创造适宜的土壤环境的目的。

（2）土壤耕作质量：土壤耕作质量的好坏，主要影响作物种子的萌发和根系的发育伸展。衡量土壤耕作质量的指标有耕作的及时性、耕地的深浅、土壤的细碎程度、耕地表面的平整程度。

（3）土壤基本耕作措施：基本耕作，又称初级耕作，指入土较深、作用较强烈、能显著改变耕层物理性状、后效较长、消耗劳力较多的一类土壤耕作措施。

翻耕。先由犁铧平切土垡，再沿犁壁将土垡抬起上升，进而随犁壁形状使垡片逐渐破碎翻转抛到右侧犁沟中去。翻耕具有翻土、松土、碎土等作用。因耕翻后的土壤水分易于挥发，因而不适于缺水地区。翻耕应主要掌握以下关键技术：

第一，耕翻方法。有适合开荒，用螺旋形犁壁将垡片翻转180° 的全翻垡；有适宜熟耕地，用犁壁将垡片翻转 135° ，翻后垡块彼此相覆盖成瓦片状，垡片与地面呈 45° 的半翻垡；用复式犁将耕层上下分层翻转，地面覆盖严密的分启翻垡三种。

第二，耕翻时期。北方一年一熟或两熟地区，主要以伏耕为主，秋耕为辅，对于无法及时秋耕的田块，才进行春耕。南方耕翻多在秋、冬季进行，利于干耕晒垡，冬季冻凛，以加速土壤的熟化过程，又不致影响春播适期整地。

第三，耕翻深度。耕翻深度因作物根系分布范围和土壤性质而不同。一般大田生产耕翻深度，旱地以 20 ～ 25cm、水田以 15 ～ 20cm 较为适宜。在此范围内，黏壤土，土层深厚，土质肥沃，上下层土壤差异不大，可适当加深；沙质土，上下层土壤差异大，宜稍浅。

深松耕。以无壁犁、深松铲、凿形铲对耕层进行全田的或间隔的深位松土。耕深可达 25 ～ 30cm，最深为 50cm，此法分层松耕，不乱土层。此法适合干旱、半干旱地区和丘陵地区，以及耕层土壤为盐碱土、白浆土地区。

旋耕。采用旋耕机进行。旋耕具有切割、打碎、掺和土壤的作用。但因旋耕耕深仅 10 ～ 12cm，故常作为翻耕的补充作业。

（4）表土耕作措施。表土耕作，或叫次级耕作，是在基本耕作基础上采用的入土较浅，作用强度较小，旨在破碎土块，平整地面，消灭杂草，为播种出苗和植株生长创造良好条件的一类土壤耕作措施。表土耕作深度一般不超过 10cm。

耙地。是指作物收获翻耕后，于播种前甚至播后出苗前和幼苗期所进行的一类表土耕作措施，深度一般 5cm 左右。不同场合采用耕地的目的不同，工具也因之而异。圆盘耙可用于收获后浅耕灭茬，耙地深达 8 ～ 10cm，用于水旱田翻耕后破碎垡块或坷垃以及用于旱地早春顶凌耙压。钉齿耙、弹齿耙常用于播后出苗前耙地，目的在于破除板结，杀死行间杂草。振动耙主要用于翻耕或深松耕后整地。缺口耙入土较深，可达 12 ～ 14cm，或代替翻耕。

耱地。又称盖地、擦地、耢地，是一种耙地之后的平土碎土作业。一般作用于表土，深度为 3cm。耱地起碎土、轻压、耙严播种沟、防止透风跑墒等作用。耱地多用于半干旱地区的旱地上，也常用在干旱地区的灌溉地上，多雨地区或土壤潮湿时不能采用。

镇压。具有压紧耕层、压碎土块、平整地面的作用。一般作用深度为 3 ～ 4cm，重型镇压器可达 9 ～ 10cm。镇压主要应用在干旱地区的旱地上和半湿润地区播种季节较旱时。应用时，一般以镇压后表土不结皮，同时表面有一层薄的干土层为最适宜。镇压后必须进行耱地，以疏松表土，防止土壤水分从地面蒸发。在盐碱地或水分过多的黏性土壤上不宜镇压。

作畦。北方水浇地上种小麦作平畦，畦长 10 ～ 50m 不等，畦宽 2 ～ 4m，为播种机宽度的倍数。四周作宽约 20cm、高 15cm 的畦埂。南方种小麦、棉花、油菜、大豆等旱作物时常筑高畦，畦宽 2 ～ 3m，长 10 ～ 20m，四面开沟排水，防止雨天受涝。

起垄。有提高地温、防风排涝、防止表土板结、改善土壤通气性、压埋杂草等作用。我国东北地区与各地山区垄作主要是为了提高局部地温，以及雨季排水；山区垄作主要是为了保持水土。垄宽 50 ～ 70cm 不等，按当地耕作习惯、种植的作物及工具而定。

第三节　播种与育苗移栽技术

一、播种期的确定

作物适期播种不仅可以保证发芽所需的各种条件，而且能使作物各个生育时期处于最佳的生育环境，避开低温、阴雨、高温、干旱、霜冻和病虫等不利因素，使作物生育良好，获得高产优质。确定播种期，一般需根据气候条件、栽培制度、品种特性、病虫害发生情况和种植方式等进行综合考虑。主要作物生长的适宜温度与播种适宜温度及水分如表 3-10 表示。

表 3-10　主要作物生长的适宜温度与播种适宜温度及水分

作物	生长适宜温度（℃）			播种时适宜温度及水分		
	最低温度	最适温度	最高温度	土壤含水量（%）	气温（℃）	最低土温（℃）
水稻	15	20 ~ 30	38	18 以上	25 ~ 30	12 ~ 14
小麦	2 ~ 4	15 ~ 22	30 ~ 35	18	12 ~ 20	2 ~ 4
玉米	10 ~ 12	22 ~ 26	32 ~ 35	17	15 ~ 30	10 ~ 12
高粱	6 ~ 7	18 ~ 30	38 ~ 39	17	15 ~ 30	12
谷子	7 ~ 8	20 ~ 30	35 ~ 40	16	15 ~ 30	10 ~ 15
大豆	15	20 ~ 30	33	18	15 ~ 25	8 ~ 10
甘薯	15	25 ~ 30	35	—	28 ~ 32	16
棉花	10 ~ 12	25 ~ 30	35	18	15 ~ 20	10 ~ 12
大麻	1 ~ 5	30 ~ 35	40	—	8 ~ 10	10 ~ 12
油菜	3 ~ 6	10 ~ 20	25	—	—	3 ~ 4
甜菜	5 ~ 6	12 ~ 19	20	—	5 ~ 6	4 ~ 5
芝麻	—	—	—	20	24 ~ 32	>12
花生	—	—	—	18	18	12 ~ 15

二、播种技术

（1）种子清选。作为播种材料的种子，必须在纯度、净度、发芽率等方面符合种子质量的要求。一般种子纯度应在 96% 以上，净度不低于 95%，发芽率不低于 90%。因此，播种前应进行种子清选，清除空壳、瘪粒、病虫粒、杂草种子及稿秆碎片等夹杂物，以保证用纯净饱满、生活力强的种子播种。种子清选的方法主要有：

①筛选。主要是根据种子形状、大小、长短及厚度，选择筛孔适合的筛子，进行种子分级，筛除细粒、秕粒以及夹杂物，选取充实饱满的种子，提高种子质量。

②风选。风选是利用种子的乘风率进行分选，乘风率是种子对气流的阻力和种子在风流压力下飞越一定距离的能力。在风力作用下，空壳、秕粒因乘风率大，在较远处降落，这样就剔除了空壳、秕粒和夹杂物，选得充实饱满的种子。

③液体比重选。液体比重选是利用液体比重，将轻重不同的种子分开，充实饱满的种子下沉底部，轻粒上浮液体表面，中等重量的种子悬浮在液体中部。常用的液体有清水、泥水、盐水和硫酸铵水等。根据作物种类和品种，配制比重适宜的溶液。经过溶液比重选后，种子还需用清水洗净。

（2）种子处理。播种之前，对种子进行各种不同方法的处理，总称为种子处理。种子处理的主要作用是清除种子吸胀与萌发的障碍以促进胚的生长，缓和逆境的不良影响以提高种子的抗逆能力。播种前常需对种子进行下列处理：

①晒种。种子播前翻晒 1 ～ 2 天，可以增进种子酶的活性，提高胚的生活力，增强种子的透性，并使种子干燥一致，浸种吸水均匀，有提高发芽率和发芽势的作用。同时，晒种还能起到一定的杀菌作用。晒种需勤翻种子，一日几次，使全部种子均匀受热。

②石灰水浸种。1% 的石灰水浸种是利用石灰水膜将空气和水中的种子隔离，使种子上附着的病菌得不到空气而闷死。石灰水面应高没过种子 10 ～ 15cm。在浸种过程中，注意不要弄破石灰水膜，以免空气进入影响杀菌效果。浸种时间视气温而定，气温高浸种时间短，气温低浸种时间长，一般 1 ～ 3 天。浸种后需用清水将种子洗净。

③药剂浸种。杀菌剂可用于种子消毒，如农用链霉素 100 ～ 200ppm 水浸种 24 小时，可防治水稻白叶枯病；0.1% 的“402”浸种 48 小时，可防治水稻稻瘟病、恶苗病和棉花炭疽病、立枯病；0.5% 的多菌灵浸泡棉花毛子 24 小时，对枯萎病、黄萎病均有良好效果。

④拌种。拌种的杀菌剂较多，常用多菌灵、托布津、敌克松、福美双等。使用剂量因剂型和作物种类而异。

⑤包衣。种子包衣是采用机械和人工的方法，按一定的种、药比例，把种衣剂包在种子表面并迅速固化成一层药膜。包衣后能够达到苗期防病、治虫，促进作物生长，提高产量以及节约用种，减少苗期施药等效果。

（3）浸种催芽。种子发芽除种子本身需具有发芽力外，还需要一定的温度、水分和空气。当这些条件满足了种子发芽的要求时，种子才能发芽。浸种催芽就是创造种子发芽所需的适宜条件，促进种子播后迅速扎根出苗。

浸种能加速种子萌发前的代谢过程，对加快出苗成苗有显著作用。浸种时间和催芽温度，随作物种类和季节而异。一般低温季节浸种时间较长，高温季节浸种时间较短。作物不同，浸种时间亦有差异，禾谷类作物时间可长些，豆类作物时间可短些。种子表面性状不同，浸种时间也有差异。浸种水质要求清洁，每天应换水一次。

催芽的适宜温度为 25℃～ 35℃，超过 35℃时要特别注意防止高温烧芽。为使催芽温度均匀一致，升温后每隔 4 ～ 5 小时翻动种子一次。催芽的方式很多，如水稻温室催芽、地坑催芽、沙床催芽、围囤催芽等，其原理大体相同。

（4）播种方式。播种方式是指作物种子在单位面积上的分布状况，也即株行配置。生产上因作物生物学特性及栽培制度不同，分别采用不同的播种方式。

撒播。其主要优点是单位面积内的种子容纳量较大，土地利用率较高，省工和抢时播种。但种子分布不均匀，深浅不一致，出苗率低，幼苗生长不整齐，杂草较多，田间管理不便。所以撒播要求精细整地，分厢定量播种，才能落籽均匀和深浅一致，出苗整齐。

条播。其优点是植株分布均匀，覆土深度比较一致，出苗整齐，通风透光条件较好，便于间套作和田间管理。条播时可集中施用种肥，做到经济用肥。根据条播行距播幅宽窄，又分为窄行条播、宽行条播、宽幅条播、宽窄行条播等。窄行条播是麦类作物密植高产的较好播种方式，行距 15 ～ 20cm；宽行条播适用于植株高大、要求较大营养面积、生长期间需要中耕除草的作物，行距一般为 45 ～ 75cm；宽幅条播适用于麦类作物，一般播幅 12 ～ 15cm，幅距 15 ～ 20cm，种子分布在播幅内，有利于增加密度；宽窄行条播又称“大小行”，窄行可以增加种植密度，宽行利于通风透光。

③穴播。是按一定的行株距开穴播种，又称点播。种子播在穴内，深浅一致，出苗整齐，便于增加种植密度、集中用肥和田间管理。穴播在丘陵山区应用较普通。

④精量播种。它是在点播的基础上发展起来的一种经济用种的播种方法。通常采用机械播种，将单粒种子按一定的距离和深度，准确地插入土内，获得均匀一致的发芽条件，促进每粒种子发芽，达到苗齐、苗全、苗壮的目的。精量播种需要精细整地、精选种子、防治苗期病虫害。

三、育苗与移栽技术

（1）育苗移栽的意义。种植作物分育苗移栽和直播栽培两种。水稻、甘薯、烟草等作物以育苗移栽为主。油菜、棉花、玉米和高粱等作物，在复种指数较高的地区，为了解决前后作季节矛盾，培育壮苗，保证全苗，也多采用育苗移栽。

育苗移栽比直播栽培可延长作物生长期，增加复种指数，促进各种作物平衡增产；苗期叶面积小，便于精细管理，有利于培育壮苗；能实行集约经营，节约种子、肥料、农药等生产投资；育苗可按计划规格移栽，保证单位面积上的合理密度和苗全苗壮。但育苗移栽易导致根系损伤，根系入土较浅，不利于吸收土壤深层养分，抗倒伏力较弱。此外，人工移栽费工费时，劳动强度大。

（2）育苗方式。根据育苗利用的能源不同，可分为露地育苗、保温育苗和增温育苗三类。露地育苗是利用自然温度，如湿润育秧、营养钵育苗、方格育苗；保温育苗是利用塑料薄膜覆盖保温，如各种农用薄膜育苗；增温育苗是利用各种能源增温，如生物能（酿热）温床育苗、蒸汽温室育苗、电热温床育苗等。生产上的主要育苗方式有：

①湿润育秧。这是水稻常用的育秧方式，其关键技术是：

第一，选择向阳背风、泥脚浅、土质带沙、肥力较高、水质清洁、灌排方便的田块作苗床。

第二，除净杂草，施足底肥（每米施腐熟有机肥 3 ～ 4kg），整地深度达 6 ～ 10cm，并耙碎整平。

第三，在精细整平的基础上进行消毒和调酸，即亩用敌克松液 0.2 ～ 0.5kg 预防立枯病，亩用 100 ～ 125g 除草醚兑水 50 ～ 60kg 封闭苗床防除稗草，并将床土酸度调至 pH5.0 ～ 5.5。

第四，按 130 ～ 150cm 作畦，畦沟宽 20 ～ 30cm，深 10 ～ 13cm，畦面力求平整。

第五，待畦面晾紧皮后即可播种，每平方播种 250 ～ 300g 湿籽，播后塌谷大半入泥，并覆盖一层过筛细土。根据天气变化情况，沟内灌水，保持畦面湿润，以利于发芽出苗。

②阳畦育苗。这是北方常用的育苗方式，其关键技术是：

第一，苗床选择向阳背风处。

第二，苗床四周筑土框，框长 7m，宽 1.5 ～ 2m，前壁高 30 ～ 40cm，后壁高 45 ～ 60cm，厚 30cm，北面设置风障。

第三，在床内施肥，土肥拌匀，充分整平，必要时浇水，播种后覆土，再以薄膜覆盖，夜间加盖苇席或草帘以保温防寒。

第四，出苗后逐渐揭开薄膜通风炼苗，达到适宜苗龄时移栽。

③营养钵育苗，其关键技术是：

第一，用肥沃表土 70% ～ 80%，除去杂草、残根、石砾等，加入腐熟的堆、厩肥 20% ～ 30%，适量过磷酸钙和草木灰，充分拌匀。

第二，将营养土装入直径 6 ～ 7cm、高 7 ～ 8cm 的营养钵。

第三，营养钵成行排列，钵体靠紧，钵间填入细土，四周用土围好。

第四，播前浇水湿润，每钵播种子 2 粒，然后覆盖细土，以利出苗，至苗龄适宜时连同营养钵一起运到农田移栽。

目前生产上逐渐推广的塑料软盘育苗，方法同上，只是每穴规格比营养钵小得多，现在水稻抛秧育秧即采用塑料软盘育秧。

④方格育苗，其关键技术是：

第一，选择肥沃沙质壤土作床地，翻挖 12 ～ 15cm，除尽草根、瓦砾，耙细整平，做成宽 120 ～ 130cm、长度不定的苗床，床间走道 35 ～ 45cm。

第二，施入腐熟堆肥和适量过磷酸钙，拌和均匀，加粪水湿润，至稍现泥浆为止，然后将床面抹平，待床面泥不黏手时，用刀划成 8 ～ 10cm 见方的方格，切口深度 4 ～ 5cm。

第三，趁土湿润时，在每个方格播种、覆盖。其他做法与营养钵育苗相同。

⑤工厂化育苗，又称温室育苗，以水稻进行工厂化育苗为多，具有省种、省工、省秧苗、利于机插或抛秧的优点。其关键技术是：

第一，要因地制宜，就地取材，可用砖、木、塑料搭建或旧房改建成温室。温室要求升温快，透光良好，透光面 70% 以上，秧苗受光率 90% 以上。

第二，室内搭架，放秧盘数层，层距 25cm 左右，秧盘一般为长方形塑料制成或木板、篾巴做成。

第三，温室管理的关键是控温、调湿，掌握“高温高湿促齐苗，适温适水育壮秧”的原则。一般温室多采用燃料人工加热调温，人工喷水调湿。现代化的温室多采用智能系统（电脑），自动或半自动调温调湿。

（3）苗床管理。薄膜育苗，发芽出苗期温度较高，幼苗生长阶段以 20℃～ 25℃为宜，一般不超过 35℃，采用日揭夜盖的办法使温度控制在适宜温度范围内；苗床土壤含水量以 17% ～ 20% 为宜，过干时应适当浇水，过湿时应注意排水。齐苗后及时除草、疏苗、定苗。棉花营养钵育苗，每钵留苗 1 株，油菜每平方米留苗 150 ～ 200 株；注意防治苗期病虫害；视幼苗生长情况酌施速效性氮磷肥料，移栽前 6 ～ 7 天施 1 次“送嫁肥”，促进栽后发根成活。

（4）移栽。移栽时期根据作物种类、适宜苗龄和茬口而定，一般水稻以叶龄指数 40%～50%，棉花以 2～4 叶移栽产量较高，玉米移栽的苗龄为 25～35 天，油菜移栽以 3～4 片真叶为宜，最大不超过 6 ～ 7 片真叶。移栽可带土或不带土，移栽前先浇水湿润，以不伤根或少伤根为好。移栽质量要求按规格，保证行、株距，深浅一致，最好按小苗分级移栽，栽后及时施肥浇水，以促进成活和幼苗生长。

第四节　种植密度和植株配置方式

作物的种植密度和配置方式在很大程度上影响着作物群体结构，进而影响作物群体的光能利用和干物质生产。种植密度决定群体的大小，而植株配置方式则决定群体的均匀性。

一、种植密度

（一）确定种植密度大小

种植密度实质上是指作物群体中每一个体平均占有的营养面积大小。一般来说，作物群体的单位面积产量在一定范围内随密度的增大而增加，达到一定密度时产量达到最大值，此时，密度再增大，不仅不会使产量增加，反而使产量减少。另一方面，种植密度不同，也会影响群体内的透光和通风，同时会使土壤温度和 CO_2 浓度等环境因子发生变化。这些环境因子的变化，不仅会影响土壤有机质的分解和微生物的活动，还会影响病虫害和倒伏等各种生理障碍的发生程度。因此，确定种植的适宜密度，不论对提高产量和质量，还是对改进抗逆性都很重要。

在生产实践中实行合理密度，应综合根据作物种类及品种、茬口、土壤肥力、栽培管理水平和气候条件等因素加以确定。

1. 气候条件

一个地区的光照、温度、雨量、生长季节等气候条件，对作物的生长发育有很大影响。一般在温度高、雨量充沛、相对湿度较大、生长季节长的地区，作物植株较高大，分蘖、分枝多，密度宜小些；反之，密度宜大些。

2. 土壤肥力和管理水平

一般在肥力水平高、施肥量大和管理好的土地上，植株生长繁茂，分蘖、分枝较多，可发挥单株生产力，密度宜小些，但对玉米、高粱等单秆性作物则应高肥高密；而在土壤瘠薄、肥量少和管理差的条件下，植株生长较差，应适当增大密度，依靠群体生产力增加单位面积产量，播种量宜大些。

3. 作物种类和品种类型

作物种类不同，植株形态特征和生长习性都有很大差异。禾谷类作物可分为分蘖作物和不分蘖作物两类。分蘖作物如小麦、水稻等，群体密度受播种量和分蘖数的影响。不分蘖作物如玉米、高粱等，作物的群体密度主要受播种量的影响。双子叶作物棉花的种植密度主要决定于播种量和播种期。播种晚的夏棉，果枝少，为了保证较多的霜前花，需要早打顶，种植密度应大些；春棉播种早，果枝多，密度应小于夏棉。

同一作物，但株型结构、分蘖能力不同的品种，其种植密度也是有差别的，如水稻品种间分蘖力有强有弱、株高有高有矮、棉花果枝有长有短、大豆分枝有多有少等。这些品种间的差别，在确定种植密度时，都应予以注意。

（二）确定播种数量多少

作物种植密度（基本苗）确定之后，应根据种子质量和田间出苗率等计算播种量。播种量是指单位面积所播种子的重量。播种量的确定主要考虑气候条件、土壤肥力、作物种类和品种特性、种子质量、种植密度和地下害虫等因素。其计算公式如下：

$$每亩播种量（kg）=\frac{千粒重（g）\times 亩基本苗}{种子净度\%\times 发芽率\%\times 田间出苗率\%\times 1000\times 1000}$$

田间出苗率与整地质量、土壤水分和播种质量有关。一般，整地精细，土壤水分适宜，播种均匀，深浅适中，覆土一致，田间出苗率在80%左右；整地粗糙，土壤黏重或过干过湿，播种深浅不一，田间出苗率可下降到50%左右。此外，在病虫严重和自然灾害频繁地区，应适当增加播种量，以加大保险系数，保证全苗。

二、植株配置方式

（1）确定植株配置方式的原则。植株配置方式是指每一个体在群体中所占空间及形状、行间和株间距离及行向等，实质上是群体的均匀性问题。确定植株的配置方式通常应遵循以下原则：

①充分利用光能，田间植株的均匀配置，至少在生育前期和中期对光照截获较好。

②充分利用土壤营养和水分。

③方便农事操作。

（2）植株配置方式。由于作物播种方式有撒播、条播、穴播，因而呈现不同的植株配置方式。撒播，植株个体不易均匀分布。条播有宽窄行法和等行距法。穴播有宽行窄株法、行穴等距法、宽窄行法，生产上应用较多的有宽行窄株法、宽窄行法、行穴等距的正方形法。

我国南方一季杂交中稻，采用宽行窄株法，行距23.3～26.7cm，株距13.3～16.7cm。宽窄行法，宽行行距为26.7～33.3cm，窄行行距为16.7～20.0cm，株距13.3cm，公顷栽18～30万穴。在我国南方小麦区，近年来的“小窝密植，等距穴播”配置方式比宽幅条播或窄行条播显著增产。

（3）行向。太阳直射点每天从早到晚都在变化，其变化过程又随纬度和季节而不同。一般说来，作物群体叶面积指数达一定程度时，对于镶嵌良好的水平叶型的群体（如棉花、大豆等），南北行向与东西行向没有太大区别。而对直立叶型群体（如稻、麦等），在春分、秋分季节，中午时刻南北向光能的利用没有浪费，而在早、晚则与中午相反。在夏至期间，情况就两相颠倒过来。

因此，对一个作物一生总光合生产来说，就应该动态地考虑作物生长与季节变化的关系，因为作物从出苗到成熟要经历几个月，可能苗期以东西行向略有利，而到成熟期就变为南北行向略有利了。所以说东西行向与南北行向对光能利用没有明显的优劣之分。另外，丘陵坡地种植行向以横坡种植更有利于减少地表径流和土壤流失，况且在生产上决定行向，还不能单纯从光能利用来考虑，更重要的因素常常是管理操作的方便。

第五节　水分调节技术

一、吸收规律

（一）作物根系吸水和叶面蒸腾

1. 作物根系吸水

根系是作物吸收水分的主要器官。被根系吸收的水分，由外部的根细胞至内部的木质部到达地上部分，再经过木质部导管输送至叶片。输送到叶片的水分，大部分供作物蒸腾所用，只有一部分带着光合的初步产物沿着筛管向下运移至根部，从而完成作物的水分代谢过程。在土壤－作物体系中，水的吸收与移动主要通过被动过程完成。

2. 作物蒸腾失水

作物吸收的水分主要通过叶片气孔蒸腾散失。常用蒸腾系数表示作物蒸腾作用的大小。蒸腾系数是指作物每形成 1 克干物质所消耗的水分的克数。

（二）作物各生育时期的需水量和水分临界期

1. 作物各生育时期的需水量

作物需水量是指作物在适宜的土壤水分和肥力水平下，经过正常生长发育，获得高产时的植株蒸腾、株间蒸发及构成植株体的水量之和。但构成株体的水量很小，不足 1%，故可忽略不计。因此，计算时可认为作物需水量等于植株蒸腾量与株间蒸发量之和（也称蒸发蒸腾量），一般用某时段或生育时期所消耗的水层深度（mm）或单位面积上的水量（m^3/hm^2）来表示。

作物需水量随生育阶段的不同而变化。在作物生长发育过程中，从苗期开始，需水量随叶面积的增加而增大，然后又随叶面积减少而减小。

2. 水分临界期

作物一生中对水分最敏感的时期，称为需水临界期。在临界期内，若水分不足，对作物生长发育和最终产量影响最大。如小麦的需水临界期是孕穗至抽穗期，此期缺水，幼穗分化、授粉、受精、胚胎发育都受阻碍，最后造成减产。当水源不足时可将有限的水源用于作物最需要水的生育时期，以获得较好的收获。不同作物的需水临界期不同（表 3-11）。

此外，不同作物与品种，水分临界期长短不同。一般水分临界期较短的作物与品种，适应不良水分条件的能力较强；而临界期较长的作物和品种易受不良水分条件的危害。

表 3-11　主要作物的需水临界期

作物	需水临界期
水稻	孕穗期—开花期
冬小麦与黑麦	孕穗期—抽穗期
春小麦、燕麦、大麦	孕穗期—抽穗期
玉米	开花期—乳熟期
黍类（高粱、黍子）	抽穗期—灌浆期
豆类、荞麦、花生、芥菜	开花期—结实期
向日葵	葵盘形成期—灌浆期
棉花	开花期—结铃期
瓜类	开花期—成熟期
马铃薯	开花期—块茎形成期

二、节水灌溉技术

人工灌溉补给的灌水方案称为灌溉制度，其内容包括作物生长期间内的灌水时间、灌水次数、灌水定额和灌溉定额等。灌水定额是指单位面积上的一次灌水用量，灌溉定额是指单位面积上作物全生育期内的总灌溉水量。

节水灌溉就是要充分有效地利用自然降水和灌溉水，最大限度地减少作物耗水过程中的损失，优化灌水次数和灌水定额，把有限的水资源用到作物最需要的时期，最大限度地提高单位耗水量的产量和产值。目前，节水灌溉技术在生产上发挥着越来越重要的作用，主要包括地上灌（如喷灌、微灌等）、地面灌（如膜上灌等）和地下灌三种形式。另外，一些针对作物需水特性的灌溉新技术，如作物调亏灌溉等也将逐步运用起来。

（一）喷灌技术

喷灌技术是指利用专门的设备将水加压，或利用水的自然落差将高位水通过压力管道送到田间，再经喷头喷射到空中散成细小的水滴，均匀地散布在农田上，以达到灌溉目的的一种灌溉方法。喷灌适于灌溉所有的旱作物，以及蔬菜、果树等。喷灌兼具灌水，喷洒肥料、农药等功效；可人为控制灌水量，且节约用水；灌溉均匀；减少占地，扩大播种面积；能调节田间小气候，提高农产品的产量及品质；利于实现灌溉机械化、自动化等。

但喷灌受风的影响大、耗能多及一次性投资高。为充分发挥喷灌的节水增产作用，应优先应用在经济价值较高、连片种植集中管理的作物上。现阶段适合在全国大面积推广的，主要有固定式、半固定式和机组移动式三种喷灌形式。

（二）微灌技术

微灌技术包括滴灌、微喷灌和涌泉灌三种形式。它具有以下优点：

一是省水节能。微灌系统全部由管道输水，灌水时只湿润作物根部附近的部分土壤，灌水流量小，不致产生地表径流和深层渗漏，一般比地面灌省水 60% ～ 70%，比喷灌省水 15% ～ 20%；微灌是在低压条件下运行的，灌水器的压力一般为 50 ～ 150kPa，比喷灌能耗低。

二是灌水均匀，水肥同步，利于作物生长。微灌系统能有效控制每个灌水管的出水量，保证灌水均匀，均匀度在 80% ～ 90%。微灌能适时适量向作物根区供水供肥，还可调节株间温度和湿度，不会造成土壤板结，为作物提供了良好的生长条件，利于提高产量和质量。

三是适应性强，操作方便。可以根据不同的土壤入渗特性调节灌水速度，适用于山区、坡地、平原等各种地形条件。微灌系统无须平整土地和开沟打畦，因而可大大减少灌水的劳动强度和劳动量。但微灌系统建设的一次性投资较大、灌水器易堵塞等。

（三）膜上灌技术

在地膜栽培的基础上，把以往的地膜旁侧灌水改为膜上灌水，水沿放苗孔和膜旁侧渗入进行灌溉。通过调整膜畦首尾的渗水孔数及孔的大小来调整沟畦首尾的灌水量，可获得比常规地面灌水方法高的灌水均匀度。

膜上灌投资少，操作简便，便于控制水量，可减少土壤的深层渗漏和蒸发损失，因此可显著提高水的利用率。近年来由于无纺布（薄膜）的出现，膜上灌技术的应用更加广泛。膜上灌适用于所有实行地膜种植的作物，与常规沟灌玉米、棉花相比，可省水 40% ～ 60%，并有明显增产效果。

（四）地下灌技术

地下灌技术是把灌溉水输入地下铺设的透水管道或采用其他工程措施普遍抬高地下水位，依靠土壤的毛细管作用浸润根层土壤，供给作物所需水分的一种灌溉方法。地下灌溉可减少表土蒸发损失，灌溉水利用率较高，与常规沟灌相比，一般可增产 10% ～ 30%。

（五）作物调亏灌溉技术

作物调亏灌溉技术是从作物生理角度出发，在一定时期内主动施加一定程度的有益的亏水度，使作物经历有益的亏水锻炼，以达到节水增产、改善品质目的的一种灌溉方法。通过调亏可控制作物地上部分的生长量，实现矮化密植，减少整枝等工作量。该方法不仅适用于果树等经济作物，而且适用于大田作物。

三、排水技术

排水的目的在于除涝、防渍，防止土壤盐碱化，改良盐碱地、沼泽地等。

（一）农田排水的作用及要求

1. 除涝

农田排水可防止作物受淹减产。旱作物一般不能受淹，棉花、小麦等作物，10cm 水深淹一天就要减产。水稻淹灌，田面有一定水层，但水层太深，淹水时间太长也会减产。

2. 防渍

农田排水可降低地下水位，减少根系活动层中过多的土壤水。

3. 宜于耕作

在土壤含水量适宜时进行土壤耕作，不但效率高，而且质量好。实践证明，耕作层的土壤含水率占田间持水率的 60% ～ 70%，一般地下水位在 2 ～ 3m 以下时，灌水后 2 ～ 3 天进行中耕松土，最为适宜。

4. 防治盐碱化

为了预防灌溉区土地次生盐渍化和改良盐碱土，要求通过排水措施将地下水位控制在一定的深度，这一水位埋深称为地下水临界深度，它的含义是在当地条件下能够防止根系活动层发生盐分积累的地下水允许最小埋深。

（二）田间地面水的排除

排田间地面水的目的主要是防止作物受淹。降雨时保证田面积水不超过允许的深度，雨后要在允许时间内将田面积水排除。

1. 排水原则

排水主要遵循如下原则：

（1）排水蓄水要统一考虑。无论是南方或北方，有涝灾的地方都一定程度地存在涝旱相间的问题。因此，除涝排水要考虑蓄水抗旱。

（2）排除涝水要与防渍排水、防盐碱化排水相结合，即排水沟断面要按排涝需要的流量计算，水位应控制在按防渍和防盐碱要求的地下水位范围。

（3）要尽量争取自流排水，分片解决农田排水，高水高排，防止高处的径流汇集到低洼地，加大低地的排水任务。

2. 田间排水沟的深度与间距

排水沟间距越小，排除涝水的速度越快，即排水效果越好。但排水沟间距小，占地多，耗工量大，机械作业效率低。因此，固定排水沟的间距，要根据田间作业考虑确定。目前北方地区排涝用农沟的间距多为 200 ～ 400m，南方地区农沟间距多为 100 ～ 200m。单纯排涝用的农沟深度一般为 lm 左右。若不能满足排涝的要求，可在田间增加间距 30 ～ 50m、沟深 0.3 ～ 0.5m 的排水毛沟。

（三）控制地下水位的田间排水方法

1. 明沟

在田间开挖一定深度和间距的排水沟，即明沟。明沟不需要特殊设备，施工技术简单，基建投资少、能自流排水、可与排涝排渍相结合；但受排水沟深度的限制，排地下水效果较差，排水沟边坡易滑塌，占地多，土地利用效率低。

2. 暗管

在田间开挖一定深度和间距的排水沟，沟底铺设能进水的管道，然后回填即暗管。暗管由于埋在地下，不占地，不影响田间耕作，可根据需要调整埋深和间距，所以排水效果比明沟好。暗管的基建投资比明沟大，施工技术要求比明沟高。

3. 竖井

竖井排水是在田间按一定的间距打井，井群抽水时在较大范围内形成地下水位降落漏斗，从而起到降低地下水位的作用。竖井排水的优点是排水效果好，且能排灌结合。在旱涝相间出现的地区，抽水后等于腾出一个地下水库，雨涝季节能容纳较大的入渗水量，既减轻了涝、渍危害，又在地下储备了一定的水源，可供旱季抽水灌溉。其缺点是消耗能源，运行费用高；需要具备一定的水文地质条件。

第六节　作物化学调控及人工控旺技术

一、作物化学调控技术

作物化学调控技术是指应用植物生长调节剂调节作物生长发育的技术，简称“化学调控”或“化控”技术。随着科学的发展和农业生产的需要，作物化学调控将逐渐成为农业生产的重要措施之一。

（一）植物生长调节剂的概念、种类和作用

植物生长调节剂泛指那些从外部施加给植物，在低浓度下引起生长发育发生变化的人工合成或人工提取的化合物。它属于农药范畴，一般高效低毒。植物生长调节剂主要包括四大类。

1. 植物激素及其类似物

植物激素是指由植物体内产生的，在低浓度下对植物生长发育产生特殊作用的物质，主要包括生长素、赤霉素、细胞分裂素、脱落酸和乙烯，它们在植物生长发育中所起的作用各有不同。目前在作物生产上应用更多的还是人工合成的激素类似物，它们的分子结构与天然激素并不相同，但具有与植物激素类似的生理效能。

（1）生长素。生长素的重要作用是促进细胞增大伸长，促进植物的生长。但这种作用通常发生在一定的浓度范围内，并且需要达到最适浓度。超过这一浓度范围，不但不促进植物生长，反而抑制生长甚至可能致死。农业上主要用其合成物质如吲哚化合物、萘化合物和苯酚化合物促使插条生根，促进生长、开花、结实，防止器官脱落，疏花疏果，抑制发芽和除杂草等。

（2）赤霉素。用于作物生产的主要为赤霉酸，即“九二〇”。它主要起促进细胞分裂和伸长、促进萌发、促进坐果、促进开花等作用。

（3）细胞分裂素。细胞分裂素主要包括激动素、6- 苄基氨基嘌呤等。它的主要作用：促进细胞分裂和细胞增大；减少叶绿素分解，抑制衰老，保鲜；诱导花芽分化；打破顶端优势，促进侧芽生长。

（4）脱落酸。脱落酸属抑制型植物生长调节剂，它的主要作用：能抑制细胞的分裂和伸长，进而抑制植物生长；可促进离层的形成，引起器官脱落；可促进衰老和成熟；可促进气孔关闭，提高植物的抗旱性。

（5）乙烯。用于作物生产的主要是乙烯利，它的主要生理作用是促进果实成熟、抑制生长、促进衰老。

2. 植物生长延缓剂

植物生长延缓剂是指那些抑制植物亚顶端区域的细胞分裂和伸长的化合物。它的主要生理作用是抑制植物体内赤霉素的生物合成，延缓植物的伸长生长。因此，可用赤霉素消除生长延缓剂所产生的作用。常用的植物生长延缓剂有矮壮素、多效唑、比久（B9）、缩节胺等。

3. 植物生长抑制剂

植物生长抑制剂也具有抑制植物生长、打破顶端优势、增加下部分枝和分蘖的功效。但与植物生长延缓剂不同的是，植物生长抑制剂主要作用于顶端分生组织区，并且其作用不能被赤霉素所消除。它包括青鲜素、调节磷、三碘苯甲酸和整形素等。

4. 其他植物生长调节剂

近年来发现的三十烷醇、油菜素内酯及一些浓度极低的除草剂，也能调节植物的生长发育。另一些能抑制植物的光呼吸和降低植物的蒸腾作用的化合物，我们一般称之为光呼吸抑制剂（如亚硫酸氢钠）和抗蒸腾剂（如拉索，2-4- 二硝基酚）。

（二）植物生长调节剂在作物上的应用

1. 打破休眠，促进发芽

刚收获的、未成熟的、成熟及收获时环境条件不好的和储藏不善或储藏过久的种子，发芽率低或不能发芽，出苗慢或苗势弱，从而影响出苗率，增加用种量。应用赤霉素等处理种子，可打破休眠，促进萌发，提高种子发芽率，使出苗早而壮。常用浓度为 10 ～ 50mg/l，浸种时间为 6 ～ 12 小时。

2. 增蘖促根，培育矮壮苗

多效唑、矮壮素和缩节胺等具有克服不良环境条件的影响、延缓幼苗生长、形成矮壮苗的效果。主要施用方法有种子处理（浸种、拌种或包衣）和苗期叶面喷施。

3. 促进籽粒灌浆，增加粒数和提高粒重

在水稻、小麦开花末期或灌浆初期，以一定浓度的萘乙酸等喷洒叶片，可以增加粒数，促进灌浆，增加千粒重，提高产量。植物生长调节剂的作用主要表现为：抑制营养生长，减少营养生长对同化物的消耗，使同化产物更多地向生殖器官转运累积；或从其他部位向施用部位调运同化产物。前者主要是由抑制类生长调节剂，如缩节胺、B9 等引起的，后者主要是促进类生长调节剂，如赤霉素、油菜素内酯、萘乙酸等作用的结果。

4. 控制徒长，降高防倒

应用植物生长延缓剂可有效地控制徒长，降高防倒，增加产量。如小麦拔节期施用矮壮素、玉米施用玉米健壮素、棉花使用缩节胺、花生施用比久、大豆施用三碘苯甲酸等均可取得这一效果。

5. 防止落花落果，促进结实

在生产上用生长素和植物生长延缓剂等改善作物生长状况和体内激素平衡，能防止脱落，提高坐果率。例如，棉花上施用赤霉素、番茄施用 2，4-D、辣椒上使用萘乙酸等。

6. **促进成熟**

在内源激素细胞中，分裂素有延缓衰老的作用，乙烯和脱落酸能加速衰老，促进成熟。特别是乙烯对促进果实成熟有明显的效果，因而常被称为“成熟激素”。

（三）使用植物生长调节剂的注意事项

植物生长调节剂的种类多，性能各异，使用浓度低，而且多数药剂有着双重效应（促进和抑制），同时效应大小受多种因素的影响。为了有效地发挥其作用，在生产上应用时必须注意以下几点：

1. **选择适宜的药剂**

应根据作物需要调控的方面和生长调节剂的性能及作用，选用适宜的植物生长调节剂。例如，食用部分为营养器官的蔬菜类，一般选用促进类调节剂；为了防止叶菜类作物过早开花，则宜选用植物生长延缓剂或抑制剂；在高氮条件下，禾谷类作物容易倒伏，需选用植物生长延缓剂；逆境（高低温、干旱等）条件下，宜选用提高作物抗逆能力的植物生长调节剂。

作物不同，对植物生长调节剂的反应有差异，选用的植物生长调节剂也不同。例如，为了降高防倒，小麦宜用矮壮素，大麦宜用乙烯利，水稻则选用多效唑为好。

2. **确定适宜的施药时期**

植物生长发育的不同时期对植物生长调节剂的反应有很大差别，甚至一种药剂的同一种浓度在不同时期施用会表现出不同的效应。因此应根据预期的效果、作物生长发育状况和药剂种类等确定使用时期。例如，为了促进发芽，以播前种子处理为宜；为了培育壮苗，以种子处理和苗期用药为佳；禾谷类作物为了降高防倒，以拔节初期施药为好；为了控制瓜类性别，则必须在幼苗期叶面喷施低浓度的乙烯利或赤霉素。

3. **选择适宜的浓度和剂量**

植物生长调节剂往往是低浓度起促进生长作用，高浓度则起抑制作用，甚至发生毒害。因此，使用浓度绝不能高于适宜浓度范围，否则可能过度抑制生长甚至杀死植物。在适宜浓度范围内，应根据作物种类、作物生长发育状况和当地环境条件，选择一个最佳浓度。对药剂反应敏感的作物，浓度可低些，反之则高些；高温和充足光照有利于药剂的吸收和运转，因此浓度可适当低些，反之则稍高些。单位面积的施药量必须按照使用说明施用，并让药剂均匀分布于植株的表面和田间。

4. **选择适当剂型，让药剂充分溶解或混匀**

生产上最常用的是水剂，浓度单位以 mg/l 或 % 表示。配制时，能溶于水的药剂可用水直接稀释成所需浓度；对那些不能直接溶于水的药剂必须根据其化学特性，让其先溶解，再用水稀释，如萘乙酸，需在水中加热后才溶解。若进行土壤撒施，则必须将药和土壤充分混匀。

5. **确定适当的使用方法**

植物的种子、根、茎、叶、芽及果实对植物生长调节剂的反应是不同的，不同的施用目的和不同的药剂，有不同的适宜施用方法。生产上常用的有种子处理、叶面喷施和土壤处理，其中以叶面喷施使用最多。浸种时，要注意浸种时间。叶面喷施应选择无风的晴天施药，一天中以下午施药为佳，若施药后 6 小时内下雨，必须补施。

6. 配合使用生长调节剂及与其他农药混用

不同植物生长调节剂之间存在着相互作用，可以使其药效增强或减弱，一般生长素和赤霉素配合使用，具有增效作用，而赤霉素和植物生长延缓剂则作用抵消。因此，生产上一般不要随意混用植物生长调节剂或将植物生长调节剂与其他碱性农药混合使用，以免影响药效。

7. 应用植物生长调节剂时，必须与栽培措施相结合

因植物生长调节剂只能对植物生长发育起调节作用，并不能代替温、光、水、肥。因此，植物生长调节剂的增产效应只能以水肥管理为基础。

二、人工控旺技术

营养生长是作物转向生殖生长的必要准备。一般说来，只有根深叶茂，才能穗大粒大。但是过度的营养生长，则消耗大量光合产物，向产品器官分配积累减少，从而导致经济产量减少。随着生产条件的改善，施肥水平的提高，作物生产中常常出现营养（枝叶）生长过旺的现象，若不及时调节控制，将导致产品数量减少和质量下降。现在生产上除了化学控旺以外，许多人工控旺技术也具有良好的调节控制效果。

（1）深中耕。深中耕是指采用人工松土的办法，使植株周围的土壤松动，损伤部分根系（切断浮根），减少营养和水分的吸收，减缓苗叶生长，从而达到控旺目的的一种技术。该技术主要用于禾谷类作物的前期，控制叶蘖生长，造成小分蘖死亡，增加分蘖成穗。

（2）压苗。压苗主要用于麦类。苗期麦苗出现旺长时，可用木磙或其他工具压苗，使地上部分的麦苗受压损，控制其生长，从而促进根系生长。但压苗要掌握好时机，一般应在拔节前进行。镇压可以达到压苗的作用，更主要是沉实土壤，使土壤水分上移，增加地表墒情，在干旱情况下能促根增蘖。

（3）晒田。晒田是水稻生产特有的先控后促的高产栽培技术措施。其主要作用是更新土壤环境，促进根系发育，抑制茎叶徒长和控制无效分蘖。一般在水稻对水分不太敏感的分蘖末期至幼穗分化初期进行排水晒田，生产上在田间茎蘖数达到预期的穗数时即晒田，叫作"够苗晒田"。一般说来，分蘖早、发苗足、长势旺，应早晒重晒；反之，则迟晒、轻晒或不晒。

（4）打（割）叶。采用手摘或刀割的办法，去掉一部分叶片。其作用是减少叶片的消耗，改善田间通风透光条件，这样有利于生殖器官的生长发育。禾谷类作物如小麦和水稻出现过分旺长时，将上部叶片割去一部分，以控制其徒长。玉米在保留"棒三叶"的情况下可割去茎秆基部脚叶。无限花序作物棉花、油菜、豆类等出现茎叶旺长时，可人工摘去中基部的老叶，以缓解营养器官和生殖器官争夺养分的矛盾，改善植株的通气透光条件，促进花蕾的发育。

（5）摘心（打顶）。摘除主茎顶尖，能消除顶端优势，抑制茎叶生长，使养分重新分配，减少无效果枝和叶片，促进生殖器官的生长发育，提高铃（荚）数和铃（粒）重，一般可增产 10%。摘心主要针对正常田块和旺长田块，一般在开花期进行，宜摘去顶尖 1 叶 1 心部分。作物不同，摘心时期略有差异，棉花、蚕豆宜在初花期，大豆宜在盛花期。棉花除打顶外，果枝顶端也要摘除（称为打边心）。

（6）整枝。整枝主要指摘除无效侧枝、芽，这在棉花和豆类作物上应用较多。在无限花序作物如棉花、大豆和蚕豆等的植株上，当叶枝（芽）和无效枝（芽）出现后，应及时人工摘除。这样，不但可以减少营养消耗，而且可以改善株间通风透光。

第七节　设施农业栽培技术

设施农业又被称为“保护地农业”“控制环境农业”“工程农业”。设施农业栽培技术是指应用适当的工程设施为农作物创造“反季栽培”或“不时栽培”所需的环境条件，从而对农作物生产进行调控的一项新技术，主要包括温室栽培、塑料拱棚栽培、地膜覆盖栽培及无土栽培等。

一、温室栽培

按照目前国内外温室自动化程度的不同，我们可将温室划分为三个层次，即植物工厂、现代化大型温室和简易塑料温室。

（1）植物工厂。植物工厂是将现代工业技术与农业技术相结合，运用工业管理方式进行农业生产的高效农业系统，它是以现代温室为技术中心，进行园艺作物及其他经济作物工厂化生产的农业系统。植物工厂是生物技术、信息技术、计算机技术、自动化控制技术等多种技术相结合的产物。在植物工厂内，温、光、湿、气及肥（营养液）均由人工控制，整个生产过程的自动化程度高，作物生长发育好，产量高，质量好，无污染。

（2）现代化大型温室。现代化大型温室具有结构合理、配套设施齐全、技术含量高、控制与管理技术先进、土地利用率高、可控性能好等特点，更适合规模化、产业化、工厂化生产。目前，我国大型温室设施主要以引进为主。

发展大型温室的主要问题是造价昂贵、能耗大、效益较差、要求管理人员素质高。因此，目前大型温室的发展受到经济与技术等众多条件的制约。但从长远观点看，该类温室具有相当大的发展潜力，是我国未来温室发展的方向之一。

（3）简易塑料温室。我国的温室从建筑材料和结构上分类，目前以塑料温室为主，玻璃温室很少。在南方目前以单栋或连栋的简易塑料温室（或塑料大棚）居多，北方则以一面坡式节能型日光温室为主。我国的塑料温室是伴随着国产塑料工业的发展而逐步发展起来的。

①塑料大棚。我国大部分的塑料大棚为简易的竹木结构大棚，每公顷成本仅 4.5 万～6.0 万元。目前我国的塑料大棚正逐渐从竹木结构大棚向镀锌钢管大棚发展，从单栋大棚向连栋大棚方向发展，从反季节栽培向一年四季综合利用方向发展。

②日光温室。日光温室的工作原理主要是通过适当加大采光屋面角和温室高度跨度、优化墙体和后坡结构、选用优质覆盖保温材料、强化室内外保温措施、张挂反光幕等使结

构优化，进一步改善采光、保温性。目前日光温室除用于蔬菜生产外，也用于花卉、果树以及畜牧业生产。

采用不织布作为大棚、温室中的二道保温幕材料，可以有效地提高保温性能，节约能源消耗。不织布也叫无纺布，以聚乙烯（PE）、聚乙烯醇为原料，加工制成的布状物质通常为短纤维不织布；以聚酯（PETP）和聚丙烯（PP）为原料制成的布状物质就是长纤维不织布，其耐用性强于短纤维不织布。不织布近似织物的强度，可用缝纫机或手工任意加工缝合。

由于不织布是疏松的织物层，有透光、透气、透水和吸湿的作用，所以比用塑料薄膜的导热率低，透红外线较少，并且不像塑料那样大量积露而滴水。用不织布作二道保温幕可降低温室或大棚内的湿度，有防病的效果。二道保温幕通常白天拉开，晚上闭合。闭合时必须严密，不留空隙，否则会大大降低保温效果。采用不织布作二道保温幕，冬季棚内温度一般可比露地气温提高 5℃左右，且降温慢，升温快。

二、塑料拱棚栽培

在设施农业生产上，所采用的塑料拱棚主要指中小拱棚及遮阳网、防雨棚、防虫网等覆盖。塑料拱棚的主要用途是在夏季利用大棚或中小棚等为骨架，搭建一种顶部覆盖一膜（塑料薄膜防雨）一网（遮阳网防强光降温）或仅覆盖遮阳网，四周通风的防雨降温设施。这种防雨降温设施的应用，已成为我国热带和亚热带地区夏季蔬菜遮阳降温、防台风暴雨、忌避害虫、防旱保墒、抗灾保收、改善作物生长环境、缓解夏秋淡季蔬菜供应的一项最为简易有效的低成本、高效益的夏季设施农业栽培新技术。

（1）不织布小拱棚覆盖栽培。不织布小拱棚，可设在温室、大棚内，也可直接扣在露地上来进行早熟栽培或夏季遮阳育苗。

无论是露地，还是在温室大棚内，均把不织布搭在拱高为 50 ～ 60cm，宽 1 ～ 2m 的拱架上（形成不织布小拱棚覆盖）。另外，早春在露地扣不织布小拱棚，进行早熟栽培时，可避免膜内出现滴流水，降低揭膜放风排湿和盖膜保温等繁杂的劳动，实现省力化栽培。

但在进行露地不织布小拱棚覆盖栽培时，拱棚内最低气温只能提高 1℃～ 1.5℃。因此，不宜过早定植，免得作物受冻害，应在终霜前 7 ～ 10 天进行露地不织布小拱棚覆盖栽培。

（2）不织布夹带拱棚覆盖栽培。早春，将露地常规小拱棚覆盖栽培的塑料薄膜拱棚，改成两幅塑料薄膜之间夹一条 30 ～ 50cm 宽的不织布，使塑料薄膜与不织布连接在一起，称为不织布夹带拱棚覆盖栽培。这种覆盖方式，可自行进行通风换气，调节拱棚内的温度、湿度，避免拱棚内产生高温、高湿的环境，有利于作物生长发育。

在进行不织布夹带拱棚覆盖栽培时，棚内的最低气温比露地气温可提高 1.5 ～ 2℃，对于茄果类、瓜类蔬菜可在终霜期结束前 15 ～ 20 天定植。

（3）地膜加小拱棚覆盖栽培。在地膜覆盖栽培的基础上加小拱棚具有双重的保温、保湿效应，具有很高的增产、增收效果，我国已开始在各种蔬菜、瓜果等的反季节栽培上大面积推广应用该技术。

三、地膜覆盖栽培

（一）地膜覆盖栽培基本原理

1. 地膜覆盖的土壤热效应

地膜覆盖本身并不能产生热能，覆盖增温主要是两个方面的原因：一是抑制土壤水分蒸发，减少热量消耗；二是阻碍近地层空间的热量交换。

2. 地膜覆盖的保水作用

地膜覆盖的阻隔作用，使土壤水分的垂直蒸发受到阻挡，迫使水分做横向蒸发和放射性蒸发（向开孔处移动），这样土壤水分的蒸发速度相对减缓，总蒸发量大幅度下降。

地膜覆盖因其物理阻隔作用，切断了水分与大气交换的通道，使大部分水分在膜下循环，因而土壤水分能在较长时间内储存于土壤中，这样就提高了土壤水分的利用率。

3. 地膜覆盖土壤营养的转化与吸收

覆膜之后，水、热状况的改善及微生物活动的增强，有利于土壤养分的矿化，增加了土壤的速效养分，促进了作物的生长发育。但地膜覆盖栽培的作物生育进程快，株体大，吸收养分能力强。因此，地膜覆盖栽培应增施肥料，这样才能保证作物正常生长。

4. 地膜覆盖对土壤物理性状的影响

土壤表面覆盖地膜有以下优势：可防止雨滴的冲击，避免土壤表面板结；可减少机械耕作及人、畜、田间作业的碾压和践踏，改善土壤物理性状；可减轻土壤受风、水的侵蚀。

5. 地膜覆盖对土壤微生物的影响

地膜覆盖后，土壤温度高，水分含量较为稳定，从而使土壤微生物活动旺盛。

6. 地膜覆盖对近地环境的影响

地膜覆盖后，地膜的反射作用，可使近地面空间的光照条件得到改善，增加辐射量。这对作物群体下部辐射量不足是一个有效的补充，尤其在封垄以前和每日早晚光照强度较低的时候，更具重要意义。

7. 地膜覆盖与农田杂草

覆膜后，由于膜下高温和通气不良，或者因地膜的压制作用，某些杂草在发芽出土后死掉。这种物理除草作用，对于一年生杂草效果较为显著。

8. 地膜覆盖与病虫害

作物由传统的露地栽培发展为覆盖栽培后，由于农田的光、热、水和作物自身生长发育规律发生了深刻的变化，赖以生存的多种有害生物的发生期和发生量也相应出现了新的变化，除个别病虫害有所减轻外，大部分病虫害均加重。

（二）地膜覆盖栽培技术要点

1. 整地作畦（起垄）

地膜覆盖的作物一般不进行中耕或很少中耕，因此在栽种前应精细整地。要求深耕细整，整细、整碎、整平，既可为作物生育创造好的土壤环境，又便于地膜密贴于地表，提高地膜覆盖的效果。地膜覆盖栽培最好采用高畦（垄）覆盖栽培技术。

2. 施足基肥

地膜覆盖栽培前期不便追肥，因此应重施基（底）肥。为防止作物中后期脱肥早衰，在整地过程中应充分施入迟效性有机肥。通常地膜覆盖的基肥施入量要高于一般田的30%～50%，注意氮、磷、钾肥的合理配比。基肥施入前要充分翻捣，清除砖石杂物，并经充分发酵再施入田间，施肥后要通过翻耕使之与土壤充分混合。

3. 覆盖地膜

整地、施肥、作畦（垄）后要立即覆盖地膜，可防止土壤水分蒸发，起到保墒的作用。覆膜作业分为先覆膜后播种、定植和先播种、定植后覆膜，再人工开口放苗或套盖地膜两种方式，可因地制宜选择应用。地膜一定要盖严、贴紧地表。早春覆膜正值春季多风季节，为固定地膜防止风害，在畦上每隔2～3m可压一小土堆，而且要注意经常检查，及时封堵破损漏洞。

4. 播种和定植

多数作物如棉花、玉米、花生、部分蔬菜多采用直播，可用先覆盖地膜后播种的方法，即在地膜播种部位打孔或切成“十”字，按要求深度播种，播种后覆盖潮土，并连同地膜孔一起封严。封盖土应高出畦面以利于增温，注意播种深度、播种量和覆土深度，确保出苗整齐一致。先播种后覆盖地膜，工效高，可节省时间不误农时，但要特别注意幼苗顶土时及时破膜放苗。

育苗移栽的大部分瓜类、茄果类及部分棉花、玉米、烟草、甜菜等，可采用先覆膜后定植的方法。此法于覆膜后5～7天，在畦面上按要求的行株距打孔取土，栽入秧苗，培潮土，连同地膜一起封严压实。也可采用先定植后盖地膜的方法，即在定植后先将地膜展开置于秧苗上，在秧苗根际部位开孔，套过秧苗盖于地面，在畦端和两侧培土，注意苗孔与根的部位对齐。

5. 灌水追肥

在覆膜栽培整个生育期间，灌水次数及灌水量较常规栽培减少。在土壤水分充足条件下，前期应适当控水，促根下扎实现深根化，防徒长；而在中后期作物旺盛生长期间，因需肥量大，蒸腾量大，耗水多，应适当增加灌水，结合追施速效性化肥，忌大水漫灌。大量降雨后应于24小时内排除积水防涝。

6. 防除杂草

为了有效地灭草和减轻草害，首先，要提高覆盖地膜质量，封严压实四周，及时堵严破洞，使地膜与地表间呈相对的密闭状态。其次，在多草地区或多茬次栽培的菜田，夏秋高温、高湿栽培时可选用黑色地膜、绿色地膜、黑白双面地膜及除草地膜等专用地膜。最后，可选用适宜的除草剂喷洒，除草剂使用量应较常规栽培减少1/3为适宜。

7. 病虫害防治

由于地膜覆盖改变了土壤环境和近地面小气候，作物生育时期明显提前，病虫害发生规律产生相应变化。因此，应随时调查病虫发生状况，及时采取相应防治措施，减轻和避免其危害，在地膜覆盖条件下，有些病虫害有减轻的趋势，但也有些病虫害有提前发生和蔓延的趋势，可选用特殊功能性地膜，如覆盖银灰色地膜可降低蚜虫虫数，可防食心虫、甜菜象甲等。

（三）残膜的回收利用

连年进行地膜覆盖栽培，不注意残膜回收，会造成地膜残留土壤中，不仅误耕，而且影响种子萌发和根系生长，造成减产减收，牲畜误食还会造成肠道疾病，而且大量残膜随风飘散，也会给生态环境造成污染。因此必须严格落实好残膜回收利用工作。

1. 人工清除残留地膜

小面积地膜覆盖栽培与设施农业栽培可由人工清除残留地膜，把回收的地膜集中到废品回收站，进行再加工利用，防止生态环境污染。

2. 机械残膜回收

我国尽管研制和应用了部分残膜回收机，但作业效率和收净率一般较低。

四、无土栽培

（一）无土栽培定义

无土栽培是指不用天然土壤栽培作物，而将作物栽培在营养液中的一种栽培技术。这种营养液可以向作物提供水分、养分、氧气、温度，使作物能够正常生长并完成其整个生命周期。无土栽培，又叫营养液栽培。

（二）无土栽培的优点

无土栽培与自然栽培相比，主要优势在于：

（1）不受地区限制，且规模可大可小；

（2）能克服土壤连作障碍，可避免温室大棚长年连作造成的土壤传播病害和土壤缺素症；

（3）能实现作物早熟高产；

（4）能节水节肥；

（5）能改善劳动强度，节省劳动力；

（6）能生产和提供无公害的优质蔬菜。

（三）营养液

1. 营养液的组成

（1）营养液的组成原则。主要遵循：①营养液必须含有植物生长所必需的全部营养元素；②含各种营养元素的化合物必须是根部可以吸收的状态，即可以溶于水的呈离子状态的化合物；③营养液中各营养元素的数量和比例应符合植物生长发育的要求；④营养液中各营养元素的无机盐类构成的总盐分浓度及酸碱反应应适合植物生长要求；⑤组成营养液的各种化合物，在栽培植物的过程中，应在较长时间内保持其有效状态；⑥组成营养液的各种化合物的总体，在被根吸收过程中造成的生理酸碱反应应是比较平稳的。

（2）营养液配方。在规定体积的营养液中，规定含有各种必需营养元素的盐类数量称为营养液配方。现在世界上已发表了无数的营养液配方。

（3）对营养液浓度的要求。一是总盐分浓度的要求，以渗透压表示营养液的浓度，其范围一般在 0.3 ～ 1.5atm，而较适中的浓度约为 0.9atm。二是各营养元素的比例与浓度要求，确定这两种指标的依据是生理平衡与化学平衡的适宜性。

生理平衡，即植物能在营养液中按其生理要求吸收到所需的一切营养元素，并且要吸收到符合比例的数量。影响营养液生理平衡的因素主要是营养元素之间的拮抗作用。一般需要分析生长正常的植物体中各营养元素的含量以确定其比例，并将其作为制定营养液配方的依据。

化学平衡是指营养液组配的几种化合物，当其离子浓度处于一定浓度范围时，不会因相互作用而形成难溶性的化合物沉淀而从营养液中析出，不会造成营养液中各营养元素的比例失去平衡。具体地说，就是钙、镁、铁等的阳离子与磷、硫、氧等的阴离子形成难溶性化合物沉淀的问题。

2. 营养液的配制

总的原则是避免难溶性物质沉淀产生。生产上配制营养液一般分为浓缩储备液（母液）和工作营养液（或叫栽培营养液）。

（1）浓缩储备液。配制时不能将所有营养盐都溶在一起，避免形成沉淀。所以一般将浓缩储备液分成 A，B，C 三种，称为 A 母液、B 母液、C 母液。A 母液以钙盐为中心，凡不能与钙作用而产生沉淀的盐都可溶在一起；B 母液以磷酸盐为中心；C 母液由铁和微量元素合在一起配制而成，因其用量小，可配高浓缩储备液。

母液的浓缩倍数以不至于发生过饱和而析出为准。其倍数以配成整数值为好。母液储存时间较长时，应将其酸化。一般可用 HNO_3 酸化至 pH 值为 3 ～ 4。母液应储存于黑暗容器中。

（2）工作营养液。一般用浓缩储备液配制，在加入各种母液的过程中，也要防止沉淀的出现。配制步骤为：

首先，在大储液池内放入相当于要配制的营养液体积 40% 的水量，将 A 母液应加入量倒入其中，开动水泵使其流动扩散均匀；其次，再将应加放的 B 母液慢慢注入水渠口的水源中，让水源冲稀 B 母液后带入储液池中参与流动扩散，此过程所加的水量以达到总液量的 80% 为度；最后，将 C 母液的应加入量也随水冲稀带入储液池中参与流动扩散，加足水量后，继续流动一段时间使达到均匀。

3. 营养液的管理

营养液的管理主要是指对在栽培作物过程中循环使用的营养液的管理，主要包括以下内容：

（1）溶存氧。在水培营养液中，溶存氧的浓度一般要求保持在饱和溶解度 50% 以上，在适合多数植物生长的液温范围（15℃～ 18℃）内，含氧量在 4 ～ 5mg/l 即可。向营养液中补充溶氧量有两个来源，一是从空气中自然向溶液中扩散，但速度较慢；二是人工增氧，这是水培（包括深液流和营养液膜）技术中的一项重大课题。途径：搅拌；将压缩空气通过起泡器向营养液内扩散微细气泡；把化学试剂加入营养液中产生氧气；将营养液进行循环流动。

（2）水分和养分的补充。水分的补充应每天进行，一天之内应补充多少次，视作物长势、每株占液量和耗水快慢而定，以不影响营养液的正常循环流动为准。养分的补充，应根据浓度的下降程度而定。浓度测定要在营养液补充足够水分使其恢复到原来体积时取样。

（3）营养液 pH 值的调整。具体做法是取出定量体积的营养液，用已知浓度的稀酸逐滴加入，随时测其 pH 值的变化，达到要求值后计算出其用酸量，然后推算出整个栽培系统的总用酸量。应加入的酸要先用水稀释，然后慢慢注入储液池中，随注随搅拌。

（4）营养液的更换。循环使用的营养液在使用一段时间以后，需要配制新的营养液将其全部更换。用软水配制的营养液一般 2 ～ 3 个月更换 1 次；用硬水配制的营养液，常需做酸碱中和的，则每月更换 1 次。

（四）固体基质栽培

固体基质栽培具有性能稳定、设备简单、投资较少、管理较易的优点，并有较好的经济效果，因而越来越多的人采用固体基质栽培来取代水培。

无土栽培用的固体基质有许多种，其中包括砂、石砾、珍珠岩、蛭石、岩棉、泥炭、锯木屑、稻壳、多孔陶粒、泡沫塑料等。

1. 固体基质的作用

固体基质的作用主要表现在：

（1）支持锚定植物。要求作物在固体基质中扎根生长时，不下沉和倾倒。

（2）保持水分。要求固体基质所吸持的水分能够维持在两次灌溉间歇期间不使作物因失水而受害。

（3）透气。要求固体基质能够协调水分和空气两者的关系，以满足作物对两者的需要。

2. 固体基质的选用原则

固体基质的选用主要坚持的是适用性和经济性原则。

（1）适用性原则。适用性是指选用的基质是否适合所要种植的作物。一般来说，容重在 0.5g/cm^3 左右、总孔隙度在 60% 左右、大小孔隙比在 0.5 左右、化学稳定性强、酸碱度接近中性，没有有毒物质的基质，都是适用的。

（2）经济性原则。有些基质虽对植物生长有良好的作用，但来源不易或价格太高，因而不能使用。南方作物茎秆、稻壳等植物性材料丰富，如用它们作为基质则价格便宜。

3. 常用固体基质栽培

（1）砾培。砾培所用的石砾以用花岗岩碎石最为理想。要求质硬、棱角较钝，粒径在 5 ～ 15mm 范围，容重为 1.5g/cm^3 左右，总孔隙占 40% 左右，持水孔隙占 7% 左右。砾培系统包括种植槽、灌排液装置、循环系统等。

营养液灌入种植槽内的液面应在基质表面以下 2 ～ 3cm，不要漫浸基质表面。一般比较标准的石砾，在白天每隔 3 ～ 4 小时灌排液 1 次。在定植幼苗初期，容许灌入营养液后不随即排出，保留 1 ～ 2 小时才排出，以利缓苗发根。

（2）砂培。砂培系统的特征是砂粒基质既能保持足够湿度，满足作物生长需要，又能充分排水，保证根际通光。其营养液供液方式是滴灌开放。实际应用的砂粒以粒径 0.02 ～ 2mm 的细砂或粗砂最为理想。

砂培系统包括固定式种植槽、滴灌系统。滴灌装置由毛管、滴管和滴头组成，每一植株有一个滴头，务求同一行的各植株的滴液量基本相同。所用营养液需要经过一个装有 100 目纱网的过滤器，以防杂质堵塞滴头。

在选定营养液配方时，宜选生理反应比较稳定的、低剂量的配方。在正常情况下（吸水吸肥同步），可根据作物对水分的需要来确定供液次数，每天可滴灌 2 ～ 5 次，每次要灌足水分。

（3）岩棉培。岩棉是一种用多种岩石熔融在一起，喷成丝状冷却后黏合而成的疏松多孔可成型的固体基质。植物根系很容易穿插进去，透气、持水性能好。岩棉培一般采用滴灌技术。

（五）水培

水培的主要特征是植物的根系不是生活在固体基质中，而是生活在营养液中。要使水培能够成功，其设施必须具备四项基本功能：①能装住营养液而不会漏掉；②能锚定植株并使根系浸润到营养液；③能使营养液和根系处于黑暗之中；④能使根系获得足够的氧。

用于大规模生产的水培技术，概括起来有两大类型：一是深液流技术（DFT），二是营养液膜技术（NFT）。这两大技术的主要区别在于，前者所用营养液的液层较深，植株悬挂于液面上，其重量由定植网框或定植板块所承载，根系垂入营养液中；后者所用液层很浅，植株置放于盛液槽的底面，其重量由槽底承载，根系平展于槽的底面，让营养液以很薄的液层流过。

1. 深液流技术

深液流技术是最早开发成可以进行农作物商品生产的无土栽培技术，现已成为一种有效实用的、具有竞争力的水培生产技术。其特点是：①液量多而深，营养液的浓度（包括总盐分、各种养分、溶存氧等）、酸碱度、水分存量都不易发生急剧变动，为根系提供了一个较稳定的生长环境。②植株悬挂于营养液的水平面上，使植株的根颈（植物主茎的基部发根处）离开液面，而所伸出的根系又能触到营养液，这样防止根颈浸没于营养液中而导致腐烂。③营养液要循环流动，以增加营养液的溶存氧，带走根表有害的代谢产物，消除根表与根外营养液的养分浓度差，使养分能及时送到根表等。

2. 营养液膜技术

营养液膜技术不用固体基质，营养液仅为数毫米深的浅层，并在槽中流动，作物根系一部分浸在浅层营养液中，另一部分则暴露于种植槽内的湿气中，只要维持浅层的营养液在根系周围循环流动，就可较好地解决根系呼吸对氧的需求。这种技术采用的种植槽是用轻质的塑料薄膜制成的，在大大降低投资成本的同时，还可使设备的结构合理、轻便、简单。

（六）无土栽培的环境保护设施

无土栽培是设施农业栽培中的一种高效技术。它之所以较土壤栽培高产、优质和高效，不仅是因为无土栽培设施本身有调控作物根际环境的功能，还有与其配套的温室、大棚等环境保护设施，使作物的地上部生长条件同地下部一样都处于最佳状态。

常用来作为无土栽培的环境保护设施有玻璃温室、塑料日光温室、大棚、防雨棚和遮阳网覆盖等，其中主要是塑料日光温室，其次还有一定面积的玻璃温室。

第八节　作物（简化）轻型高效栽培技术

所谓作物（简化）轻型栽培技术是指在传统栽培（生产）技术基础上，科学地简化某些栽培环节和技术措施，以降低劳动强度，提高劳动生产率，降低生产成本，提高经济效益的栽培（生产）技术。

作物（简化）轻型高效栽培技术主要包括少（免）耕（简化）轻型高效栽培技术、（简化）轻型高效直播技术、（简化）轻型高效施肥技术、（简化）轻型高效机械化技术及其他类型的轻型栽培技术（如再生栽培、宿根栽培、水稻抛秧栽培）等。

一、少（免）耕（简化）轻型高效栽培技术

（一）农作物少（免）耕（简化）轻型栽培的理论依据

在一定的生产周期内，在常规耕作基础上尽量减少土壤耕作次数或全田间隔耕种、减少耕作面积的一类耕作方法，称为少耕法。不进行任何的土壤耕作，而是采用生物措施与化学措施来代替机械物理措施的一种耕作方法，称为免耕法。

1. 少（免）耕法具有的优点

与常规耕作方法相比，少（免）耕法具有以下优点：

（1）少（免）耕法能为作物创造一个紧实适宜的土壤耕作层。

（2）少（免）耕土壤有较强的抗灾能力。

（3）少（免）耕土壤的土壤养分和有机质含量高。

（4）少（免）耕法能保护土壤表层结构。

2. 少（免）耕法的增产机理

少（免）耕法的增产机理主要表现在如下几方面：

（1）有利于提高土壤的蓄水保水能力。因残茬覆盖，可减弱太阳对土壤的直接辐射作用，减少水汽蒸发，同时土壤中的植物根系及腐烂后形成的有机质，使土壤呈现许多大孔隙。

（2）能适时早播，培育壮苗，促进早发。因减少农耕时间，可早播，免耕土壤因墒情好，播种深浅适宜，种子出苗快，植株生长繁茂。

（3）利于提高土壤养分的利用率。因施肥多施于土表，且残枝落叶位于土表，故土表残留养分多，土壤速效磷和碱解氮较高。

（4）可防止水土流失和风蚀。因地表存在覆盖物，可减缓雨水直接冲刷。

（5）可降低土温效应和减缓水分蒸发。因土壤紧实和地表覆盖物存在，故土壤内外空气交换缓慢，且地表免于阳光直射，故土温稳定。

（6）能提高土壤中的有机质含量，促进土壤的团聚作用。

（二）农作物各类少（免）耕（简化）轻型栽培方法

少（免）耕方法很多，一般可分为水田少（免）耕法、旱地少（免）耕法和砂土田少（免）耕法三种。由于砂土田少（免）耕法主要应用于我国西北干旱地区，在此不做介绍。

1. 水田少（免）耕法

水田少（免）耕法，具体有如下三种方式：

（1）水田自然免耕法。水田自然免耕法，就是改传统的淹水平作种稻和排干水后种麦、油菜为半旱垄作种稻、麦、油菜，沟内蓄水养鱼。结合少（免）耕措施，垄上土壤长期保持湿润状态，这样既能保证作物生理所需的水分，又能使土壤结构逐渐变好，土壤中的水、肥、气、热稳定协调。

（2）撬窝免耕法。这是平原、丘陵地区稻作物所采用的免耕形式。该方法只要注意多施有机肥或结合秸秆覆盖，产量就基本不会降低。此方法较适合在黏土地区推广应用。

（3）少（免）耕直播栽培法。少（免）耕直播栽培法包括旱直播栽培法和水直播栽培法两种。采用少（免）耕直播栽培法后，田中的有机质和氮素比常规耕翻田有所增加，土壤通气性也有所改善，作物产量与耕翻田无显著差异。

2. 旱地少（免）耕法

这里仅介绍比较常用的板茬播种法，即在前作水稻让茬后，不经耕翻整地，便开沟或打穴直接播种。此种方法由于省力、省工、省成本，能争取季节，适时播种，避免乱耕乱种，有利于保墒防旱，便于田间管理，并可提高作物产量。

二、再生稻栽培技术

再生稻是在头季收割后，由稻桩上的休眠芽萌发长成的稻株，经适当培育，抽穗结实，再收获一季。由于蓄留再生稻不需要再播种、育秧和整田、栽秧，能省工、省种、省肥、省秧田，经济效益和劳动生产率均高，而且生长季节短，可充分利用晚秋光热资源增种一季稻谷，提高复种指数和土地利用率，既增加全年粮食产量，又增加农民经济收入。再生稻栽培技术的关键技术要点如下。

（1）选用良种，合理布局。再生稻一般宜在海拔 350m 以下，9 月上旬平均气温不小于25℃、中旬平均气温不小于22℃、下旬平均气温不小于21℃，秋季光热条件较好的地区。各地应根据当地的生态特点，选择水源条件较好、肥力中等以上的田块，并相对集中成片蓄留。目前主要是利用冬水田发展杂交中稻－再生稻，也有部分水旱轮作田发展油菜（或小麦、绿肥等）－杂交中稻－再生稻。

发展再生稻对品种的要求较高，涉及两季作物。应选用头季产量高，生育期适当，茎秆粗壮不倒伏，根系活力高，特别是再生能力强的品种。各地应根据当地实际，搞好品种搭配，选用1～2个主栽组合，搭配1～2个适应性强、抗病性好的高产组合，避免品种的单一化和多乱杂。

（2）种好头季，打好基础。首先，适时早播早栽，确保再生稻安全齐穗。其次，改进种植方式，合理密植。采用宽行窄株或宽窄行种植，促进再生芽的萌发生长。深脚田、烂泥田和大肥田应采用半旱式栽培，改善土壤通透性，增强根系活力。最后，合理施肥灌水，搞好病虫防治。一般每公顷施纯氮120～150kg左右，配合磷、钾肥，增施有机肥，采用重底早追施肥法，做到头季稻青秆黄熟。有水源保证的地方，要实行浅灌，防止深灌，分蘖末期适当晒田，控苗促根，增强根系活力。水源条件较差的地方，要特别注意抢蓄伏前雨，以确保头季稻高产稳产和再生芽正常发育、发苗的用水需求。要加强病虫防治，特别是对危害茎叶和再生芽萌发生长的纹枯病、稻瘟病、螟虫、稻飞虱、叶蝉的防治，为再生稻多发苗、多成穗创造条件。

（3）适时施好促芽肥，补施长苗肥。头季齐穗后适时适量施用促芽肥，可减少再生芽的死亡率，促进再生芽的萌发生长。一般在头季齐穗后15天左右，每公顷施尿素112～180kg。

头季收后应及时补施长苗肥，以改善再生稻植株的营养状况，从而提高结实率和穗实粒数，有利于形成大穗。长苗肥的施用量和所占的比例视施肥水平而定，在低肥水平（每公顷施尿素75kg左右）下，宜全部施促芽肥，不施长苗肥；在中肥（每公顷施尿素150kg左右）下可用75%的肥料作促芽肥撒施，其余作长苗肥撒施；在高肥（每公顷施尿素225kg以上）下可用60%左右的肥料作促芽肥撒施，40%左右的肥料作长苗肥撒施。

（4）适时收获，高留稻桩。头季稻一般以九成黄至完熟收获较适宜。也可以看芽收获，以70%左右的再生芽长度达5cm以上时收获为宜。

收获时适留高桩可以增加母茎节位，增加保留的再生芽数。一般以能保留大部分倒二芽为度，目前的杂交品种以33～40cm为宜。头季收获后应及时搬走稻草，扶正稻桩。

（5）加强田间管理。首先，管好田水。保持浅水灌溉，不能干旱，特别是发苗期和抽穗杨花期。如遇连晴高温天气，可用清水泼稻桩，降温保湿、保芽促苗。其次，防治病虫。如发现稻飞虱、叶蝉、蝗虫等危害，可用氧化乐果、敌敌畏等及时防治。最后，化控技术。头季齐穗后15天施用浓度为40mg/kg左右的赤霉素，可以促进再生芽的萌发生长，具有显著的增苗增穗作用；在再生稻始穗期，对叶面喷施浓度为40mg/kg的赤霉素也有一定的增产效果。

三、水稻抛秧技术

水稻抛秧技术是指采用塑料软盘营养土育秧，移栽时将秧苗抛向空中，利用秧苗带土的重力，使秧苗根部自由落入田间定植的一种水稻育苗移栽技术。该技术具有省工、省种、省秧田等特点，是一项高效、简化实用的技术，深受广大干部群众的欢迎。

（一）育秧技术

1. 育秧准备工作

（1）选床址。选择排灌和管理方便的地方，若采用旱地育秧，最好选择土层深厚、有机质丰富、疏松肥沃的菜园地作苗床。按大苗 $450m^2/hm^2$、中苗 $300m^2/hm^2$、小苗 $225m^2/hm^2$ 备足苗床用地。

（2）备盘。中小苗秧每公顷本田准备 60cm×33cm、561 孔的塑料秧盘 600 个，中大苗秧准备 450 孔的秧盘 750 ～ 900 个。

（3）配制营养土。一般要求每公顷本田配制营养土 1200 ～ 1500kg。播前一个月取肥沃菜园土，粉碎、整细、过筛，按每 100kg 土壤加复合肥 1.5 ～ 2kg（或者腐熟优质干农家粪 3 ～ 5kg、过磷酸钙 1 ～ 1.5kg）、适量的硫黄粉（用量以能调 pH 值在 5.0 ～ 6.0 为宜），与细土充分拌匀，再用 15 ～ 20g 敌克松兑适量清水进行土壤消毒，然后浇足水分，成堆，盖好薄膜沤制。

（4）秧床准备。播前 3 ～ 5 天整地作秧床，床宽以竖放 2 个、横放 4 个秧盘为宜，床长视秧盘多少而定。秧床先施足底肥，并与土壤充分混匀。水秧床在抹平厢面，稍晾紧皮后，再摆盘。旱秧床在精细整平厢面后灌水，边灌边拌，起浆后抹平，再摆盘。

（5）种子准备。抛秧宜选用反馈调节能力强的大穗型或重穗型品种。每公顷本田准备杂交稻谷种 18 ～ 22.5kg，做好晒种、选种、消毒、浸种和催芽等种子处理工作。秧盘应压入厢面土壤内，避免悬空。

2. 播种

播种期与地膜育秧相同。播种前秧盘内先装 1/3 左右的营养土再播种。播种的方法有三种：一是人工播种，用手均匀地撒播，做到每孔 1 ～ 2 粒种子，然后薄盖一层营养土，刮去盘面多余的土壤，以免串根；二是种土混播，将种子与余下的 2/3 营养土充分混匀后装盘，保证每孔 2 ～ 3 粒种子；三是播种器播种。

播完种后，随即搭拱、盖膜，并在苗床四周理好排水沟，投放鼠药，防治鼠害和鸟害。

（二）抛秧技术

抛秧以小苗抛栽效果最好，产量最高，特别是水育秧。旱育秧的秧苗弹性相对较大，两季田宜采用旱育抛秧。

1. 整田、施肥

抛秧靠秧苗带土的自身重量落入土中，要求本田土壤细、绒、平和水层浅，做到寸水（水深 2 ～ 3cm）不露泥，表层有泥浆。因此应精耕细整，特别是水旱两季田，尽量多犁耙一次。

抛秧田的施肥应重底早追，促分蘖早生快发。一般底肥占 70% 左右，做到有机与无机、氮肥与磷钾肥配合。

2. 抛秧

先调查成秧率和秧苗素质，并结合本田面积、抛栽密度，定盘抛秧，确保基本苗。一般小苗 60 ～ 75 万株 / 公顷，中苗 90 ～ 120 万株 / 公顷，大苗 120 ～ 180 万株 / 公顷。一般采用人工抛栽，小田可站在田埂四周向中间抛栽，抛高 2 ～ 3m，让其自由落下；大田可按 3 ～ 5m 开厢，沿厢沟向两边抛栽，应分厢、分次进行，第一次抛 70% 左右，第二次补抛 20% 左右，第三次再补抛 10% 左右。目前已有专用的抛秧机，可采用机抛。抛栽后应全田检查，匀密补稀，防止成堆成团。

（三）田间管理

1. 管水

抛栽后保持湿润，如遇大晴天可灌浅水保苗，大雨后应排水防浮秧。立苗后以浅水或湿润灌溉为主，促根促蘖，够苗后应及时晒田。以后的水浆管理与手插秧基本相同。

2. 追肥

在施足底肥的基础上，早施分蘖肥；后期巧施穗肥，并增施磷、钾肥，防止倒伏。

其他管理措施与一般大田基本相同。

四、水稻免耕直播秸秆覆盖栽培技术

水稻免耕直播秸秆覆盖栽培技术既可解决秸秆还田培肥地力的问题，又可大大降低劳动强度，提高经济效益。该技术的关键技术要点如下。

（1）选用中早熟品种。选用生育期为 130 ～ 140 天的中早熟品种。

（2）适时早播。直播水稻的播期，因受前茬成熟期的影响，一般播期比常规育秧移栽水稻推迟 40 天左右，生育期缩短。因而，直播水稻的播期对其产量有直接影响，抢时播种，可满足水稻的营养生长，有利于早分蘖，为争穗争粒夺高产打下基础。

（3）整地作畦。待前作小麦收后，铲平高桩麦秆，按 2.67m（8 尺）开厢，理出厢沟与边沟，沟深 16.7 ～ 23.3cm，沟宽 20cm，整平厢面。

（4）化学除草。除草时，每公顷用 50% 扑草净 1875g 兑水 750kg 稀释进行均匀喷施。第一次对田间杂草普遍喷施喷透，2 小时后喷第二次，以防漏喷。

（5）施肥。每公顷用过磷酸钙 750kg、氯化钾 75kg、尿素 300kg、优质农家肥 7500kg，混合均匀撒施于厢面。

（6）灌水和播种。播种前灌水两次，使土壤达到饱和状态，旱直播厢面保持湿润。播前用水稻浸种剂浸种催芽。播种方式为条播。种植方式采用 33.3cm+20.0cm 的宽窄行。每公顷用种量为 45 ～ 60kg，每米播 45 ～ 60 粒。

（7）覆盖秸秆。采用麦秸覆盖，播种后把原田麦秆整秆均匀铺盖在厢面上，覆盖量约 3000kg/hm^2。

（8）田间管理。出苗前保持田间湿润，出苗后以湿润为主或灌浅水，在二叶一心时，用 800 倍敌克松溶液喷雾防立枯病，在 4 ～ 5 片叶时稻田用抛秧宝除草。

在五叶一心时，每公顷追施尿素 75 ～ 120kg，猪粪 600 担。孕穗期至灌浆期保持土壤浅水层，乳熟期后保持湿润。注意病虫害防治。

五、“麦套稻”水稻旱直播技术

“麦套稻”水稻旱直播技术除了具有节省育秧费用、节省秧母田和降低劳动强度外，还具有比麦收后的直播稻提前播种的优点。该技术的关键技术要点如下。

（一）播种及前期管理

在小麦灌浆中、后期，将稻种筛选并晒种，每公顷用种量为 105kg。播种前 3 天用水稻浸种剂浸种，当 20% ～ 50% 破胸露白时将稻种从麦浪上均匀撒向麦田，并推动麦秆，使稻种落田。播种后当天下午实施齐苗水灌溉。经 20 ～ 30 天的共生期后，留茬 30cm 收割小麦穗子。麦收后初灌和第一次施肥同时进行，6 月中、下旬化学除草。麦套稻技术中水稻生育中期应以水肥促进为主，且注意干湿交替。

（二）科学运筹水肥、严防病虫草害

1. 管水要点

（1）麦田套播后立即实施淹灌，要求一次性灌透，淹没麦田高墩，促使稻种与麦田土壤密接，保障扎根立苗对水分的要求，淹灌后必须迅速排水，确保第二天日出前沟内无水。

（2）麦收后立即灌跑马水一两次，使长期旱长稻苗安全渡过过渡期，避免青枯死苗。

（3）分蘖期薄水勤灌，不要轻易断水。

（4）拔节至穗分化期，原则上以水肥促进为主，但长势偏旺，茎蘖苗过大者，可适当露田，但不重搁田。

（5）灌浆结实期干湿交替，确保有充分的水分供给，特别是临近成熟前切忌早断水。

2. 肥料施用

原则上："少吃多餐，平衡促进"。全生育期共施 5 次肥，其中分蘖肥 3 次，占总氮肥的 50% ～ 60%；穗肥 2 次，占总氮肥的 40% ～ 50%。小麦收后水稻分蘖启动期结合灌水，每公顷用有机肥 7500kg、碳铵 450kg、磷肥 600kg、氯化钾 75kg、硫酸锌 22.5kg 全田撒施；分蘖中期每公顷用碳铵 225kg 兑水粪泼施；分蘖后期每公顷用碳铵 150kg 兑水粪泼施；促花肥每公顷用尿素 90kg、氯化钾 60kg 撒施；保花肥每公顷用尿素 1.5kg 和磷酸二氢钾 7.5kg 兑水 750kg 喷施。

3. 严防病虫草害

（1）严防稻瘟病。每次每公顷用 20% 三环唑粉剂 1.5g 兑水 750kg 喷施。

（2）重视纹枯病。7 月中、下旬每公顷用 5% 的井岗霉素水剂 3000ml 兑水 750kg 喷施植株基部。

（3）普治螟虫。每公顷用杀虫双水剂 4500ml 兑水 750kg 喷施。

（4）化学除草。6 月中、下旬每公顷用抛秧宝 15 包进行化学除草。

六、小麦免耕机播稻草覆盖栽培技术

小麦免耕机播稻草覆盖栽培技术是指在免耕的基础上用播种机表播，再用稻草整秆或切碎覆盖麦田的一种（简化）栽培方法。该技术具有改良土壤、保温保湿、减轻草害、提高播种质量、减轻环境污染、增产增收、操作简便等优点，特别适合稻后麦。该技术的关键技术要点如下。

（1）选用优良种。现在生产上主推的优良种如绵阳 26、绵阳 29、川麦 30、94-335 等均适合覆盖栽培。

（2）播种。选择当地最适高产播种期播种。净作每公顷用种量为 120 ～ 150kg，套作每公顷用种量为 90 ～ 120kg。播前用除草剂除草并铲高补低整平，然后用播种机定量播种或用喷粉机均匀喷撒种子。

（3）施肥。遵循“重氮保磷钾、看苗施追肥”的原则。实行底追一道清，净作麦每公顷用尿素 300 ～ 375kg 或碳铵 900 ～ 1050kg，磷肥 450 ～ 600kg，氯化钾 75 ～ 150kg，水粪 750 担；套作麦每公顷用尿素 270 ～ 345kg 或碳铵 750 ～ 900kg，磷肥 450kg，氯化钾 120kg，水粪 600 担。磷、钾肥全部作底肥撒施，氮肥加入水粪在覆盖稻草后泼施。1 月上旬看苗追施拔节肥，对二类苗（一般苗）、三类苗（弱苗）每公顷用尿素 45 ～ 75kg 兑入水粪施用。

（4）精细覆盖。每公顷用干稻草 3750 ～ 4500kg 或堆沤后的稻田秸秆均匀覆盖整个麦田，要求行间多盖，种子少盖不外露。

（5）加强田管、综防“三害”。“三害”主要是指湿害、草害和病虫害，其防治措施如下。

①湿害。两季田在水稻散籽后应及时开沟排水。收获后应理沟排湿，2 ～ 2.33m 开厢，主沟深 0.5m、围沟深 0.4m、厢沟深 0.27m，做到沟沟相通，排水畅通。

②草害。播前半月每公顷用 50% 扑草净 1875g 兑水 750kg 喷施，做到不重不漏。

③病虫害。重点是小麦生育后期，防好蚜虫、白粉病、赤霉病、纹枯病。防治方法：

a. 每公顷用 50% 多菌灵 1.5kg 或甲基托布津 750 克加 40% 氧化乐果 750 ～ 1125ml，兑水 600 ～ 900kg，喷施防治赤霉病、白粉病、蚜虫。

b. 每公顷用 50% 的井岗霉素水剂 3000ml 兑水 600 ～ 900kg 喷施防治纹枯病。

七、油菜免耕稻草覆盖栽培技术

油菜免耕稻草覆盖栽培技术既可省工、省力、降低成本，简便实用，增产增收，又可使稻草还田，培肥地力。该技术的关键技术要点如下。

（1）选用优良杂交种。优良杂交种蓉油 3 号和 4 号、川油 15 号和 16 号、渝油 18 等均适合稻草覆盖栽培。

（2）种植方式。油菜免耕稻草覆盖栽培技术有两种种植方式：直播、育苗移栽。

①直播。9 月中下旬直接将油菜种子播种在稻桩边，用切碎的稻草覆盖田块。公顷用种量 6kg，稻草 3000 ～ 3750kg。幼苗在二叶一心时定苗、匀苗，保证每公顷株数为 15 万株。

②育苗移栽。水稻收获后，每公顷用稻草或切碎的稻草 3750kg 均匀覆盖于水稻田。9 月中旬稀播育苗，在四叶一心时，拨开稻草撬窝移栽。要保证每公顷植 13.5 ～ 15 万株。栽后用清粪水定根。

（3）施肥。遵循“重施底肥、看苗早施苗肥、追施开盘肥、补施微肥”的原则，每公顷用油枯 225kg、碳铵 750kg、磷肥 450kg 作底肥；11 月上旬看苗情早施苗肥，每公顷用水粪 450 担加尿素 45 ～ 75kg；12 月上、中旬每公顷用尿素 75kg、氯化钾 75kg、水粪 450 担，重施开盘肥；初花期巧施花肥，每公顷用 2250g 硼肥兑水 750 ～ 900kg 叶面喷施，促进角果多、粒多、粒重。

（4）防除“三害”。①湿害。两季田在水稻散籽后，及时开沟排水。收获水稻后，按 2m 开厢，主沟深 0.5m，围沟深 0.4m，厢沟深 0.267m，做到沟沟相通，排水畅通。

②草害。播前半月或移栽成活后，每公顷用 50% 扑草净 1875 克兑水 750kg 喷施。

③病虫害。苗期主要防治蚜虫、菜青虫、霜霉病。每公顷用 2.5% 敌杀死 200ml 加一

遍净 150 克和杀毒矾 1.5kg 兑水 750 ～ 900kg 喷施。初花期重点防菌核病，每公顷用 750 克甲基托布津或 50% 多菌灵兑水 750 ～ 900kg 均匀喷施。

（5）及时收割。油菜收获期较短，以油菜终花后 25 ～ 30 天为宜，抓紧晴天抢收，确保丰产丰收。

八、棉花直播轻型高效栽培技术

直播棉花可迟播早收，可避过早春低温阴雨天气，有利于一播全苗和以后的生长发育，开花吐絮集中；直播棉花的生长季节均处在高温时期，生育进程快，开花结铃集中，吐絮高峰时，正值秋高气爽的黄金季节，避开晚秋多雨的不利天气，棉铃失水快，吐絮畅而集中，僵烂铃少，棉纤维成熟好，故皮棉品级均比常规棉提高；直播棉花无须育苗移栽，可省苗床用工。直播棉花开花吐絮集中，可减少采摘用工。棉花直播轻型高效栽培技术的关键技术要点如下。

（1）选用良种。选用早熟高产的优良品种，是直播棉花取得高产的基础。

（2）种子消毒。棉籽通过药剂处理后，能有效地杀死种子所带的病菌和混杂在内部的虫卵，播种后还能在种子外围的土壤中形成保护圈，将土壤附近病菌杀死，减轻苗期病虫害。

种子消毒常用 1000 倍多菌灵液浸种。浸种时应将种子压入药液下 7 ～ 10cm，药剂浸种不仅可消灭棉籽上的病菌，而且由于棉籽吸足了水分，播种后有利于出早苗。

（3）适时早播。直播棉前茬应选择早熟大麦或油菜，且在麦子蜡熟期，油菜八九成熟时要抢时收割。然后在适期范围内抢墒早播。

（4）早间苗、补苗和适时定苗。间苗工作应在全苗后进行。间苗时，拔掉丛生苗、弱苗、病苗，留壮苗，苗距以 3 ～ 6cm 为宜。补苗是保证合理密植，获得平衡增产的关键。一旦发现缺苗断垄，应及早移苗补缺。

（5）合理密植。合理密植是直播棉花调节群体结构的主要手段。“以密补迟”是充分挖掘直播棉花增产潜力的一项重要栽培技术。肥力高的田块，每公顷以 7.5 ～ 8.25 万株为宜；肥力低的田块，每公顷以 9 万株为宜。

（6）科学施肥。在直播棉花的肥料运筹上应把握两个要点：一是控制总氮肥用量，应比移栽棉花少 50%；二是注意施肥方法，应掌握苗期轻、蕾期控、花铃期用肥早的原则，一般苗基肥占总肥料用量的 30% ～ 40%，后期肥占 60% ～ 70%。

（7）早整枝。直播棉苗长势旺，能长 3 个左右的营养枝，比移栽棉多，且长在主茎的最下部。因营养枝不能直接着生花、蕾，徒耗养分，且能加重棉田的荫蔽程度，因而应及早除去。

（8）防治病虫。直播棉花播种迟，出苗晚，生育期短，可避开地老虎、棉蓟马的危害高峰期，也可大大降低第二代棉铃虫的危害程度。但因为直播棉花生长嫩绿，第三代棉铃虫、第三代红铃虫、红蜘蛛等发生多，危害严重，因此，应及时防治。

九、（简化）轻型高效机械化技术

四川盆地冬无严寒，夏无酷暑，一年四季均适宜农作物生长，作物种类多，相互之间生长期衔接紧。为了不违农时，降低劳动强度，可在机械化中寻求出路。

（1）整地。用小型耕作机整地，工作效率可比人畜力提高 10 倍以上，而且作业的质量更高。

（2）播种。传统播种方式中，不论是撒播还是点播，其播种深浅很难达到一致，播种量也难以控制，速度相当慢，且劳动强度大。若用机播，则可做到保质、保量、省时、省力。

（3）病虫草害防治及施肥。手动、机动喷雾器和喷粉器的大量使用，给农民带来了极大的方便。化肥深施器的推广应用，降低了化肥的损耗，提高了作物对化肥的利用率，而且可在不便于施肥处派上用场。

（4）收获脱粒。联合收割机可同时完成收割与脱粒，既节约了时间，又省掉了其他脱粒工序，比较理想。但是，它只能限于交通方便的平坝地区，至于川中丘陵区和盆地周围山区则需采用人工收割或割晒机收割后，再用脱粒机进行脱粒。

第九节　收获技术

收获是作物生产的最后阶段，收获适期和收获方法不仅会影响作物的产量，还会影响作物的品质。

一、收获适期的确定

作物生长到一定生育期后，体内特别是收获器官中的淀粉、脂肪、蛋白质和糖类等物质的积累达到一定水平，外观上也表现出一定的特征时（表 3-12），即可收获。适时收获是保证作物高产、优质的一个重要环节。作物收获不及时，往往会因气候条件不适，如阴雨、低温、风暴、霜雪、干旱、暴晒等引起发芽、霉变、落粒、工艺品质下降等损失，并影响到下茬作物的播种或移栽。相反，收获过早则会因作物未达到成熟期，带来作物产量下降和品质变劣。因而，及时适时收获尤为重要。

各种作物的成熟，可分为生理成熟和工艺成熟。作物的收获期，因作物种类、产品用途、品种特性、休眠期、落粒性、成熟度、天气状况而定，但农活和劳动力松紧情况也会影响作物的收获。

（1）种子、果实的收获适期。禾谷类、豆类、花生、油菜、棉花等作物其生理成熟期即产品成熟期。禾谷类作物穗子在植株上部，成熟期基本一致，可在蜡熟末至完熟期收获。棉花、油菜等由于棉铃或角果部位不同，成熟度不一。棉花在吐絮时收获，油菜以全田 70% ～ 80% 植株的角果呈黄绿色、分枝上部尚有部分角果呈绿色时为收获适期。花生、大豆以荚果饱满、中部及下部叶片枯落，上部叶片和茎秆转黄为收获适期。

（2）以块根、块茎为产品的收获适期。甘薯、马铃薯、甜菜的收获物为营养器官，地上部茎叶无显著成熟标志，一般以地上部茎叶停止生长，并逐渐变黄，地下部储藏器官基本停止膨大，干物重达最大时为收获适期。同时还应结合产品用途、气候条件而定。甘薯在温度较高条件下收获不易安全储藏；春马铃薯在高温时收获，芽眼易老化，晚疫病易蔓延；低于临界温度收获也会降低品质和储藏性。

表 3-12　主要作物收获适期的形态特征

作物	产品器官（用途）	形态特征
水稻	籽粒（食用）	茎叶带绿色，穗枝梗呈黄色，谷粒 90% 变金黄色
小麦	籽粒（食用）	全株变黄，茎秆仍有弹性，籽粒黄色稍硬
玉米	籽粒（食用、饲用）	茎叶变黄，苞叶干枯，籽粒硬化有光泽，黑层形成
玉米	全株（饲用）	茎叶尚呈绿色，籽粒达正常大小，内含物开始呈糊状
大豆	种子（食用、油用）	叶片大都已脱落，茎秆开始干枯，手摇植物荚中有响声
甘薯	块根（食用）	气温降至 15℃，茎叶生长和块根膨大停止
马铃薯	块茎（食用）	茎叶逐步枯黄，块茎易与匍匐茎分离，周皮变硬而厚
棉花	种子（纤维）	铃壳干缩裂开，向外卷曲，籽棉松散，露出铃外
麻类	韧皮部（纤维用）	中部叶片变黄，下部叶脱落，易于剥制
花生	种子（油用）	上部叶片变黄，荚壳变硬，内膜呈黑褐色，种皮发红
油菜	种子（油用）	2/3 角果呈黄色，主花序基部角果变黄百色
甘蔗	茎（糖用）	蔗叶变黄，新生叶数少，叶形狭小、直立
甜菜	块根（糖用）	气温降至 5℃，外围叶变黄枯萎，中层叶呈黄绿色
烟草	叶（烟用）	叶色变淡，叶面茸毛脱落有光泽，主脉发亮变脆
牧草	全株（饲料、肥料）	豆科牧草在初花期，禾本科牧草在抽穗期

（3）以茎秆、叶片为产品的收获适期。甘蔗、烟草、麻类等作物的产品也为营养器官，其收获常常不是以生理成熟为标准，而是以工艺成熟为标准。甘蔗一般在蔗糖含量最高，还原糖含量最低，蔗汁最纯、品质最佳，外观上蔗叶变黄时收获，同时结合糖厂开榨时间，按品种特性分期砍收。烟叶一般由下往上逐渐成熟，其特征是叶色由深绿变成黄绿，厚叶起黄斑，叶片茸毛脱落，有光泽，茎叶角度加大，叶尖下垂，主脉乳白、发亮变脆等。麻类作物等以中部叶片变黄、下部叶面脱落、纤维产量高、品质好、易于剥制为工艺成熟期，也就是收获适期。

二、收获方法

作物的收获方法同作物种类而异，目前主要有以下几种。

（1）刈割法。禾谷类作物多用刈割法收获。目前我国大部分地区仍以人工收获为主，即用镰刀收割后再进行人工或机械脱粒；在机械化程度较高的一些地区，则采用机械收割后脱粒或联合收割机进行收获。日前常用的收获机械有联合收割机、割晒机、水稻脱粒机等。另外，一些牧草作物也用刈割法收获。

（2）摘取法。摘取法主要为棉花、绿豆等一些成熟期比较长的作物所采用。由于棉花植株上不同部位的棉铃，成熟时间往往差异较大，为防止产量损失和品质下降，应尽可能做到随熟随收，因此棉花比较适宜于人工采摘。机械收获则较复杂，要求一定株行距，棉株生长一致，株高适度，收获前喷施落叶剂，然后用机械收获。绿豆收获一般根据荚果成熟度，分期分批采摘，集中脱粒。

（3）掘取法。掘取法主要用于甘薯、甜菜、马铃薯等地下块根或块茎等作物的收获。收获时一般先将地上部分用镰刀割去，然后用锄头挖掘。大面积栽培时可用犁翻出块根或块茎或采用薯类挖掘器进行机械收获，效果更好。甘蔗收获要求快锄低砍，不留宿根蔗的可整株挖起，为了提高原料质量，要求蔗头不带泥，茎节不带叶鞘。

三、产后处理和种子储藏

（一）产后处理

作物产品收获后，应根据其用途及时进行处理，以便产品的保管和储藏。产后处理的方法有以下几种。

1. 种子干燥

禾谷类等作物收获后，应立即进行脱粒和干燥，因季节、劳力紧张等原因不能立即脱粒时，应将作物捆好堆垛覆盖，待收获结束后集中脱粒。种子脱粒后，必须尽早晒干或烘干扬净。棉花必须分级、分晒、分轧，以提高品质，增加经济效益。我国南方地区的夏收或秋收季节，常遇阴雨天气，会影响农产品的干燥。因此，必要时应采用人工或机械干燥的方法。种子干燥的要求：禾谷类作物的籽粒含水量不高于 12% ～ 13%，油料作物的种子含水量不高于 9% ～ 10%。

2. 薯类保鲜

薯类作物主要以食用为主，民食习惯一般为鲜薯，因而薯类的保鲜极为重要。由于薯块体大皮薄，含水量高，组织柔软，极易在收、运、储的过程中损伤，感染病菌，遭受冷害，造成储藏期间的腐烂损失。薯类保鲜必须注意三个环节：一是在收、运、储的过程中要尽量避免损伤破皮；二是在入窖前要严格选择，剔除病、虫、伤薯块；三是加强储藏期间的管理，特别要注意调节温度、湿度和通风。

3. 产品初加工

甜菜、甘蔗、麻类、烟草等经济作物的产品，一般需加工后才能出售。甜菜收获后，块根根头，特别是着生叶子的青皮含糖量低、制糖价值小，必须切削。同时，切除干枯叶柄和不利于制糖的青顶和尾根，然后尽早向糖厂交售。甘蔗的蔗茎在收获前应先剥去蔗叶，收获后再切去根、梢，打捆装车抓紧交售。

麻类作物在收获后，应先进行剥制和脱胶等加工处理，然后晒干、分级整理，即可交售或保存。烟草因晒烟、烤烟等种类的不同，其处理方法也不同。晒烟在收获后，通过晒、晾使鲜叶干燥、定色，有的还需发酵调制后，才可作为卷烟原料出售或直接吸用。烤烟则需通过烤房火管加热调制后，才可作为卷烟原料出售。

（二）种子储藏

种子是作物再生产所需的重要生产资料。种子储藏是指在一定条件下存放，保持其生活力和纯度，并防止虫、霉、鼠、雀等危害。

1. 种子寿命

种子从生理成熟到生命力丧失的生活期限称为种子寿命。种子储藏的目的是最大限度地延长种子寿命。种子寿命既受种子本身的遗传基因控制，又与种子的成熟度、饱满度、机械损伤度有关，而温度和湿度则是影响种子寿命的重要外因。控制储藏期间的温度和湿度对于延长种子寿命十分重要。不同作物种子，储藏期间要求的适宜温度和湿度不同。大多数作物种子，降低储藏温度和湿度能延长种子寿命。

2. 储藏技术

种子安全储藏主要着眼于控制种子水分和仓库的湿度。在种子储藏期间，要建立种子保管制度，定期、定点检查库内温、湿度的变化和种子含水量。如果发现不正常情况，应立即采取措施，如通风、降温、散湿、熏蒸等。

以营养器官为播种材料的甘薯、马钟薯、甘蔗等作物，其种薯、蔗种等的储藏通常需要较高的温、湿度和较好的通风条件。生产上大都采用特制的储藏窖进行储藏。

第十节 灾后应变栽培技术

一、霜冻后的应变技术

（一）霜冻的类型及霜冻对作物的危害

1. 霜冻的类型

根据霜冻发生的时期，可将其分为秋霜冻（早霜冻）、春霜冻（晚霜冻）和夏霜冻三类。秋霜冻是由温暖季节向寒冷季节过渡时期发生的霜冻，主要危害秋作物和蔬菜。春霜冻是由寒冷季节向温暖季节过渡时期发生的霜冻，主要危害早春作物（如小麦、油菜等）。夏霜冻主要危害高寒地区的春小麦。

2. 霜冻对作物的危害

霜冻对作物的危害并非霜本身，而是低温引起的冻害。在低温条件下，作物细胞间隙往往发生结冰现象（胞间结冰）。胞间结冰对作物的危害有两种情况：一是引起细胞原生质体强烈脱水，导致其胶体凝固，使细胞萎蔫，甚至死亡；二是对细胞原生质体的挤压、刺破作用造成细胞机械损伤甚至死亡。有时细胞受伤虽未致死，但作物不能正常生理代谢以致生长不良。有的植株发生霜冻后短期难见其危害，但经一段时期后，可发现其生长缓慢、株体矮小，甚至全株逐渐枯死。

（二）对灾情和后效的评估

霜冻发生后，首先要进行调查，对不同作物的受害类型、受害日期、受害面积及受害程度做出准确的判断分析。特别要注意对隐蔽性的伤害及其后效的观察和分析，重视作物关键部位（如生长点、基干、根系等）的受冻情况。其次要根据调查的结果，并参照霜冻划分标准确定作物属于何种霜冻级别（表 3-13）。最后要根据判断分析的结果，对其减产程度和恢复能力做出正确的评估，为制定补救措施提供依据。

表 3-13　霜冻级别的划分标准

级别	类型	受害状态
一级	轻霜冻	叶尖、叶片轻微受冻但能恢复，对正常生长影响不大
二级	中霜冻	叶片大部分冻枯，部分植株倒伏
三级	重霜冻	地上部茎叶几乎全部冻死

（三）霜冻后补救措施

1. 改种其他作物

作物遭受霜冻后如何补救要计算其经济效益，对于霜冻发生晚、灾情严重、热量条件紧张、劳动力不足的地区，保留作物进行水肥管理虽能获得一定收成，但费工较多且延误下茬播种，造成下茬减产。在这种情况下，应当机立断，改种其他生育期短的作物或改种生育期稍长的下茬丰产品种，其经济效益可能更好些。因此，适时改种其他作物是值得重视的一种补救措施。

2. 灾后要防止人为加重伤害

有的地区农民在灾后用绳拉霜、扫霜或刈割、耧耙等，这些都是没有科学依据的，因为使作物受害的并不是白霜，相反，白霜的形成多少还可起一点缓冲作用。上述做法只能加重机械损伤而不利于恢复生长，必须予以避免。

3. 霜后遮阳防日晒

霜冻发生后，日晒温度上升快，会加重伤害，并不利于恢复生长。因而，对于部分作物（如蔬菜）发生霜冻后应采取遮阳措施（如覆盖遮阳网）。

4. 灾后应加强管理

作物发生霜冻后已大伤元气，应大力加强栽培管理，促进其尽快恢复生长。措施如下：

（1）加强水分管理。霜冻后部分叶片脱水萎缩，应及时浇水促使受冻的细胞组织恢复膨压和生长。

（2）松土。霜冻后地温较低，应在浇水后及时松土，以促进根系发育和养分转化，并提高地温和保墒，给作物恢复生长创造一个良好环境。

（3）追肥。作物遭受霜冻之后，及时合理追肥可以获得较好收成。追肥时应注意两点：一是肥料用量不宜过多，否则会导致“烧苗”或后期“贪青”；二是与浇水相结合。

（4）分批收获。由于作物遭受霜冻程度不同，恢复生长有快有慢，因而作物遭受霜冻后成熟往往不整齐，最好成熟一片收获一片，不宜同时收获。

二、雹灾后的应变技术

（一）雹灾的危害

雹灾对作物的危害主要有三个方面：一是砸伤，重者砸断茎秆，轻者造成叶片损伤；

二是冻伤，由温度极低的雹块积压在作物周围造成作物冻伤；三是地面板结，冰雹的重力打击，造成地面严重板结、土壤不透气，带来间接危害。另外，伴随冰雹出现的暴风，也会造成作物茎叶折损，植株倒伏，从而加重危害。

（二）雹灾灾情的评估

作物遭受雹灾后，首先应调查其受灾日期、受灾状况及受灾面积。其次应根据作物受灾状况划分不同类别。雹灾程度一般可分为：轻雹灾、中雹灾和重雹灾三级。最后应根据调查分析的结果，对雹灾作物的恢复能力和减产程度做出准确的评估，以便采取合理的补救措施。

（三）雹灾后的补救措施

1. 补种或重播

当雹灾发生早，作物受灾不太严重时，应及时补种中晚熟品种；当雹灾发生早，作物受灾特别严重时，应及时重播中晚熟品种。

2. 改种

对于雹灾发生晚、灾情严重、劳动力不足的地区，应改种其他生育期短的作物或改种生育期稍长的下茬丰产品种。

3. 灾后要防止人为加重伤害

冰雹砸伤作物之后，要禁止割刈、耧耙残叶断茎，更不要放牧，否则会加重灾后作物的损伤，造成人为减产。

4. 灾后管理

通过对灾情的评估，如确认受雹灾作物有抢救的必要，则应加强栽培管理，促进作物尽快恢复生长发育。主要措施如下：

（1）突击中耕松土。灾后要及早突击中耕松土，先仔细将植株根际板结层松活起来，随后进行株间松土和行间中耕，通气散墒，松土增温，改善不利的环境条件，减少烂根，满足根系生长发育的需要，促使根系尽快长出新根，恢复生长。

（2）及时浇灌。一旦发现受灾作物干旱缺水，就应及时浇灌。浇灌时，应注意每次浇灌的水量不宜太多，且不宜在炎热的中午进行。

（3）适时追肥。为了改善雹灾作物的营养条件，促进其恢复生长，提高其产量，雹灾后应及时追肥。追肥时肥料用量不宜过多，且要与浇灌相结合，否则收效不大。

（4）及时防治虫害。灾后应及时调查虫情，严格掌握防治指标，采取有效防治措施，保证防治效果。

（5）合理整枝。遭受雹灾的棉花、豆类、茄果类等作物，常发生徒长乱长现象，加重花蕾铃荚脱落，特别是受害断头的植株，恢复生长后，新芽丛生，枝叶旺盛，不利于生殖生长。因此应及时合理地整枝，选留适当部位和数量的叶枝，争取早长果枝和现蕾开花。

（6）分批收获。雹灾后作物成熟期很不一致，农民形容为“老少三辈”。因此雹灾作物应分批收获，成熟一批收获一批，以减少损失。

三、涝灾后的应变技术

（1）涝灾的危害。涝灾多发生在沿江、沿河两岸和湖泊洼地等处的作物田块。主要发生在雨季，雨水多，或遇台风暴雨强度大，造成江河上游洪水猛发，中下游又受潮水顶托影响，平原水网径流汇集，退水迟缓，淹浸作物，使作物呼吸作用受抑制而引起生理障碍。同时洪水流速快，夹带泥沙，造成植株为泥沙所埋没、折断、压倒等直接机械伤害，以及器官损伤等。其中以淹没的影响最大，危害最重。

（2）涝灾灾情的评估。作物遭受涝灾后，首先应调查受涝作物种类。其次应调查受灾面积、受灾时期、淹没程度及数量、倒伏程度及多少、埋没程度及多少和叶片受损程度等。最后应对调查的结果进行认真分析，并做出合理的评估以决定去留、补种还是重种。

（3）涝灾后补救措施。涝灾后补救措施如下。

①抢收。已经成熟的作物，应及时抢收。

②排水。作物受涝后应立即进行排水抢救。先排高田，争取苗尖及早露出水面，但在高温烈日期间，必须保留水田作物适当水层，使作物逐渐恢复生机，否则如一次排干，反会加重损失；但在阴雨天，可将水一次排干，有利于作物恢复生长。如果稻苗受淹后，披叶很少，植株生长尚健壮，田面浮泥较多，也可排干搁田，以防翻根倒伏。

③打捞漂浮物和洗苗、扶理。受涝作物在退水时，随退水捞去浮物。同时在退水刚露苗尖时，可用竹竿来回振荡，洗去沾污茎叶的泥沙。一般在水质混浊、泥沙多的地区，可随退水方向泼水洗苗扶理，结合清除烂叶、黄叶，有较好效果；但在平原地区或已进入孕穗中、后期的稻苗，进行扶苗不仅效果不好，反而容易挫伤稻穗。

④补苗。苗期受涝后要进行检查，若发现缺株，要立即补齐。

⑤加强管理。对涝灾作物还应大力加强栽培管理，以促使受灾作物尽快恢复生长。其栽培管理措施如下：

a. 追肥。涝后根据植株生长情况，早施适量速效氮肥，可促进作物快速恢复生长。但氮肥用量不宜过多，否则后期“贪青”，不利开花结实与后茬种植。

b. 看天、看苗科学管水。受涝害作物的株体抗逆性很差，特别是涝后新生嫩苗，更要防止高温、烈日猛晒。高温、晴天排涝时，应该在夜间进行。

c. 防治病虫害。受涝作物恢复生长的过程中，新生的枝叶幼嫩，抵抗病虫害能力较弱，灾后应及时调查病虫情况，严格掌握防治标准，及时采取有效防治措施，确保防治效果。

第四篇　作物栽培各论

本篇主要学习大田作物水稻、小麦、玉米、马铃薯、蚕豆、油菜、烟草、花生等的生长发育规律和栽培技术措施、产后储藏等知识。

（1）初级农艺工掌握以下内容

水稻播种前的种子准备工作内容，水稻的泥水选种和催芽方法，壮秧的特点和壮秧的标准。小麦生育时期的划分，高产小麦对土壤的要求及整地的方法。玉米育苗移栽和套作的好处，应掌握的技术环节和当地的主要间套作方式。马铃薯种薯赤霉素浸种催芽的方法。在蚕豆栽培中，微量元素硼肥的作用和施用方法。油菜培育壮苗的主要技术措施，提高油菜壮苗移栽质量需要掌握的技术要点，油菜对氮、磷、钾、硼的要求及油菜的合理施肥技术。烟草苗床期的管理技术，烟叶采收、绑烟和装烟技术。花生对土壤的要求，花生种子的处理技术。

（2）中级农艺工在初级农艺工的基础上掌握以下内容

水稻旱育秧的技术要领，水稻烂种和烂秧的原因以及防止措施。小麦的底肥和种肥的施用技术，“小窝疏株密植”栽培方式的技术要点。玉米的合理施肥技术，玉米品种（组合）选用的原则。防止马铃薯退化的技术措施。在蚕豆的储藏过程中，预防蚕豆象危害的方法。能够分析油菜适宜的栽插期与产量的关系。衡量烟苗是否健壮的技术指标，烟叶烘烤后分级扎把的方法。花生清棵、摘心、培土、压蔓的作用及操作技术。

（3）高级农艺工在中级农艺工的基础上掌握以下内容

水稻底肥和追肥施用技术，提高水稻栽插质量的技术措施，水稻晒田的作用和晒田技术，水稻本田期的水浆管理技术等。小麦拔节孕穗期的主攻目标，小麦倒伏的原因及防止措施。玉米按生育期和植株形态分类的主要类型。玉米育苗移栽时，培养土的配制方法和苗床管理的要点。高产油菜各生育期的生育特点及主攻目标。明确烟草地为什么要坚持轮作和烤烟打顶抹杈的作用及其技术要点。花生的需肥特点和施肥方法。

（4）农艺工技师在高级农艺工的基础上掌握以下内容

能够分析水稻壮秧和高产的关系，各类壮秧秧苗适合什么条件下采用。水稻催芽的原则，能够分析“干长根、湿长芽”现象背后的机理。水稻需肥规律，水稻合理密植增产的原因及密植原则，水稻本田期各阶段的生育特点和主攻目标。选用小麦良种的原则，小麦的需肥规律及施肥技术，小麦适宜的播种期和播种量的确定等。小麦各生育时期的生育特性和主攻目标等。小麦的阶段发育理论及其在生产上的运用。玉米各生育时期的主攻目标和管理措施，特种玉米的栽培技术要点。马铃薯退化的原因和导致马铃薯退化的病毒的种类。烤烟成熟的特征和烘烤的原理。

第二十五章　水　稻

第一节　水稻的类型

稻在植物学上属禾本科稻属。现在栽培的稻是由野生稻经长期自然选择和人工选择而演变形成的多类型植物。中国科学院院士丁颖等人根据我国栽培稻的起源和演变过程、全国各地品种分布情况及其与环境条件的关系，把栽培稻系统地分为：籼、粳亚种，晚季稻和早、中季稻群，水稻和陆稻型，黏稻和糯稻变种四级栽培品种，如图 4-1 所示。

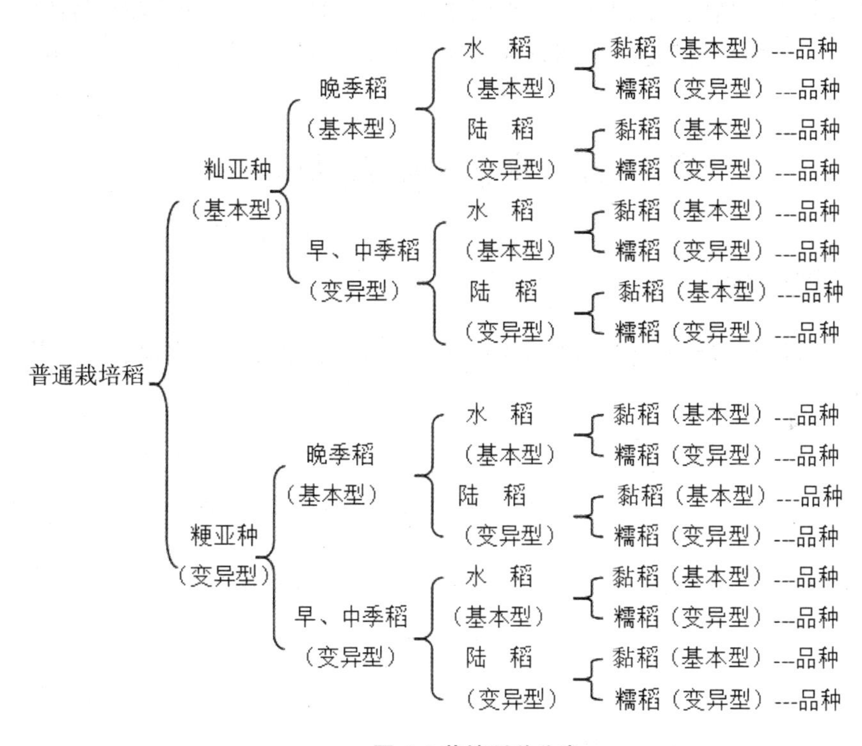

图 4-1 栽培稻种分类

（1）籼稻和粳稻。籼稻和粳稻主要是适应不同地区的温度条件而分化形成的两个亚种。籼稻比较适于高温、强光和多湿的热带与亚热带地区，在我国主要分布于南方各省；粳稻比较适于气候暖和的温带和热带高地，在我国主要分布于北方各省和南方海拔较高的地区。

籼稻和粳稻在特征特性上存在明显的区别。籼稻与粳稻相比，株型较松散，叶片宽大，叶色较淡，叶面多茸毛；谷粒扁长，颖毛稀、短；易落粒；米粒含直链淀粉较多，黏性差，胀性大，发芽速度快，分蘖力较强；耐热耐强光，抗病性较强，但耐肥性、耐寒性、耐旱性相对较弱。

（2）晚季稻和早、中季稻。晚季稻和早、中季稻主要是适应不同日照长度而形成的类型，它们在形态特征和杂交亲和力上无明显差异，但晚季稻对日照长短敏感，在经过一定营养生长后，必须有一定的短日照条件，才能从营养生长转入生殖生长，进入幼穗分化，在长日照条件下，生育期延长，幼穗分化延迟，甚至不能转入生殖生长；早季稻对日照长短反应不敏感，只要温度条件适宜，无论日照长短都能进入幼穗分化；中季稻对日照长短的反应则介于早、晚季稻之间。无论籼稻还是粳稻，都有早、中、晚季稻之分。

（3）水稻和陆稻。水稻和陆稻主要是适应不同水分条件而形成的类型，水稻和野生稻一样，体内有发达的裂生通气组织，由根部通过茎叶连接气孔，以吸收空气补充水中氧气的不足，因此耐涝性强，适于水中生长，为基本型。陆稻则根系发达，耐旱性强，可在旱地栽培，是适应不淹水条件而形成的变异型，但它不同于一般旱地作物，也具有一定通气组织，更适于多雨地带和湿润田块。

（4）黏稻和糯稻。黏稻和糯稻的主要区别在于各自稻米淀粉的种类不同，糯稻米几乎全含支链淀粉，不含或很少含直链淀粉，而黏稻米则含 20% ～ 30% 的直链淀粉，因而黏米煮成饭时胀性大，黏性差，糯米煮成饭时胀性小，黏性强。当与碘溶液接触时，黏米淀粉的吸碘性强，因而呈蓝紫色；糯米淀粉的吸碘性差，因而呈棕红色。

第二节　水稻的生育特性

一、水稻的一生

在栽培上通常把水稻种子萌发到新种子的成熟称为水稻的一生。水稻的一生生育阶段划分见图 4-2。

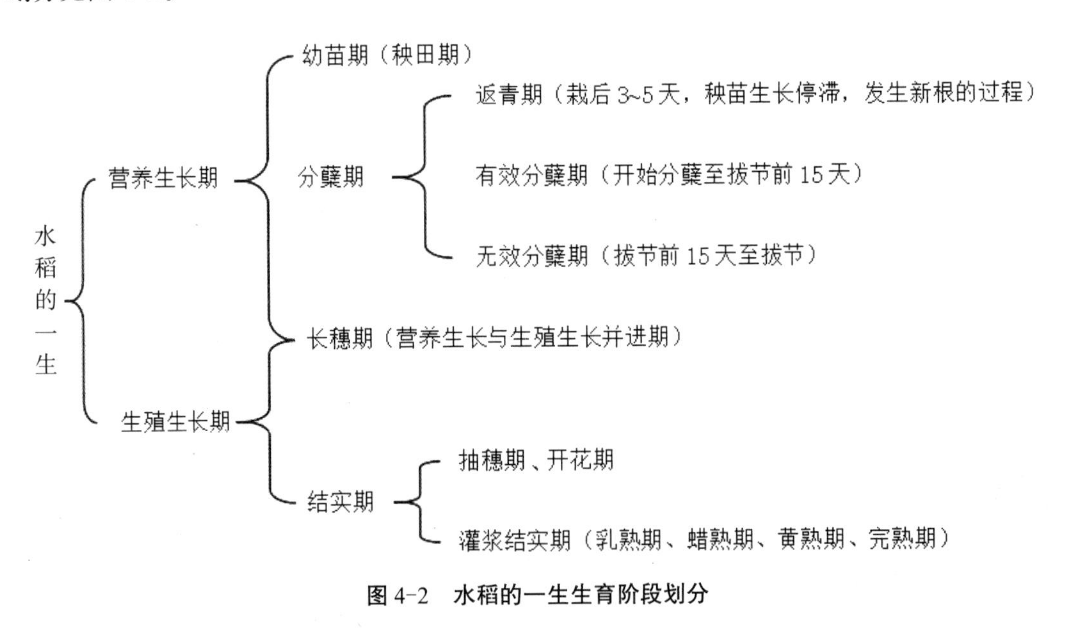

图 4-2　水稻的一生生育阶段划分

二、种子的萌发生长

（1）种子发芽出苗过程。稻种的发芽过程，可分为吸胀、萌动（露白）和发芽（胚芽鞘和胚根伸长）三个阶段。一般以胚根与种子等长，胚芽鞘达种子长度的一半时作为发芽的标准。胚芽鞘不含叶绿素，对胚芽只起保护作用，随后长出含有叶绿素的不完全叶（呈鞘状，无叶片），使秧苗呈绿色，称为"现青"。当长出第一片完全叶时，芽鞘节上开始长出不定根，称为"鸡爪根"。以后随叶龄增大，在不完全叶及第一、二叶节上相继长出不定根。

（2）稻种发芽的条件。稻种发芽必须具备两个基本条件：一是种子本身具有发芽力；二是要有适宜的外界条件，外界环境条件主要是水分、温度和氧气。

水稻源于沼泽地带，种子具有一定的无氧呼吸能力，破胸之前甚至在淹水条件下也能萌发。但破胸以后缺氧就会造成物质和能量的浪费，甚至引起根、芽的酒精中毒。同时，在缺氧情况下，芽鞘的伸长较快，胚根难以生长，所以有"干长根、湿长芽"和"有氧长根、无氧长芽"的说法。当幼苗长到三叶以后，体内的通气组织逐渐形成，根系生长所需的氧气可以由地上部供给，在一定的水层下也能生长良好。

三、根系的生长

水稻的根属须根系，根据它发生的先后和部位的不同，可分为种子根（初生根）和不定根（次生根）两种。种子根只有 1 条，以后从芽鞘节和茎的基部各节上长出的根为不定根，不定根上可发生分枝，是水稻的主要功能根群。

水稻不同生育时期发根力的大小不一样。一般幼苗期的发根力弱，随着叶片数的增加，发根力逐渐增强，移栽后返青期间，因植伤发根力稍有减退，分蘖期由于具有发根能力的茎节数迅速增加，发根力急速增大，至最高分蘖期发根力达最大，拔节后发根力减弱，但支、细根不断增加，抽穗以后分枝根的生长速度也下降，至成熟时停止。

在水稻生长过程中，新根不断地长出，老根也在不断地死亡，根系的颜色和白根的比例是鉴别根系活力的指标。

四、叶的生长

水稻的叶按其形态差异，可分为芽鞘、不完全叶和完全叶，计算主茎叶龄从完全叶算起。完全叶由叶片和叶鞘两部分组成，在其交界处有叶枕、叶耳和叶舌。水稻主茎的叶数因品种和栽培条件而异。一般早熟品种 10 ～ 13 片叶，中熟品种 14 ～ 16 片叶，晚熟品种 17 片叶以上。

水稻主茎各叶一般都是自下而上逐渐增长，至倒数第 2 ～ 4 叶又由长变短，最顶上一叶短而宽，叫剑叶或旗叶，叶片的长短和叶色的深浅常作为营养诊断的指标。

五、分蘖的发生

水稻植株除穗颈节外，各茎节上都有一个腋芽，其中基部节上的腋芽在适宜条件下能萌发长成新茎，称为分蘖。分蘖是水稻的重要特性，对产量的形成具有重要作用。

分蘖的发生与叶片的生长具有一定的相关性，即叶、蘖同伸现象。分蘖一般只发生在近地表、节间未伸长的密集的茎节（称为分蘖节）上，地上部的伸长节一般不发生分蘖。分蘖从母茎自下而上的节位上依次发生，其着生的节位称为分蘖位。在适宜条件下，一株水稻可发生很多分蘖。

分蘖的发生一般开始较慢，以后逐步加快，再然后又逐渐减慢，直至完全停止。大田以开始分蘖的植株达到 10% 时为分蘖始期，达 50% 时为分蘖期，分蘖数增加最快的时期为分蘖盛期，分蘖数达到最高的时期为最高分蘖期，总茎蘖数达到最后实际有效穗数的时期称为有效分蘖终止期。

六、茎的生长

水稻的茎为圆筒形，由节和节间组成，节是出叶、发根、分蘖的中心。茎的基部节间不伸长，节密集于近地表处，其上发根、分蘖，因而称为分蘖节或根节。地上部伸长节间为中空。水稻茎秆的薄壁细胞组织之间有许多气腔，可向地下输送氧气。

水稻地上部伸长节间的生长由下而上依次进行，下部节间开始伸长称为拔节，以基部第一伸长节间长在 1.5 ～ 2.0cm 时作为记载拔节期的标准。水稻进入拔节期后，植株形态也开始发生一些变化，茎基部由扁变圆，俗称“圆秆”；叶片由披散逐渐转向直立，根系也逐渐深扎。

壮秆的形成，一方面应选用良种、培育壮秧以及在分蘖期形成壮株为壮秆奠定基础；另一方面应在分蘖末期、拔节初期适当控制水肥，必要时配合化控技术，适施磷钾肥，抑制基部节间伸长，增加田间通风透光，提高光合能力，增加光合产物积累。

七、稻穗的分化

（1）稻穗的形态。稻穗为圆锥花序，由穗轴、一次枝梗、二次枝梗、小穗梗和小穗构成。穗轴发生分枝形成第一、二次枝梗；小穗由小穗梗、护颖和小花构成，护颖退化只留下一个突（隆）起；一个小穗有三朵小花，但只有一朵小花能结实；结实小花由一个内稃（颖）、一个外稃（颖）、六个雄蕊、一个雌蕊、两个鳞（浆）片组成，雌蕊受精后子房发育成颖果，另外两朵小花退化只留下披针状的外稃（颖）。

（2）稻穗的分化发育过程。水稻幼穗的分化发育是一个连续的过程，为了便于认识和了解，人为地将其分为若干时期，一般采用中国科学院院士丁颖的划分方法，共八个时期：①第一苞分化期；②第一次枝梗原基分化期；③第二次枝梗及颖花原基分化期；④雌雄蕊形成期；⑤花粉母细胞形成期；⑥花粉母细胞减数分裂期；⑦花粉内容充实期；⑧花粉完成期。前四个时期为幼穗形成期（生殖器官形成期），后四个时期为孕穗期（性细胞形成期），由于雌性细胞在子房内不便观察，一般只观察雄性细胞的发育。稻穗进入幼穗分化后，茎的顶端生长锥基部首先形成一个环状突起称为苞（所谓苞就是穗节和枝梗节上的退化变形叶），第一苞着生处是穗颈节；以后依次向上分化出第二、三苞原基。同时，在第一苞的腋部产生新的突起，这便是第一次枝梗原基，一次枝梗原基的分化也是由下而上依次产生的，在分化到生长锥顶端时，基部苞的着生处开始产生白色的苞毛，这标志着一次枝梗原基分化的结束。最上部最后分化出的一次枝梗原基生长最快，在其基部又分化出苞并相继出现二次枝梗原基，然后由上至下从一次枝梗上形成二次枝梗原基。因此就整穗而言，二次枝梗原基的分化顺序是自上而下进行的，即离顶式的；就一个一次枝梗而言则是由下而上进行的，即向顶式的。在下部二次枝梗尚未分化结束时，上部一次枝梗的顶端开始出现瘤状突起，接着分化出退化花外稃和结实小花外稃的弧形突起，进入颖花分化期。颖花的分化就全穗而言是由上而下的，即离顶式的，就一个枝梗而言则顶端小穗最先；然后再由基部依次向上，因而倒数第二小穗最后分化。随着幼穗分化的继续，最先分化的颖花出现雌、雄蕊原基，以后雄蕊分化发育形成花药，花药内形成花粉母细胞，花粉母细胞经减数分裂形成四分孢子体，四分孢子体进一步发育形成花粉粒。

稻穗分化发育过程所经历的时间因品种而异，一般早稻 25 ～ 29 天，中稻 30 天左右，晚稻 33 ～ 35 天，由于温度等环境条件的差异略有变化。

（3）稻穗发育时期的鉴定。鉴别稻穗分化发育时期在生产上具有重要意义，可以掌握幼穗分化进程，以便及时采取措施进行调控，同时还可预测抽穗和成熟的时期，以便准确地安排后作的播种期等。幼穗分化的鉴定除直接镜检外，还可根据稻株各器官生长之间的相关性进行鉴定，在栽培上常用的简便办法有：

①根据拔节期推算。早稻穗分化开始时间一般在拔节之前，中稻大约与拔节基本同步，晚稻常在拔节之后。

②叶龄指数和叶龄余数法。所谓叶龄指数就是将当时的叶龄数除以主茎总叶数，再乘 100 所得的数值。根据计算所得叶龄指数的数值，查表 4-1 就可判断稻穗发育的时期。叶龄余数即未伸出的叶片数，据此也可查表 4-1 估算幼穗分化进程。

表 4-1　稻穗发育时期的鉴定

发育时期	第一苞分化期	第一次枝梗分化期	第二次枝梗及颖花	雌雄蕊分化形成期	花粉母细胞形成期	花粉母细胞减数分裂期	花粉充实期	花粉完成期
叶龄指数	78	81 ～ 83	85 ～ 88	90 ～ 92	95	97 ～ 99	100	100
叶龄余数	3 片左右	2.5 片左右	2.0 片左右	1.2 片左右	0.6 片左右	0 ～ 0.5 片	0	0
抽穗前天数	30 天左右	28 天左右	25 天左右	21 天左右	15 天左右	11 天左右	7 天左右	3 天左右
幼穗长度	肉眼不见	肉眼不见	0.5 ～ 1.5mm	5 ～ 10mm	1 ～ 4cm	10cm	16cm	20cm
形态特征	看不见	苞毛现	毛茸茸	粒粒现	颖壳现	谷半长	穗显绿	将抽穗

③叶枕距。根据剑叶与倒二叶叶枕间的距离可以判断花粉母细胞减数分裂期，以一穗中部颖花分化期为标准，早稻花粉母细胞减数分裂期的叶枕距为 -7 ～ 0，晚稻为 -3 ～ 0，杂交水稻为 -5.5 ～ 0。

④幼穗的长度见表 4-1。

⑤距抽穗的天数见表 4-1。

（4）稻穗分化发育要求的环境条件。

①温度。稻穗分化发育的最适温度为 30℃左右，低于 20℃或高于 42℃对幼穗分化均不利，在昼温 35℃左右、夜温 25℃左右的温差下，最有利于形成大穗。适当降低温度可延长枝梗和颖花分化时间。花粉母细胞减数分裂期是对低温和高温最敏感的时期，温度不

适，花粉粒常发育不正常，导致雄性不育而结实率大大降低。

②光照。光照充足，光合产物多，有利于幼穗分化，反之则不利于幼穗分化。

③水分和养分。水稻幼穗分化发育时期是水稻一生中需肥、需水最多的时期，也是最敏感的时期，生产上适宜浅水灌溉，保证充足的营养供应。

八、抽穗、开花

稻穗从剑叶叶鞘内抽出的过程叫抽穗。当稻穗顶端抽出剑叶鞘 1cm 以上时，即记载抽穗的标准，全田有 10% 的稻穗达抽穗标准的时期为始穗期，50% 时为抽穗期，80% 时为齐穗期。一株中，一般主穗先抽出，再依各分蘖发生的早迟而先后抽出。

稻穗从剑叶鞘抽出的当天或第二天即开花，内、外颖被吸水膨胀的浆片胀开，花丝伸长，花药破裂，散出花粉落于雌蕊柱头上授粉，如图 4-3 所示。

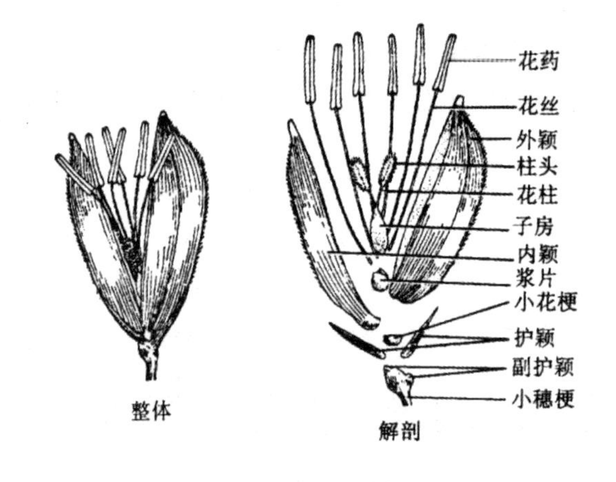

图 4-3 水稻花的构造

抽穗开花期是水稻对环境条件十分敏感的时期，环境条件不适将影响正常抽穗扬花和授粉，空秕粒增加，结实率降低。开花受精的适宜温度是 25℃～ 30℃，最低温度是 15℃，最高温度是 45℃，但温度低于 23℃或高于 35℃时，开花受精即受影响，空秕粒增多；开花受精的适宜湿度为 70% ～ 80%，田间应保持浅水层，干旱会造成抽穗困难，使花粉生活力下降，不能正常授粉和受精，雨水过多也不利于开花授粉，降低结实率；开花期以晴暖微风为好，风速在 4m/s 以上即影响正常的开花授粉。

九、灌浆结实

水稻授粉后即迅速萌发，5 ～ 6 小时就完成受精过程，胚及胚乳开始发育。在开花后 7 ～ 10 天，胚的各部——胚芽、胚根、胚轴等已分化形成，具有一定发芽能力，开花后 17 ～ 18 天，胚已发育完全。胚乳在开花后 7 ～ 8 天，已达米粒的全长，11 ～ 12 天达最大宽度，14 天左右达最大厚度。

米粒的灌浆过程大致可分为乳熟期、蜡熟期、完熟期和枯熟期。乳熟期谷壳为绿色，米粒内为白色浆状物；蜡熟期又称黄熟期，米粒失水转硬，谷壳转黄；完熟期谷壳呈黄色，米粒变白，质硬而不脆，是收获适期；枯熟期为过熟期，谷粒易脱落。

灌浆的最适温度是25℃～30℃，低于15℃或高于35℃都不利于灌浆，低温下代谢减弱，光合产物少，运输慢；高温下呼吸消耗大，发育快，细胞老化，灌浆期短，积累物质少，即“高温逼熟”。昼夜温差大对灌浆结实十分有利。灌浆期间光照充足，光合产物多，有利于提高粒重。适宜的水分有利于养分的转运和积累，促进灌浆结实。

第三节 水稻（中季稻）的栽培技术

一、稻田的土壤耕作

（一）土壤耕作技术

稻田的土壤耕作是水稻栽培中最基本的技术环节。它通过犁、耙、耢等农具的机械作用，为水稻移栽和生长发育提供良好的土壤耕层结构和地表状态，使水、肥、气、热状况相互协调。

1. 整田要求

（1）田面平整，一般要求田面高低不超过3cm。

（2）土壤细碎、松软，无杂草残茬。

2. 整田方法

整田方法根据前作和土壤性质而有所不同。

（1）冬水田。水稻收获后，及早犁耕埋茬，翻耕后可耙一次，蓄水过冬，来年再犁耙一次，即可栽种。

（2）炕冬田。水稻收获后，在土壤湿度较大、土壤仍在可塑性范围内时及时耕翻成大垡片，相互架空，经冬、春干湿、冻融交替作用，土壤不断收缩与膨胀，使土壤疏松、细碎，形成较细的粒状结构，开春后再耕翻一次，促使其进一步熟化。待雨水来时及时抢水打田，犁耙1～2次，即可栽秧。

（3）绿肥田。翻耕绿肥田最迟也要在栽秧前15天，为中和酸性，可撒石灰每公顷600～750kg。绿肥田第一次干耕宜深，以彻底翻埋绿肥，2～3天后再灌水，结合耙地，待绿肥腐熟后再耕、耙一次，耖平后栽秧。

（4）小春田。小春田由于在种植小春时已进行耕翻碎土作业，加上冬、春干湿、冻融交替作用，一般土壤比较细碎松软。且小春收获较迟、季节紧，故而翻耕次数一般较少。应在小春收后及时灌水、犁耙、施肥等，抓紧时间耖平栽秧。

（二）少免耕

小春作物收后不耕翻，只用撬窝栽秧、板田直播或直接抛秧，从而免去耕、耙作业的方法叫免耕；简化耕耙程序或减少耕耙次数和能耗的耕作法叫少耕。

（1）稻田平作免耕技术。稻田平作免耕技术主要包括板田免耕、撬窝移栽或撬窝直播、板田移栽、板田免耕或旋耕抛秧等形式，这些技术主要应用于川西平原，具有节约劳力、保持水土、维护土壤表层结构、改良土壤理化性质、提高土壤氧化还原电位及通透性，并使土壤表层营养富集的作用，且能促进水稻早生快发，根系发育良好，减少病虫危害，提高产量。

（2）半旱式起垄栽培。半旱式起垄栽培是指在水田中，按一定规格开沟作垄，将水稻栽插在垄埂顶部两侧水位线上，沟内灌水，并按水稻不同生育阶段调节水位高低，实行浸润灌溉的一种种稻方式。该技术可避免冬水田长期淹水造成的冷、烂、毒害，也有利于稻田综合开发利用。

①整田作埂。冬水田在水稻收后及时翻耕、耕平，筑高田坎，蓄水过冬。开春后一般不再犁耙。起垄一般分两次进行，第一次在栽秧前 5 ～ 7 天，田面灌水 10cm 左右，按规格拉绳开沟做好粗埂；第二次于栽秧前 2 ～ 3 天，按质量要求进一步加高垄埂，理通沟道，整理成型。

作垄规格分厢式和埂式。厢式一般厢宽 60 ～ 80cm，沟宽 33 ～ 40cm，沟深 27 ～ 33cm；埂式一般垄宽 27 ～ 40cm，沟宽 33 ～ 44cm，沟深 27 ～ 33cm。

②施肥。做埂前将农家肥均匀撒于全田，然后第一次起垄，速效氮、磷、钾肥在第二次做埂前撒于头道埂上。追肥在栽秧后 7 ～ 10 天施入，以后则看苗补施穗肥和粒肥。

③插秧。必须将秧苗插于垄埂顶端两侧水位线略上，切不可栽于沟内或埂背中央。栽秧前将田间水位降到埂高的 2/3 处，栽完秧后，再将水位提高，淹过秧脚 2cm 左右，以利返青。

④水分管理。水稻返青后要降低水位，露出秧蔸，沟内保持半沟水，直到抽穗成熟，均实行半旱式浸润灌溉。

二、选用良种、合理搭配

良种具有丰产性、抗逆性和适应性，是增产的内因。选用良种必须掌握：

（1）因地制宜。肥力条件好的高产地区要选用耐肥、抗倒、增产潜力大的品种；下湿田、低产田要选抗逆性强的品种；伏旱区要选早熟高产品种。

（2）丰产性好。一是要穗数、粒数、粒重三个产量构成因素能协调发展的品种；二是要株型紧凑、株高适中、分蘖快而多、不早衰、结实率高的品种。

（3）抗逆性强。要选择耐肥、抗倒、耐瘠、耐旱、耐寒、抗病虫的品种。

三、培育壮秧、防止烂秧

培育壮秧是高产的基础，是水稻栽培关键的技术环节。

（一）壮秧的特点

（1）形态特点。根系发达粗壮，白根多，发根力强，栽后返青快；基部扁宽，腋芽发育健壮，栽后分蘖多，分蘖快；苗高适度，叶鞘较短，苗挺叶绿不披垂；秧苗均匀整齐，高低一致，无病虫害。

（2）生理特性。含碳水化合物高，体内营养物质丰富，干物质比重大，生活机能旺盛，光合能力强；碳氮比适中，束缚水含量高，抗逆力强。

（二）壮秧的类型和标准

（1）小苗壮秧。叶龄 1.8 ～ 2 叶，秧龄 9 ～ 12 天，苗高 8 ～ 12cm，叶耳间距短，基茎 2mm 以上，有 5 ～ 6 条粗短白根，栽秧时种子内有少量胚乳残留。

（2）扁蒲壮秧。叶龄 5 ～ 6 叶，秧龄 25 ～ 30 天，苗高 10 ～ 25cm，叶耳间距短，有 10 条以上粗短白根。

（3）多蘖壮秧。叶龄 7 ～ 9 叶，秧龄 50 天左右，每株苗带蘖 4 ～ 6 个，苗高 25 ～ 40cm，白根较多。

（三）育秧的准备工作

（1）播种期的确定。播种期的确定必须根据气候情况、前后作关系和品种特性而定。要求做到播种期、品种、秧龄、播种量、栽播期和前茬收获五对口。适时播种才能全年增产，季节丰收。所谓适时，一是利于出苗，在自然条件下育秧的日均温稳定在 12℃以上；二是利于栽后返青分蘖，栽后日均温要在 15℃以上；三是利于安全孕穗和开花授粉，抽穗期无高温伏旱或低于 20℃的气候条件。四川以 3 月 20 日前后播种为宜。播种期间如遇寒潮，抓住冷尾暖头，抢晴播种。

（2）播种量和秧龄。播种量的多少，因品种、育秧方式和秧龄而定。早熟种，秧龄短、播种量偏多；迟熟种，秧龄长，播种量偏少。

（3）秧田选择、施肥及整秧厢。秧田应选地势平坦，排灌方便，阳光充足，杂草少，肥力好，背风向阳的田块。整田总的要求是疏松、泥细、田平、干净无杂物。播种前每公顷施入腐熟人粪尿 30 ～ 45t，然后进行耕翻耙平。耙田前再施尿素 75 ～ 120kg，过磷酸钙 225 ～ 375kg 作耙面肥。底肥若施绿肥应提前 20 天施入，翻沤腐熟，最后以 167cm 宽开厢，厢面宽 150cm、沟宽 17cm，边沟适当加宽加深。

（4）种子精选和处理。培育壮秧，要求种子纯度高达 99.5%，净度在 96% ～ 99%，发芽率要在 92% 以上。因此在播种前要做好种子检验和处理。

晒种。一般在播前选择晴天晒 3 ～ 4 天，晒时注意翻动免暴晒，防止破壳断粒和混杂。

选种。选种是为了清除秕粒、稗子和杂物。通常采用风选、筛选、水选、比重选（泥水选、盐水选、硫酸铵水选）。所用比重液的浓度，籼稻一般在 1.08 ～ 1.10 范围内。当鸡蛋立着露出面时，比重约为 1.2。比重液配好，要反复搅动均匀，选种动作要迅速，以免秕壳吸水不沉。

杂交稻采用清水选种，先将漂浮在水面上的空壳除去，然后分离出半沉的半秕谷和下沉的饱满谷，并分别浸种、催芽，分别播种。

消毒。一般采用石灰水浸种，方法是用 1% 的生石灰水浸种 2 ～ 3 天，浸时水层一定要高出种子面 15cm 左右，不要搅动，以免破坏表层薄膜影响杀菌效果，并避免阳光直射。

浸种。种子消毒已达规定时间，而种子吸水不足，则应换清水浸种。温度在 20℃～ 25℃时，一般需浸 2 ～ 3 天；温度在 15℃～ 20℃时，浸种 3 ～ 4 天。浸种要经常换水以排除二氧化碳和其他有毒物质。

催芽。催芽要求做到“快、齐、匀、壮”。“快”是在 1 ～ 2 天内催好芽；“齐”要求出芽率达 90%；“匀”是芽子整齐一致；“壮”是根芽粗壮，芽色白漂，气味纯正。催芽标准是芽长达半粒谷长，根长达一粒谷长。催芽的原则是“高温破胸、适温催芽、降温炼芽”。

催芽的方法很多，如箩筐催芽、地窖催芽、蒸汽催芽等，常用箩筐催芽。其方法是先在箩筐底部和四周铺上青草或绿肥，用开水淋透消毒杀菌后，把吸足水分的种子装进箩筐，用50℃～55℃的温水预热，待箩筐内流出手感温热的水时，盖上已腐熟的绿肥或青草并压紧。破胸前，温度保持在35℃～38℃，不超过40℃，过低时要用40℃～50℃的温水淋透种子升温。当箩筐中心部分的温度达到40℃时，立即翻抖，使温度均匀，破胸整齐。破胸后种子呼吸旺盛，温度极易上升到40℃，为防止高温烧芽，当种子破胸达到90%时，要除去覆盖物，勤翻动种子降温，保持温度在25℃～30℃。当催芽达到标准时，摊晾芽谷一天或半天再播种。

（四）育秧方式与技术

（1）露地湿润育秧。其特点是能协调秧苗对水和气的要求，符合“干长根、湿长芽”的生理特性，有利于迅速扎根出苗，较好地防止烂秧、培育壮秧。

秧田做法。水整水做或旱整水做。秧田平整，泥浆稍沉积后排水，开沟平厢，做到厢面无积水，待厢面收汗后播种芽谷。亦可在厢面稍收水、泥水黏手、能陷落半粒种子时播种，称泥浆落谷。再用踏谷板将种子踏入泥中，称为踏谷。播种时要分厢定量匀播，播后可盖草木灰或细堆肥，以保温防雀害。

秧田管理。三叶期前只保持厢面湿润；三叶期后要求浅水灌溉，厢面有水。若遇寒潮要淹水护苗，“淹身不淹心”。秧苗追肥：三叶期前靠从胚乳中吸收，三叶期后靠从土壤中吸收。但一叶一心胚乳内的氮素营养基本耗尽，称“氮断奶”；2.5叶碳素营养也基本耗尽，称“碳断奶”。所以在一叶一心时要施“断奶肥”，使秧苗“三叶得力，四叶上色”。在拨秧前4～5天要施起身肥，肥料数视苗情而定。

（2）地膜（薄膜）育秧。地膜育秧具有保湿、增强保温的效果，能有效解决早、中季稻早播与早春低温的矛盾，防止烂秧，同时成秧率高，节约用种量和秧田。地膜育秧做法与湿润秧田相同，但厢宽应依地膜宽度而定。管理措施是一叶一心前以密封为主，创造高温多湿环境，促进早扎根早齐苗；一叶一心后通风炼苗；三叶期后开始揭膜，揭膜前要灌水稳温护苗，防止青枯死苗。

（3）稀播旱育秧。水稻稀播旱育秧技术具有三早（早栽、早分蘖、早熟）、两高（高产、高效益）的特点，同时还有秧龄弹性大、耐迟栽的特点。因土壤通透性好，氧气充足，水稻根系发育好，秧苗苗体矮健，干物质比重高，束缚水多，抗旱、抗寒、抗植伤的能力和发根力都强。

①稀播旱育秧的做法。干整干做秧厢，耕翻后耙细整平，开沟平厢，厢面要求土细地面平，宽1.3m，厢沟宽50cm，沟深10cm。旱育秧苗床的土壤，要求pH值在4.5～5.0，如果pH值大于6时，要用硫黄粉（在播种前25～30天）或过磷酸钙（在播种前10天）进行调酸。然后每平方米苗床用敌克松2g的700倍液喷于床土上，杀死腐霉菌，播前浇透底水，再将催好芽的种子分厢定量匀播，盖上过筛的细土后，每公顷用60%的丁草胺乳剂1200～1500ml兑水750kg进行芽前除草，并用呋喃丹粒剂22.5～30kg加过筛细土300kg拌成毒土撒于厢面上防地下害虫，最后低拱架盖膜。育苗时揭膜，并用同样剂量的

丁草胺再喷一次。揭膜时要浇水稳温护苗，以后无严重干旱可不浇水，移栽时再浇水拨秧。

②稀播旱育秧的秧田与本田比例及管理。小苗秧的秧田与本田比例为1 ∶ 40，每平方米播225 ～ 300g；中苗秧的秧田与本田比例为1 ∶ 15，每平方米播90 ～ 120g；大苗秧、多蘖壮秧的秧田与本田比例为1 ∶ 8，每平方米播22.5 ～ 30g。旱育秧要重施有机肥作底肥，少施追肥。底肥每公顷施腐熟人畜粪30 ～ 45t、过磷酸钙375 ～ 450kg、硫酸铵260kg或尿素110kg、氯化钾75kg。一叶一心要用75kg尿素作“断奶肥”，多蘖壮秧在四叶以后每公顷用75 ～ 110kg尿素施一次促蘖肥，移栽前5 ～ 7天看情况酌施送嫁肥。

（五）防止烂秧

烂秧是烂种、烂芽和死苗的总称。烂种和烂芽发生在扎根立芽之前，而死苗则发生在秧苗扎根立芽之后，特别是二至三叶期胚乳营养耗尽，抵抗力减弱的时期。烂秧常表现为幼芽停止生长，翻根跷脚、幼芽弯曲、黑根、枯尖、黄化和绵腐病等。烂秧的原因有以下五点：

（1）种子质量差，催芽不善，烧坏根牙或根芽过长播种时折断。

（2）秧田整地质量差，谷粒陷入泥下，影响种芽呼吸和生长；或秧厢不平，积水，幼苗不能扎根，引起倒芽、倒苗死亡。

（3）播种后淹水过深缺氧。一是幼根不能下扎，头重脚轻、跷脚倒苗；二是进行无氧呼吸，消耗能量过多，生活力减弱而死。

（4）低温危害，三叶期前后，胚乳养分耗尽，根系生长差，抗逆力差，遇寒潮灌水护苗不及时而死。

（5）还原性物质毒害和病虫害。施入未腐熟的有机肥，在嫌气分解时产生大量还原物质，使秧根受害产生黑根死亡；在低温阴雨，腐霉病菌活动频繁时引起烂根死亡。

防止烂秧的途径：一要做好晒种、选种、消毒、浸种、催芽工作，使播种后出苗迅速；二要整好秧田，做到沟深厢平，能排能灌，促使根芽正常生长；三要正确掌握播种期，抓住“冷尾暖头”，抢晴播种；四要推广薄膜育秧、两段育秧和稀播旱育秧，看天看苗加强水肥管理。

四、施足底肥

（1）水稻的需肥规律。水稻对氮、磷、钾的需要量因品种不同而异，一般说来，每生产500kg稻谷需要从土壤中吸收纯氮8.5 ～ 12.5kg、磷4 ～ 6kg、钾11 ～ 15.5kg。三者比例约为2 ∶ 1 ∶ 3。其中粳稻吸收量大于籼稻；矮秆品种大于高秆品种；生育期长的大于生育期短的品种。杂交水稻对氮、磷的需要量与常规稻相近，而对钾的需要量则显著大于常规稻。

水稻在不同生育时期，对氮、磷、钾吸收量也有很大差别，对氮的吸收以分蘖期为最高，达50%，其次为幼穗发育期。对磷的吸收以幼穗发育期为最高，占总量的50%左右，分蘖期次之，结实成熟期吸收也不少。对钾的吸收以抽穗前为主，抽穗后吸收很少。

（2）底肥施用方法。底肥通常采用“粗肥打底、精肥盖面”的施用方法。将绿肥、厩肥、堆肥、泥肥、土杂肥等含氮、磷、钾完全的有机肥料在整田时全田撒施，犁翻入土壤下层；将速效性精肥，如腐熟人畜粪、尿素、硫酸铵、过磷酸钙等在最后一次耙田时施下。做到“底面结合，迟速兼备”。使肥效长的粗肥源源不断地释放养分，供应水稻生长，而肥效快的精肥在秧苗移栽后就能被吸收，促进返青，加快分蘖。底肥一般占总施肥量的70%左右，迟栽田可采取底肥、道清（底肥、追肥一次施用）的施肥方法。

五、合理密植，适时早栽

（一）合理密植增穗增粒

（1）水稻的产量构成因素。水稻产量是由单位面积有效穗数、每穗实粒数和粒重三个因素构成的，计算公式如下：

水稻理论产量（kg/hm^2）= 每平方米有效穗数 × 平均每穗实粒数 × 千粒重（g）÷100

穗数受两个因素支配，一是基本苗，二是单株分蘖成穗数；每穗粒数的多少，首先决定于每穗颖花数的多少，其次是结实率和空批粒；粒重是由谷壳体积大小和胚乳充实程度两个因素决定的。

不同栽插密度对单位面积有效穗数、每穗实粒数和粒重有不同影响。一般是随单位面积栽插苗数增多，有效穗增多；超过一定密度，每穗实粒数和粒重有不同程度减少，其中粒数减少较大，粒重减少不显著。因此，水稻要高产，必须走穗粒并重的途径。

（2）合理密植的原则。肥田宜稀，瘦田宜密；施肥水平高宜稀，施肥水平低宜密，分蘖力弱、杆矮、株型紧凑、叶片短、挺直的品种宜密，反之宜稀；粳稻比籼稻密，常规稻比杂交稻密；温高、雨量多的地区稀，反之宜密；扁蒲秧密、长龄秧比短龄秧密，迟栽比早栽密。

（3）栽插密度、规格和方式。目前，四川杂交中季稻栽插密度的大致范围如下。中、小苗秧，一般要求每平方米栽22.5～30窝，每窝栽2苗。宽行窄株的规格为行距27～33cm，窝距10～17cm；宽窄行的规格为宽行33～40cm，窄行17～27cm，窝距10～17cm。栽多蘖壮秧时，一般要求每平方米栽22.5～30窝，每窝栽5～7苗（包括带3片叶以上的大分蘖）。宽行窄株的规格为行距20～30cm，窝距12～17cm；宽窄行的规格为宽行30～37cm，窄行17～20cm，窝距12～17cm。

简而言之，一般常规稻每公顷栽37.5万～45万窝，每窝5～6苗，公顷栽225万～270万苗；杂交稻每公顷栽22.5万～30万窝，每窝4～5苗（单株带蘖3～4个），公顷栽120万～150万苗，迟栽稻栽180万苗。规格（行距和窝距）：穗数型品种行距20cm左右，窝距13.3cm或行距26.4cm，窝距10cm；杂交中季稻窝距13.3cm，行距26.4cm或29.7cm，采取宽行窄株或宽窄行栽培，这种方式通风透光较好。

（二）适时早栽，提高栽秧质量

适时早栽能充分利用季节，延长本田生长期，增加有效分蘖和营养物质积累，有利于争多穗，结大穗夺高产。但早栽必须适时，一般栽秧时气温不能低于15℃。

栽插时要注意栽播质量。首先要拨好秧，栽秧时做到浅、正、匀、直、四要、五不栽。“浅”即水浅、栽浅，“正”即秧苗栽正，“匀”即稀密、苗数、深浅要栽匀，“直”即横行、坚行要直，“四要”即要田平泥细、要沉泥栽秧、要绳定距栽插、要栽够基本苗，“五不栽”即不栽隔夜秧、不栽断头秧、不栽弯头秧、不栽脚窝秧、不栽五爪秧。

六、促控结合，加强田间管理

（一）返青分蘖期的管理

返青分蘖期的生长中心是长根、长叶、长分蘖，是决定穗数的关键时期，以氮素代谢为主，田间管理的主攻目标是促根、攻蘖、争穗多。管理措施是：

（1）科学灌溉。返青分蘖期灌水概括说，应做到“寸水返青、薄水分蘖、适时晒田”。返青时由于根部受伤，应保持3.3cm的水层护苗；分蘖期营养器官的生长需要充足的水分，又要求较高的土温和土壤空气及植株基部受光良好，所以灌水不能深，在不露泥的前提下，保持浅水层（3.3cm以下）。

晒田的作用有：第一，改善土壤环境，增加土壤含氧量，减少还原性有毒物质，加速有机质分解，促进根系生长；第二，控制无效分蘖，提高分蘖成穗率；第三，促进机械组织生长，增强抗倒能力；第四，降低株间湿度，增加基部光照，增强抗病虫能力，防止病虫害。

晒田时期应以“到时晒田”或“够苗晒田”为宜。所谓“到时”就是当水稻达到分蘖末期至幼穗分化初期，对水分反应不敏感时晒田，一般是栽后15～20天晒田。有效分蘖终止期早的品种，还应提早一些。有效分蘖终止期即全田总茎蘖数与最后穗数相当的时期，在此以前为有效分蘖期。所谓“够苗”就是指茎蘖总数达到预计穗数。这两者以何为准，要灵活掌握。如高产田长势旺盛，分蘖快而多，应以苗数为准，“够苗晒田”；苗架弱、长势差、分蘖慢、苗数不够，“到时晒田”。晒田的程度分轻晒、重晒和晾田三种。一般是晒至“中间不陷脚，四周起鸡爪花（小裂缝）；老根深扎，新根多露白；叶挺色褪淡，秆硬停分蘖”。晒一周左右，苗旺早晒，重晒；正常的轻晒；黄瘦的晾一晾即可。冷浸田、烂泥田、大肥田要早晒、重晒；砂田、瘦田不晒或晾一晾。

（2）早施分蘖肥。栽后5～10天，每公顷施速效氮肥尿素75～110kg促分蘖。隔5～7天对长势差的地方，补施少量尿素，使全田平衡生长。

（3）薅秧、除草、补苗。薅秧的作用是松土通气，提高土温，加速肥料分解，促进发根分蘖。薅秧结合除草，从返青开始到拔节前结束，做到“一道深、一道浅、三道如洗脸”，薅平田面，扶正补苗，特别要注意把秧棵周围的泥土赶平，露出分蘖节，以利以分蘖发生。

（4）防止病虫和“坐蔸”。返青分蘖期常有螟虫和叶稻瘟，应防止蔓延。同时要防止“坐蔸”，也称僵苗、赤枯病，是一种生理病害，表现为栽后秧苗发黄久不返青，或返青后迟迟不分蘖、株矮小、新根少、黑黄根多等。“坐蔸”原因有三类：第一，冷害。寒潮侵袭、冷浸田或冷水灌溉引起土温降低。第二，中毒。施用未腐熟的有机肥。第三，缺素。缺磷、缺钾、缺锌或缺其他微量元素。三种类型常相互影响。

（二）拔节长穗期的管理

拔节长穗期是指从幼穗分化到抽穗前这一段时期，中季稻一般历时30～35天。此期稻株由营养生长逐渐向生殖生长过渡，生长中心是根、茎、叶旺盛生长与幼穗分化、形成、壮大并进，以氮素代谢为主转向以碳素代谢为主，是决定茎秆健壮、穗数多少、穗子大小的关键时期。田间管理目标是保蘖、壮秆、增大穗。既要防止生长过旺，又要防止后期早衰，避免封行过早。封行期是指人站在田埂上，看距田埂2米以外的行间，全被叶片遮蔽的时期。高产水稻以剑叶露尖时封行为宜。封行过早，基部受光差，下部枯叶多，根系发育不良，基部节间伸长，充实不好，容易引起倒伏，感染病害。管理措施是：

（1）浅水勤灌。灌好“养胎水”，晒田复水后，每次灌 3 ～ 4cm 深的水，自然落干后再灌。掌握“陈水不干，新水不止”的原则。特别是在剑叶刚抽出至抽穗期，对水分很敏感，一定要保持 3.5 ～ 7cm 深的水层。

（2）巧施穗肥。促进幼穗分化发育的肥料叫穗肥，在幼穗开始分化时施用。穗肥施用量，一般每公顷 45 ～ 75kg 尿素，高产田再配合施少量钾肥。施穗肥要“巧”：一要看田肥瘦，田肥、底肥足可以不施，反之则要施；二要看长势长相，叶片披垂，叶色浓绿的不能施，反之可施；三要看天气情况，阴雨连绵不能施，天气晴好可施。

（3）防治病虫。拔节抽穗期常有螟虫、稻瘟病、白叶枯病和纹枯病等发生，注意防治。

（三）抽穗结实期的管理

从抽穗到结实成熟，中季稻需 30 ～ 45 天，这一时期，营养生长基本停止，主要是生殖器官的充实和发育，以碳素代谢为主。抽穗后颖花数已基本定型，但结实率高低，千粒重大小还没有决定。田间管理的主攻目标是“养根、保叶、增粒、增粒重”。管理措施是：

（1）科学管水。原则是“足水抽穗，湿润灌浆，适时断水”。方法是灌一次浅水，2 ～ 3 天自然落干，湿润 1 ～ 2 天，再灌新水。水稻成熟时，于收割前一周断水。如遇高温天气，要适当增加水层，防止高温逼熟。对有徒长、倒伏趋势的田块要适当晾田或晒田。

（2）酌施粒肥。施粒肥掌握苗不黄不施，阴雨连绵不施，有病害不施。粒肥采用根外追肥，每公顷用尿素 7.5kg 加 1500 ～ 2250g 磷酸二氢钾配成 0.2% ～ 0.3% 的溶液在抽穗后 2 ～ 3 天的下午闭花时喷施。

（3）防治病虫害和适时收割。稻谷有八九成黄时就应抢晴天收割，以免因不良气候影响造成损失。

第二十六章　小　麦

第一节　小麦的生育特性

一、小麦的生育期

小麦从播种到成熟所经历的天数称为生育期或全生育期。生育期的长短因品种、海拔、纬度、播种期不同而有很大的差异。一般是春性品种生育期短，冬性品种生育期较长；同是冬性品种，在纬度、海拔愈高的地区种植，因冬季长，越冬期长，生育期愈长，反之，因越冬期短，生育期愈短；小麦播种期延迟，生育期短，应适时早播，延长生育期。冬小麦在适期范围内播种，一般生育期为 180 ～ 210 天。南方各省对冬小麦的一生，划分为出苗期、三叶期、分蘖期、拔节期、孕穗期、抽穗期、开花期和成熟期等生育期。

二、小麦阶段发育及其对生产的意义

（一）小麦阶段发育和发育阶段

小麦从播种到成熟，需要经过几个质变阶段，才能完成个体发育的全过程而产生种子。这种不同阶段的质变过程叫阶段发育，而其中每一个具体的质变阶段即一个发育阶段。小麦在经历每一个发育阶段时，都要求一定的外界条件，如水、光、气、养分等。小麦的各个发育阶段具有一定的顺序性和不可逆性。当前一阶段未结束之前，即使外界条件对下一个阶段发展有利，也不能进入后一阶段的发育，这就是顺序性。当进行某一阶段发育时，若遇不良条件，该发育可以中止，但不后退，再遇适宜条件时则在原先发育的基础上继续进行这一阶段，这就是不可逆性。下面重点介绍小麦阶段发育的春化阶段和光照阶段。

（1）春化阶段。小麦从种子萌动到幼苗阶段，需要经过一定时间的低温，才能开始幼穗分化，逐渐形成生殖器官，这一阶段叫春化阶段。小麦春化阶段可以在萌动种子胚芽的生长点通过，也可以在幼苗茎的生长点通过。在田间栽培条件下，小麦春化阶段从种子萌芽到生长锥伸长时结束，所以生长锥伸长是春化阶段发育完成的标志。在小麦春化阶段，温度是引起细胞质变的主要因素。根据小麦通过春化阶段要求的温度和日数，我国的小麦品种可分为四个基本类型：

①春性品种。通过春化阶段对低温要求不严格，春化温度范围大，在0℃～12℃条件下，3～15天就可通过春化阶段。如繁六、绵阳11号、川育9号等。

②半（弱）冬性品种。对低温要求介于冬性品种和春性品种之间，春化温度在0℃～12℃，时间在15～35天。如成都光头、川麦19号、川辐3号等。

③冬性品种。对低温要求比较严格，春化温度在0℃～7℃，以3℃为最有效，时间在30天以上。北部冬（秋播）麦区的品种属于该类型。

④强冬性品种。对低温要求最为严格，通过春化阶段需要的温度低、时间长，0℃～3℃最适宜春化，时间在40～45天。分布于高纬度高海拔地区，引进的品种“肥麦”属此。

（2）光照阶段。小麦通过春化阶段后，条件适宜就进入光照阶段，茎生长锥伸长是光照阶段发育的开始，雌雄蕊原基形成期光照阶段结束。小麦属长日照作物，每日需12小时以上的光照才能顺利通过光照阶段发育。在光照阶段，除要求综合环境条件外，光照是影响细胞内部质变的主导因素。根据对日照长短敏感程度的不同，小麦品种可分为三个类型：

①反应迟钝型。在每日8～12小时日照条件下，经过16天以上，即可通过光照阶段而抽穗。

②反应中等型。每日8小时日照不能抽穗，每日12小时日照经过24～30天，可以通过光照阶段而抽穗。半冬性品种属此类。

③反应敏感型。在每日12小时日照以上经过30～40天，可以通过光照阶段而抽穗。一般冬性品种和高纬度的春性品种属此类。

（二）小麦阶段发育对生产的意义

小麦阶段发育对引种、确定播种期、确定种植密度、水肥管理都有很重要的意义。

（1）引种。北方冬性品种，春化阶段要求低温，光照阶段要求长日照，且通过时间长，如果将其引到南方种植，往往因温度高、日照短而发育迟缓，表现迟熟，甚至不能抽穗；相反，南方的春性品种北引，一般表现早熟，但抗寒性弱，易遭受冻害，产量低，甚至会冻死。故引种一定要农业气候相似才能成功。

（2）确定适宜的播种期。春性品种因春化温度范围大，播种过早，很快通过春化阶段进入幼穗分化，年前就拔节孕穗而遭受冻害，故应适当迟播；相反，半冬性品种、冬性品种年前不会拔节，在适宜播种的范围内可以适当早播，有利于增加分蘖、增穗、增产。

（3）确定合理的种植密度。阶段发育是作物器官形成的基础，如春化阶级是形成根、叶、分蘖，是决定分蘖多少的时期。因此，延长春化阶段可以增加分蘖，达到穗多的目的；光照阶段是决定小穗数和小花数多少的时期，延长光照阶段有利于增加小穗、小花数，形成大穗。因此，在种植密度上，春性品种因春化阶段短，单株分蘖少，应适当增加播种量，提高种植密度；半冬性和冬性品种因春化阶段较长，分蘖数较多，应适当减少播种量，降低种植密度。

（4）优化水肥管理。在冬小麦通过春化阶段进入光照阶段时，正值一年中气温较低，日照较短的季节，光照阶段通过缓慢，穗分化时间长，有利于多花多实，这时加强水肥管理，供给适当的氮素营养，保证充足的水分，就可达到穗大粒多的目的。

第二节　小麦的栽培技术

一、精细整地、重施底肥

（1）高产小麦要求的土壤条件

耕层深厚，结构良好，要求麦田耕层达到20cm，且土壤松紧适宜，水、肥、气、热协调，保水保肥性能好，有一定抗旱、防渍的能力；土壤养分丰富，有机质含量高；土地平整，能灌能排，土壤pH值为7左右。

（2）小麦整地

①犁田种麦。前作为旱作，收获后要早耕、深耕、晒垡、接纳雨水，播种前浅耕，耙平整细；前作是早季稻，水稻收割前10天开沟排水，收割后要及时犁田晒垡，播种前再深耕细耙，并深挖主沟、开好厢沟、理好背沟、疏通边沟、深沟高厢，然后播种。

②免耕种麦。水稻收获较晚或雨水多、地下水位高，不能及时犁田种麦，可免耕种麦，即免耕开沟理厢播种，或利用旋耕机进行撒播、条播播种。

（3）施足底肥

①小麦的需肥规律。在一般栽培条件下，每生产100kg小麦，需从土壤中吸收氮3kg，磷1～1.5kg，钾3～4kg，三者比例是3∶1∶3。但小麦吸肥量随气候、土壤、栽培技术、品种特性等又有所不同，产量越高，吸收氮、磷、钾的总量也随之增多。小麦不同生育时期，对肥料三要素的吸收量也各异，生长前期需肥较多，特别是孕穗期需肥最多，所以要施足底肥，看苗情施好拔节肥。

②底肥和种肥的施用。底肥是指播种前施入土壤的肥料，种肥是指播种时施于种子附近的速效性化肥。底肥通常占总肥量的60%～70%，一般公顷产6000kg左右的小麦，应施堆、厩肥45～60t，缺磷地区每公顷应将300～450kg过磷酸钙与有机肥混合施用。种肥一般每公顷用硫酸铵75kg左右兑清粪水30t施于播种沟内，旱地小麦干施化肥，应与种子隔开。若用尿素作种肥，用量以75～115kg为宜。

二、选用良种、适时播种

（1）选用良种，合理搭配

要使小麦高产，必须根据耕作制度、生态和生产条件、当地自然灾害等，选用恰当的品种。如晚茬麦季节紧，应选用适于迟播早熟高产的春性品种；丘陵地区土壤瘠薄，冬春干旱，应选抗旱耐瘠、分蘖力较强、穗子较小的穗数型品种；高寒地区要选用耐寒性较强的冬性品种；以一两个品种为主，同时还要搭配一些其他品种。

（2）种子精选和处理

小麦播种前一周必须晒种2～3天，并要选好饱满的种子，消毒和拌种。高肥区的早播小麦，用50%矮壮素250g加水5kg喷拌种50kg，堆放4小时，晾干后播种可提高分蘖，使小麦生长健壮、叶片宽短，有利于防止旺长。

（3）适时播种

适时播种可以保证冬前有足够的积温，又是冬前培育壮苗的基础。农谚说："晚播弱，早播旺，适时播种麦苗壮。"冬性、半冬性、春性品种的适宜播种期温度分别为16℃～18℃、14℃～16℃、12℃～14℃。在同一地区应先播冬性、半冬性品种，后播春性品种；先播山地、再播台地，后播坝地；先播阴山，后播阳山；先播瘦地，后播肥地。西南地区春性品种多为10月底至11月上旬播种；半冬性品种多在10月下旬播种。

三、合理密植，提高播种质量

小麦产量构成因素和合理密植增产的原因与水稻是相同的。

（1）小麦适宜播种量的确定。确定合理密植的原则是："看田定产，看产定穗，看穗定苗，看苗定子。"所谓"看田定产"，就是根据地力水平、水肥条件，参考常年产量确定计划产量。"看产定穗"，就是根据当地经验，确定达到计划产量指标所需的单位面积穗数。"看穗定苗"就是根据所需穗数，按照品种特性、播种期和分蘖成穗率等来确定适宜的基本苗。"看苗定子"就是根据公顷计划基本苗，结合千粒重、发芽率和田间出苗率，算出单位面积实际播种量。即：

$$\text{公顷播种量（kg）}=\frac{\text{公顷计划基本苗}\times\text{千粒重（g）}}{1000\times1000\times\text{发芽率（\%）}\times\text{田间出苗率（\%）}}$$

（2）采用适宜的播种方式。

小麦播种方式有撒播、条播、窝播。下面主要介绍条播和窝播。

①条播。条播有窄幅条播和宽幅条播。要求整地细、土壤水分适宜。适宜于壤土和砂壤土的平坝地区用。

②窝播。在整地不易细碎的地区采用。窝播便于集中施肥、经济用肥，有利于苗齐、苗壮，促进分蘖早生快发，且操作简便。目前四川推广的小窝疏株密植，行距20cm，窝距10cm，每公顷窝数为37.5万～45万窝；每窝株数少，每窝下种7～8粒。成苗5～6株，公顷基本苗225万～270万，达到"全田密、株间疏""大分散、小集中"，很好地协调了群体和个体的矛盾，通风透光好，成穗率高，增产效果显著。

（3）提高播种质量。

首先要做好整地、种子处理等工作。整地要细、平，减少"露子"（露在地表的种子）、"深子"（深埋地中的种子）、"丛子"（过于密集的种子），使出苗整齐、根系发达、麦苗健壮，易于早生快发；播种时做到分厢定量匀播。

四、促控结合，加强田间管理

（一）苗期管理

1. 主攻目标

苗期以营养生长为主，同时也开始了生殖生长。生长中心是长根、长叶、长分蘖；幼穗分化从生长锥伸长到小穗原基分化，是决定穗数的关键时期。主攻目标是在苗全苗匀的基础上，促根、增蘖、育壮苗，为壮秆、穗多、穗大打好基础。

2. 管理措施

（1）查苗补缺，匀密补稀。对缺窝断条的地方应及时用同一品种经过催芽的种子进行补种，未能及时补种的，可在分蘖期匀密补稀，保证苗全苗匀。补苗后用清粪水提苗，促使幼苗生长整齐。

（2）早施苗肥。小麦到三叶期，胚乳养分耗尽，开始发生次生根和分蘖，幼苗由异养转向自养，靠根从土壤中吸取养分进行独立生长，春性品种开始幼穗分化。此时施速效肥料，有利于增加分蘖，增加小穗、小花数目，使其苗壮、穗多、穗大。苗肥一般在三叶期或三叶前期，占总量的20%左右。每公顷用硫酸铵150～225kg或尿素75～100kg，与农家肥混合用。

（3）灌溉排水，防旱除湿。干旱地区酌情灌出苗水或结合施肥灌分蘖水；稻田种麦，在秋雨多、田间易渍水时应做好清沟排水工作。

（4）中耕除草。开始分蘖时浅耕，主要是松土除草，在分蘖盛期够苗后，进行6～7cm的深锄，可松土通气，促进小麦根系发育，抑制后生分蘖，防止徒长。结合每次中耕注意清沟排水。

（二）拔节孕穗期的管理

1. 主攻目标

拔节孕穗期是营养生长与生殖生长并进期。生长中心转移至茎秆和穗。主攻方向是稳长、巩固有效分蘖、培育壮秆、争大穗。

2. 管理措施

（1）巧施拔节孕穗肥。拔节孕穗期是生长发育和产量形成的关键时期。一方面需要较多的肥料，另一方面水肥过多易引起不良后果。土壤肥力和施肥水平不高的要施好拔节孕穗肥，每公顷用尿素60～75kg兑清粪水30t施用；高肥田应根据苗情，轻施或不施。

（2）合理排灌。孕穗期是小麦的第一需水临界期，土壤水分应保持在田间持水量的70%～80%。冬春干旱区及时灌水是增产稳产的重要措施。而在春雨多的地区，应清沟排水，保证根系功能正常。

（3）防止湿害。湿害是指土壤水分达到饱和时对小麦正常生长发育所产生的危害。预防或减轻湿害的措施有：建立良好的麦田排水系统；选用抗湿性品种；采用抗湿栽培措施，如实行连片种植，加深耕作层、消除犁底层，增施有机肥等；合理施肥，当湿害发生时及时追施速效氮肥，以弥补氮素的缺乏。

（4）预防倒伏。防止倒伏对小麦增产极为重要，有“麦倒一包糠”的说法。倒伏原因很多，如密度过大、水肥不当、基部节间柔弱引起的茎倒；耕作层浅，排水不良，根系发育不好而引起的根倒；等等。防止倒伏的办法：选用抗倒品种；有倒伏趋势时可进行深中耕；早晨露水未干时撒草木灰；在分蘖末期到拔节前喷施矮壮素。

（三）抽穗成熟期的管理

1. 主攻目标

小麦抽穗后，根、茎、叶的生长基本停止，转入以生殖生长为主的麦粒形成和成熟的时期。这是决定粒数和粒重时期。主攻方向是养根、保叶、增粒重，保丰产丰收。

2. 管理措施

（1）根外追肥。小麦抽穗后根的吸收功能减弱，在营养不足时，叶面喷施氮、磷、钾，对延长叶片功能期、促进碳素代谢、提高粒重有良好的效果。若后期土壤有足够的氮供应，每公顷用 2% ～ 3% 的过磷酸钙浸出液或 0.2% 的磷酸二氢钾液 750kg 从孕穗期起喷 2 ～ 3 次，若后期缺氮，可再加 7.5 ～ 15kg 尿素混合喷施。

（2）合理灌溉。小麦抽穗后，开花乳熟期需要全生育期 1/3 以上的需水量，这时是小麦的第二需水临界期，雨量少而蒸发量大的地区必须灌好抽穗水、灌浆水、麦黄水。春雨较多较早的地区要理好排水沟，排除渍水，防止根系早衰。

（3）防治病虫害。小麦抽穗成熟期温度高、湿度大，应加强田间检查，注意防治锈病、白粉病、赤霉病、蚜虫等病虫危害。对锈病、白粉病，每公顷用 15% 粉锈宁可湿性粉剂 1050g，或 20% 粉锈宁乳油 750ml 或用 12.5% 速保利 300 ～ 450g，兑水 1125kg 喷雾，或兑水 150 ～ 225kg 低容量喷雾。对赤霉病，用 50% 多菌灵可湿性粉剂或 40% 多菌灵悬剂，每公顷 1500g 加水 1125kg 喷雾，或加水 150 ～ 225kg 低容量喷雾，或用 70% 甲基托布津可湿性粉剂每公顷 750 ～ 1125g，兑水 900kg 喷雾。对蚜虫，每公顷可用 50% 抗蚜威可湿性粉剂 225 ～ 300g，或用 40% 氧化乐果乳油 750ml，兑水 900 ～ 1125kg 常量喷雾，或兑水 75 ～ 112.5kg 低容量喷雾。若田间同时发生锈病、白粉病和蚜虫，可混合使用粉锈宁与抗蚜威两种药剂，以提高综合防治的技术经济效益。

（4）适时收获。小麦收获季节，往往因阴雨造成种子在穗上发芽，或因高温干旱造成落粒。因此，必须在蜡熟末期适时收获，做到精收细打、颗粒归仓。

第二十七章　玉　米

第一节　玉米的生育特性

一、玉米的类型

玉米属禾本科玉蜀黍属一年生草本植物，根据植物学和生物学特性可进行如下分类：

（一）按生育期分类

①早熟种春播全生育期 70 ～ 100 天，植株较矮，茎秆较细，有 14 ～ 18 片叶，籽粒小，千粒重 150 ～ 250g。

②中熟种春播全生育期 100 ～ 120 天，植株较高，有 16 ～ 22 片叶，果穗有大有小，产量较高，适应地区广，千粒重 200 ～ 300g。

③迟熟种春播全生育期 120 ～ 150 天，植株高大，有 22 ～ 25 片叶，果穗粗长，籽粒较大，千粒重 300g 左右，产量高。

（二）按植株形态分类

①按植株高度分为高秆型（植株高于 2.5m）、中秆型（株高在 2.0 ～ 2.5m）和矮秆型（株高在 2m 以下）。

②按叶片伸展的角度分为紧凑型、半紧凑型和平展型。

二、玉米的一生

玉米的一生是指从种子萌发到新的种子成熟的整个生长发育过程。按其生育特点，一般划分为三个主要时期：

（一）苗期（玉米生长前期）

从播种出苗至拔节，因品种类型不同需 30 ～ 50 天，是以生根和分化茎叶为主的营养生长阶段。苗期生育特点是根系发育快，至拔节时基本建成发达的根系，而地上部的茎叶则生长缓慢，田间管理的中心任务是促进根系发育，培育壮苗，达到“苗全、苗齐、苗匀、苗壮”的要求，为丰产奠定良好基础。

（二）穗期（玉米生长中期）

从拔节至抽雄穗，是营养生长和生殖生长同时并进时期。一方面，茎叶、叶片伸长增大；另一方面，雌雄穗等生殖器官分化形成。穗期是玉米一生中生长发育最旺盛的阶段。田间管理的中心任务是促叶、壮秆，促进穗的分化，从而使中上部的叶片增大、茎秆粗壮、穗多、穗大。

（三）花粒期（玉米生长后期）

从抽雄至成熟，是决定玉米产量的重要时期。生育特点是营养生长基本停止，进入以生殖生长为中心的时期。要经过开花、受精、籽粒形成和成熟等阶段。田间管理的中心任务是养根保叶，防止根叶早衰，争取达到丰产。

第二节　玉米的栽培技术

一、玉米的间、套作和带状种植

玉米的间、套作可以充分利用空间和时间，提高光能利用率；充分利用土壤养分，保持地力；增加复种指数，提高产量。南方各省主要间、套作形式有以下几种：

①玉米 + 大豆；②玉米 + 甘薯；③玉米 + 马铃薯；④玉米 + 花生；⑤小麦 + 玉米 + 甘薯（带状种植）。

二、深耕整地，施足基肥

（1）深耕整地。玉米对土壤要求不严格，能适应各类土壤，但耐盐碱能力差，pH 值为 6.5 ～ 7.0 时，对玉米生长最有利。玉米高产稳产的土壤条件是：耕层深厚，有机质较多，土质疏松，排水良好，保水保肥力强。因此，玉米地应早耕、深耕、晒垡、炕土，播种前整地要求土块细碎、疏松、地面平整，地表有一层细土，利于种子发芽和出苗。

（2）施足基肥。玉米是需肥较多的作物，每生产 50kg 玉米籽，大约要从土壤中吸收氮 1.75 ～ 2.22kg，磷 0.59 ～ 2.85kg，钾 1.5 ～ 1.89kg。

玉米在不同生育阶段对养分吸收量差别很大。幼苗期少，拔节后大大增加，特别是从抽雄穗前 10 天至抽穗后 25 ～ 30 天，是玉米一生中干物质积累最快、吸肥最多的阶段。

根据玉米对氮、磷、钾的需要和吸收情况，玉米的施肥原则是：施足基肥、轻施苗肥、巧施攻杆肥、重施穗肥、酌施粒肥。以有机肥为主，以无机肥为辅。

基肥的施用方法：一般采用穴施和条施。对缺氮、磷和有机质含量较少的土壤，在增施基肥的基础上，可适量用速效氮、磷化肥混合作种肥，增产效果好。基肥主要用人畜粪尿、厩肥、堆肥、土杂肥、绿肥等有机肥。基肥用量占总施肥量的 50% 左右为宜。

三、因地制宜选用杂交良种

选用杂交良种是大幅度提高玉米产量的一项重要措施，一般比地方种增产 30% 以上。任何优良的杂交种或品种都有一定的适宜地区和一定的条件要求，不同的杂交种和品种，对水肥的要求和环境条件的适应都有差别。所以必须根据品种的特点与适应范围，因地制宜选用良种。水肥条件较好的地区，应种植耐肥抗病高产的杂交种；雨水偏少又分配不均、夏旱伏旱较频繁的地区，应选丰产性、适应性强、综合性状好的中熟杂交种；海拔较高的山区、半山区，宜选生育期较短、株矮、耐寒、对水肥要求不高的顶交种、三交种和双交种；一熟或两熟地区，应选用中迟熟高产杂交种；三熟制的夏、秋玉米，应选用苗期长势旺、后期灌浆快、丰产性能好的早、中熟杂交种；套种玉米应选用茎秆较矮、株型紧凑、苗期耐荫、中后期生长旺盛、丰产性能好的杂交种。选用杂交种时应注意早、中、晚熟杂交种搭配，并要有计划地更换新的杂交种。

四、适时播种，推广育苗移栽

（1）播种期。

播种期的确定必须根据玉米生长发育对温度的要求和当地气候条件，当 5 ～ 10cm 土层温度稳定在 10℃～ 12℃时为春玉米的始播适期。适期早播能充分利用有效生长季节，适当延长生育期，增加营养物质的积累，为穗大粒多夺高产创造有利条件。

夏玉米和秋玉米的播种期，主要决定于前茬作物收获的早迟。夏玉米在长江流域各地多在立夏以后播种，最迟到 6 月初，采用育苗移栽或麦行套种的，可提前在清明、谷雨间播种。秋玉米则宜在小暑至 7 月底播种完，保证在 9 月中旬以前开花授粉，避免早霜和低温对灌浆成熟的影响。

（2）播种前种子处理。

①精选种子。精选种子包括穗选和粒选。穗选应选穗大粒多、排列整齐、色泽鲜明，具有本品种特征的果穗，并用果穗中部的籽粒作种。粒选是在穗选后，除去霉烂、病虫种子，并用分级筛除去小粒种。

②晒种、浸种。播种前将种子晒 2 ～ 3 天，以促进种子后熟，提高发芽力，杀灭种皮上的病菌。晒时注意翻动，使受热受光均匀。可进行播前浸种催芽，一般采用温水浸种，即两开一冷，用 55℃～ 58℃水温浸 6 ～ 12 小时；也可用微量元素浸种，如用 0.02% 的硫酸铜液浸种一昼夜，有增产早熟效果。

（3）播种方法和播种量。播种方法多为穴播，也有条播的，这样便于集中施肥，充分发挥肥效。播种量，每穴按 4 粒计，每公顷需种子 37.5 ～ 45kg。

（4）育苗移栽。育苗移栽可使玉米的播种期提前，避过高温伏旱，免受山区早春和秋季低温影响；可以适当控制玉米的营养生长；可以适当增加密度，增株增穗；套作的可缩短与前作的共生期，较好地解决前后作物争光、争季节的矛盾；苗床面积小，管理方便，有利于培育壮苗；可以节约用种，扩大良种面积。

①育苗方法。首先苗床要选择向阳背风、灌排方便、靠近大田的地方，苗床宽 1m 左右，深 10 ～ 13cm，长度由育苗量决定，畦底垫一层有孔薄膜。其次是营养土配制，首先用熟土、有机肥和过磷酸钙配制成营养土。熟土应从连续三年未种过同科作物，且疏松肥沃的田块上获取，提前一个月翻耕晒白，风化粉碎，以免土壤带菌传播病毒；有机肥以圈肥为主，一般在夏季堆制发酵，充分腐熟以后晒干粉碎。其配比是：65% 熟土 +30% 有机肥 +5% 过磷酸钙。再次是育苗，育苗方式有纸（塑料）袋育苗：袋高 10cm 左右，直径约 6.5cm，内装配好的营养土；塑料软盘育苗：营养土装盘前应先调整湿度，装盘后的盘面应稍下凹，

以便于摆放种子和覆土。最后为播种，把袋、盘排列在苗床上，每袋、每盘播一粒催过芽的种子。

②苗床管理。苗床管理是培育全苗、壮苗的重要环节。首先加盖覆盖物：播种完毕，在苗床上加盖一层细厩肥（纸袋例外），再盖一层松毛或秸秆等覆盖物，低温地区加盖薄膜保温，出苗以后，逐步通风降温，加强炼苗。若苗弱则增施清粪水或 0.1% ～ 0.2% 的尿素液。移植前一天，充分浇透水，促使营养土吸水后收缩，以利于移栽。

春玉米移栽时，地温低，以晴天为好，夏、秋玉米移栽时地温较高，以阴天或晴天的下午为宜。起苗时要少伤根，多带土，选壮苗，去弱苗、杂苗和病虫苗。挖窝的大小以根系能开展为准，窝内土要细碎，苗要栽正。大小苗分开栽，便于管理，平衡生长。栽后浇足定根水，提高成活率。

五、合理密植

玉米的种植密度是随品种和环境条件的不同而变化的。一般植株高大，生育期长的晚熟种宜稀，每亩 2500 ～ 3000 株；中熟种，每亩 3000 ～ 3500 株；生育期短的早熟种宜偏密，每亩 3500 ～ 4000 株。种植方式主要有：等行距单株种植，行距 67 ～ 100cm，株距 23 ～ 33cm；等行距双株种植，行距 83 ～ 90cm，穴距 50cm，每穴双株；宽窄行种植，宽行 93 ～ 100cm，窄行 40 ～ 50cm，穴距单株种植为 23cm，双株为 47cm。宽窄行种植方式适宜于间套种植。

六、田间管理

（1）苗期田间管理。苗期指出苗到拔节。此期是长根、长叶、长茎节的营养生长期。田间管理任务是促进根系发育，适当控制地上部分的生长，保证苗全、苗齐、苗壮。

①查苗补苗。出苗后要及时检查，发现缺苗及时补苗。常用移栽补苗，移密补缺或预先在行间播种预备苗。移苗带土，栽后浇透定根水。缺苗较多的可采用催芽补种。

②早间苗，早定苗。一般在 3 ～ 4 叶时间苗，去弱苗、小苗、杂苗、病虫苗，留健壮苗，去密留稀。当苗龄达 5 叶时定苗，按预定苗数留足壮苗。

③中耕除草。苗期中耕可进行 1 ～ 2 次，一般在间苗后进行第一次行间浅中耕，定苗后进行第二次行间深中耕。

④水肥管理与蹲苗。三叶期后，胚乳养分已耗尽，随着幼苗生长，次生根和叶片不断发生，需要一定的养分供给，但此时苗小，需肥量不大，可轻施一次苗肥。苗肥以腐熟人畜尿为主，结合第二次中耕施用。另外，采用勤锄、深锄的管理措施，促进发根。蹲苗应掌握“蹲晚不蹲早，蹲黑不蹲黄，蹲肥不蹲瘦，蹲湿不蹲干”的原则。早熟种生长快，苗期短，一般不宜蹲苗；晚熟种发育慢，苗期长，生长旺，蹲苗有利于壮秆。地肥、底肥、种肥充足，苗色深、长势旺，要进行蹲苗。墒情差、地力薄、幼苗黄瘦，不宜蹲苗。夏玉米生长季节短，不宜蹲苗，采用勤中耕，扒土晒根，改善墒情，控制地上部徒长。蹲苗的时间视土壤、品种、苗情灵活掌握，一般在拔节前结束。

⑤防治害虫。地老虎是玉米苗期出现的地下害虫，另有蛴螬、蝼蛄等危害，常造成缺苗，要加强防治。

（2）拔节孕穗期田间管理。从拔节到抽穗这段时期是营养生长和生殖生长并进的生育阶段。是根、茎、叶旺盛生长，雌雄穗迅速分化，植株生长发育最快的时期。这一时期关键是解决营养生长和生殖生长的矛盾，保证营养物质合理分配，达到根系发达，壮秆多穗，穗大粒多，减少空秆和倒伏。

①巧施秆肥，重施穗肥。在拔节期施好秆肥，起到促根、长叶、壮秆，保证穗正常分化的作用。施肥种类以有机肥为主，适当配合化肥，施肥量一般占总施量的10%左右。

抽雄穗前10～15天，穗位上叶片出生快而大，叶片密集成大喇叭口时，是玉米一生中需水肥的高峰期，此时重施一次穗肥增产明显，以氮肥为主，施肥量占总施肥量的40%左右，一般每公顷施粪水30t，尿素150～225kg，施后中耕培土。

②中耕培土。拔节后植株迅速生长，应及时进行中耕除草，并结合培土，增厚根部土层，使玉米行形成14～17cm高垄，促进支持根生长，增强抗倒、防旱、排涝能力。

（3）花粒期田间管理。花粒期田间管理是指从抽雄穗到籽粒成熟的时期。抽雄穗后，茎叶生长渐趋停止，以开花授粉和受精结实的生殖生长为主，是决定有效果穗数、穗粒数和粒重的关键时期。田间管理任务是为授粉、受精、结实创造良好的环境条件，从而养根保叶、增粒、增重、防早衰。

①合理排灌。抽穗开花期，叶面积最大，蒸腾及光合作用都很旺盛，开花授粉和灌浆结实等都需要大量的水分，是玉米一生中需水最多的时期。因此，这段时间要及时灌溉，改善田间小气候，提高大气相对湿度，如此有利于高产。玉米怕涝渍，雨水过多时注意排涝，防止根系早衰。

②酌施粒肥。粒肥是在雌穗花丝开始抽出时施用。有防茎叶早衰、增加粒重的作用。但若叶色浓绿，土壤肥力较高，可少施或不施。

③去雄。去雄的时间以抽雄未散粉前进行为宜，过早容易损伤1.2片顶叶，过晚已散粉，降低去雄作用。去雄宜在晴天10～15时进行，利于伤口愈合，避免病菌感染。去雄可隔行或隔株，去弱留强，去雄不宜超过总株数的1/3。山地、坡地或迎风面两行不宜去雄。

④人工辅助授粉。玉米是雌雄同株异花异位作物，雌花比雄花晚开花2～5天，顶部晚出的花丝往往授粉不良而形成秃顶。此外，玉米开花期常遇不良气候影响，花粉容易失去生活力，使授粉、受精不良。通过人工辅助授粉，可以减轻果穗的缺粒、秃顶，增加籽粒饱满度。方法是在雌穗抽出后选晴天上午9～11时，用采粉器采集花粉，将花粉散在花丝上或用木架在行间摇动植株，使花粉飘落在花丝上。隔天进行一次，连续2～4次。

七、玉米病虫害防治

玉米病虫害主要有大斑病、小斑病、玉米螟、黏虫，其次是纹枯病、丝黑穗病、玉米矮花叶病、小地老虎、蚜虫等。在玉米各生育时期都应注意检查，及时进行病虫害防治工作。

八、收获与储藏

玉米一般在茎叶变黄，苞叶干枯，籽粒完全变硬而有光泽的完熟期收获。收回的果穗应晒干后脱粒，使果穗轴内的水溶性糖分输入籽粒中转化为淀粉，增加粒重，脱粒后将种子充分晒干，含水量达13%，粮温不超过30℃，即可安全储藏。玉米种子胚大，含脂肪量高，吸湿力较强，在高温、高湿下极易霉变，丧失发芽力。所以玉米种子的储藏，除充分干燥外，还应储藏在低温的地方，防虫、防潮。

第三节　特种玉米的栽培技术

一、糯玉米的栽培技术

（1）隔离种植。糯玉米是由纯合隐性基因控制的胚乳突变体，接受普通玉米的正常花粉后，糯质基因呈杂合状态，当代籽粒就表现出非糯特性。因此，大田生产时，为确保其优良品质，糯玉米应与普通玉米隔离开，隔离方式与普通玉米杂交制种的隔离相似。

（2）适期播种。糯玉米常用于直接采摘鲜果穗上市或用于加工罐头食品，必须在适宜的采收期内上市或加工成糯玉米产品。若需延长上市或加工时间，生产上应采用分期播种，搭配种植早、中、晚熟品种的办法。最早播种期可在气温稳定在12℃时开始播种，采用地膜覆盖育苗移栽技术可提早10～15天采摘。最迟播种期只要能保证采收期气温在18℃以上即可。以收获籽粒为目的，其播种期与普通玉米相同。密度比普通玉米略高，以每公顷6.7万～9.0万株为宜。

（3）加强田间管理。糯玉米千粒重低，幼苗相对纤弱，不抗倒折，较普通玉米易感病害，籽粒和茎秆含糖量相对较高，易发生虫害等。因此，在田间管理上应注重以下几方面。其一，以有机肥为主施足底肥，拔节前追施两次苗肥，且适当增大磷、钾肥的比例，以促进苗期根系发育，培育壮苗。其二，目前推广的糯玉米杂交种都有很高的双穗率，应重施穗肥，加强后期管理，防止早衰，通过提高成穗率和千粒重可获得高产。其三，重视病虫害防治。其四，为了提高鲜果穗的商品率，在散粉期应进行人工辅助授粉。

（4）适期收获。以生产淀粉为目的，收获期可以乳腺消失为标志。鲜食嫩玉米果穗的采收以乳熟期为宜。

二、甜玉米的栽培技术

甜玉米因其籽粒在乳熟期含糖量高而得名，用作蔬菜或制成罐头食品，故又被称为“蔬菜玉米”或“罐头玉米”。其栽培技术要点如下。

（1）隔离种植。为确保甜玉米的特性，应防止与普通玉米及其他类型甜玉米品种串粉。常用的隔离方法除空间隔离外，还有时间隔离。时间隔离主要是采用错期播种，一般错期25～30天。

（2）适期播种，浅播保全苗。甜玉米种子含淀粉量少，粒重仅为普通玉米的50%～70%，出苗率低，春播应在气温稳定在12℃以上时播种。甜玉米生育期短，一般品种从出苗到成熟只需70～90天，生产上还要根据甜玉米的特性和商品需要，采用地膜覆盖或调节播种期，延长采收期。播种深度以3～5cm为宜，过深则苗弱。播种后要适当镇压保墒，出苗后若缺苗要及时移苗补栽，以保证苗全苗壮。

（3）合理密植。甜玉米生育期短，植株较矮小，且以生产鲜食果穗和玉米笋为主，故种植密度一般应高于普通玉米 30% ～ 50%，如作为玉米笋栽培，还可适当加大密度，以达增穗增收的目的。

（4）适时收获。作为鲜食普通甜玉米，应在授粉后 16 ～ 18 天，抽丝后有效积温达 270℃时采收。超甜玉米在授粉后 18 ～ 20 天，抽丝后有效积温达 300℃时采收较为适宜。采下来的鲜果穗糖分下降快，因此，应做到边采摘边上市出售或加工，普通型甜玉米一般不超过半天，超甜玉米不超过 1 天。作为玉米笋栽培，应在吐丝后 1 ～ 3 天采收，先采第一穗，后采第二穗，采后及时交售罐头食品厂进行加工处理。

三、爆裂玉米的栽培技术

爆裂玉米的出叶期与普通玉米相同，但籽粒灌浆结实期要比普通玉米短 7 ～ 10 天。爆裂玉米为多穗，但穗小，穗粒数少，籽粒小，产量显著低于普通玉米。其栽培技术要点如下。

（1）适当隔离。爆裂玉米的爆裂性受多基因控制，其他玉米花粉对品质影响相对较小，有条件者可进行适当隔离（50m 即可），若条件不具备，一般对品质要求不太严格的大田生产可不设隔离区，但繁殖亲本或配制杂交种子时，仍应做 300m 以上的严格隔离，以免串粉影响爆裂品质。

（2）科学施肥、去除分蘖。爆裂玉米苗期较弱，施肥技术应采用“前重、中轻、后补”的方法，为避免不必要的养分消耗，还要及时去除分蘖，提高成穗率。

（3）收获与晾晒。爆裂玉米的收获期应适当偏晚，即在全株叶片干枯，苞叶干枯松散时收获，籽粒成熟充分，产量高、品质好。

四、高油玉米的栽培技术

普通玉米的籽粒含油量一般在 4% ～ 5%，而籽粒含油量比普通玉米平均高 50% 以上的玉米称高油玉米。其栽培技术要点如下。

（1）适期早播。目前我国选育的高油玉米杂交种，主要表现为对温度敏感，对光照反应迟钝。所以，在我国从内蒙古高原到华北平原直至云贵山区都可以种植高油玉米并获得高产。其播种期应参考当地普通玉米的播种时间，提倡适时早播。

（2）合理密植。目前我国推广应用的高油玉米品种，一般植株都比较高大，高产适宜密度应比紧凑型普通玉米杂交种的适宜密度略低。为减少空秆，提高群体整齐度，播种量要确保出苗数是适宜密度的 2 倍，4 ～ 5 叶期间苗至适宜密度的 1.3 ～ 1.5 倍，拔节期定苗至适宜密度的上限，吐丝期结合辅助授粉去弱株并消灭空秆，确保群体整齐一致。

（3）科学施肥。高油玉米对氮、磷、钾比较敏感。相关试验表明，增施氮、磷、钾肥，可以使高油玉米根系发达，植株、穗位增高，生长势增强，为玉米的丰产、高油奠定物质基础。在施肥技术上，相关试验表明，高油 6 号以“一底两追”为好，即底肥每公顷施足有机肥 15 ～ 30t、五氧化二磷 120kg、氮 120 ～ 150kg、硫酸锌 15 ～ 30kg；追肥苗期每公顷施 30 ～ 45kg 氮，从而平衡生长，拔节后 5 ～ 7 天重施穗肥，施氮化肥 150 ～ 180kg，主攻大穗。

（4）控高防倒。高油玉米植株偏高，通常在 2.5 ～ 2.8m，控高防倒是种植高油玉米获得高产的关键措施之一。江苏省沭阳县在推广高油玉米时所采取的具体措施是：在高油玉米大喇叭口期，每公顷喷施玉米健壮素 450ml，一般喷过玉米健壮素的株高可降低 30 ～ 50cm，植株气生根增加，重心降低，抗倒能力增强。

五、高赖氨酸玉米的栽培技术

高赖氨酸玉米是普通玉米通过遗传改良，使籽粒中赖氨酸含量提高 70% 以上的特种玉米，又称优质蛋白玉米或高营养玉米。其栽培要点如下。

（1）隔离种植。为了确保高赖氨酸玉米的特性，生产上大面积种植时，需要和普通玉米进行隔离，避免串粉。根据试验，空间隔离要求在 200m 以上。

（2）科学施肥。目前生产上推广的高赖氨酸玉米穗形大、籽粒灌浆期偏短。在施肥上要注意基肥中增施磷钾肥，巧施穗肥。抽雄前后可每公顷追施 300 ～ 450kg 硫酸铵或相应其他速效氮肥，以保证开花后的植株不早衰，增加粒重，确保高产。

（3）合理密植。目前推广的中单 206 杂交种以每公顷 6 万株为宜。因高赖氨酸玉米出苗较差，为确保全苗，可适当增大播种量。

（4）适时收获，及时晾晒。高赖氨酸玉米的收获期不宜太迟，成熟后籽粒脱水较慢，含水量比普通玉米籽粒成熟时要高，收获后要及时晾晒，避免霉烂。

第二十八章　马铃薯

第一节　马铃薯的生物学特性

马铃薯属茄科茄属。用块茎繁殖，其茎有直立、半直立或匍匐之分。从主茎没入土中的各个节上发生匍匐枝，匍匐枝长到一定程度顶端逐渐膨大形成块茎。

一、生长发育特性

马铃薯的生长发育可分为五个时期：

（1）发芽期。从芽萌动至幼芽出土。

（2）幼苗期。从出苗到第 6 叶或第 8 叶展平时，相当于完成一个叶序的生长，叫团棵。幼苗期一般只有半个月。

（3）发棵期。从团棵到第 12 或 16 叶展平，以开花封顶为此期结束的标志。历时约 1 个月。

（4）结薯期。此期以块茎生长为中心，尤其以开花后 10 天左右块茎膨大最快，大约有一半的产量在此期形成。

（5）休眠期。马铃薯的休眠始于匍匐枝尖端停止极性生长，块茎开始膨大的时候。马铃薯含有龙葵素，属于生物碱，遇醋酸后极易分解，能使人中毒。但一般含量较少，但当块茎发芽或变绿、溃烂以后，龙葵素含量则明显增加。

二、对环境条件的要求

（1）温度。马铃薯原产南美高山地带，喜冷凉的气候。

（2）水分。马铃薯生长发育需水临界期是开花初期。

（3）养分。在整个生育期中，马铃薯吸收钾肥最多，氮肥次之，磷肥最少。马铃薯施镁肥能增加块茎中总氮、蛋白质和总氨基酸含量，对提高营养价值有利。

（4）光照。马铃薯是喜光作物，短日照有利于块茎形成。

（5）土壤。马铃薯适宜土层深厚，质地疏松，排水通气良好的富含有机质的轻沙壤土，马铃薯耐酸能力强，适宜的 pH 值为 5.5 ～ 6.5。在碱性土壤中容易发生疮痂病。

三、块茎的发生、形成和休眠

（1）块茎的发生机制。

块茎的发生是在团棵前后，茎顶进行花芽分化和匍匐茎停止伸长时开始的。影响块茎形成的因素包括环境条件和植物激素。在短日照和低温条件下，块茎产生较多；吲哚乙酸、脱落酸和激动素都可促使块茎膨大或代替短日照诱导作用而发生块茎，赤霉酸则相反。

（2）块茎的形成过程。

马铃薯依靠匍匐茎尖细胞的分裂及膨大形成块茎。细胞分裂决定细胞的数目，细胞膨大决定于细胞的体积。总的来看，马铃薯在生育前期块茎生长以细胞分裂为主，后期块茎生长以细胞体积增大为主。因此，前期有充足的碳水化合物、氮磷等矿物质以及细胞分裂素类物质向块茎供应，有利于促进细胞分裂；后期有充足的碳水化合物、水分及生长素类物质（吲哚乙酸等）向块茎供应，有利于细胞壁扩展伸长和内含物填充积累，促进细胞体积增大。

（3）块茎的休眠。

①休眠原因。马铃薯块茎的休眠和解除，以芽的有无作为分界标志。内源激素左右着块茎的休眠和萌芽。这一切活动都与栽培和储藏条件对块茎内部环境的影响有密切联系。

②休眠过程中块茎结构和生理生化特征的变化。在休眠的过程中，块茎内部继续进行着生命活动，发生着结构和生理生化特性的变化。结构发生显著变化的是周皮和各个芽眼的分生组织。生理生化特性的变化包括芽眼的分生组织的活动、各种酶的活性变化、淀粉与总糖的比例变化等。

③块茎的生理年龄。生理年龄是指块茎作为种薯栽培时的生理状况，以及栽培后植株在田间生长过程中表现的年龄状态。块茎的生理年龄对田间出苗早晚、茎叶长势、根系强弱、块茎发生早晚、产量形成进程和最终产量都有很大影响。

生理年龄的划分一般用芽条数及其发育程度来表示，可划分为四种年龄状态：没有萌芽的休眠块茎，只具有一个顶芽发育的块茎，具有 5 ～ 6 个壮芽的块茎和具有多数衰老细芽的皱缩块茎，分别代表幼龄、少龄、壮龄和老龄块茎。块茎储藏期间温度越高，达到生理适龄的时间越短。

四、影响马铃薯块茎形成的因素

（1）温度和日长。块茎在短日照和低温下，特别是低温下形成且产量较高。

（2）植物生长调节剂。矮壮素及其他生长抑制剂都能促使地上部矮化，加速块茎形成。可以认为，块茎形成的直接原因是形成块茎物质的积累和内生赤霉酸的减少，而植物体内的这种变化，是在短日照和低温条件下引起的。

第二节　马铃薯的退化及其防止

一、马铃薯退化的原因

（1）马铃薯退化。从冷凉地区调到温暖地区的种薯，当年春种产量高，但连续种植三四年后，植株就变矮小，分枝减少，茎叶卷缩，薯叶变小或发生畸形，薯块变小，产量显著下降。这种一代不如一代的衰退现象，统称为马铃薯退化。调查退化的适宜时期是现蕾期至开花期。

（2）马铃薯退化的原因。马铃薯退化是由综合因素造成的，包括内因和外因两个方面。内因是品种的抗逆性；直接外因是病毒，间接外因是高温等环境条件。

（3）病毒的种类。导致马铃薯退化的病毒有 20 多种。在我国常见的有普通花叶病毒（PVX）、花叶病毒（PVY）、卷叶病毒（PLRV）和纺锤块茎类病毒（PSTV）。感染病毒引起的减产可达 60% ～ 70%。

二、防止马铃薯退化的措施

（1）培育抗病品种。培育抗病品种是防止马铃薯退化的根本措施，要采用现代生物技术，大力培育优质高抗、适应性强的品种。

（2）建立无毒种薯繁育体系。培育高水平种薯应建立完全的种薯生产程序，包括以下三个步骤。

①无性系选择。从特定的品种中选择健康单株，收获前分株检验，后代分开种植，连续 1 ～ 4 季优选。中选的无性系即原种。

②原种生产。通常由无性系选择产生的种薯在良种场繁育 1 ～ 3 次，以获得原种。

③合格种薯生产。原种经一到数季繁殖则生产出大批量的合格种薯用于大田生产。

（3）茎尖组织培养生产无毒种薯。马铃薯茎尖脱毒是根据高等植物细胞的全能性和植物病毒在体内分布的不均匀性，在茎的生长点不带病毒或不带某些病毒的原理，切取茎尖置于适当培养基上，在一定条件下培养获得无病毒或不带某些病毒的植株。但此法不能脱去 PSTV。

（4）实生薯繁殖。马铃薯病毒中除了 PSTV 病毒外，其他病毒均不通过种子传播，可以用优质马铃薯杂交实生种子（TPS）繁殖来汰除病毒。实生种子可以沿用 4 ～ 5 年再更换。

（5）减少病毒再侵染。防治蚜虫和适时摧毁病株是减少病毒再侵染、保持良种使用年限、提高产量的有效办法。

第三节　马铃薯的栽培技术

一、一季作栽培

（1）选茬整地。马铃薯忌连作，宜与其他作物轮作换茬，在耕作上必须采用深耕细整的耕作措施。

（2）确定播期。低山区以 12 月下旬播种的产量最高，中山区以 11 月中旬到 12 月上旬为宜，高山区以 11 月初为宜；冷凉山区也可在 2 月下旬至 3 月上旬与玉米同时播种，在低山温暖地区可在 4 月份春播。

（3）播种方法。开深沟窄厢（垄），垄上开穴浅播（深度 13cm 左右）。

（4）播种密度。一般每公顷 75000 株上下，可采用 50cm 的行距，20 ～ 25cm 的株距。根据品种特性进行适当调整。

（5）施肥。一般每生产 22500kg 块茎，需吸收入 N 约 127.5kg、P_2O_5 约 49.5kg、K_2O 约 229.5kg。马铃薯生育期短，一般基肥应占 70%；第一次追肥可在苗期施入，占 10%；第二次追肥在现蕾期施入，占 20%。

（6）田间管理。马铃薯是中耕作物，结薯层主要分布在 10 ～ 15cm 的土层。中耕除草应掌握“头道深，二道浅，三道薅草刮刮脸”的原则。晚疫病、青枯病、疮痂病为主要病害，块茎蛾、蚜虫为主要虫害，均应加强防治。

二、二季作栽培

（一）春作栽培要点

春作与一季作大体相仿，但因要接种第二季的秋播，故生育期较短，栽培上应着重采用促进早熟的栽培技术。

（1）选用适宜的早熟品种。如新芋 4 号、双丰收、万芋 8 号、万芋 9 号、川芋 56 等均有结薯早、休眠短、易催芽等特点。

（2）促进早熟。

种薯处理。选用壮年薯，并适当晾晒，也可根据情况进行催芽处理。

施足底肥。春薯生长期短，故应加重底肥的比例。

地膜覆盖。地膜可增温保湿，促使早生快发，提早结薯，提早成熟。可早熟约两周。

（3）早管早收。齐苗后及早追肥，中耕除草、培土，促进植株生长；加强病虫害防治，如有发生及早收获。

（二）秋作栽培要点

旱地栽培时可与小麦、油菜等夏收作物连作，或春、秋马铃薯二季连作，也可复种在玉米宽行里进行套作。

（1）种薯处理。秋播时马铃薯正处于休眠状态，必须进行催芽处理。人们多习惯切块催芽，但切块易于传播病菌，故应提倡整薯催芽播种。可用赤霉素或赤霉素甘油液催芽。

①赤霉素浸种催芽法。于秋播前 10 天进行。浸种用 10 ～ 20ppm 赤霉素水溶液加杀菌剂浸泡 15 分钟，随即分成约 30kg 一堆，盖上湿润细土 10cm 左右。7 ～ 10 天后检视薯堆，见芽长 2 ～ 3cm 时，扒开薯堆，见光炼苗 1 ～ 2 天后播种。

②赤霉素甘油液催芽法。此法也称 GG 液处理法，可以加速种薯生理年龄进程。甘油具有极好的亲水性和保水性，是促使赤霉素进入种薯的引子。GG 液中赤霉素的浓度为 50 ～ 100ppm，用原液配制时，稀释原液用的水和甘油的比例为 4 ∶ 1。若无甘油可用花生油代替，但水油比例应改为 5 ∶ 1。具体处理方法：在临近播种时先用 GG 液喷雾处理种薯，然后于播种时将 10ppm 赤霉素水液喷在种薯上，边喷液边播种覆土。

（2）播期播法。播期可先确定收获日期，再根据生育期长短倒推，秋马铃薯一般在霜降前收获。秋播应注意适当加大密度。

（3）管理。川东地区秋播马铃薯正遇到高温干旱，出苗困难且易老苗，播时应施猪粪尿或淡化肥水作底肥，促使早生快发；幼苗出土后应重追一次速效肥提苗，并结合中耕除草；现蕾初期若长势不好，需二次追肥并培土。在川西南山区，应尽可能地避开秋霜危害，延长生育期，是秋马铃薯获得高产的重要环节，西南山区一般规律是 1 ～ 2 次轻霜后，往往有一段晴天，可采用熏烟、覆没等措施防霜冻。

第二十九章　蚕　豆

第一节　蚕豆栽培的生物学特性

蚕豆属于豆科，蝶形花亚科，蚕豆属，是一年生或越年生草本植物。

一、蚕豆的生长发育

（1）蚕豆的一生。蚕豆全生育期为 170 ～ 210 天。从出苗到初花为生育前期，以营养生长为主。从盛花到盛荚为生育中期，营养生长和生殖生长并进，是蚕豆需水和养分最多的时期。盛荚以后蚕豆进入生育后期，完成结荚、鼓粒和成熟等过程。

（2）种子萌发。具有正常发芽力的蚕豆种子，在水分充足、温度适宜和通气良好的条件下，数天后就可萌发。蚕豆因种子富含蛋白质，吸胀力强，必须吸足种子干重的 1.2 ～ 1.5 倍的水分才能萌发。但因种皮较厚，吸水较慢，出苗过程不如其他作物快。在萌发过程中，因下胚轴无延伸性，发芽时子叶不出土。幼根先在胚旁长出，然后再长幼芽。

（3）幼苗生长和分枝。幼苗出土后，胚芽逐渐形成幼茎。幼茎呈淡绿色，成熟后变成黑褐色。蚕豆茎秆直立，呈四棱形，中空多汁。株高 70 ～ 130cm，一般早熟品种较矮，晚熟品种较高。蚕豆叶片有三种：子叶、单叶和复叶。叶片由托叶、叶枕、叶柄、叶轴组成。两片子叶肥大而富含养分，子叶不出土。出芽后主茎首先长出两片单叶，通常称为基叶，以后陆续萌发羽状复叶。复叶由 2 ～ 9 片小叶组成，小叶数随营养生长的繁茂逐渐增加，又随生殖生长旺盛而逐渐减少，并因结荚、鼓粒时养分向籽粒输送，小叶叶面积逐渐缩小。

蚕豆植株的分枝主要从两片基叶的腋间发生。一般从四叶期开始至开花期结束。蚕豆分枝常有 2 ～ 3 个，多的可达 10 多个。第一次分枝上还可发生第二次分枝，但第二次分枝发生迟、发育不良，即使能开花结荚也总是荚小粒少。因此在栽培管理上促进基部节上最先发出的分枝，充分发挥其生长优势，并结合去除无效枝，对提高产量有明显作用。

（4）根和根瘤的形成。蚕豆根由主根、侧根和根瘤三部分组成。蚕豆主根粗壮，入土深达 80 ～ 150cm，其上着生许多侧根，在土壤表层水平展延 50 ～ 80cm，以后向下生长，深 80 ～ 110cm，但大部分根系集中分布在 30cm 土层。

在蚕豆主根、侧根上丛生许多根瘤，主根比侧根上的根瘤多，而且固氮效率高。根瘤形如长椭圆形，呈鲜嫩的粉红色。根瘤菌大约在蚕豆三叶期后开始进入根部，四叶期主根上出现小突起，至五叶期能见到粒状根瘤，六叶期时侧根上也可见到小粒状根瘤。以后至花荚期又逐渐衰落。

（5）花芽分化。蚕豆出苗后，一般在 30 ～ 40 天就开始进行花芽分化。开始先出现花芽原始体，接着在花芽原始体的前面产生萼片，后面及两侧也随之出现萼片而形成萼筒；然后是花冠原始体分化，雄蕊中央出现雌蕊，此时花器已基本完成，以后进入胚珠及花药原始体的分化期。花芽分化期营养生长越来越旺盛，同时大量花器又要不断分化和形成，因此必须加强管理，使营养生长和生殖生长协调发展。

（6）开花结荚。蚕豆花为腋生短总状花序，着生在各叶腋间的花梗上，但集中在中部各节位上，每茎少则 1 ～ 2 个花簇，多的可达十多簇。每个花簇上有小花 2 ～ 6 朵，多的可达 8 ～ 9 朵。

蚕豆属于无限开花习性，开花历时 20 ～ 50 天，有的长达 90 天，开花顺序是自下而上，开花时间从午后 1 ～ 2 时持续到 5 ～ 6 时，每朵花开放持续 1 ～ 2 天。蚕豆为常异花授粉作物，杂交率一般为 20% ～ 30%。

蚕豆果实为荚果，由一个心皮组成。荚果的发育，前期以形态发育为主，开花后约 28 天，荚果的长、宽、厚都接近最大值。在外壳形成时，种子的种皮也已形成。

蚕豆边开花边结荚，并同时进行营养生长。这种营养生长和生殖生长时间重叠以及大量生殖器官形成的生理特点，使源库矛盾十分突出，因而多花而不多荚，花荚脱落严重。结荚率一般仅为开花数的 15% 左右，单株结荚 10 ～ 15 个。

（7）鼓粒成熟。开花后约 30 天，籽粒灌浆速度缓慢，干物质积累量低，以后茎叶中干物质不断向种子输送，灌浆速度上升，干物质积累迅速增加。在鼓粒期，种子中的粗脂肪、蛋白质及糖类也随之不断增加，在开花后 47 ～ 50 天，鲜重达到最大值。到开花后 50 ～ 55 天，灌浆已基本停止，体积不再变化，种子逐渐接近成熟时的状态。蚕豆种子的形状、大小、颜色各不相同，其形状扁平，呈长圆形，略有凹凸。

二、蚕豆对环境条件的要求

（1）对温度的要求。蚕豆原产于温带，性喜温暖而湿润的气候，不耐高温和严寒。据研究，发芽时的最低温度为 3.8℃，低于 -6℃～ -5℃时即遭受冻害，最适温度为 25℃；在营养生长期，可忍受 3℃～ 4℃低温，最适温度为 14℃～ 16℃；生殖生长期需要较高温度，如果低于 5.5℃，花荚会受冻，当稳定在 15℃～ 22℃时，有利于开花、授粉和结荚。

（2）对光照的要求。蚕豆属于长日照作物，但光周期反应不如稻麦敏感。即使短日照处理，也能开花结实。长日照使开花、结荚和成熟期提前，但会降低花荚总数。春性种和冬性种相比，春性种对光照更敏感。

良好的通风透光条件是蚕豆高产的前提。荫蔽会加剧蚕豆花荚脱落，减少根瘤数量，缩短固氮时间，降低生物产量和收获指数。特别是花期和结荚期，荫蔽使花荚脱落严重，导致减产量大。

（3）对水分的要求。蚕豆性喜湿润，易遭受旱灾，有一定的耐湿能力。在四川部分下湿田区域，稻田排水不良是限制蚕豆产量的重要原因之一，而大多数县（市）每年都因冬干春旱使较大面积蚕豆缺水导致减产。

蚕豆对水分的要求因不同生育期而不同。播种至出苗期，必须吸足水分才能迅速发芽。生长前期，地上部分生长缓慢，需水量相应较少，这时土壤水分过多的话会导致根系分布浅、根瘤发育差。开花结荚到鼓粒期，生长加快，是需水最多的时期，这一时期，特别是始荚至盛荚阶段，对土壤缺水最敏感，为蚕豆的水分临界期，这一阶段缺水使生物和籽粒产量分别减少 32.01% 和 44.92%。此期若雨水过多或排水不良，易引起植株生长不良，最易发生立枯病和锈病。成熟前要求水分逐渐减少，以利于籽粒充实。

（4）对土壤的要求。蚕豆大部分根系分布在 30cm 耕作层，根系和根瘤菌在土壤水分适宜和通气良好的情况下才能正常发育，因此它要求土壤疏松平整，保肥保水性能良好。蚕豆对土壤要求不严格，具有较广的适应性，对土壤酸碱度要求以 pH 值 6.2 ～ 8.0 为宜。

三、蚕豆产量的形成

（1）蚕豆产量的构成因素。蚕豆产量由单位面积株数、每株有效分枝数、每分枝有效荚数、每荚实粒数和百粒重构成，其单位面积产量按下式计算：

$$\text{单位面积产量（kg/m}^2\text{）}=\frac{\text{单位面积株数}\times\text{每株有效分枝数}\times\text{每分枝有效荚数}\times\text{每荚实粒数}}{1000\times100}\times\text{百粒重（g）}$$

（2）蚕豆产量的形成过程。单位面积株数受播种时基本苗数量的制约，而有效分枝数由每株分枝数量与质量所决定。有效分枝质量的优劣则主要由每分枝有效荚的多少来反映。每荚实粒数与百粒重虽是在生育后期才表现出来的，且受品种特性与栽培条件的影响而变化，但同一品种总的来讲还是相对稳定的。蚕豆一生中干重增长过程遵循 logistic 曲线，呈“S”形变化。这和群体叶面积指数的消长相吻合。冬前和早春叶面积指数缓慢增长；到盛花期迅速增长；结荚期达最大值；之后维持较高叶面积，生理成熟后枯黄脱落。此过程正好是“S”生长曲线。

第二节　蚕豆的栽培技术

一、蚕豆的播种

（1）整地。四川多数地方种蚕豆的土地一般不翻耕，特别是稻田种豆，在水稻收获后直接板田点播。但对于两季田、玉米地、田埂等来说，板土种植会导致根系发育不良，影响根群对水肥的吸收。因此，适当深耕，采用翻犁点播，对于增加土壤透水性、提高抗旱能力、减少病虫害，都具有重要作用。稻田种植蚕豆应做好开沟排水工作，降低地下水位，排出地表水，改变土壤地表结构，为蚕豆正常生长发育创造条件。在水稻生理成熟期开沟排水；在水稻收割后及时理好背沟，开好主沟、十字沟、边沟。

（2）种子处理。选用经国家或地区审定的优质、高产、抗性强、适应当地生产条件的蚕豆优良品种或地方名特优品种，如西昌大白豆、凉胡 5 号、凉胡 6 号等。播种前应精选种子和进行种子处理，提高种子的发芽势和发芽率。

在选用良种基础上，再进行水选和粒选，选粒大饱满无病虫的种子作种。种子处理包括晒种 2 ～ 3 天、开水烫种 20 ～ 30 秒钟、清水浸种一昼夜等。

用微量元素拌种或浸种有一定的增产效果。据研究，用 500mg/kg 的钼酸铵浸种 24 小时，有提高蚕豆叶绿素含量、光合速率及增产的效果。每 100kg 种子用 100g 硼酸拌种，也有一定增产效果。蚕豆接种根瘤菌，特别是对未种过蚕豆的田块，能补充土壤根瘤菌源，促使早结瘤，多结瘤。

（3）适时播种。适时播种是高产稳产的关键措施。播种过早，早春花期提前，低温冷害严重；播种过迟，冬前不能达到一定的分枝数，营养生长不足。根据各地试验，适宜播种期大体上在日平均温度降至近 16℃时，这样可使蚕豆在播种后一个月之内平均气温能保持在 10℃～ 15℃之间。一般是“秋分早，立冬迟，寒露霜降正当时”。但不同地区略有差异，多在 10 月上中旬为宜。

（4）合理密植。当前生产中存在的问题是，产量较低的地方常出现基本苗不足，或分枝数低；而在单位面积产量达到一定水平的地方，并非增株增枝就可增产，还可能因此而激化个体和群体矛盾，反而导致减产。根据试验，大粒种基本苗 1 ～ 1.5 万株 / 亩为宜，中粒种以 1.4 ～ 1.7 万株 / 亩较好，而小粒种以 2 万株 / 亩左右较为适宜。一般而言，气温高、肥水好、播种较早的，应适当稀植；气温低、雨水偏少、播种稍迟的，应适当增加基本苗。

采用适宜的播种方法，是实现合理密植的途径之一。播种方式有撬窝点播和条播，但以前者为主。一般窝播行距 40 ～ 50cm、窝距 27 ～ 30cm，每窝播 2 ～ 3 粒。蚕豆与小麦或油菜间作时，每隔 2 ～ 4 行小麦或油菜间种 1 ～ 2 行蚕豆，播种后盖灰肥或细粪土。宽窄行种植有利于群体对光能的利用，可以更好地发挥边际效应，增加蚕豆产量。

二、蚕豆的田间管理

（一）蚕豆施肥

长期以来，蚕豆被视为“懒庄稼”、不需肥料的作物。事实上，蚕豆在生育过程中需要各种元素。据研究，每生产 100kg 籽粒，需吸收氮素 8.7kg、钾素 5.3kg、磷素 1.4kg。蚕豆开花结荚期是需肥的高峰期，此期积累氮素占全生育期的 48%、磷素占 60%、钾素占 46%。蚕豆对微量元素反应十分敏感，增施钼、铜、硼等微肥，都可增加产量和明显改善品质。

蚕豆的施肥原则是“重基肥，轻追肥，适当追施根外肥”和“重磷、钾，轻氮素，少量喷施微量肥”。具体做法是使用有机质作基肥，看苗施氮肥，增施磷、钾肥，重视花荚肥，后期进行根外追肥。

（1）重施基肥。基肥的施用方法为亩施腐熟农家肥 1000 ～ 2000kg，或者在大部分有机肥中掺入适量氮、磷、钾肥，混合翻入土壤作为基肥，其中部分在播种时作盖肥。在有条件的地方，可在基肥中加入硼肥或钼肥，以促进根瘤的发育。根据试验，每亩 300kg 牛粪配施 25kg 磷肥可使单株根瘤数比单施牛粪者增加 44% ～ 75%、根瘤干重增加 20% ～ 40%，茎叶含氮量增加 40% ～ 42%。氮、磷肥结合干粪施用，比三种肥料分别单施的经济性状好，产量高。

（2）看苗施氮肥。蚕豆在幼苗期根瘤菌尚未发育完善，需要从土壤中吸收氮肥。对于缺乏基肥、播种较迟、长势不良的幼苗，应酌情施用氮肥。如土壤缺水则结合抗旱每亩施 300 ～ 600kg 的清粪水或按 5kg 左右的标准氮肥兑水泼浇；如土壤水分适当，为减少损失可开沟条施；如基肥中没混入磷、钾肥，也应在苗期及时早施。

（3）增施磷、钾肥。磷、钾肥除一部分作基肥外，还应在苗期、花荚期分次追施。蚕豆苗期每亩施草木灰 100kg，增产达 18% ～ 25%。根据各地试验结果分析，磷、钾肥不同施用期效果不同，基肥效果优于追肥。

（4）重视花荚期管理。蚕豆花荚期是一生中吸肥量最大的时期。此期营养生长迅速，花荚大量出现，整个植株代谢旺盛，所以需要补充大量营养。在这一阶段适量施肥可以提高豆荚结实率，增加粒重。由于高产蚕豆碳氮代谢规律是，分枝到现蕾期逐渐上升，始花期碳氮比较低，结荚期较高。因此，花荚期施肥种类和数量应以磷、钾肥为主，氮肥不宜过多，以避免含糖量下降，激发营养生长和生殖生长的矛盾，加剧花荚脱落。在施肥方法上，常常采用根外追肥。据试验，在蚕豆花期二次喷施 0.1% 或 0.2% 的磷酸二氢钾，百粒重分别提高 15.5% 和 17.0%，产量分别比浇清粪水增加 12.2% 和 13.2%。花荚期喷施两次 1% 的过磷酸钙和 1% 的尿素，分别增产 17.1% 和 16.6%。除了氮、磷、钾肥外，喷施微量元素也有增产效果。如云南宾川县用 0.5% 的钼酸铵和 0.1% 的硼酸于花荚期进行两次叶面喷施，分别增产 18.5% 和 16.7%。

（二）蚕豆灌排水

蚕豆苗期需水少，开花、结荚、鼓粒期需水较多，生理成熟期需水又较少。始花至饱荚期缺水，生物产量和经济产量下降最多，尤以始荚至盛荚期对水分最敏感。根据蚕豆需水规律，冬前灌水壮苗防冻，开花期灌水保花增荚，结荚期灌水确保灌浆壮籽。灌水方法以速灌速排为宜，切忌慢灌久淹，灌水量以使土壤水分保持在 30% 左右为宜。

（三）蚕豆保花增荚措施

蚕豆开花多，结荚少，这是生产上普遍存在的一个突出问题。概括地讲，落花落荚是营养物质供不应求产生的生理变化。其具体表现包括：一是播种早，生长发育加快，蕾花遭受低温、寒潮、霜冻危害。二是干旱影响授粉结实，或阴雨连绵使花粉粒丧失授粉力，病虫害严重。三是栽培管理不当，养分分配不合理，营养生长和生殖生长失调；或密度过大，长势过旺，通风透光不良。四是某些元素缺乏或激素比例失调。保花增荚应根据自然气候特点和生长发育规律，针对存在的问题，采用相应的措施。

（1）整枝摘心。通过去掉无效枝和摘除不结荚顶尖，可以减少养分无谓的消耗，改变光合产物分配方向，保证由营养生长转入生殖生长阶段对养料和水分的需求，减少花而不实的现象。

（2）生长调节物质的应用。据试验，在蚕豆开花前一周，施用 250mg/kg 矮壮素可使蕾、花、荚脱落率分别由 11.05%、50.05% 和 22.9% 降至 10.25%、48.7% 和 21.8%，其原因是经过矮壮素处理后体内细胞分裂素提高了 6 倍。用 0.15% 的 B9 于盛花或终花期喷施，用 0.5mg/kg 的三十烷醇于花期或结荚期喷施，增产达 10.5% ～ 26.2%。在施用方法上，以生长调节物质协同涂花荚的效果最好，如用三碘苯甲酸、赤霉素或苄基腺嘌呤混合涂花，会使荚粒数比单独使用分别增加 42% 和 39%。

（3）增施微量元素。施硼肥能提高结荚率，减少花荚脱落。施硼肥主要在苗期和蕾花期进行，浓度为 0.2%。其配制方法是每亩每次用硼砂 100g，兑热水 5kg，然后加水

45kg，选择无风晴天喷施。除硼外，钼和锰等元素也能减少脱落，提高结荚率。如果把营养元素和生长调节物质结合使用，其效果要比分别单独施用好。在盛花和结荚期二次用100mg/kg 的萘乙酸和 100mg/kg 的硼酸喷施，具有明显的增荚作用。混合施用比单用硼和萘乙酸的结荚率分别提高了 5.2% 和 1.9%。

（四）蚕豆病虫害及其防治

1. 蚕豆主要虫害及其防治

危害蚕豆的田间害虫主要有蚜虫、食根虫和一般地下害虫等。危害较普遍的是蚜虫。一般防治方法可采取摘尖，即在个别植株出现“蜡棒”或危害症状时，及时摘除并在田外销毁。药剂防治可用 90% 的敌敌畏乳油 2000 倍液，50% 氰戊菊酯 2000 ～ 3000 倍液，或 50% 辟蚜雾可湿性粉剂 2000 倍液，10% 吡虫啉可湿性粉剂 2500 倍液。

2. 蚕豆主要病害及其防治

蚕豆主要病害有赤斑病、锈病、枯萎病、根腐病等，这些病在生产上发生普遍，危害较重，一般年份发病率为 20% ～ 30%，重病年份高达 80% ～ 100%。防治蚕豆病害应采用综合防治措施：一是利用田间个体抗病差异，选用抗病品种，或选用无病蚕豆作种。二是进行种子消毒，如用 0.6 ～ 1.0kg 多菌灵、福美双或苦仁乐生粉拌种 100kg，以切断病源。三是采用药剂防治，除病毒病以外，均可用波尔多液加以保护，用多菌灵、托布津等广谱性杀菌剂进行防治。病毒病可采用乐果等药剂灭蚜，切断传毒媒介。四是合理轮作，适期播种，清除病残株，加强田间管理，提高植株的抗病能力。

三、蚕豆的轮作、间套作

（1）轮作。蚕豆最忌重土连作，农谚说：“重麦不重豆”。蚕豆多为水稻、玉米、花生等的前作。在 1 ～ 2 年内轮换种植一次蚕豆，能起到用地养地作用，并为后作提供早茬口。20 世纪 70 年代中期以来，有的地方实行小春分带轮作，麦作预留行套种蚕豆。蚕豆作青饲料、绿肥，或青蚕豆收获后，在空行直播或育苗移栽大春作物，不仅解决了作物间争地、争季节的矛盾，同时冬闲时又能在小春预留行内进行深挖冬坑，挑沙面土，培肥地力。

（2）间套作。蚕豆与其他作物实行合理间套作，不仅可以弥补部分蚕豆种植面积的不足，提高土地利用率，而且可收到比较明显的增产效果。四川省蚕豆多为净作，种植形式除净作外，主要与小麦、大麦、油菜、豌豆、蔬菜等间作；与玉米等作物套作；与绿肥混播。此外，还在果园、桑园和茶园的隙地中间作，利用田埂和地边零星增种。这些间套复种形式，对主作影响不大，但蚕豆总产会增加，有一定的推广价值。

（3）饲料及绿肥栽培。四川省有的地方有利用蚕豆的青嫩茎叶作饲料和绿肥的习惯，农民称为蚕豆青。在开花时将蚕豆青翻压作稻田基肥，肥效显著；割作畜禽饲料，营养价值较高。在品种选择上，作饲料及绿肥的，适宜密植，应选用小粒种；城郊区多在茎叶作绿肥和饲料之前先收青蚕豆作蔬菜，宜用大粒种；作秧田底肥者，应选早熟种。种植方式有在中稻或玉米收获后，利用一年两熟有余的温光土资源净作一季蚕豆青；或者在麦行、绿肥行和留种地间种；或与其他绿肥、油菜混作；或在田埂、地边增种蚕豆青。在播种期方面，应在白露至寒露间播种，在此时间段内，播种越早，产量越高。播种方法一般采用撬窝点播，密度较大，一般每亩 1 万～ 1.5 万穴，每穴两粒。在施肥量方面，原则上比一般蚕豆多，以增加其营养生长，提高产青量。

四、蚕豆的收获和储藏

（1）适时收获。当种子逐渐变硬，干重相对稳定，体积不再变化时，表明种子已经成熟。秋播蚕豆一般在 4 ～ 5 月底完全成熟，迟的在 6 月上旬成熟。当叶片凋落，中下部豆荚变成黑褐色时即可收获。成熟豆荚易脱落，如遇雨也易在植株上发芽，故必须适时收获。具体收获期因采收目的的不同而异，当作蔬菜的，可分期采摘鲜嫩豆荚，在豆荚鼓粒饱满时采收上市，每隔 5 ～ 7 天采收一次，自下而上采收三批。当作种子时，一次性用镰刀收割。有的需要提前用地而提前收获的，可在基部豆荚变褐时收获，在屋内阴干，经过后熟，仍可留种。

（2）储藏。蚕豆种子富含蛋白质和少量脂肪，种皮较坚韧，比大豆、花生等较耐储藏。在储藏中很少有发热生霉现象，更不会发生酸败变质，但常出现虫害和种皮变色。

①防虫害。在储藏过程中，危害蚕豆的害虫主要是蚕豆象。防治蚕豆象的方法较多，如药剂熏蒸法。对于大量储藏的蚕豆，可用磷化铝片剂按 4 ～ 6 片 /m^2 投药，密封 3 天左右，可杀死全部害虫。然后开仓散气一周，作为食物的应散气 10 天，以防中毒。家庭储藏少量蚕豆可采用开水浸烫法，即先将蚕豆装入箩筐或竹篮里，放入开水浸烫 30 秒左右，边烫边搅拌，取出后立即放入冷水中，并快速取出摊晾干燥，一般杀虫效果达到 100%。

②防变色。在储藏过程中，蚕豆常随时间延长而引起种皮变色，最初呈淡黄色，然后由原来的绿色或乳白色逐渐变成褐色、深褐色，乃至红褐色或黑色。蚕豆变色的原因是种子中含有多酚氧化物及酪氨酸等。这些物质参与氧化反应，其速度除与温度、酸碱度有直接关系外，还受光照、水分及虫害的影响。因此，防止变色的主要措施是避光、低温、干燥保管等。

第三十章　油　菜

第一节　油菜的生育特性

一、油菜栽培种的主要特性及其在生产上的选用

四川油菜生产以冬油菜为主，但在阿坝、甘孜两州，也有少量春油菜，是当前我国栽培最为多样化的产区之一，广泛种植甘蓝型、白菜型和芥菜型的大量品种。各地由于气候、耕作制度的差异，也因习惯、栽培技术水平、生产投资能力的不同，应选择相宜品种以提高效益。

甘蓝型：植株较高大粗壮，分枝性中等。生育期较长。种子千粒重一般为 3.5 ～ 4.5g，种皮多为黑色或黑褐色，种子一般含油率为 35% ～ 45%，高者可达 50% 左右。早熟品种抗病性稍差；中晚熟品种抗病性较强。甘蓝型对病毒病的抗性在栽培油菜中属于最强者，而且耐肥，适应性广，产量潜力大，是四川的主要栽培品种。

白菜型：植株较矮小。种子千粒重 3g 左右，个别品种可达 5 ～ 6g，种皮网纹不显著，色泽黄、褐、红褐和黑褐，含油率为 35% ～ 50%，因品种和产区不同会有较大差异。抗病抗倒力差，不耐肥，产量不稳定。因其生育期较短，有利于春播作物栽种，是四川山丘地区的栽培种之一。其中北方小油菜植株较矮小，茎枝纤细，分枝少，四川偶有分布；南方矮油菜植株中等高大，茎枝较粗壮，分枝性强。

芥菜型：植株中等高，茎枝较纤细。角果短小，千粒重为 1.5 ～ 2.5g，辛辣味浓。种皮网纹显著，色泽与白菜型类似，含油率为 30% ～ 35%，个别品种可达 50%。主根发达入土深，抗旱耐瘠，生育期较白菜型略长，产量潜力不高。四川干旱缺水地区常用此型为栽培种。

二、油菜的一生

油菜从播种出苗到新种子成熟为油菜的一生，所经历的时间称为油菜的生育期。油菜的一生按生育特点和栽培管理的不同要求，可分为苗期、蕾薹期、开花期和角果发育成熟期四个生育时期。

（1）苗期。从出苗（子叶平展）到现蕾（主茎顶端出现一丛花蕾，并被 1 ～ 2 片心叶遮盖，揭开心叶能见到明显的花蕾）前的一段时间。苗期又可分为花芽分化以前的苗前期，花芽分化后到现蕾的苗后期。苗前期为营养生长，即发芽出苗，长根、叶、茎等营养

器官。苗后期除营养生长外，还进行花芽分化，但营养生长占绝对优势。

（2）蕾薹期。从现蕾到初花的一段时期。营养生长和生殖生长并进期，营养生长占优势。这段时期是油菜株高生长最快的时期，要求有充足的水肥供应。

（3）开花期。从初花到末花的一段时期，是营养生长和生殖生长都很旺盛的时期。此时茎枝繁茂，腋芽迅速形成分枝，花序上的花蕾边分化、边开花、边结果。到盛花后，根、茎、叶、枝等营养器官的生长基本停止而全为生殖生长。

（4）角果发育成熟期。从末花到成熟的一段时期。这一时期全为生殖生长，主要是角果的发育、种子形成和油分积累。

第二节　油菜的栽培技术

一、油菜对土壤条件的要求及整地

（1）油菜对土壤条件的要求。油菜是直根系作物，根系发达，入土深，适应性广，各类土壤都可以栽种，但以土层深厚、有机质丰富、结构疏松、排水良好、养分充足，pH 值为 4 ～ 8.5 的偏酸性土壤为好。所以，稻田种油菜较好。

（2）油菜的整地。

①稻田油菜的整地。水稻收获前 7 ～ 10 天排水，收后及时早耕，然后整细整平，开沟作厢播种。

②旱地油菜的整地。前作收后，早耕深耕，充分接纳雨水，随耕随整，开沟作厢播种或移栽。

二、油菜对肥料的要求与基肥的施用

（1）油菜对肥料的要求。油菜是需肥较多的作物，特别是氮、磷、钾、硼等元素与油菜生产关系最密切，所以氮、磷、钾配合使用能显著提高产量和品质。油菜生育期长、枝叶繁茂，花序是无限生长型，故需肥较多。据测算，每生产菜籽 50kg，需吸收纯氮 4.4 ～ 4.8kg、磷 1.5 ～ 2kg、钾 4 ～ 10kg，这三者的比例为 1 ∶ 0.35 ∶ 0.95。但油菜在各生育时期的生育特点不同，对各种元素的吸收量也不同。苗期生长过程长，吸收的氮、磷、钾几乎占整个生育期的一半，所以苗期是需肥较多的时期；蕾薹期至终花期是需肥最多的时期；终花期到成熟生育过程短，吸收氮、磷很少、钾较多。

（2）油菜施肥原则及基肥的施用。施肥原则是“施足底肥，早施苗肥，施好蕾薹肥，巧施初花肥”。

基肥应以有机肥为主，配合适量的速效化肥，施肥量可占总施肥量的 50% ～ 70%。缺硼的土壤每公顷用 7.5kg 硼砂溶于水中，再拌入种肥中施用。

三、选用良种

油菜良种是指具有高产、含油量高、含芥酸低、抗逆性强的特点且适应当地栽培制度

的品种。两熟制地区以中熟甘蓝型良种为主，搭配中早熟或早熟良种。三熟制地区以早熟或中早熟甘蓝型良种为主。

四、油菜育苗移栽与直播栽培

（一）育苗移栽

育苗移栽比同期直播油菜增产 30% ～ 50%，其原因如下：能做到适时早播，充分利用季节，使其有足够的营养生长，发挥其增产潜力；苗床面积小，便于精耕细作，精细管理，有利于培育壮苗，为高产打下基础；起苗时能精选壮苗，除去弱苗，保证平衡生长，有利于增产；能错开季节，解决前后作的季节矛盾。

（1）壮苗的增产作用和壮苗标准

有农谚道："壮苗三分收，瘦苗一半丢""油菜要丰收，全靠年前发好蔸"。因为壮苗根系发达，吸收力旺，叶面积大，光合作用强，制造和积累的营养物质丰富。壮苗移栽后，成活快，发棵早，抗逆性强。壮苗是冬前形成强大营养体的前提，也是春后枝多角多、产量高的基础。壮苗比弱苗一般增产 10% ～ 30%，尤其是迟栽油菜，增产效果更显著。

（2）培育壮苗的技术

①选好、留足苗床地。苗床最好选择土质肥沃，干爽疏松，背风向阳，水源好，排灌方便，靠大田，两年内没种过十字科作物的沙壤土。苗床面积与大田面积的比例为 1 ∶ 5 或 1 ∶ 6。

②精细整地，施足底肥。油菜种子细小，苗床地必须精细整地，要求土壤细碎疏松，表面平整，干湿适度，120 ～ 150cm 开厢。整地时要施足底肥，每公顷撒施尿素 75 ～ 112.5kg、过磷酸钙 225 ～ 375kg、腐熟优质厩肥 15000 ～ 22500kg，然后细锄拌入表土中。播后泼施粪水 30000 ～ 37500kg，整地粗糙的要先泼粪水再播种。

③适时播种，稀播匀播。适时播种育苗是保证油菜适龄壮苗和适时移栽的关键。适时播种期根据当地的气候条件、前作收获时间，以及品种、苗龄来决定。长江流域甘蓝型中熟品种 9 月中旬、下旬播种，早熟品种 9 月底、10 月初播种。具体安排时，迟熟品种先播，早熟品种后播，分期分批播。每公顷苗床播精选种 6 ～ 7.5kg，播种要均匀。

④加强苗床管理。苗床管理要抓早匀苗、定苗，早施苗肥，早防治病虫。幼苗长出第一片真叶时开始匀苗，保持叶不搭叶；出现第二片真叶时定苗，苗距 6 ～ 10cm，每平方米留苗 140 ～ 150 株。

追肥结合第一、第二次匀苗施清粪水提苗，追肥时掌握早、勤、少的原则，做到 4 叶前嫩旺、4 叶后健壮的长相，移栽前 5 ～ 7 天增施一次"送嫁肥"。苗床期主要防治蚜虫。

（3）适时早栽，提高移栽质量

适时早栽，促使冬前多长叶，搭好丰产架子，两熟制选用甘蓝型中熟种的以 10 月中下旬至 11 月上旬移栽为宜。三熟制选用甘蓝型早中熟品种的以 11 月 20 日左右移栽为宜。个别地方的白菜型中熟种 11 月底前栽完。

油菜移栽要确保质量，应切实做到"三边""三要"和"四栽四不栽"。"三边"是边起苗、边移栽、边浇定根粪水。"三要"是要栽直、栽正、栽稳。"四栽四不栽"是大小苗分栽不混栽、栽新鲜不栽隔夜苗、栽直根苗不栽弯钩苗、栽紧根苗不栽吊气苗。移栽时还要在田的四周栽双株，以作缺株补苗用。

（二）直播栽培

直播油菜主根发达，入土深，抗寒、抗旱、抗倒力强，只要加强管理同样能高产。直播栽培在精细整地、施好基肥、精选种子和田间管理等措施上与育苗移栽基本相同，还应做好以下几点：

（1）力争早播，一播全苗。直播比育苗移栽迟播 10 天左右，所以可乘机炕田整地，但仍要力争早播。甘蓝型中熟种在四川平坝地区以 9 月下旬到 10 月上旬播种为宜，白菜型比甘蓝型稍迟，抓住适宜温度（16℃～20℃）及时播种，达到一播全苗。

（2）开沟作厢播种，增施种肥。为便于管理和排灌，应整地作厢采用条播和穴播。播前每公顷用人粪尿 11250～15000kg 施于播种沟或穴内，播时再用硫酸铵 37.5kg、过磷酸钙 150～225kg 混合干粪拌种。秋旱时采用“三湿”方式播种，就是种子湿、土壤湿、肥料湿，加速种子发芽出土，达到苗全苗匀。

五、合理密植

油菜产量是由株数、每株有效角果数、每角粒数和粒重四个因素构成的。合理密植应根据油菜的生长发育规律和当地的气候、土壤、肥料、播期、品种及栽培管理技术等条件决定。甘蓝型中熟品种，以每公顷植 15 万株左右为宜；川西平原肥水条件好，以每公顷植 7.5～12 万株为宜；水肥条件差、气温低、冬春干燥多风的山区，以每公顷植 18～24 万株为宜。合理密植还要考虑种植方式，目前的油菜种植方式有等行匀植、宽行密植和宽窄行三种。后两种方式都有利于通风透光，便于田间管理，增产效果较显著。

六、田间管理

（一）前期管理

前期指出苗至现蕾的一段时期。生育特点是长根、长叶，以发展营养体为主逐步过渡花芽分化，但以前者占绝对优势。正常的长势长相是根旺、苗壮、叶色浓绿，单株绿叶多，孕蕾而不早花。管理主攻目标为促根、壮苗、争叶多，为主茎粗壮和第一次分枝多奠定基础。

（1）抗旱排渍。应做到有旱灌水，有渍必排，以水调肥，肥水结合，促进长根、壮叶、壮苗越冬。

（2）早施苗肥。直播油菜出苗后应及时追施速效性肥料供幼苗生长，在 5 叶期要施提苗肥。移栽油菜栽后 7～10 天，饱施一次清淡粪水，促早发根、早出叶，以后每隔 20 天左右追一次肥，苗肥一般占总施肥量的 30%～40% 左右。

（3）中耕培土。冬前中耕可消灭杂草，疏松耕层，有利于土壤微生物活动，加速肥料分解。一般要求油菜移栽后一个月内或封行前中耕松土 1～2 次，直播油菜 2～3 次。先深后浅，最后一次中耕应结合培土、理沟，可增强抗倒性，清除渍水。

（二）中期管理

中期指的是从现蕾至初花的一段时期，生育特点是营养生长和生殖生长都很旺盛，且生殖生长逐渐占优势。此期油菜的正常长势、长相一般要求：有绿叶 12～15 片，叶色深绿，叶片大而不披，主茎上下粗细均匀，薹粗 2 ～ 3cm，并略带红色，春前无早花。管理主攻目标是促枝、攻花、求稳长。

（1）施好蕾薹肥。施好蕾薹肥，是使薹茎壮实、增加分枝和结角数的关键。蕾薹肥要早施重施，一般在薹高 7 ～ 16cm 时施，占总施肥量的 20% ～ 30%，以人畜粪尿为主，缺硼田块，用 0.1% ～ 0.2% 的硼砂液，每公顷叶面喷施 300 ～ 375kg。

（2）灌水。进入蕾薹期后，应结合当地气候、土壤、苗情灌一次“跑马水”。此期土壤湿度应保持在田间水量的 70% ～ 80%。

（三）后期管理

从初花到成熟，是营养生长逐渐减弱、生殖生长日益旺盛且占优势直到全为生殖生长的时期。正常长势、长相是茎枝健壮已封行，花序大，结角上尖，不贪青、不早衰。田间管理主攻目标是养根、保叶，争角多、粒多、粒重，夺高产。

（1）巧施花肥。花期养分不足会引起脱肥、早衰和落花、落果。对薹期长势差的，初花时可补施少量氮肥或硫酸铵和过磷酸钙各 15kg/hm^2，兑水进行根外追肥，以利增花、增角，提高粒重。反之，无脱肥现象的不宜追施花肥，以防后期贪青、倒伏，发生病害导致减产。

（2）科学灌水。对春雨多、下湿田等，油菜进入初花期要理沟排渍。若遇干旱，在初花期灌一次“跑马水”，或结合初花肥重施一次清淡粪水。

（3）摘除老黄叶。摘除老黄叶可防病和改善田间通风条件。一般在油菜盛花期后到终花期进行 1 ～ 2 次，选晴天摘除植株中下部的老黄叶，并带出田外处理。

七、油菜病虫害防治

油菜病虫害主要有菌核病、蚜虫和菜粉蝶，其次是病毒病、霜霉病、白锈病、潜叶蝇、跳甲等，注意及时防治。

八、适时收获

油菜具有边开花边结果的生长习性，成熟期很不一致。适时收获的标准：一般在黄熟期，以全田有 2/3 以上角果呈现淡黄色，主轴花序基部的种子已出现品种固有色泽时可收获。或终花后 25 天左右收割最适宜，迟不过 30 天。收获宜在有露水的清晨进行，最好是齐地砍收，堆放几天促进后熟，待角果晾干后可脱粒。

第三十一章　烟　草

第一节　烟草的生育特性

烟草属茄科烟草属的一年生草本植物，烟草一生包括芽、根、茎、叶等营养器官的生长和形成花芽、开花结实的生殖生长两个阶段。从栽培角度出发，烟草一生可分为苗床期和大田期两个栽培过程。从生育习性和栽培特点出发，烟草一生又可分为八个生育时期。

一、苗床期

从播种到移栽前为苗床期，一般为 60 ～ 70 天，根据幼苗形态特征，可分为四个生育时期。

（1）出苗期。从播种到子叶出土展平，一般需 10 天左右。发芽要求的最低温度为 10℃～ 12℃，最适温度为 25℃～ 28℃。超过 28℃发芽率降低，35℃以上胚芽受伤害，苗床上要保持湿润状态以利于出苗。

（2）十字期。出苗到两片真叶大小近似，并与子叶垂直交叉呈“十字”形。此时幼苗的根、茎幼嫩，抗逆力弱，容易发生病虫害，需精细管理。

（3）生根期。从第三真叶到第七真叶生出时，生长中心是根系，主根明显加粗，一次侧根大量发生，二、三次侧根相继出生。

（4）成苗期。从第七叶到成苗移栽。生长中心开始移到地上部分，叶面积增大。应给予适当的水分和比较充足的养分与光照。

二、大田期

从移栽到收获完毕为大田期。按生育特点又可分为四个时期。

（1）还苗期。从移栽到成活。还苗期长短与烟草壮弱、移栽质量有关，因此，应选壮苗移栽，栽后浇足水分，促早还苗和幼苗生长。

（2）伸根期。从还苗到团棵（开盘），需经过 25 ～ 30 天。此时根、茎、叶生长加快，是管理上的重要时期。中耕除草、施肥、培土都集中在这一时期进行。

（3）旺长期。从团棵到现蕾，需经过 25 ～ 30 天。此时茎叶生长迅速，花芽开始分化，在主茎顶端出现花蕾，是营养生长和生殖生长并进时期。

（4）成熟期。现蕾后下部叶片逐渐衰老，叶片由下而上渐次成熟。栽培上应及时控制生殖器官的生长和腋芽的产生，及时封顶抹杈、除去腋芽，促进有机物质向叶片运输，促使叶片及时成熟，保证烟叶的品质。

第二节　烟草的栽培技术

一、育苗

烟草是育苗栽培作物，育苗是生产中的一个重要环节。生产上要求培育出适龄壮苗，壮苗标准是根系发达、侧根多、叶色绿，另外还要求适时、苗足，以保证栽植时期、面积和密度。

（一）露地育苗技术

（1）选好苗床地。苗床应选择背风向阳、排水良好、管理方便、土质肥沃、土层深厚疏松、两年内没种过茄科作物的茬地。苗床面积与大田面积的比例是 1 ∶ 20 左右。

（2）精细整地，施足底肥。烤烟种子小，要求精细整地。前作收获后立即深挖晒垄。以减少病虫杂草，增加土温，使土壤熟化。然后整细整平，在其上开沟筑厢，厢宽 1 ～ 1.2m，沟宽 30 ～ 40cm、深 30 ～ 40cm，先开成毛厢，施足底肥后，拍平厢面，略呈瓦背形。

（3）种子处理与播种。播前先用清水除去杂质和秕粒，装入清洁的布袋里，放入 0.1% 的硝酸银水溶液或 1% 的硫酸铜液浸泡 10 ～ 15 分钟，浸种后立即用清水反复冲洗干净，以免影响种子发芽能力，晾干后可播种或催芽。需催芽的先将种子装入布袋，放在清水中轻轻揉搓，换水多次，搓至水清为止，然后放入 25℃～ 28℃的温水中浸 10 小时左右，再放入 25℃～ 26℃的地方，并注意经常翻动和加温水，到 60% 的种子暴嘴时就可播种。

适宜播期决定于当地气候条件与种植制度，四川多数地区最佳移栽期是 5 月中旬。从播种到成苗需 70 天左右，故播期应在立春至惊蛰。种子细小，要严格控制播量，$10m^2$ 裸种撒播以播 2 ～ 3g 为宜；包衣种点播或撒播则为 60 ～ 80g。播种要均匀，播后立即用覆盖物将种子覆盖。

（4）苗床管理。

①浇水、追肥。苗床浇水以小水勤浇、水量从小到大为原则，保持床土湿润。到生根期要控水促根，并与间苗、追肥结合进行。移栽前一周控水炼苗，栽前一天再浇透水，便于起苗。追肥以氮肥为主，适当配合磷、钾肥。十字期前不追肥，十字期进行第一次追肥，每公顷苗床用 22.5kg 三元复合肥兑水喷施；第二次在 4 ～ 5 片真叶时每公顷施肥 30 ～ 37.5kg。也可追施尿素或硫酸铵，浓度宜在 1% 以下。

②间苗、定苗、炼苗。一般间苗三次，第一次在十字期，第二次在四片真叶时，第三次是在 6 ～ 7 片真叶时并结合定苗。保留大小适中无病的壮苗，苗距 6 ～ 8cm，间苗时结合除草并逐步揭覆盖物炼苗。

（二）塑料薄膜覆盖育苗

为防寒防霜冻，提高床温，促苗生长，苗床前期用塑料薄膜覆盖育苗。用此法育苗要掌握适当的温度和通风，当幼苗根系形成后可逐渐揭膜炼苗。

（三）漂浮育苗

漂浮育苗的优点：烟苗根系发达，移栽成活率高；卫生条件好，消除了烟苗潜伏带病因素；烟苗大小一致，使田间烟株整齐一致；生产成本低，效率高；减少育苗和移栽的劳动力；假植补苗、烟苗修剪、温度调节等操作方便；提质、增产效果明显。因而漂浮育苗法适用于烟叶生产的规模化和专业化。

采用漂浮育苗法要注意做好以下几个方面的工作：

（1）棚的建造。一般小棚苗床长 10.8m、宽 1.1m，埂高 10 ～ 12cm。苗床需用水平尺测试整平后铺 0.15mm 厚的黑色塑料薄膜（长 12m、宽 2m）。每个苗床用 11 根长 2.8m、宽 3 ～ 5cm 的竹片做成拱高 0.8m 的圆弧形拱架，上盖厚 0.1 ～ 0.15mm、长 14m 的透明塑料薄膜。棚两端的竹片拱用 1m 的木桩支撑，在距两端畦边 1 ～ 1.5m 处各打 1 个 0.4m 高的小木桩，用以固定透明塑料薄膜。棚两边地面处各拉一条尼龙丝线，用来剪苗。每个小棚可排放 160 穴的苗盘 62 个，可栽烟 0.45hm^2。

（2）苗盘。苗盘为聚苯乙烯塑料泡沫格盘，盘长 55cm、宽 34.7cm、厚 6cm。苗穴上口为 2.8cm × 2.8cm 的正方形，下口为 1.5cm × 1.5cm 的正方形，每个苗穴的体积一般为 27cm^3，每盘 160 穴。

（3）培养基。一般情况下，培养基以泥炭为基质，再配以蛭石和膨胀珍珠岩。一般以 70% 的泥炭、15% 的蛭石和 15% 的膨胀珍珠岩为适宜。切忌培养基中含有碎树枝、泥块或杂草种子。

（4）装盘和播种。装盘的原则是均匀一致、松紧适度。装盘前筛除过长的材料和泥块，并湿润培养基，达到握之成团、触之即散的效果。

在预计移栽前 65 ～ 75 天播种即可保证按时移栽。为保证出苗率达到 11%，每穴应播 2 ～ 3 粒包衣种子，可用播种盘播种。

（5）水质和水量。经消毒和过滤的自来水和井水均可用作漂浮育苗，切忌使用坑塘水。施肥两天后，水的 pH 应保持在 4 ～ 8 之间，以 6.5 为最佳，水床充水量一般控制在 7cm 深。

（6）施肥。一般使用氮、磷、钾肥，氮素中硝态氮占 60%、铵态氮占 40%，肥料中还应含有镁、硫、铁、锰各 0.05%，硼 0.02%，铜和锌各 0.01%，钼 0.005%。苗盘入水时，施入氮素 150mg/kg，第 5 周时再施入氮素 100mg/kg，最后两周（成苗期）再施入氮素 100mg/kg。

施入的育苗专用肥料的计算方法如下：

$$所需浓度（mg/kg）\times 0.1/20=g/kg（水）$$

例如：配成 150mg/kg，即每 kg 水需用育苗肥 0.75g，也就是一个标准床的水量为 835kg，即第一次施肥 626.25g。

（7）修剪烟苗。一般修剪 3 次，在播种后 35 天，即烟苗 5 片叶时开始，在距芽 35mm 以上位置修剪，剪叶面积一般不超过单株叶面积的 50%，每 7 ～ 10 天剪叶一次，直至成苗。必须注意：在剪叶的前一天，必须喷病毒抑制剂；剪苗时烟苗要干燥，最好在下午剪苗；及时消除剪下的碎屑；剪叶器具、手必须严格用医用酒精消毒。

（8）防病和防藻类。猝倒病、炭疽病和黑胫病是漂浮育苗最常见的病害，苗床常通风，喷洒肥水时避免肥料干燥在叶片上，尽量减少发病条件。药剂防治方法：每标准床（62

盘）用硫酸铜 24g 可防水藻，12g 可防治黑胫病；施用 6g 代森锌或代森锰锌可湿性粉剂，可防治炭疽病；施用涕必灵 600，可防治猝倒病，小苗时每苗床用 1.5g，大苗时加倍。

（9）苗床管理。

①揭膜控温。播种后 7 ～ 10 天至出苗，畦面保持 21℃～ 24℃的温度；出苗后，夜间温度降低到 8℃～ 16℃，白天保持在 26℃～ 30℃；移栽前 15 天，遇晴天把薄膜拉到拱顶部，减少病害，提高抗逆性。

②间苗。播种后一个月，即 4 片叶时要间苗，同时假植补苗，间苗时注意保温。

③加水。由于烟苗吸水和蒸发，必要时就应加水至要求的深度。

④锻苗。在移栽前两周，每天晒苗，使叶片富弹性，耐脱水；移栽前 7 ～ 10 天将营养液全部抽出，即断水、断肥，逐步揭去盖膜，烟苗在早上 10 时前出现萎蔫，则用喷壶淋少量水，直至移栽入大田。

（10）苗盘回收和消毒。苗盘使用后必须消除培养基上的残留物，消毒后贮放在无鼠害的地方。消毒是用 5：1 的水和次氯酸钠溶液浸泡，或在盘上喷纯净的次氯酸盐。消毒处理后放在阴凉处，用薄膜密封 24 小时，然后用清水冲洗，洗后存放。

二、烤烟的移栽和施肥技术

烤烟的最佳移栽季节是 4 月底至 5 月中旬，最迟不超过 5 月 30 日。但此时正值光热条件最好的最干旱季节，如能做到抗旱时移栽，保证成活，则能使烟苗最大限度地利用前期光热优势，蹲苗形成发达的根系和健壮的群体，从而打好优质丰产的基础。大田移栽要做好以下工作：

（1）烟地选择。选有水源保证且排水良好的田地，下湿田不能种烟。要求适当集中连片，避免重茬，与玉米地、洋芋地有一定间隔，以免在高湿条件下导致“煤污病”及洋芋上的病毒浸染烟株。

（2）大田整地。对选好的烟地进行深耕细耙，拣净田中杂草和前作残留根茎，做到早、匀、净、细、平。

（3）开厢。烟厢应在栽烟前 5 ～ 10 天理好，使土块落实，以利于打窝和烟苗成活。要求拉线顺风工厢，做到厢平、土细、沟直，厢沟深 20cm；根据烟地肥力，田烟要求 110cm 开厢（包括沟在内，下同），一般厢高 15cm。烟地四周要挖好边沟以利于排水。

（4）肥料准备。磷肥（普钙）、油枯应提早与土杂肥堆沤发酵、腐熟。要求每公顷施氮肥 90 ～ 135kg，氮、磷、钾肥配比力争做到 1 ： 1 ～ 1.5 ： 2 ～ 2.5。要求每公顷用肥不得少于烟用复合肥（10 ： 10 ： 24）900kg、磷肥（普钙）750kg、硝酸钾 150kg 或硝铵 75kg 加 150kg 硫酸钾，农家肥 9000kg 以上，油枯 300kg、磷酸二氢钾 37.5kg（叶面喷施）。

（5）大田移栽。烤烟移栽实行单行提埂合理稀植，每公顷控制密度在 16500 ～ 18000 株，田烟要求行距 110cm、株距 60cm，公顷株数为 15150 株；地烟要求行距 100cm、株距 55cm，亩株数 18000 株。移栽前按公顷施肥量将肥料计算到株，定量大窝穴施，其中农家肥、磷肥、油枯和烟用复合肥作为基肥在栽前施下，与窝土混匀，硝酸钾或硫酸钾与硝铵作为追肥，在栽后 20 天以内兑水浇施或兑水用肥料深施器距烟株茎基部 10cm 左右施入土层内。移栽时先在烟窝中浇足透水，待浸透后将所选壮苗脱去营养袋，放入窝内，并用手培土，使土壤与根系良好接触，培土时做到泥不盖心叶，即“明水栽烟”。

在较为冷凉的山区和干旱无水源保证的烟区栽烟后要覆盖地膜（0.05mm 规格，每公顷 40kg），以保温抗旱。注意在烟苗茎基周围与膜接触的地方要盖一点土，以防高温灼伤烟苗。

三、烤烟大田管理技术

（1）查窝补缺、小苗偏管。烟苗栽后一般要经历 15 ～ 20 天的干旱时期，这期间的首要任务是抗旱保苗，地膜栽烟需每 5 ～ 7 天浇一次水，最好选择在下午 5 点钟以后进行，移栽后 3 ～ 4 天，应及时检查烟田，发现缺株、病苗、虫苗要立即补栽，用硝铵或硝酸钾兑水偏施，达到全田整齐一致。

（2）搞好大田追肥，促进烟株生长。烤烟大田期雨量充沛，山地烟肥料流失大。因此，每公顷应留足 10kg 硝酸钾或 5kg 硝铵加 10kg 硫酸钾作为追肥。如是沙壤土地还应留复合肥的 30% 作追肥。硝酸钾和硝铵、硫酸钾要在烟叶移栽后的 10 天左右兑水浇施。在沙壤土上，30% 的追肥在移栽后的 20 ～ 30 天内追施完毕。当烟株进入旺长期后，以 2.5kg 磷酸二氢钾分 2 ～ 3 次喷施叶面作“开面”肥。

（3）揭膜除草培土，理沟排水。在海拔 1800 米以下的烟区，在移栽后 30 天左右，雨水下透后和气温升高时选择阴天或下午揭膜，并立即中耕培土，除去厢面杂草，理通垄沟，以利于排水。对海拔在 1800m 以上较为冷凉的烟区，可将烟株基部膜撕开面盆大小再进行中耕培土。同时结合中耕培土打去黄烂脚叶，进行看苗追肥和病虫害统防统治。

（4）病虫害防治。对烟草生产危害较重的病毒类病害主要有普通花叶病、黄瓜花叶病、脉斑病；细菌类病害主要有野火病、角斑病和青枯病；真菌类病害主要有赤星病、炭疽病、白粉病、黑胫病、破烂叶斑病和蛙眼病；此外还有由气候因素造成的气候型斑点病和土壤因素造成的缺钾症和缺磷症等。烤烟生长过程的虫害主要有蚜虫、蛀茎蛾、地老虎三大虫害，此外，烟青虫、金龟甲和根结线虫也有局部零星发生。应加强烟草生长期病虫害的综合防治工作。

（5）适时打顶抹芽。打顶时间一般控制在移栽后 60 天左右进行，约在全田 50% 烟株的第一朵中心花开时打顶，同时打去下部 2 ～ 3 片黄烂脚叶，留足有效叶 18 片左右。打顶后 24 小时以内以杯淋或涂抹“除芽通”于烟株的各片叶腋芽生长点处的方式，即可抑制腋芽的生长，达到采后“一棵桩”的目的。

第三节　烤烟的采收与烘烤

一、烟叶的采收

采收充分成熟一致的烟叶是烤好优质烟叶的先决条件。烟叶成熟的特征：叶色由绿变为黄绿；叶面茸毛脱落，有光泽，有黏手感；主脉变白发亮，采摘时断面齐平；叶和叶缘下垂，茎叶角度扩大。

采收要做到成熟一片采收一片，采收时间应在早晨或傍晚，可以准确判断烟叶的成熟特征。采收完的烟叶要防止阳光暴晒，并要当天上炕烘烤。

二、绑烟和装烟

收后的烟叶要进行绑竿，同时进行分类，把同品种同部位颜色和大小一致的绑在同一竿上，便于烘烤。一般 4 尺（1 尺 =33.33cm）长的竿绑 80 ～ 90 片。绑好后要轻舒轻放不碰坏烟叶。

装烟时原则上同一烟房装同一品种、同一地块、同一部位的烟叶。还要同质同竿、同质同层，竿距上密下稀。

三、烘烤原理及方法

烟叶的烘烤是在适当的温度、湿度条件下，让烟叶发酵，使烟草中的化学成分适当转化并慢慢脱水干燥。经过烘烤后烟叶才具有卷烟工业要求的特殊香味。烘烤过程分为变黄、定色、干筋三个时期。

（1）变黄期。主要使烟叶在一定温度、湿度的烘房内发生一定程度的水分亏损，同时叶内淀粉也开始转化为糖，直到糖分含量达最高峰，烟叶绿色消退完全变黄。整个变黄期为 30 ～ 40 小时。

（2）定色期。使变黄期获得的黄色、芬芳醇的烟味等优良性状固定下来，变黄期残存的绿色消失，呈鲜明的黄色。此期是烤好烟叶的关键，烧火要稳、升温要准。方法是天窗地洞由小到大逐渐打开尽量排温，火力为中火，中后期要避免升温过急，以免造成叶色变褐、支脉发红的现象。

（3）干筋期。以较快的速度将温度升到烟叶能耐受的高温，并降低烤房内的湿度，使水分加快排出，把主脉烘干。烘烤方法是用大火使温度从 55℃起，然后把天窗地洞由大到小逐渐关闭，并以每小时升温 2℃的速度把温度升到 65℃，维持到主脉全干、天窗地洞全关才停火。

四、烤后处理和分级扎把

停火后，将天窗地洞、烤房门一齐打开，让烟叶回潮才出炉。出炉后再经回潮至手压叶有柔软感、烟叶不破碎、含水量为 14% ～ 15% 为止。切忌洒水，以防发霉变质。

分级是按国家等级标准严格把关。按烟叶部位、颜色、成熟度、光泽、油分等分成不同等级，分级扎把。扎把后把质量相同的烟把再绑成 20 把左右一小捆，收购站验收出售，出售时应回潮至含水量 16% ～ 18%。

第三十二章　花　生

第一节　花生的生育特性

花生是一年生草本豆科植物，属高温短日照作物。花生具有无限结实习性，开花和结实的时间很长，而且在开花以后很长一段时间里，开花、下针、结果是连续不断地交错进行的。因此，花生的生育时期较难准确划分。目前，国内从栽培研究角度出发，将整个生育过程分为种子发芽出苗期、幼苗期、开花下针期、结荚期和饱果成熟期五个生育时期。全生育期所经历的天数：一般早熟种为 100 ～ 120 天，中熟种为 130 ～ 140 天，晚熟种为 150 ～ 180 天。

一、种子发芽出苗期

从播种到 50% 幼苗出土，主茎两片真叶展现为种子发芽出苗期。花生出苗时两片子叶一般不完全出土，即有半出土特性。

二、幼苗期

从出苗期到 50% 的植株第一朵花开始开放为幼苗期，简称苗期。苗期是长根、发枝生叶和花芽分化的主要时期。

花生的根属圆锥根系，由主根和各级侧根组成，根系发达，主要分布在 30cm 的土层内，一般在幼苗主茎上长有 5 片真叶以后，根部便逐渐形成根瘤，多着生在主根的上部和一级侧根靠近主根处。

当主茎第 3 片真叶平展时，开始分枝。单株分枝多少，因品种、栽培及环境条件的不同而异，光照、水肥充足，稀植的单株分枝多，反之则分枝少。主茎第一、二对侧枝长势强，是荚果着生的主要部位，因此，在栽培上应为第一、二对侧枝发育创造良好的条件。第一对侧枝长度与主茎高度相等时，第三、四条侧枝也已相继出生，此时主茎四条侧枝呈十字形排列，生产上称为“团棵”。

三、开花下针期

从 10% 的苗株始花至 10% 的苗株始现定形果即主茎展现 12 ～ 14 片真叶为开花下针期。此期根系迅速增粗增重，大批的有效根瘤已形成，根瘤菌的固氮量迅速增强，并开始对花生供应大量氮营养。第一对侧枝 8 节以内的有效花芽全部开放，单株开花数已达最高峰。这一时期是营养生长和生殖生长两旺的阶段。

四、结荚期

从 50% 植株始现鸡头状幼果至 50% 植株始现饱果为结荚期。主茎展现 16 ～ 20 片真叶。此期营养生长仍较旺盛，生殖生长进一步加强，叶面积和干物质积累达一生中的高峰期。中熟种需 45 ～ 55 天。根系的增长量、根瘤的增生及固氮活动，主茎和侧枝的生长量，各次各对分枝的发生、生长，叶片的增长量均达高峰。此期气温高，叶面蒸腾量大，耗水量大，约占全生育期总量的 50.5%，土壤湿度以田间最大持水量的 60% 左右为宜，水分过多，土壤通气性差，易造成烂果；光照充足可增加干物质积累，提高果重，进而增加产量。该期的生育特点是大批果针入土或已经入土，大量子房迅速膨大，发育成幼果。

五、饱果成熟期

饱果成熟期指从 50% 的植株始现饱果至单株饱果指数早熟种数达 80% 以上，中晚熟种达 50% 以上，主茎鲜叶保持 4 ～ 6 片的一段时期。中熟种为 35 ～ 40 天。这一时期是以生殖生长为主的阶段。此期根的活动减退，根瘤停止固氮活动并随着根瘤的老化破裂而回到土壤。茎枝生长停滞，绿叶变黄绿色，中下部叶片大量脱落，落叶率占总叶片的 60% ～ 70%。此期荚果充实饱满，需要良好的通气条件。因此，最适宜的土壤湿度为田间最大持水量的 40% ～ 50%。

第二节　花生的栽培技术

一、花生的轮作、间套作

花生忌连作。花生实行轮作、间套作，可提高产量、减轻病虫害、提高土壤肥力。花生可以与水稻、大麦、小麦、蔬菜、甘蔗、黄麻等轮作，如花生 - 小麦→水稻 - 大麦→花生。间作，常见的有花生与玉米、大豆等间作。套作，常见的有小麦 - 花生、豌豆 - 花生。

二、花生对土壤的要求与整地

花生对土壤的要求较其他作物严格。因为荚果的发育、根瘤菌的繁殖，都要在氧气充足的条件下才能顺利进行。因此，适宜花生生育的是土层深厚、耕作层疏松的沙质壤土。

花生根系入土的深浅是以活土层深浅而定的，活土层深的根群分布范围深广。因此，必须深耕 20 ～ 30cm 后进行精细整地，对瘦、薄、黏的土壤应采取深耕改土措施，增施有机肥提高土壤团粒结构，加厚泥土层。

三、花生需肥特点与施肥

花生一生中需不断从土壤中吸收大量的氮、磷、钾、钙以及多种微量元素。据分析，每生产150～250kg荚果，需吸收氮10～17.5kg、磷2～3kg、钾5.5～10.5kg、钙4～6kg。花生对钙比较敏感，钙能促进根系和根瘤菌的发育。若缺钙，植株生长缓慢，根系发育不良、细弱，荚果不饱满，空壳率高，产量低。

花生不同生育时期对氮、磷、钾的吸收量是不同的。幼苗期少，只占全生育期总吸收量的5%左右；开花下针期增多，吸收量N占17%，P、K各占22%；结荚期吸收最多，吸收量N占42%，P占46%，K占66%。花生吸收钙的高峰期是结荚期，占一生总吸收量的90%以上。根据花生的需肥特性，花生的施肥以有机肥为主，无机肥为辅，重施底肥、早施追肥、补施根外追肥。基肥以迟效性的土杂肥为主，磷肥最好做种肥集中施。可在种子上拌根瘤菌剂，每公顷用种量拌375g，拌匀，随拌随播，避免太阳照射。基肥足时不需追肥，追肥时间越早越好，最迟不迟于大批果针入土之前。

四、选用良种，合理密植

（1）选用良种。因地制宜选用良种是一项经济有效的增产措施，应根据当地生产和市场对品种的要求，选用良种。目前推广的主要品种有天府七号、九号、十号、十一号、十二号以及中花二号等，可因地制宜选用。

（2）合理密植。单位面积产量是由株数、每株果数、果重三者构成的。花生基部的1～2对侧枝多为有效枝，是决定花生产量的主要分枝，通过合理密植，使有效枝增多，能提高产量。

确定密度应根据品种特性、土壤条件、栽培条件而定，一般蔓生型和生育期长的品种宜稀，反之宜密。根据情况不同有每公顷12万～15万穴，每穴两株；有每公顷16.5万～18万穴，每公顷37.5万株左右。一般行距40～45cm、穴距16～20cm，每穴播种2～3粒。

五、适时播种，提高播种质量

播种前种子应进行晒种、剥壳选粒、浸种催芽等处理。适宜播种期以当地气温稳定在12℃以上为准。长江流域多在4月份，四川以3月下旬至4月上旬为宜。麦套花生以麦收前20天左右为宜。

播种时根据情况确定播种深度，经验是“湿不种深、干不种浅”，一般以5cm左右为宜，深不超过7cm，浅不浅于3cm。

六、田间管理

（一）苗期管理

从出苗到始花这段时间，历时30天左右，是以营养生长为主的时期。苗期要求壮苗早发，分枝早，花芽分化早，生长整齐一致。

（1）查苗补缺。出苗后立即查苗，若有缺苗应及时补苗，补后施清粪水。

（2）早施追肥。育苗后及时追施速效肥，每公顷施粪水 22500 ～ 30000kg、尿素 75 ～ 112.5kg。苗期供氮促进根瘤菌发育、开花早而集中，花多、果多、果饱，高产优质。

（3）“清棵”，中耕除草。“清棵”，即把幼苗基部的泥土向四周扒开，让两片子叶露出地面。

花生第一对侧枝的结果量占全株结果数的 60% ～ 70%，所以第一对侧枝生育的好坏对产量影响最大。而在幼苗期，第一对侧枝往往被埋在土内，生长不健壮，影响开花结果。因此应及时进行“清棵”，促使花生第一对侧枝早发、生长健壮。但扒土不宜过深，以免幼苗因风吹摆动倒伏。“清棵”后待第二对侧枝长出，应立即进行松土填窝“迎针”（迎接果针入土），播种浅、子叶已露出地面的不宜“清棵”。

中耕可疏松表土，通气良好，减少水分蒸发，有利于根系和根瘤菌的活动，从而促进地上部分生长，开花下针早，结荚多。一般花生育苗后至盛花前中耕 3 次左右。中耕应掌握“浅、深、浅”的原则。

（二）开花下针期管理

从始花到幼果开始膨大的这段时间，历时 20 ～ 35 天，是营养生长和生殖生长两旺时期。此时若营养不足，温度低，土壤干旱或脱水，光照弱等都会减少开花数，延迟开花，影响果针的形成和入土。

（1）摘心。摘心具有调节体内养分分配、控制徒长、减轻田间郁蔽、促进开花结荚的作用。摘心在初花期于晴天上午 10 时以后进行，以保持 5 ～ 6 个第一次分枝为标准。

（2）培土、压蔓，是为了缩短果针与地面的距离，促进果针及时入土结荚。培土适用于丛生型品种，在盛花期结合最后一次中耕把行间的碎土培在植株基部。培土厚度为 2 ～ 3cm，不超过 4cm。压蔓适用于蔓生型和半蔓生型品种，在盛花期选晴天上午 10 时进行，先将植株的分枝平均向两侧分开，然后取行间的湿润碎土压于蔓上，使之不竖起为宜，蔓顶留出 10 ～ 13cm。

（3）增施花生针肥。花生生育中期应补施磷、钾、钙肥，这次施肥不仅对花生下针结荚、促进油分的合成非常重要，而且对提高根瘤菌的固氮能力和防治病虫害也有利。

（4）抗旱排渍。此期土壤适宜水分为土壤最大持水量的 60% ～ 75%，低于 50% 开花显著减少，应及时灌溉。但土壤水分超过 80%，则会抑制子房膨大和荚果发育。因此洪涝时要及时清沟排渍。

（三）结荚成熟期管理

（1）根外追肥。沙质土后期容易脱肥早衰，用 2% ～ 4% 的过磷酸钙水溶液喷施叶面 2 ～ 3 次，每隔 7 ～ 10 天喷一次，能增产 6% ～ 20%。如果花生长势偏弱，还可每公顷添加尿素 34 ～ 45kg 混合喷施，效果更好。叶面喷施钾肥以及硼、钼、铁等微肥液，均有一定的增产效果。

（2）防旱排渍。花生是比较耐旱的作物，总的来说，幼苗期需水少，开花结荚期需水多，饱果成熟期需水少。在花生需水量较多的时期，尤其是花生水分敏感期，如遇干旱，应及时灌溉抗旱。

花生不耐涝，受涝后，花生植株苗期黄弱，中期矮小，后期幼果多，荚果不饱满，甚至造成大量烂果，损失严重。因此，在花生的生育期间，要注意经常清理沟道，以防淤塞，做到沟沟相通，排水通畅，给花生生长发育创造良好的条件，从而提高产量，增进品质。

七、花生病虫害防治

四川花生的常发性病虫害主要有小地老虎、金针虫、枯萎病、叶斑病、蛴螬，偶发性病虫害有种蝇、蚜虫、造桥虫、纹枯病，局部零星发生的病害有锈病、青枯病。

花生的病虫害防治应将农业防治和药剂防治相结合。实行轮作，减少病虫源。药剂防治可在整地时每公顷用 3% 辛硫磷颗粒剂 15 ～ 23kg 撒施或播种时撒窝，6 月下旬或 7 月上旬每公顷用 3% 辛硫磷颗粒剂或呋喃丹颗粒剂 45 ～ 60kg 撒窝，防治小地老虎、金针虫、蛴螬等；播种前用 50% 多菌灵按种量的 0.3% ～ 1.0% 拌种，或苗期用 50% 多菌灵 1000 倍液喷施“苗脚”，防治枯萎病；在花生生育中后期用 50% 多菌灵 1000 倍液、井冈霉素 800 倍液、粉锈灵 1000 倍液喷叶，可防治叶斑病、纹枯病、锈病等。

八、收获与储藏

花生成熟的特征：植株下部叶片由绿变黄并逐渐脱落，中下部叶片和茎枝转为黄绿色，饱果率达 70% 以上，荚果果壳硬化，多数荚果的网纹明显，荚果内部海绵层收缩破裂并有黑褐色光泽，种仁饱满，种皮呈现固有的颜色。

花生达到成熟标准以后，必须进行收获。刚收获的花生，饱满荚果含水量在 50% 左右，秕果含水量在 60% 左右，必须抓紧时间及时晒干。当用手搓种子时，如种皮脱落，或用手折断子叶时有发脆的感觉，即表明种子已经干燥。

入库前，应对花生荚果进行清选，测定荚果含水量。如含水量低于 10%，即可入库储藏。储藏花生的仓库应具备干燥、通风等条件。在储藏期间，应定期检查，发现问题要及时采取措施，同时还要做好防虫防鼠等工作。

第五篇　作物育种与良种繁育

本篇主要介绍作物育种与良种繁育的遗传学知识，作物的繁殖方式、引种和驯化，杂交育种和杂种优势的利用，良种繁育与种子生产等知识。

（1）初级农艺工掌握以下内容

掌握作物的繁殖方式、作物品种的概念、现代农业对作物品种性状的要求；明确为什么杂种优势种只能用一年（F1代种子）；在作物引种工作中应注意的问题和引种的原则等。

（2）中级农艺工在初级农艺工的基础上掌握以下内容

掌握作物的生态类型；在杂交育种工作中，选配亲本应注意的原则；杂交水稻制种的主要技术措施和具体作法；玉米杂交制种技术；良种繁育的意义和任务等。

（3）高级农艺工在中级农艺工的基础上掌握以下内容

掌握作物品种的习性、纬度、海拔等因素与引种的关系；品种退化混杂的原因和防止措施；重复繁殖的种子生产方法；杂交种生产的主要技术环节；水稻不育系繁殖的主要措施；良种的加速繁殖方式与方法。

（4）农艺工技师在高级农艺工的基础上掌握以下内容

区分遗传的变异和不遗传的变异及遗传和变异在育种上的意义；气候相似论的主要观点及其片面性；植物驯化的原理与方法；在杂交育种工作中，杂交的主要方式，单交、复交和回交的概念；雄性不育的几种类型及核质互作不育型的遗传方式、应用价值；水稻三系的特点和关系；玉米自交系的概念和玉米杂交种的类型；玉米自交系繁殖应掌握的技术要点；油菜优质雄性不育三系的选育方法；种子生产的程序；作物品种混杂、退化的主要原因。

第三十三章　作物育种与良种繁育的遗传学知识

第一节　遗传与变异

作物是活的生物体，在它们的发展历史和个体生长中都表现出遗传和变异的特性。所谓遗传，就是亲代与子代相似的现象。所谓变异，就是亲代与子代之间或子代个体之间不相似的现象，这种上下代和子代个体间的差异就是变异。

生物由于遗传，才能保持物种相对稳定，才能保持农作物品种原有的性状（特征、特性）。生物由于变异，才能适应环境条件的变化，并为人类创造新类型和新品种提供条件。生物通过遗传、变异和自然选择（生物对环境适者生存、不适者淘汰的过程），才能从简单到复杂、从低级到高级地发展进化，形成形形色色的物种。作物品种也是这样，通过变异、选择（根据人类需要选优去劣），人类不断地从原有品种中选育出新的变异类型，而变异类型又能通过遗传把新的性状传递给后代，从而形成相对稳定的品种。

生物性状的变异是多种多样的，根据变异的原因和表现，可分为遗传的变异和不遗传的变异两类。所谓遗传的变异，是指由于生物体内控制性状遗传的物质发生变化引起的变异。这类变异能够遗传下去，在选种育种上有利用价值。不遗传的变异，是指生物由于环境条件影响而引起的变异。这种变异只影响当代的性状表现，不能遗传给后代。

在自然界里这两类变异往往同时存在。正确区分两类变异，在育种上是十分重要的，一般是把选得的变异类型再种植一代，观察上代发生的性状变异是否在后代上重复出现，而后进行取舍，有经验的育种工作者不在地边或肥地上去选择变异单株（穗），就是为了尽量避免误选，以提高选择的成效。

遗传、变异是生物的基本特征，也与生物所处的环境具有密切关系。生物与环境的关系，可以说是生物的遗传物质基础与外界环境条件相互影响的关系。在这一关系中，遗传基础是性状表现的基础或内因，而环境条件则是性状表现的条件或外因，外因通过内因而起作用。例如，玉米果穗的大小，不同品种有很大差别，这反映了遗传物质基础的差别，但是大穗品种必须在较好的营养条件下才能表现大穗性状，如果营养不足，就表现不出大穗的特征，而小穗品种即使营养条件很好，果穗也长不大。

第二节　品种与农业生产

一、作物品种的概念

作物品种是生物遗传变异经长期自然选择和人工选择的结果。作物品种是人类在一定的生态条件和经济条件下，根据人类的需要所选育的某种作物的某种群体。它具有相对稳定的遗传特性，在生物学、形态学及经济性状上的相对一致性，而与同一作物的其他群体在特征、特性上有所区别。这种群体在相应地区和耕作栽培条件下种植，在产量、抗性、品质等方面都能符合生产发展的需要。

品种具有一定的地区性、时间性。品种都是在一定的自然环境和栽培条件下形成的，其生长发育也要求一定的环境条件。随着耕作栽培条件及其他生态条件的改变、社会经济的发展、生活水平的提高，对品种的要求也会提高，所以必须不断地选育新品种来代替原有的品种。

二、优良品种的作用

农业生产上所说的良种，具有双重含义：一方面指优良品种品质，另一方面指优良播种品质。优良品种应该具有高产、稳产、优质、低耗、适应性强的特点，这是优良品种在生产实践上的标准。一般来说，优良品种的作用也体现在这些方面。

（1）提高单位面积产量。在同样的地区和耕作栽培条件下，采用产量潜力大的良种，一般可增产 20%～30%，有的可达 40%～50%，在较高的栽培水平下良种的增产效果也较明显。

（2）改进产品品质。良种的产品品质显然较优，如谷类作物籽粒的蛋白质含量及组分、油料作物籽粒的含油量及组分、纤维作物的纤维品质性状等，都更符合经济发展的要求。

（3）保持稳产性和产品品质。优良品种对常发的病虫害和环境胁迫具有较强的抗耐性，在生产中可以减轻或避免产量的损失和品质的变劣。

（4）扩大作物种植面积。改良的品种具有广泛的适应性，还具有对某些特殊有害因素的抗耐性，因此采用这样的良种可以扩大该作物的栽培地区和种植面积。

（5）有利于耕作制度改革、复利指数提高、农业机械化的发展及劳动生产率的提高。选用生育特性、生长习性、株型等合适的品种，可满足上述要求，从而提高生产效率。

当然优良品种的这些作用是潜在的，其具体的表现和效益还要决定于相应的耕作栽培措施和社会经济条件。而且一个品种的优势具有时空局限性，因而育种工作不可能一劳永逸，它将随着生产发展和科技进步而不断更新。

第三节 现代农业对品种性状的要求

高产、稳产、优质、适应一定地区的自然和耕作栽培条件，是现代农业对作物品种遗传性状的共同要求，而具体要求则因地、因时、因作物种类而异。

（1）丰产性强

优良品种具有较强的丰产性能，有较大的丰产潜力，能充分利用当地的农业自然资源和农业生产条件，从而提高产量。

（2）抗逆性强

优良品种具有优良的抗逆性，能增加对当地自然灾害和病虫害的抵抗力。而且在不同年份中产量比较稳定。在农业生产中，针对当地主要自然灾害和病虫害发生情况，选用抗逆性强的优良品种，可以减轻或避免某些病虫或自然灾害。

（3）品质好

随着工农业生产的发展和人民生活水平的不断提高，人们对农产品品质的要求也越来越高。因此优良品种一般具备品质好的优点，能更好地满足生产、生活需要。

（4）早熟

为了充分利用我国优越的自然条件和改善耕作制度，早熟育种已成为普遍重视的课题。我国近年来育成的稻、麦、玉米、油菜等主要农作物新品种，普遍趋于早熟。早熟应以充分利用当地作物生育期和避免严重的自然灾害以及提高复种指数为前提，不能盲目追求早熟而忽视熟期稍迟的高产品种或适产优质品种。

（5）适应性强

一个优良品种能够高度适应当地的自然条件和栽培条件。各种作物都需要一定的生活条件，但是不同品种对自然环境和栽培条件的适应性不同。例如，把适应在平原地区种植的水稻品种移到高寒地区种植，由于不适应低温环境条件，常明显推迟成熟或减产。

（6）适应机械化耕作

随着工农业生产的发展，必然要使用农业机械。因此优良品种必须株型紧凑，长势长相均衡，成熟一致。如稻麦茎秆坚韧不倒，株高一致，成熟整齐不易落粒；大豆不易爆荚，结荚部位适中；棉花品种应直立不倒，棉铃吐絮集中，棉叶能自然脱落，棉瓣易于离壳等。

第四节 作物育种的主要目标性状

（1）产量性状

单位面积上收获的产品数量就是一般所指的产量。产量的提高直接决定于构成产量的诸因素的协调增长。单位面积产量基本上是这些构成因素的乘积。各构成因素之间往往相互制约，呈不同程度的负相关，难以同步提高，而应根据各地区的自然条件、耕作栽培水平以及作物相应的发育特性，提出不同的增长要求，使之有主次地协调增长，从而提高产量。

（2）对病虫害的抗耐性

病虫害的蔓延与危害是作物产量低而不稳定的重要因素。从经济学和生态学的观点来看，作物或品种对病虫害的抗性，一般只要求在病菌流行或虫害发生时，能把病原菌的数量和虫口密度控制在经济允许的水平以下，即要求品种对病虫有相对的抗性，而不要求有绝对的抗性。当病虫害发生时，对产量和品种的影响不大，有一定的耐病性或耐虫性，就基本达到育种目标了。

（3）对环境胁迫的抗耐性

作物品种对不利的气候、土壤因素等环境胁迫因素分别具有不同程度的抗耐性。对旱害的抗性机制有避旱、免旱、耐旱等类型。越冬作物则需要有在越冬期间对低温变化的抗耐性。作物对霜冻、冷害的抗性机制有避寒、耐寒、抗寒等不同类型。对盐碱地区的耐盐性，对酸性土壤的耐酸性、耐铝性，对多雨潮湿地区的耐湿性、耐涝性，抗穗发芽性，都是该类地区作物育种中的目标性状。

（4）品质性状

谷物品质。食用谷物品质包括碾磨品质、加工品质、营养品质等。这些品质又分别有其理化特性指标和测定技术。

棉麻纤维品质。影响纺纱、织布等的纤维品质性状主要有纤维长度、纤维细度、纤维强度和纤维成熟度等。

食用油品质。油菜、大豆、花生等油料作物的最基本品质性状是籽粒的含油率和油的营养价值等。

（5）早熟性及对耕作制度和机械化作业的适应性

早熟性对于大部分地区和大多数作物来说都是重要的育种目标性状。适应机械化作业的作物品种一般应具备的性状有株型紧凑、秆壮不倒、生长整齐、成熟一致、结实部位相对一致、不裂荚、不脱粒等。棉花还要求苞叶能自然脱落、棉瓣易于脱壳等。

第五节　作物的品种类型及其特点

一、作物的品种类型

作物的品种一般都具有特异性、一致性和稳定性。根据作物的繁殖方式、商品种子生产方法、遗传基础、育种特点和利用形式等，可将作物品种区分为以下类型。

（1）自交系品种（纯系品种）。包括从突变中及杂交组合中经过系谱法育成的、基因纯合的后代。自交系品种既包括自花授粉作物，也可从异花授粉作物中和无融合生殖的后代中产生。

（2）杂交种品种。指在严格选择亲本和控制授粉的条件下生产的各类杂交组合的F1。杂交种品种不能稳定地遗传，F2 代杂合度降低，导致产量下降，所以生产上一般不用 F2。

过去主要在异花授粉作物中利用杂交种品种，现在许多作物相继育成了雄性不育系，解决了大量生产杂交种子的问题，使自花授粉和异花授粉作物也可以利用杂交种品种。

（3）群体品种。这一品种的基本特点是遗传基础比较复杂，且群体内的植株基因型是不一致的。因作物种类和组成方式不同，群体品种包括下面四种类型。

异花授粉作物的自由授粉品种。自由授粉品种在种植条件下，品种内植株间随机授粉，也经常和相邻种植的异品种授粉，包含杂交、自交和姊妹交产生的后代，个体基因型是杂合的，群体是异质的，植株间性状有一定程度的差异，但保持着一些本品种的主要特征特性，可以区别于其他品种。

异花授粉作物的综合品种。这是由一组选择的自交系采用人工控制授粉和在隔离区多代随机授粉组成的遗传平衡的群体。综合品种的遗传基础复杂，每个个体都具有杂合的基因型，每个个体的性状有较大的变异，但具有一个或多个代表本品种特征的性状。

自花授粉作物的杂交合成群体。这是用自花授粉作物的两个以上的自交系品种杂交后繁殖出的分离的混合群体，将其种植在特别的环境条件下，主要靠自然选择的作用促使群体发生遗传变异并期望在后代中这些遗传变异不断加强，逐渐形成一个较稳定的群体，最后杂交合成群体实际上是一个多种纯合基因型混合的群体。

多系品种。这是若干自交系品种的种子混合后繁殖的后代，可以用自花授粉作物的几个近等基因系的种子混合繁殖成为多系品种。由于近等基因系具有相似的遗传背景，而只在个别性状上有差异，因此多系品种可以保存自交系品种的大部分性状，而在个别性状上得到改进。

（4）无性系品种。无性系品种由一个无性系或几个近似的无性系经过营养器官的繁殖而形成。它们的基因型由母体决定，表现型和母体相同，是由专性无融合生殖如孤雌生殖、孤雄生殖等产生的种子繁殖的后代。最初得到的种子并未经过两性细胞受精过程，是由单性的性细胞或性器官的体细胞发育形成的种子，这样繁殖出的后代也属无性系品种。无性系品种个体间遗传基础一致，通常为杂合体，少数品种为纯合体。

二、各类品种的育种特点

（1）自交系品种的育种特点。无论自花授粉作物或是异花授粉作物的自交系品种，都要求具有优良的农艺性状，如高产、优质、抗病虫、抗倒伏、生态适应性等。因此，必须拓宽育种资源，采用杂交和诱变等方法，引起基因重组和突变，扩大性状变异范围，并在性状分离的大群体中进行单株选择，多中选优，优中选优，方能选出具有较多优良性状基因的极端个体。可见，创造丰富的遗传变异和在性状分离的大群体中进行单株选择，是自交系品种育种的一个特点。

（2）杂交种品种的育种特点。基因型高度杂合、性状相对一致和较强的杂种优势是对杂交种品种的基本要求。杂交种品种的育种包括两个育种程序：第一个程序是自交系育种，第二程序是杂交组合育种。贯穿在两个程序之间的关键问题是自交系的和自交系间的配合力测定，所以配合力测定是杂交种育种的主要特点。

（3）群体品种的育种特点。群体品种育种的基本目标是创建和保持广泛的遗传基础和基因型多样性，因此，必须根据各类群体的不同育种目标，选择若干个有遗传差异的自交系作为原始亲本，并按预先设计的比例组成原始群体，以提供广泛的遗传基础。对后代群体一般不进行选择，用尽可能大的随机样本保存群体，以避免遗传漂移和削弱遗传基础。对异花授粉作物的群体，必须在隔离条件下多代自由授粉，才能逐步打破基因连锁，充分重组，达到遗传平衡。

（4）无性系品种的育种特点。无性系品种的育种可以采用有性杂交和无性繁殖相结合的方法进行育种，即利用杂交重组丰富遗传变异特性，在分离的 F1 实生苗中选择优良单株进行无性繁殖，迅速把优良性状和杂种优势稳定下来。此外，无性繁殖作物的天然变异较多。芽分生组织细胞发生的突变，称为芽变，芽变育种是营养体无性系品种育种的有效方法。

第三十四章　作物繁殖方式

作物的繁殖方式与其遗传组成是紧密联系和相互影响的，为了改进作物的各种性状而采用的育种方法和程序，自然也受作物繁殖方式的制约。了解作物的繁殖方式，可帮助育种者决定采用什么育种方法去改良作物的性状。

作物的繁殖方式可分为两类。第一类是有性繁殖。凡由雌雄配子结合，经过受精过程，最后形成种子繁衍后代的，统称为有性繁殖。在有性繁殖中，因雌雄配子是来自同一亲本植株或不同亲本植株，又分为自花授粉、异花授粉和常异花授粉三种授粉方式。此外，还包括两种特殊的有性繁殖方式，即自交不亲和性和雄性不育性。第二类是无性繁殖。凡不经过两性细胞受精过程繁殖后代的统称为无性繁殖。其中又分植株营养体无性繁殖和无融合生殖无性繁殖。

第一节　有性繁殖

一、作物自然异交率的测定

作物授粉方式是根据自然异交率高低而分类的。一般自然异交率在 4% 以下的，是典型的自花授粉作物；自然异交率在 50% ～ 100% 的是典型的异花授粉作物；常异花授粉作物的自然异交率介于二者之间，一般为 4% ～ 50%。自然异交是与人工杂交相对而言的，是指同作物不同品种间的自然杂交。用具有隐性性状的品种作为母本，具有显性相对性状的纯合基因型品种作为父本，将父本和母本等距、等量地隔行相间种植，任其自由传粉、结实，然后，将母本植株上收获的种子播种，进行后代苗期性状测定，如果具有当代显性的性状，可直接用从母本植株上收获的种子性状进行测定，计算出 F1 中或当代种子显性个体出现的概率，就是该作物品种的自然异交率。

二、有性繁殖的主要授粉方式

（一）自花授粉

同一朵花的花粉传播到同一朵花的雌蕊柱头上，或同株的花粉传播到同株的雌蕊柱头上都称为自花授粉。由同株或同花的雌雄配子相结合的受精过程称为自花受精，通过自花授粉方式繁殖后代的作物是自花授粉作物，又称自交作物。

自花授粉作物有水稻、小麦、大麦、燕麦、大豆、豌豆、绿豆、花生、芝麻、马铃薯、亚麻、烟草等。自花授粉作物的自然异交率一般低于 1%，如大麦常为闭花授粉，自然异交率为 0.04% ～ 0.15%；大豆的自然异交率为 0.5% ～ 1%；小麦、水稻的自然异交率通常也低于 1%。但因品种的差异和开花时环境条件的影响，自然异交率也有提高为 1% ～ 4% 的。

（二）异花授粉

雌蕊的柱头接受异株花粉授粉的称为异花授粉，由异株的雌、雄配子相结合的受精过程称为异花受精。通过异花授粉方式繁殖后代的作物是异花授粉作物，又称异交作物。如玉米、黑麦、甘薯、向日葵、白菜型油菜、甘蔗、甜菜、蓖麻、大麻、木薯、紫花苜蓿、三叶草、草木樨、啤酒花等。异花授粉作物的自然异交率因作物种类、品种和开花时环境条件不同而不同，它们主要是由风力或昆虫传播异花花粉而结实的，有些作物的自然异交率为 95% 以上，甚至 100%。

（三）常异花授粉

同时依靠自花授粉和异花授粉两种方式繁殖后代的作物称为常异花授粉作物，又称常异交作物。常异花授粉作物通常仍以自花授粉为主要繁殖方式，存在一定比例的自然异交率，是自花授粉作物和异花授粉作物中间的过渡类型。

常异花授粉作物有棉花、甘蓝型油菜、芥菜型油菜、高粱、蚕豆、粟等。常异花授粉作物的自然异交率，常因作物种类、品种，生长地的环境条件而变化较大。

三、自交不亲和性

自交不亲和性是指具有完全花并可形成正常雌、雄配子的某些植物，但缺乏自花授粉结实能力的一种自交不育性。具有自交不亲和性的作物有甘薯、黑麦、白菜型油菜、向日葵、甜菜、白菜、甘蓝等。

具有自交不亲和性的植株通常表现出雌蕊排斥自花授粉的行为，使自花的雄配子在受精的不同阶段中受到阻遏：有的是自花花粉在雌蕊柱头上不能发芽；有的是自花花粉管进入花柱中后生长受阻，不能达到子房，或不能进入珠心；有的是进入胚囊的雄配子不能与卵细胞结合完成受精过程。

自交不亲和性是一种受遗传控制的、提高植物自然异交率的特殊适应性。在杂种优势育种中，可以利用自交不亲和性植株作为母本，通过异花授粉，获得大量的 F1 杂交种子，因而它是一种有实用价值的繁殖特性。

四、雄性不育性的类别和遗传特点

植物雄性不育是指雄蕊发育不正常，没有花粉或者花粉败育，但其雌蕊发育正常，仍然接受外来正常花粉受精结实。造成植物雄性不育的原因有两种：一种是外界环境条件的影响，如某些药剂处理、不良环境条件等导致生理雄性不育，这是不遗传的，只影响当代；另一种是遗传，由遗传造成的雄性不育是受遗传物质控制的可遗传的雄性不育。

由于控制雄性不育的遗传物质所在部位不同，因此雄性不育可分为三种类型。

（一）细胞质雄性不育（简称质不育型）

控制雄性不育的物质在细胞质里。如果以不育株为母本，授以可育株的花粉，能正常结实，但F1仍雄性不育。如对这种F1代植株再授以可育株的花粉，所产生的后代仍然是雄性不育的。这种雄性不育的F1不能自交产生F2。

（二）细胞核雄性不育（简称核不育型）

这种雄性不育的性状大多被一对隐性遗传因子控制，而正常可育的性状被相对显性遗传因子控制。这种因子在核内染色体上，表现为核遗传。如以不育株与正常株交配，F1为雄性不育的，其自交产生F2的群体分为可育株和不育株，其分离比例为3 ∶ 1。一般大田找到的或经辐射处理的雄性不育株大多属于这一类型。

（三）核质互作雄性不育（简称核质互作不育型）

这类雄性不育是受细胞核纯合不育因子和细胞质不育因子共同控制的，只有这两种因子同时存在，发生相互作用，才能使植株表现为雄性不育。

单纯的细胞质雄性不育不能用于杂种种子生产，当前用于杂种种子生产的主要是核质互作不育型。

根据各种杂交亲本及其F1的遗传组成和育性表现，可把亲本材料分为三种类型。

①不育系。其遗传组成为细胞质、细胞核皆不育。

②保持系。其功能为保持不育系的不育性能，由于用它们与不育系杂交，F1仍能保持雄性不育，它们能给不育系提供花粉，解决不育系留种问题。

③恢复系。其功能为恢复不育性为可育性，用它们与不育系杂交，F1都是亲和育性恢复的，能使不育系产生的F1恢复为雄性可育。

第二节　无性繁殖

一、营养体繁殖

许多植物的植株营养体部分都具有再生繁殖的能力，如植株的根、茎、芽、叶等营养器官及其变态部分块根、球茎、鳞茎、匍匐茎、地下茎等，都可利用其再生能力，采取分根、扦插、压条、嫁接等方法繁殖后代。利用营养体繁殖后代的作物主要有甘薯、马铃薯、木薯、蕉芋、甘蔗、苎麻等。

由营养体繁殖的后代称为营养系或无性系，它来自母株的营养体，即由母体的体细胞分裂繁衍而来，没有经过两性受精过程，所以无性系的各个体都能保持其母体的性状而不发生（或极少发生）性状分离现象。因此，一些不容易进行有性繁殖又需要保持品种优良性状的作物，可以利用营养体繁殖无性系来保持其种性。

二、无融合生殖

植物性细胞的雌雄配子，不经过正常受精、两性配子的融合过程而形成种子以繁衍后代的方式，称为无融合生殖。无融合生殖有多种类型：因大孢子母细胞或幼胚囊败育，由胚珠体细胞进行有丝分裂直接形成二倍体胚囊，称为无孢子生殖。由大孢子母细胞不经过减数分裂而进行有丝分裂，直接产生二倍体的胚囊，最后形成种子，称为二倍体孢子生殖。由胚珠或子房壁的二倍体细胞经过有丝分裂而形成胚，由正常胚囊中的极核发育成胚乳而形成种子，称为不定胚生殖。在胚囊中的卵细胞未和精核结合，直接形成单倍体胚，称为孤雌生殖；进入胚囊的精核未与卵细胞结合，直接形成单倍体胚，称为孤雄生殖。具单倍体胚的种子后代经染色体加倍可获得基因型纯合的二倍体。上述各类无融合生殖所获得的后代，无论是来自母本的体细胞或性细胞还是来自父本的性细胞，其共同的特点是都没有经过受精过程，即未经过雌雄配子的融合过程。因此，这些后代只具有母本或父本一方的遗传物质，表现母本或父本一方的性状，仍属于无性繁殖的范畴。

此外，组织培养包括各种类型外植体乃至原生质体的培养，是正在成为具有生产利用价值的无性繁殖方式。

第三十五章　引种和驯化

引种是通过各种途径收集种质资源的手段，是将外地或国外的品种（系），经过简单的试验证明适合本地区栽培以后，直接引入并在生产上推广应用的方法。而驯化则是指选择培育成当地推广的作物品种的措施和过程。一般地，植物的引种驯化，都至少要经过由种子（播种）到种子（开花结实）的过程。

第一节　引种驯化的基本原理

一、作物的生态环境和生态类型

作物的生存和繁殖，必须有一定的环境条件。在这个环境中，对作物的生长发育有明显影响和直接被作物同化的因素称为生态因子。生态因子有气候的、土壤的、生物的，这种起综合作用的一些生态因子的复合体称为生态环境。对于一种作物具有大体相似的生态环境的地区称为生态区。一种作物对一定地区的生态环境具有相应的遗传适应性，具有相似遗传适应性的一个品种类群称为作物生态类型。

生态环境中有很多生态因子，各个生态因子的作用不是相等的。事实表明，自然生态因子是基本的，而自然生态因子中的气候因子又是首要的。气候因子中的水分、温度和光照都是作物生长和发育的最基本因子。各种作物随着其起源地区和演变地区的水分、温度和光照等因子的不同，形成要求一定的条件和对一定的条件反应的特性。因为在不同的生态环境下形成一定的遗传适应性，所以将遗传适应性结合生态环境进行生态分类，就分出了不同的生态类型。生态区和生态类型的划分，可为制订育种目标、正确进行品种区域试验，特别是开展引种工作提供基本的参考依据。

二、气候相似论

20 世纪初，德国学者迈尔提出了气候相似论。这个理论认为："地区之间，在影响作物生产的主要气候因子上，应相似到足以保证作物品种互相引用成功时，引种才有成功的可能性。" 于是，当时不少人就根据这个理论寻找气候相似的地区。人们发现英、美的风土条件对引种东方的植物有利。英国多湿而土壤多酸性，近似于中国的西南部，从中国引种杜鹃花就获得很大成功。美国加利福尼亚州的小麦引到希腊比较容易成功。美国的棉花和意大利的小麦引到中国长江流域，成效也很好。

这个理论有其一定的指导意义，但也有一定的片面性。它强调了气候条件，而且主要是温度条件。从现代的植物生理学角度来看，构成气候条件的主要因素光、温、湿、气等，对植物的生长发育都有很大影响。同时，这个理论只强调了作物对环境条件反应的不变一面，而没有看到作物对环境条件反应可变的一面。

三、纬度、海拔、品种习性与引种的关系

引种时要了解和分析不同纬度、海拔地区的温度、光照变化情况，以及不同作物品种的遗传、发育特性。

（一）温度

各种作物品种对温度的要求是不同的。同一品种在各个生育时期要求的最适温度也不相同。一般说来，温度升高能促进生长发育，使作物提早成熟；温度降低，会延长生育期。但是作物的生长和发育是两个不同的概念。所以，发育所需的温度与生长所需的温度是不同的。如冬小麦生长的适温为20℃左右，但发育上，幼苗期需要有一定时期的一定低温。所要求的低温条件不能满足，就阻碍着其发育的进行，也就不能抽穗开花，从而延迟成熟。温度因纬度、海拔、地形等条件的不同而不同。一般说来，高纬度地区的温度低于低纬度地区的，高海拔地区的温度低于平原地区的。

（二）光照

一般而言，光照充足，有利作物的生长。但在发育上，不同作物、不同品种对光照的反应也是不同的。有的对光照长短和强弱反应比较敏感，有的比较迟钝。日照的长度因纬度和季节而变化。中国地跨近50个纬度，南北各地在同一天内日照差别很大。北半球夏至日照最长，冬至最短。在春分和秋分，昼夜各为12小时。从春分到秋分，中国高纬度地区的日照时数长于低纬度地区的；从秋分到春分，中国高纬度地区的日照时数短于低纬度地区的。但植物所感受的日照长度比以日出和日落为标准的天文日照长度要长一些，因为还包括曙光和暮光。高海拔地区的太阳辐射量大，光较强；低海拔地区的太阳辐射量小，光照相对较弱。

（三）作物的发育特性

根据作物对温度、光照的要求不同，可把一、二年生作物分成两大类，即低温长日型作物和高温短日型作物。前者如小麦、大麦、油菜等，后者如水稻、玉米、棉花、大豆等。

植物个体发育中总是表现为需要低温和需要长日照，或需要高温和需要短日照，这是由其祖先的系统发育所决定的，即植物现今所表现的性状、特性是其祖先长期在一定生态条件下适应的结果。高温短日型作物大都起源于低纬度地区，如水稻起源于中国南方。它们的生活周期主要是在夏至到冬至之间，其开花期正处于温度和水分适宜的立秋以后，此时的低纬度地区，白昼日照短，太阳辐射较强。长期生活适应的结果，就形成了喜高温、需短日照的习性。低温长日型作物大都起源于高纬度地区，如小麦起源于亚洲中部。它们的生活周期主要是在冬至到夏至之间。但冬季寒冷，不利开花，长期适应的结果，使苗期处于冬季严寒条件下，先经过一个冬至到立春的低温阶段，而后再遇到春分至夏至

的长日照阶段。这样，就形成了先要有一段时期的低温条件，接着需要长日照的习性。

随着农业生产条件的不断变化，最初起源于个别地区的植物，经过人类的引种驯化、选择培育，它们的习性发生了很大的变化。因此，即使是同一种作物，不同品种对温度和日照的要求及反应有着明显的差异。例如，华北的水稻品种对光照的反应较迟钝，日照长短对其穗分化的早迟影响较小；华南的晚稻品种对光照的反应很敏感，日照长短对其穗分化的早迟影响很大。又如，大豆是一种典型的短日性作物，在人们的引种和培育下，它们的栽培区域几乎遍布南北，但各地栽培的大豆品种对光照的反应都有着很大的不同。一定的生态条件下，形成了一定的品种遗传特性。

（四）纬度、作物的发育特性与引种的关系

一般讲来，纬度相近的东西地区之间比经度相近而纬度不同的南北之间的引种有较大的成功可能性。低温长日型作物，原产于中国北方的品种引至南方，由于不能满足在阶段发育中对低温和长日照的要求，表现为生育期延长，甚至不能抽穗开花，但营养器官加大；中国南方的品种引至北方，由于很快通过感温阶段，表现为生育期缩短，易遭受冻害。高温短日型作物，高纬度地区的品种引至低纬度地区，可能提早成熟，但株、穗、粒变小；反之，由低纬度引向高纬度，则将延迟成熟。

从温度上考虑，海拔每升高 100m，相当于纬度增加 1°。同纬度的高海拔地区与平原地区之间相互引种，不易成功。而纬度偏低的高海拔地区与纬度偏高的平原地区的相互引种，成功的可能性较大。

第二节　作物引种规律

一、低温长日型作物的引种规律

（1）原产高纬度地区的品种，引到低纬度地区种植，往往因为低纬度地区冬季温度高于高纬度地区，春季日照短于高纬度地区，所以感温阶段对低温的要求和感光阶段对日照长度的要求不能满足，经常表现为生育期延长。超过一定范围，甚至不能抽穗开花。但营养器官加大，成熟期延迟，容易遭受后期自然灾害的威胁，或者影响后作的播种、栽植。

（2）原产低纬度地区的品种，引至高纬度地区，由于温度、日照条件都能很快满足，表现为生长期缩短。但由于高纬度地区冬季寒冷，春季霜冻严重，所以容易遭受冻害。植株可能缩小，不易获得较高的产量。

（3）低温长日型作物冬播区的春性品种引到春播区作为春播用，有的可以适应，而且因为春播区的日照长，往往会早熟，粒重提高，甚至比原产地长得还好。但是抗病力的强弱是它们能否推广的重要因素。低温长日型作物春播区的春性品种引到冬播区冬播，有的因春季的光照条件不能满足而表现迟熟，结实不良，有的易遭冻害。

（4）高海拔地区的冬作物品种往往偏冬性，引到平原地区往往不能适应。而平原地区的冬作物品种引到高海拔地区春播，有适应的可能性。

二、高温短日型作物的引种规律

（1）原产高纬度地区（如中国东北、华北、西北）的高温短日型作物，大都是春播的，属早熟春作物。其感温性较强而感光性较弱。所以，这些品种由高纬度向低纬度引种时，往往因为低纬度地区的气温高于高纬度地区，会缩短生育期，提早成熟，但株、穗、粒变小。特别是引到低纬度地区后又延迟播种，则营养生长期明显缩短，株、穗、粒更小，产量很低。所以有一个能否高产的问题。

（2）原产低纬度地区的高温短日型作物品种，有春播、夏播之分，有的还有秋播。如水稻品种还有早、中、晚稻之分。一般，这类作物的春播品种感温性较强而感光性较弱，引至高纬度地区，往往表现为迟熟，营养器官变大。夏播或秋播品种一般感光性较强而感温性较弱，引至高纬度地区，不能满足其对短光照的要求，往往延迟成熟，株、穗可能较大。成熟期过长，往往影响后茬播种或遭受后期冷害，所以有一个能否安全成熟的问题。

（3）这类作物高海拔地区的品种感温性较强，引到平原地区往往表现为早熟，有一个能否高产的问题。而平原地区的品种引到高海拔地区往往由于温度较低而延迟成熟，有一个能否安全成熟的问题。

三、作物对环境的敏感度与引种

不同作物对外界环境条件的敏感程度是不同的。根据它们对环境条件反应的敏感程度不同，作物大体上可以分成三类。

（1）敏感型作物。其适应性比较小，对环境变化比较敏感，因此其引种范围比较窄。南北之间相互引种，纬度不宜超过2° 。

（2）迟钝型作物。这类作物适应性比较强，引种范围可以较宽。无论东西或南北之间相互引种，影响都较小。但是温度差异过大将不能成功。

（3）中间型作物。这类作物对环境的敏感程度介于以上二者之间，如水稻、玉米、谷子、棉花等。其引种范围可以大于敏感型作物而小于迟钝型作物。早熟和晚熟品种的差异，因所在地区的纬度不同而异，在高纬度地区差别大，在低纬度地区差别小。

四、引种的工作环节

为了保证引种的成功，具体引种时，还应注意以下事项。

（1）引种必须有明确的目标和要求。引种也与确定育种目标一样，究竟要引进什么样的品种，必须从多方面去考虑。如果为了直接利用，尤其应该注意与当地的生产条件和耕作栽培制度相适应。

（2）先试后引。引种有其一般的规律，但品种之间的适应性仍有一定的差异。因此，也有从较远的地区去引种而成功，从近的地区引种反而不成功的特殊事例。所以，在大量引种前，一定要多点进行小规模的试验观察，证明可以引种直接利用时，再较大量地调种，大面积推广种植。

（3）引种试验要与栽培试验相结合。新引进的品种有适应当地条件的可能性，但是如果没有采取与新品种相适应的栽培方法，那么这种可能性很可能就不能实现。所以，引种的同时，要进行一系列的栽培试验，以便总结出一套发挥外来良种潜力的优良栽培方法。

（4）引种与繁殖相结合，少引多繁。不要盲目调种，开始宜少引一些，试验成功后，再在本地扩大繁殖。

（5）防止检疫性病、虫、杂草的传播。对外地引进的种子应进行检疫，否则往往会造成严重后果。

第三节　植物驯化的原理和方法

现代世界范围内种植的作物，最初都是通过人类的引种使这些原生作物由起源中心向外扩展，进而通过栽培驯化而形成千千万万的品种。根据多年生植物的引种驯化经验，其原理和方法大致可归纳为以下几点。

一、根据植物的系统发育特性进行引种驯化

由于植物的系统发育历史的长短不同，其群体的遗传变异程度和遗传可塑性也有差异。一般栽培种比野生种的系统发育历史短，其群体的遗传变异程度高和可塑性较大，易于在自然选择下，选留有一定适应性的个体。同是栽培种，一般古老的地方品种的遗传变异程度低和可塑性较小，而新育成的品种的遗传变异程度高和可塑性较大。同是育成品种，纯系品种的遗传变异程度低于杂交种的。杂交种的遗传变异程度高和可塑性较大，易于在自然选择下选留有一定适应性的个体。

二、根据植物遗传适应性的范围进行引种驯化

各种作物及其品种所能适应的环境范围都由其遗传适应性所决定。引种驯化的目的在于扩大与改变这种适应范围。如果环境改变过大，反而造成引种失败，因此环境条件必须逐渐加以改变。如需将这种作物由低纬度地区引到高纬度地区，或由低海拔地区引到高海拔地区，不能一次迁移过远，而采取逐步迁移的方法较易成功。

三、植物驯化过程中必须结合适当的培育和选择

驯化的最终目的是要使引种的植物在驯化过程中逐渐由不适应而趋于适应，成为当地的新作物。实践证明，应用适当的培育方法和严格地选择，能够加速引种驯化的进程，使引种的植物向人类所需要的方向发展。因此，在驯化过程中，要根据不同的形态与生理指标选择具有适应当地条件的性状和特性的个体。

第三十六章　杂交育种和杂种优势利用

第一节　亲本选配

正确选配亲本是杂交育种工作的关键。无论组合育种还是超亲育种，都要按照育种原理，在深入研究作物种质资源和原始材料的基础上，选用恰当亲本，组配合理组合，才能在杂种后代中出现优良变异型并选出好品种。选配亲本的一般原则如下：

（1）杂交的双亲必须具有较多的优点、较少的缺点，其优缺点应尽可能达到互补。要求双亲的优缺点互补是指亲本一方的优点应在很大程度上能克服另一亲本的缺点。但性状互补要着重主要性状，尤其要根据育种目标抓主要矛盾。另外，亲本之间互补的性状也不宜过多，以免分离世代增加，延长育种年限，而且也难以获得亲本缺点得到完全克服缺点的后代。

（2）亲本之一最好为当地优良品种。尽量选用当地推广品种作为亲本之一，以使杂种后代具有较好的丰产性和适应性。杂种的适应性虽然可以通过当地培育条件的作用进一步提高，但其遗传基础还在于亲本本身的适应能力。如果亲本的适应性较高，又有一定的丰产性，则成功的可能性较大。

（3）杂交亲本间在生态型和系统来源上应有所不同。不同生态型、不同地理来源和不同亲缘关系的品种，由于亲本间的遗传基础差异大，杂交后代的分离的范围比较广，易于选出性状超越亲本和适应性比较高的新品种。一般情况下，利用外地不同生态类型的品种作为亲本，容易引进新种质，有利于克服以当地推广品种作为亲本的某些局限性或缺点，增加成功的机会。

（4）杂交亲本应具有较好的配合力。在根据本身性状表现选配亲本的基础上，考虑亲本的一般配合力。一般配合力是指某一亲本品种和其他若干品种杂交后，杂种后代在某个数量性状上的平均表现。以一般配合力好的品种作为亲本，往往会得到很好的后代，容易选出好的品种。一般配合力的好坏与品种本身性状的好坏有一定的关系，但两者并非一回事。也就是一个优良的品种常常是一个好的亲本，但是并非所有优良品种都是好的亲本，有时一个本身表现并不突出的品种却是好的亲本，即这个亲本的配合力好。

第二节　杂交方式

在一个杂交组合里要用几个亲本，这里涉及各亲本间如何配置的问题。杂交方式一般应根据育种目标和亲本的特点确定。

一、单交或成对杂交

两个品种进行杂交称为单交或成对杂交，以符号 A×B 或 A/B 表示。当两个亲本的性状基本上能够符合育种目标，优缺点可以相互补偿时，可以采用单交方式。

两亲本杂交可以互为父、母本，因此，又有正交和反交之分。如果称 A（♀）/B（♂）为正交，则 B（♀）/A（♂）为反交。习惯上常以对当地条件最适应的亲本作为母本，以便于杂交操作的进行。

二、复交

复交方式涉及三个或三个以上的亲本，要进行两次及两次以上的杂交。复交一般在下述情况下使用：单交杂种后代不完全符合育种目标，而在现有亲本中还找不到一个亲本能对其缺点完全补偿时；某亲本有非常突出的优点，但缺点也很明显，一次杂交对其缺点难以完全克服时。

在应用复交时，怎样安排亲本的组合方式和在各次杂交中的先后次序，是很重要的问题。这需要考虑各亲本的优缺点、性状互补的可能性，以及期望各亲本的核遗传组成在杂交后代中所占的比例等。一般应该遵循的原则是：综合性状好，适应性较高并有一定丰产性的亲本应安排在最后一次杂交，以便使其核遗传组成在杂种中占有较大的比重，从而增强杂种后代的优良性状。

三、多父本混合授粉

将一个以上的父本品种花粉混合起来，给一个母本品种授粉的方式，称为多父本混合授粉。利用这种方式，可以在同一个母本品种上同时获得多个单交组合，其后代是多组合的混合群体，分离类型较单交丰富，有利于选择。

四、回交

两个品种杂交后，子一代再和双亲之一重复杂交，称为回交。从回交后代中选择单株再与该亲本之一回交，如此连续进行若干次，一直到达到预期目的为止。回交多用于改进某一品种的个别缺点，或转育某个性状。回交是一种较为精确的控制杂种群体、选育改良品种的方法。

第三节 杂种优势

一、近亲繁殖的遗传效应

近亲繁殖是指亲缘关系相近的两个个体间的交配。例如，植物的自花授粉，简称自交，是指雌雄性细胞都来自同一植株或同一朵花，这是近亲繁殖的极端方式。作物天然异交率高低不同，一般可分为自花授粉作物、常异花授粉作物，但它们也不是绝对自交繁殖，仍有 1% ～ 4% 的天然异交率；棉花、高粱、甘蓝型油菜的天然异交率为 5% ～ 20%，属常异花授粉作物；玉米、黑麦、大麻、白菜型油菜等的天然异交率超过 50%，属异花授粉作物。自交和近亲繁殖后代，一般都表现出生活力衰退，出现退化现象，但在育种工作中都非常强调自交和近亲繁殖。杂合体通过自交式近亲繁殖，可出现如下几个方面的遗传效应。

（1）自交可以导致遗传物质的纯合，从而导致性状的重组和稳定。纯合体在群体中占的比例不断增加，杂合体的比例不断减少。

自交不仅导致遗传物质的纯合，同时也导致杂种后代遗传性状的重新组合，出现新类型。杂交育种时，新品种就是从各种各样的重新组合类型中选出来的。

（2）杂合体通过自交，能够导致纯合，这样就可使隐性性状表现出来，以便淘汰有害或不良的隐性性状，改良群体的遗传组成。如玉米可以利用自交，使其有害遗传物质暴露，以人工淘汰，就可以选育出优良自交系。

（3）自交可以使遗传性状稳定（不论是显性或隐性的性状），而后进行杂交所产生的杂种第一代，在生长势、生活力、抗逆性、产量和品质等方面比双亲具有优势。

二、杂种优势的表现

杂种优势指两个遗传组成不同的亲本杂交产生的杂种一代，在生长势、生活力、繁殖力、适应性、抗逆性、产品品质等方面优于双亲的现象。目前，水稻、玉米、烟草、甘薯等作物种植时已广泛利用杂交优势。杂交优势在杂种一代（F1）表现最为明显，以后随代数增加各种优势则逐渐减弱或消失。所以生产上利用杂交优势以提高产量为目的，一般只利用杂种一代。杂种一代在外部形态、内部结构和生理特征等方面都表现出一定的优势。从经济性状上分析，杂种一代的优势主要表现在以下几个方面。

（1）根系发达，长势旺盛。例如，杂交水稻根系发达，既粗又长，吸肥力强，所以长势旺盛，分蘖既早又快，茎秆粗壮，叶色浓绿，叶片宽厚，既生长旺盛又耐肥抗倒。

（2）抗逆性强，适应性广。杂种一代抵抗外界不良条件的能力和适应环境条件的能力往往比亲本的强，如杂种在抗倒、耐旱、抗低温、耐瘠薄等方面都表现出优越性。

（3）经济性状好，产量高。各种作物杂种一代的产量，一般比推广的常规良种增产 20% ～ 40%，有的高达一倍以上。如杂交水稻幼穗的枝梗退化较少，所以穗较大，主茎穗与分蘖穗的大小也较一致。在高肥条件下，每穗平均 150 粒左右，同时谷粒充实饱满，千粒重较高，一般有 28g 左右。

（4）品种优良。杂交油菜可提高含油量，杂交小麦籽粒的蛋白质含量大多超过双亲，杂交水稻米粒透明，食味较佳，营养价值较高。据分析，杂交水稻的蛋白质含量为9.5%～10.5%，比一般水稻的高1%～2%，脂肪含量为2.6%～2.8%，比一般水稻的高0.5%左右。

第四节 杂交种的类型

杂交种的类型，由于亲本的不同，杂交种可分为品种间杂交种、品种与自交系间杂交种和自交系间杂交种等。

一、品种间杂交种

品种间杂交种是用两个品种杂交育成的杂交种。品种间杂交种虽然制种简单，但杂种优势不强，增产有限，整齐度也较低，目前生产上应用不多。

二、品种与自交系间杂交种

品种与自交系间杂交种是用一个品种与一个品种自交系杂交配成的杂交种。一般以品种作为母本，以品种自交系作为父本，制成顶交种，其产量和整齐度优于品种间杂交种，但仅比一般自由授粉品种增产10%左右。

三、自交系间杂交种

自交系间杂交种是用不同自交系配制成的杂交种，其性状优于顶交种。根据亲本自交系数目不同又分为单交种、三交种、双交种、综合杂交种。

（1）单交种。它是用两个优良自交系杂交而成的杂交种。优良单交种的杂种优势最强，生长整齐，增产幅度大，是目前国内外推广面积最大的杂交种。但繁殖制种产量较低。为解决这一问题，可用近亲姊妹系配置改良单交种，如（$A_1 \times A_2$）$\times B$，即可保持原单交种$A \times B$的增产能力和农艺性状，又能相对地提高制种产量，降低种子成本。

（2）三交种。它是用一个单交种和一个自交系配成的杂交种。单交种作为母本，自交系作为父本，母本抽雄时，全部拔去母本的雄穗，让父本的花粉与母本的雌花授粉杂交而成三交种。此种方法简单，种子产量高，但大田产量不如单交种的高。

（3）双交种。它是先用四个自交系分别配成两个单交种，再用这两个单交种配成双交种。种子产量较高，适应性优于单交种的，但整齐度和杂种优势不如单交种的，而且制种手续也比较麻烦。现在双交种基本上被单交种代替。

（4）综合杂交种（简称综合种）。它是用若干优良自交系（一般不少于8个）或自交系间杂交种，混合播种在一个隔离区内，经充分自由授粉、多次混合选育而成的。综合种的杂种优势不如单交种、三交种及双交种的，但是由于遗传基础广泛、适应性好、优势稳定、制种程序简单，因此配种一次可在生产上多年连续使用，省去年年制种的麻烦。

第五节　杂种优势利用方法

一、水稻杂种优势利用

（一）水稻三系

水稻雄性不育系、雄性不育保持系、雄性不育恢复系简称水稻三系。

1. 雄性不育系（简称不育系）

雄性器官退化或发育不正常，不能产生花粉或产生花粉异常，而雌性器官是正常的，故不能自交结实，接受外来品种的花粉能受精结实，这样的品种或品系，叫雄性不育系，通常用 A 表示。一个优良的不育系，不育性稳定，不育度（一个植株的不育花朵占总花朵数的百分率）和不育株率均要达到 100%，柱头发达外露，颖壳张开角度较大，开颖正常，异交结实率高，群体整齐一致，配制的杂交种优势明显。

2. 雄性不育保持系（简称保持系）

雌雄性器官都正常，自交能结实，用它的花粉授给不育系后，能使不育系受精结实，同时又能保持不育特性的品种或品系，叫雄性不育保持系，通常用 B 表示。每一个保持系都有与它对应的不育系。保持系和它对应的不育系外部形态基本相似，但有一些性状彼此不同，这些不同点的识别对于杂交制种的去杂去劣极为重要。现将它们的主要区别列于表 5-1。

表 5-1　水稻不育系与保持系的区别

性状	不育系	保持系
分蘖力	分蘖力较强，分蘖期较长	分蘖力较弱
穗	穗颈较短	抽穗正常
抽穗期	比保持系迟 3 ～ 5 天抽穗	—
开花习性	开化分散，开颖时间长	开花集中，开颖时间较短
花药形态	干瘪、瘦小、乳白色、无花粉或花粉畸形	饱满金黄色，内有大量花粉
花粉	形状不规则或圆形，遇碘、碘化钾溶液不染色或呈浅蓝色	圆球形，遇碘、碘化钾溶液呈蓝色

3. 雄性不育恢复系（简称恢复系）

雌雄性器官正常，能自交结实，花粉授给不育系，既能使不育系产生种子，又能使不育系产生的种子恢复育性，这样的品种或品系叫雄性不育恢复系。一个有生产价值的恢复系应有强的恢复能力，配制的杂种后代结实率在 80% 以上；配合力强，配制的杂种优势显著；植株比不育系的略高，花粉量较多，开花散粉正常；农艺性状整齐一致，配制的杂种性状不分离。

（二）水稻三系的相互关系

水稻三系是相辅相成的，缺一不可。有了水稻三系就可以大量地配制杂种。水稻三系之间的关系如图 5-1 所示。

图 5-1　水稻三系之间关系示意图

（三）水稻三系繁殖制种技术

杂交水稻与普通水稻不同，它的杂交种子只能使用一代，必须年年进行繁殖制种。

1. 杂交水稻制种

杂交制种就是将不育系和恢复系按一定比例相间种植，进行杂交，获得杂种一代供大田使用的生产过程。

我国南方双季稻区，分夏季制种和秋季制种。例如，四川省主要是夏季制种，由于早春气温较低，父母本生育期延长，分蘖多，有效穗多，有利于提高制种产量。但前期常因春季低温，后期伏天高温，使授粉、受精不良，影响产量。所以必须掌握父母本生育差期，调整播期，使父母本抽穗期避过伏天高温，并加强预测和调整花期，做到在花期相遇。

（1）制种时必须掌握安全授粉期，适时播种父母本，保证花期相遇。花期相遇，是指父母本盛花期相遇。它包括两个方面的内容：一是花期相遇，即要求父母本开花授粉期相遇天数多，盛花时期相遇；二是花时相遇，即父母本每天开花相遇时间长，盛花时间相遇好。要使花期相遇好，必须适时播种，使父母本在安全授粉期内花期相遇。

要使花期相遇好，关键在于正确安排父母本的播种差期。通常可根据父母本的生育期、叶龄来确定播种差期。

①根据父母本生育期长短确定播种差期。一个品种在同一地区，生育期长短变化不大，具有一定的稳定性。所以可参照当地以往父母本的生育期来确定父母本的播种差期。例如，在成都地区，汕优 63 制种，父本（明恢 63）于 3 月底到 4 月初播种，播种至始穗期需要 115 天左右；母本（珍汕 97A）5 月 20 日左右播种，播种至始穗期需 65 天左右。计算方法：

115-65=50 天。即当父本于 3 月底播种时，父母本的播种差期为 50 天左右。

②采用叶龄法确定播种差期。叶龄是指水稻主茎的总叶片数。如水稻主茎长出四片的叫 4 叶龄，长出四叶半的叫 4.5 叶龄。同一水稻品种，在正常情况下，不同年份的主茎总叶片数一般是比较稳定的。

（2）培育多蘖壮秧，做到适时播种和适时插秧。为便于去杂保纯，制种田的父本母本都应单本或双本插，主要靠分蘖成穗，所以培育多蘖壮秧是提高制种田产量的重要措施。多蘖壮秧移栽后返青快、分蘖多、成穗率高、穗大粒多、结实率高。

培育多蘖壮秧的关键是稀播、匀播，使秧苗个体发育能有良好的营养条件。每亩秧田的播种量，父本10kg，母本15kg左右。制种田每亩播种量，根据父母本行比密度计算，计算时要留有一定余地。一般每亩制种田用不育系种子2.75～3kg。秧田要施有机肥，适时追肥，并注意病虫害防治工作。

父本的秧龄，既要考虑前作收获期，又要争取多蘖，在达到多蘖的前提下，应及时移栽，母本秧龄15～20天，4～5叶，带1～2个蘖时移栽。

（3）采用适宜行比，合理密植。为了提高制种产量，必须保证父本母本有足够花粉供应，增加母本秧蔸数。行比可根据父母本分蘖力强弱而定，分蘖力弱、花粉量少的，行比要小一些；若父本植株高于母本的，分蘖力强、花粉量又多的情况下，行比可加大一些。近年来各地根据经验，适当加大行比，对提高制种产量起到了重要作用。如四川省，汕优63制种，一般采用2：（18～20）或1：（13～15）的行比。前者父本行距33～40cm，父本株距40cm，亩植1720～2180穴，父母本间距24cm，母本行距13cm，株距13cm，亩植2.9～3万穴。后者父母本间距23cm，父本行、株距20～23cm，亩植1.4万～1.7万穴，母本行、株距13cm，亩植3.15万～3.2万穴。以上两种行比，父本栽单株或双株，母本栽双株。父本每穴15～25苗，每亩3万～4万苗，母本每穴6～8苗，每亩18万～24万苗。两期父本相间种植。

（4）加强管理，促进早发。制种田父母本都是单、双株移栽的，用肥量需适当增加，要施入基肥，并且要早追肥，早薅田，促进分蘖早生快发。母本追肥和中耕要早，争取有效穗数；父本追肥少施多批次施入，以延长花期、生长繁茂。在播母本之前，父本进行第一次中耕和追肥，并将父本行间泥肥薅融，这次追肥，既促进父本分蘖，又为母本施了面肥，促使其早生快发。以后看苗中耕追肥，加强田间管理，达到父母本健壮平衡生长。

（5）做好花期预测，及时进行调整。父母本播种期确定以后，由于气温、秧龄、肥水管理等条件影响，还可能造成花期不遇，因此，必须经常注意父母本生长发育的情况，进行花期预测，以便及时采取调节措施，确保花期相遇。

花期预测的方法，主要是幼穗剥查法。这是花期预测最常用和最准确的方法，但只能在幼穗开始分化以后才能进行。水稻幼穗发育分8个时期（见表5-2），各期所需天数是相对稳定的。因此，可根据父母本幼穗分化的进度来推算父母本花期是否相遇。具体做法是，从幼穗分化始期，每隔3天取有代表性的父母本主茎各10株，分别记载，然后按幼穗分化程度推算抽穗日期，做出预报。

表5-2　水稻幼穗发育8个时期结束时特征

发育期	简明特征	所需天数	发育期	简明特征	所需天数
1	白圆锥，不明显	2～3	5	3cm、果壳分	2～3
2	白毛尖，苍毛现	3～4	6	叶枕平、谷半长	3～4
3	毛丛丛，似火焰	7～8	7	穗定型、色微绿	3～5
4	一厘米，粒粒见	2～3	8	大肚现、穗将伸	3～4

如果花期不遇，则需要调整。花期不遇3天左右，要求调整时应以促为主；要调整5～7

天以上，则需要促控并举（促迟控早），采取措施应以肥调、水调及化学药物调节为主。

肥调。根据水稻幼穗发育初期偏施氮肥会贪青迟熟，而施用磷、钾肥，有促进幼穗发育的效果。对制种田花期偏早的亲本，于幼穗发育的 1 ～ 3 期施速效氮肥（每亩用尿素 10kg），有延迟抽穗扬花 2 ～ 3 天的效果。相反，对花期偏迟的亲本，在幼穗发育的 4 ～ 6 期偏施速效磷、钾肥或根外喷施磷、钾肥，每隔 2 ～ 3 天喷一次，有促进抽穗的效果。

水调。父本幼穗分化前期对水的反应较敏感，灌深水比灌浅水，灌浅水又比露田、烤田的早抽穗。而母本是幼穗分化后期（幼穗发育 6 ～ 8 期），对水的反应较敏感，控水会延迟抽穗，灌水则会提早抽穗。因此制种田可通过水浆管理来调节两系的花期。经预测若发现父本比母本花期早，可采取幼穗分化 1 ～ 3 期来控水，6 ～ 8 期干干湿湿的管理措施。相反，若发现父本比母本花期迟，则应采取幼穗分化 1 ～ 3 期灌水，6 ～ 8 期露田的管理措施。

化学药物调节。应用防芽剂和青鲜素可调节花期，它们对水稻的发育有抑制作用，可以推迟花期 3 天左右。施用防芽剂，植株会矮化，不育系的包颈现象有所加重，因而只能施用一次，绝对不能重喷。目前常用的化学药物，还有赤霉素、磷酸二氢钾等，它们对提早抽穗都有一定效果。

（6）采取措施，提高异交结实率。杂交水稻制种不育系是母本接收父本的花粉而受精结实的。因此，采取必要措施提高母本异交结实率，对于提高制种田产量是十分重要的。

割叶可以减少父本传粉障碍，还可以降低田间湿度，提高田间温度，有利于通风透气，有利于父母本花期相遇。但要求不伤茎，不伤穗，不踩进母本行内。母本抽穗 20% ～ 30%，父本抽穗 25% ～ 40% 时割叶，母本留剑叶 15cm，父本留叶 13 ～ 16cm。行比大、叶片长、湿度大的留叶可短，反之则稍长。母本剑叶在 4 ～ 5 寸（1 寸 =3.33cm）的，可以不割叶。

适时适量喷赤霉素能加快抽穗速度，促进花期集中，减少包颈现象，提高结实率。亩用量 15g 左右，喷 2 次，主要在抽穗 15% ～ 30% 时集中施用。

人工辅助授粉，制种田必须进行人工辅助授粉。人工辅助授粉可提高制种产量 30% ～ 40%。

此外还应注意防治稻瘟病、稻粒黑粉病，螟虫、飞虱等病虫害。

2. 水稻不育系的繁殖

用不育系作为母本，保持系作为父本，杂交产生不育系种子，称为不育系繁殖。不育系繁殖，按播种季节不同可分为夏繁和秋繁两种。夏繁气温有利于水稻生长发育和开花授粉，产量一般较高；秋繁可与常温品种的花期错开，种子不混杂，但由于气温前高后低，营养生长期显著缩短，易生长不良，抽穗期母本易受低温危害，产量较低。繁殖不育系的措施基本与制种的相同。

二、玉米杂种优势利用

（一）玉米自交系

以人工套袋授粉的方法，将同一植株上雄花花粉授到本株雌穗花丝上，使其受精结实，这种方法叫自交。以玉米品种或杂交种的优良单株作为原始材料，通过人工套袋授粉，连续多代自交，使性状达到整齐一致，遗传性相对稳定的系统就称为玉米自交系。

选育自交系的作用：一是玉米是异花授粉作物，由于自然杂交，形成一个遗传较为复杂的群体，如植株高矮不齐，成熟早晚不一，果穗长短不同，籽粒大小不均匀等。如果用上述玉米作为亲本进行杂交，配制成的杂种，生长也会不整齐，不能充分发挥杂种的优势。二是玉米经过自交以后，许多不良的隐性性状得到表现，如有些植株白苗、花苗、畸形、易倒伏、不抗病等现象都充分表露出来，通过选择，把不良性状的植株淘汰掉。经过几代连续自交和选择，就能育成性状整齐一致的优良自交系。用两个纯度高的优良自交系杂交所形成的杂种优势显著，增产效果好。

本地或引进的玉米品种或玉米材料，只要适合当地生长，有一定优良性状，就可以用来选育自交系。一般讲，优良的原始材料比较容易选育出优良的自交系。

从普通品种中选出的自交系称为一环系。从杂交种的后代中选出的自交系称为二环系。因为二环系是从结合了较多的优良性状的杂交种选出的，一般在产量性状和配合力方面都优于一环系，并且分离少，育成快。

（二）自交系配合力

配合力就是一个自交系同别的自交系或品种杂交，杂种所表现的产量能力。如果这个自交系同其他的自交系杂交，F1 代的产量高，就是配合力高，反之，F1 代的产量低，就是配合力低。

自交系的配合力又可分为一般配合力和特殊配合力。一般配合力是指一个自交系同很多的自交系或品种杂交，F1 代产量的平均表现。

选育优良的玉米杂交种，就是选育符合育种目标的特殊配合力高的杂交种。所以，在选育自交系的过程中，必须测定配合力。

（三）玉米杂交种的制种技术

玉米杂交制种是保证种子纯度，提高制种产量，降低种子成本，充分发挥杂种优势以增加产量的重要环节。在制种过程中，必须抓好以下几项工作。

1. 选地隔离

为了避免外来花粉串粉，保证亲本的纯度，提高杂交种的质量，不论是配置单交种、三交种还是双交种，都必须在隔离区内进行。隔离区要选地势平坦、地力均匀、有排灌条件的肥沃好田。隔离的方法主要有以下两种。

（1）空间隔离（距离隔离）。把制种田与其他玉米田隔开一定距离，一般单交种要求在 400m 以上，三交种和双交种应不少于 300m。在多风带，如果隔离区在其他玉米田的下风头，或者在其他玉米田的低处，间隔距离还要远些。

（2）时间隔离。调节制种田玉米的播种期，使其与周围玉米的花期错开，避免串粉，通常播种期应错开 40 天左右才能达到隔离的目的。

此外，自然屏障如树林、高山以及高秆作物高粱、大麻等也能起到一定的隔离作用。

隔离区的数目和面积，视配制的杂种类型不同有所差别。配制单交种，需要 3 个隔离区，即 2 个自交系繁殖隔离区、1 个单交种隔离区。配制三交种，需要 5 个隔离区，即 3 个自交系繁殖区、1个单交种隔离区和1个三交种制种隔离区。配制双交种，需要7个隔离区，即4个自交系繁殖隔离区、2个单交种隔离区和1个双交种制种隔离区。

隔离区面积，则应根据计划供应播种面积的大小而定。计算公式如下：

$$隔离区面积=\frac{计划下年需种量（计划播种面积\times播种量）}{母本计划产量\times母本行所占比重}$$

如以配制川单9号为例，计划下年1000公顷地用种，每公顷播种量37.5kg，母本的公顷产量为2250kg，制种区母本行数占总行数的2/3，则：

隔离区面积（公顷）=（1000×3.75）/（2250×2/3）=25（公顷）

2. 播种

制种地播种是杂交制种的重要环节，要想制种成功，在播种时必须做到以下几个方面。

（1）调节父、母本播种期。制种区父母本花期相遇是制种成功的关键。玉米花期相遇是指母本吐丝盛期与父本散粉期相遇，母本在父本散粉前3～4天抽出花丝最好。如果母本吐丝期比父本散粉期早2～3天，父本可同时播种，如果母本吐丝期较父本散粉期迟3～5天，则母本必须提前早播6～8天。因为玉米雄穗散粉期较短，而果穗花丝在抽出后数天内一般均有受精能力，持续时间较长，“宁可母等父，不可父等母”，这样比较安全。

（2）确定父母本的合理行比。父母本的合理行比是在保证父本有足够花粉量的前提下，尽量增多母本行数，以收获更多杂交种子。母本与父本的行比，单交种以2∶1或4∶2合适。父本雄穗发达、花粉量多、植株又高又大的，也可用3∶1或更大的行比。

（3）提高播种质量，保证一次全苗。为了防止播错、播乱，播种前应周密组织，明确分工，播种父母本要有专人负责，分开播种。开沟要直，行行到头，不得交叁，播种要防止“跳籽”（即种子跳落到邻行），父本行头要点种豆类作物作为标记，以利分清父、母本行，便于去雄和收获。

玉米自交系种子萌发力弱，顶土力差，出苗慢，生长势较差，必须精细整地，耙碎耙平，畦面平整不积水，保证出苗整齐、生长均匀。

3. 严格去杂去劣

自交系中的杂苗和劣苗必须清除干净，以保证自交系的纯度和杂交种的典型性。杂苗是指由于串花混杂或在播、收、脱过程中混进了其他品种所长出的苗子。劣苗是指由于自交系分离退化而产生的白苗、黄苗、花苗、畸形苗等。

苗期5片叶左右，结合定苗除去杂苗，根据株高、叶色、叶形、叶鞘和株型等特性，进行鉴定去杂。拔节至抽穗再去1～2次，这段时间去杂是根据叶色、叶形、株型、雄穗型等特征去掉异型株。收获后，再进行一次穗选，根据穗形、穗的大小、粒型、粒色、轴色等特征去掉杂的果穗以及成熟不良、感病、畸形等病劣果穗。

4. 花期预测及调节

调节播种期后，由于气候影响及田间管理差别，还可能出现花期不遇。因此，要及时做好花期预测及调节工作。花期预测方法通常采用的有两种。

（1）根据叶片展出数测定。玉米的总叶片数一般是相对恒定的，据观察，如果父母本叶片总数相同，母本展出叶片数比父本多 1 ～ 2 片时，则花期相遇良好。如果父母本生育期不同，叶片总数不一样，可依次类推。测定展出叶片数要从苗期开始，定点定株观察。一般选 3 ～ 5 个点，每点选有代表性的植株 3 ～ 4 株，标记其已展出叶片数。

（2）根据未展出叶片数测定。在抽穗前 15 天左右，在制种区内选 3 ～ 5 个点，每点选取有代表性的父母本各 2 ～ 3 株，从茎顶端剥玉米展出叶片，一般母本未展出叶片数比父本的少 1 ～ 2 片，则花期可以相遇。否则就是花期不遇。

发现花期不遇时，必须及时采取措施调节。对父本抽雄迟，而母本吐丝偏早的，可剪短母本花丝，给父本偏水偏肥；对父本抽雄过早，而母本抽丝过晚的，采取母本早去雄，早剪苞叶的办法，促使母本早抽花丝。

5. 母本及时去雄

在制种区内及时做好母本去雄工作，是保证种子纯度、获得优质杂交种子的重要措施。在母本雄穗已抽出而尚未散粉前及时全部、彻底拔除母本的雄穗及其主穗和分枝。去雄时间最好在早上露水刚干时进行。每日一次，风雨无阻，直到全部去完为止。拔掉的雄穗，要带到田外，沤肥或喂牲口，以免花粉随风飞散，影响杂交种质量。

6. 人工辅助授粉

人工辅助授粉可提高结实率，增加制种产量。如果父母本花期不够协调或开花期间气候条件不利于授粉，人工辅助授粉尤其必要。人工辅助授粉应在每日上午露水干后进行，边采粉边授粉。采粉器可用搪瓷盆、簸箕，草帽垫上纸，不用金属器皿，以免晒热烫死花粉。采下花粉及时过筛，以防潮湿的花药和花粉结团使花粉失去活力。授粉可用授粉器或用棉球蘸花粉于花丝上。

7. 种子分收分藏

种子成熟后，父母本要分别收摘果穗，一般先收母本后收父本。掉在地上的果穗若不能确切分清的应作为粮食处理。运回的父母本果穗，要分晒分脱分藏，并写好标签，以免混乱。

（四）亲本自交系的繁殖

亲本自交系是配制杂交种的物质基础。只有优良、高纯度、高质量的自交系，才能配制出高质量、增产显著的杂交种。因此，在制种时，要繁殖亲本自交系，以备下一年制种用。繁殖亲本自交系的技术措施和配制杂交种的基本一样。

（1）设隔离区。隔离方法和制种的相同，但要求严格，空间隔离距离要在 500m 以上。

（2）严格去杂去劣。去杂去劣要从苗期开始认真观察，与制种一样分别在苗期、抽穗期和收获后进行严格去杂去劣。

（3）提高播种质量。自交系一般生活力较弱，抗逆性不强，顶土力差，因此繁殖田必须精耕细作，施足基肥，适当增加种植密度，提高播种质量，保证全苗。

三、油菜杂种优势利用

利用油菜杂种优势，不但增产效果显著，而且由于油菜的花期长（30 天左右）、花龄长（3～5天）、花器外露等特性有利于传粉结实，还可通过摘薹等措施有效地调整花期，制种易于掌握，制种产量高而稳定。同时，油菜繁殖系数高，制种地亩产杂种 50kg 左右，可供 150 亩（直播）～ 600 亩（移栽）大田用种，种子成本低，群众易于接受。杂种油菜不仅营养性高，种子产量的优势十分显著，所以油菜杂种有着十分广阔的应用前景。

（一）油菜杂种优势利用的途径

（1）自交不亲和系杂种。自交不亲和系的雌雄蕊发育均正常，不能受精结实或结实甚少。但是异系杂交授粉，花粉管能穿过柱头表面隔离层，结实正常。因此，可用自交不亲和系作为母本，配制杂交种。自交不亲和系虽然开花时自交不亲和，但开放花朵的花粉授在隔离层还未形成的幼小花蕾（开花前 2～4 天的小花蕾）柱头上自交，能正常结实。因此，采用剥蕾自交授粉，就能繁殖自交不亲和系。为了解决繁殖自交不亲和系需要人工剥蕾的困难，最经济有效的是用 5%～10% 的食盐水花期喷雾，每隔 3～5 天喷洒一次用以破除柱头表面的蛋白质隔离层，繁殖效果与人工剥蕾相当。也可选育自交不亲和系的保持系和恢复系，实现三系配套制种。

（2）化学杀雄杂种。父母本按一定比例（如2 ：2）相间种植，在现蕾期用 0.03% 的“杀雄剂 1 号”对母本进行喷雾，一般喷药一两次即可达到杀雄目的。化学杀雄制种的特点是亲本选配范围广，问题是杀雄效果受喷药时间、气候、植株发育状况和操作技术等因素影响，杀雄效果不够稳定。喷洒“杀雄剂 1 号”还存在残毒问题，尚需进一步研究。

（3）细胞核雄性不育系杂种。利用细胞核雄性不育系生产杂种，目前主要有两个方法。一是两系制种法。由于细胞核雄性不育系内有不育株和可育株两种，采用系内同胞交，能使群体育性分离保持 1 ：1，故在开花前必须把母本行内约 50% 的可育株拔去。二是“三系化”制种法。显性核不育类型利用双隐性纯合型可育株（msmsrfrf）作为临时保持系，与纯合型不育株（MsMsrfrf）测交，繁殖全不育系（Msmsrfrf）。由于全不育系只能用测交产生，双隐性纯合型可育株不能继续保持全不育，故把双隐性纯合型可育株叫临保系。“三系化”生产杂种，就是先用纯合两型系与临保系，按两系制种法生产全不育系种子，再与恢复系配制杂种，如图 5-2 所示。

MsMsrfrf　×　MsMsRfrf（同胞交）
MsMsRfrf　＋　MsMsrfrf　×　msmsrfrf（临保系）
可育（拔去）　不育（保留）↓
Msmsrfrf　× MsMsRfRf
（全不育系）↓ msmsRfRf（恢复系）
Ms__Rf__
msmsRf__（F_1，全恢复）

图 5-2　油菜细胞核雄性不育系“三系化”制种模式

（4）质核互作雄性不育系杂种。它就是雄性不育三系杂种，是当前国内外的研究重点。

（二）质核互作雄性不育细胞质的主要类型

下面介绍目前世界各国主要研究和利用的油菜雄性不育的细胞质类型。

①通过品种间杂交发现的雄性不育细胞质。这种雄性不育细胞质的恢复基因，普遍存在于日本和欧洲甘蓝型品种中。这种雄性不育细胞质的主要问题是不育性不稳定，温度高于 20℃时，出现大量花粉，故不能用于杂种生产。

②萝卜雄性不育细胞质。这种雄性不育细胞质的不育性十分稳定，主要问题：一是还未找到恢复系；二是在低温下（<12℃）叶片失绿黄化；三是不育系缺乏蜜腺，不利昆虫传粉，影响制种产量。有学者通过萝卜雄性不育细胞质和甘蓝型油菜的细胞融合，把甘蓝型油菜的正常叶绿体 DNA（脱氧核糖核酸）与萝卜雄性不育细胞质的线粒体 DNA 重组到一个细胞中去，再用细胞培养技术，将重组的细胞培育成新的不育系。这种通过融合改良的不育系，缺绿问题得到解决，蜜腺也较发达，育性恢复的遗传也比原来简单得多。

③波里马雄性不育细胞质。波里马不育系的不育性，虽也受温度影响，但主要受核基因控制，通过选择保持系，可获得不育性稳定的不育系。波里马不育系的恢复基因，主要存在于欧洲甘蓝型油菜品种中，但也存在于白菜型和芥菜型油菜中。波里马的恢复系带有一对显性恢复基因，同时也有修饰基因影响。由于波里马雄性不育细胞质既可找到较好的保持系，也易找到恢复系，而且不育性也较稳定，因此更有实用价值。

（三）优质雄性不育三系的选育

1. 优质雄性不育系和保持系的选育

（1）测交筛选法。用大量现有优质品种（系）与优质不育材料进行单株成对测交。选择 F1 能保持不育的材料，继续用原父本与之回交，直到不育性能保持稳定时为止。华中农业大学育成的低芥酸 Pol-003 雄性不育系，就是通过用 50 多份材料测交，发现 Pol-003 系的保持效果较好，再经过选择、回交育成的。

（2）杂交分离法。将非优质保持系与单、双低品种（系）杂交，在杂种后代中筛选单、双低单株（系），再与原来非优质不育系测交、回交，育成优质不育系。

2. 优质恢复系的选育

（1）测交筛选法。用各种单、双低品种（系）与优质不育系测交，鉴定测交 F1 的育性，如某组合 F1 育性恢复，其原测交父本就是恢复系，此法简易可行。

（2）杂交分离法。用单、双低品种（系）与原非优质恢复系杂交，在 F2 ～ F4 代中筛选单、双低单株（或系），再与不育系测交，鉴定 F1 的育性。华中农业大学育成的低芥酸恢复系恢 10，就是通过杂交分离法育成的。

3. 回交转育法

以非优质杂种 F1 为母本，去雄后，授以单、双低品种（可能无恢复基因）花粉与之杂交，在杂交后代中，再选可育株去雄，用单、双低品种花粉回交，并连续回交几次，即可育成优质恢复系。这种以 F1 不育细胞质作为指示性状，只要选可育株回交，不必每代测交，也可保证恢复基因不致丢失。

（四）强优势组合的选育

育种实践证明，大量测交，是选育强优势组合的基础，只有从众多组合中，才能筛选出配合力最强的优良组合。一般认为，亲缘关系较远或地理和生态类型差异较大的品种之间的杂交组合，优势较强。

在筛选强优势组合中，还应注意测交亲本纯度。亲本应经过自交纯化，这是保证杂种整齐度的基础，只有高度纯化的亲本，才能保证有高度杂合的杂种。纯化亲本的方法，白菜型可用套袋同胞交、混合选择、集团选择等途径；甘蓝型、芥菜型油菜通常采用单株自交的途径较为有效，但自交次数要控制，只要性状基本整齐一致，就用混合授粉繁殖的方法，以免长期自交而产生衰退。

第三十七章　良种繁育

第一节　良种繁育的任务

新选育的品种经过区域鉴定并确定推广地区后，便要做好良种繁殖工作，直至该品种被更换为止。良种繁育是种子工作的一个重要组成部分，它是前承育种后接推广并不断提高种性的一个重要环节。通过良种繁育，大量生产新品种的种子，可迅速扩大其种植面积。正确地进行良种繁育，保持品种的纯度和生产性能，可使优良品种较长时期地用于生产。良种繁育的主要任务有：

（1）良种的加速繁殖。良种繁育的首要任务就是迅速得到大量繁殖被确定推广的优良品种种子，以满足农业生产对良种种子数量的需要，从而保证优良品种迅速推广。常用的措施是提高繁殖系数和采用加代繁殖方法。

种子繁殖的倍数叫繁殖系数，它是产量为播种量的倍数。提高繁殖系数的主要途径是降低单位面积的播种量，同时提高单位面积产量。

加代繁殖的主要方式是异地或异季繁殖，即选择光、热条件可以满足作物生长、发育所需要的某些地区，进行冬繁或夏繁加代。

（2）保持品种的纯度和种性。优良品种在大量繁殖和栽培过程中，往往由种、收、运、脱、储等环节的疏忽或天然杂交造成混杂，以及环境条件的影响而发生变异等，以致降低纯度和种性。因此，良种繁育的又一个重要任务是防止品种混杂、退化，保持品种的纯度，用纯度高、种性好的同一品种种子，定期替换生产上已经混杂退化了的种子，这一过程叫品种更新。

第二节　种子生产

一个新品种经审定被批准推广后，就要不断地进行繁殖，并在繁殖过程中，保持其原有的优良性状，以不断地生产出数量多、质量好、成本低的种子，供大田生产使用。这种繁殖、生产良种的过程就叫种子生产或种子繁殖，也有叫良种繁育的。

一、种子生产的程序和体系

我国一般将种子生产程序划分为原原种、原种和良种三个阶段。

（1）稻、麦等自花授粉作物和棉花等常异花授粉作物的常规品种，经审定通过后，可由原育种单位提供原原种，省（市、县）原（良）种场繁殖出原种；对生产上正在应用的品种，可由县原（良）种场，采用三圃制或二圃制等方法提纯后，生产出原种，然后交由特约种子生产基地或各专业村（户），繁殖出原种一、二代，供生产应用。

（2）对于玉米、高粱、水稻等的杂交制种，因要求有严格的隔离条件和技术性强的特点，可实行“省提、市繁、县制”的种子生产制度。即由省种子部门用育种单位提供的“三系”或自交系的原原种繁殖出原种，或经省统一提纯后产生的原种，有计划地向各市提供扩大繁殖用种。市种子部门用省提供的“三系”或自交系原种，在隔离区内繁殖出规定世代的原种后代。县种子部门用省、市提供的亲本，集中精力配制大田用的杂交种。

二、品种的混杂、退化及其预防

（一）品种混杂、退化的现象

一个优良品种在生产上使用几年之后，往往由于种种原因发生混杂、退化，丧失了它的典型性，种性变劣，以致产量下降，品质变差。所谓品种混杂就是同一作物不同品种的种子混杂在一起，甚至四不同作物的种子混杂在一起的现象。所谓品种退化就是品种的某些经济性状变劣，生活力下降，抗逆力减退，并产生不符合人类要求的变异现象。不论品种混杂还是退化，最后总是表现为植株生长不齐，成熟不一致，抗逆性减弱，经济性状变劣，失去品种原有的优良特性。

（二）品种混杂、退化的原因

品种混杂、退化的原因是多方面的，归纳起来有以下几种。

1. 机械混杂

机械混杂是指在种子的繁育和管理使用过程中的每一个环节，不按技术操作规程办事，使繁育的种子混进了异品种或异作物的种子。此外，有时因前作物在田间落粒，以及施用未经腐熟的有机肥夹带进异品种、异作物种子，也会造成机械混杂。机械混杂是品种混杂、退化的主要原因。

2. 天然杂交（生物学混杂）

由天然杂交产生的混杂，叫生物学混杂。这种天然杂交，农民叫“串花”或“串粉”。天然杂交使后代产生各种性状分离现象，并出现不良个体，从而破坏了品种的一致性和丰产性。例如，植株高矮不齐，成熟不一，籽粒形状、颜色多样等。各种作物都可发生生物学混杂，但异花授粉作物最为普遍。

3. 品种本身变异

目前生产上使用的品种，大多数是用杂交方法选育而成的。这些品种尽管主要性状看来很一致，但还有某些性状很不稳定，它们的后代还有继续分离的可能，特别是那些提早利用的早代品系，分离更为严重。

农作物品种群体内，因受某种自然环境条件的强烈影响发生突变，某些个体性状发生变异。因此，在自然条件下发生的突变，也是导致混杂退化的原因之一。

4. 不正确选择的影响

选留种时选择标准不明确，忽视了品种的典型性。例如，水稻选留种时，只注意选穗大、粒多、粒重的穗，忽视了品种原来的特征特性，如分蘖多少、植株高矮、耐肥和抗病力强弱等综合性状。

5. 不良环境条件的影响

良种的性状表现和环境条件有密切关系。要使优良品种充分发挥作用，必须使它生长在良好的条件下，如环境条件恶劣，它为了生存，会适应这种恶劣条件，退回到原始状态或丧失某些优良性状。

（三）防止品种混杂、退化的方法

根据品种混杂、退化的原因，在技术上要认真做好下列工作。

1. 建立和健全品种的保纯制度

在品种的繁育管理和使用过程中，应制定一套必要的防杂保纯制度和措施，从各个环节上杜绝混杂的发生。特别是容易造成种子混杂的几个环节，如浸种、催芽、药剂处理时，使用的工具必须清理干净；播种应做到品种清、盛种工具清、播种工具清等；收获时应实行单收、单运、单脱、单晒、单藏，种子管理人员要严格认真做好种子收、发和贮工作；合理安排品种的田间布局，同一品种实行集中连片种植，避免品种间混杂。

2. 采用隔离措施

对于杂交水稻、常异花授粉作物（如棉花、甘蓝型油菜）和异花授粉作物（如玉米等）在繁殖制种过程中，特别要做好隔离工作，防止相互串粉。方法主要是空间隔离、时间隔离和屏障隔离。

3. 去杂去劣和进行选择

去杂主要是去掉非本品种的植株和穗、粒。去劣是去掉感染病虫害、生长不良的植株和穗、粒。去杂去劣工作要年年搞，在作物生育的不同时期分次进行。特别要在性状表现明显的时候进行。

连续选择是防止品种混杂退化的有效措施。在良种繁育过程中，通过建立种子田，根据品种的类型，年年进行株选或穗选留种，就是连续选择的方法，可达到提纯复壮的目的。

三、我国现行的种子生产方法

（1）重复繁殖的种子生产法。当新品种审定通过以后，育种单位便应向有关省（市、县）种子部门提供一定数量的原原种或原种。由其组织有关的原（良）种场扩大繁殖出供生产应用的良种。在繁殖过程中，除注意防杂保纯、只进行去杂去劣外，不进行其他有目的的人工选择。

（2）原种生产。在种子生产程序中，一般都是由原种生产良种。所以，原种生产是良种繁育工作及种子生产程序中最基本的环节，是影响整个种子生产成效的关键。

（3）杂交种的生产。杂交种生产比一般种子生产要复杂得多。其主要的技术环节包括以下几个。

选好制种区。亲本繁殖和制种区要择土壤肥沃、地力均匀，有安全隔离条件的地块。

规格播种。播种时必须安排好父、母本的播期，使之花期相遇，同时，应有合理的父、母本行比，以便多产杂交种，降低种子成本。

精细管理。制种区应保证肥、水供应，及时防治病虫害，以促进父、母本健壮地生长发育，提高制种产量。同时，应根据父、母本的生育特点及进程，进行栽培管理或调控，保证花期相遇。

去杂去劣。在亲本繁殖区严格去杂的基础上，对制种区的父、母本也要认真地、分期地进行去杂去劣，以保证亲本和杂交种子的纯度。

及时去雄授粉。若未采用雄性不育系或自交不亲和系制种，则应按不同作物特点及时去雄。一些风媒传粉作物可进行若干次人工授粉，提高结实率、增加产种量。

分收分藏。成熟后要及时收获，父、母本必须分收、分运、分脱、分晒、分藏，严防混杂，一般先收母本，后收父本。

质量检查。播前主要检查亲本种子的数量、纯度、含水量、发芽率是否符合标准，隔离区是否安全，安排的父、母本播期是否适当；繁育、制种的计划是否配套等。去雄前后主要检查田间去杂去劣是否彻底，父、母本花期是否相遇良好，去雄是否干净、彻底等。收获后主要检查种子的质量，尤其是纯度以及储藏条件等。

第六篇 种子加工、储藏与检验

本篇主要介绍了种子的干燥、清选、分级、处理和包装的基本原理与方法，种子储藏技术，种子检验与种子标准化，田间检验及种子纯度的种植鉴定，种子健康检验等内容。

（1）初级农艺工掌握以下内容

种子干燥的阶段和种子干燥的基本方法。种子加工的概念和种子加工的基本内容。种衣剂的化学成分和丸化剂的组成。在种子储藏期间，预防种堆发热的措施。种子检验的基本内容和种子检验的分类。种子标准化的概念和内容。作物田间小区鉴定的时间和方法。

（2）中级农艺工在初级农艺工的基础上掌握以下内容

影响种子干燥的主要因素。辐射干燥的原理和特点。种子处理的目的。种衣剂的理化性状应达到的要求。储藏期间，种子结露的原因及防止措施。水稻和玉米种子的储藏技术要点。

（3）高级农艺工在中级农艺工的基础上掌握以下内容

利用温汤浸种进行种子处理的原理和方法（举例）。机械法种子丸化的操作过程。储藏期间种子呼吸所造成的不良后果。种子低温库的特点。利用低温使仓虫死亡的原因及杀虫的方法。

（4）农艺工技师在高级农艺工的基础上掌握以下内容

利用水处理技术进行种子处理的类型、原理和方法。储藏期间种子发热的原因及预防措施。作物种子田间检验取样和设点的方法。种子健康检验的主要内容。储藏期间，种堆结露的各种类型及特点。

第三十八章　种子干燥

各种作物种子在收获时一般含水量都较高，耐贮性差，如不及时干燥很快会失去种用价值，严重时会引起发热和霉烂变质。不同类型的种子和储藏条件，要求种子干燥的程度不同，即种子含水量不同。因此，对种子及时进行干燥是非常必要的，种子干燥是种子加工中非常重要的环节。

第一节　种子干燥的原理

一、干燥过程的机理与缓苏

种子是一团凝胶，具有吸湿和散湿特性。当空气中的水蒸气气压大于种子内部水蒸气气压时，种子就会从空气中吸收水分。反之，种子水分向空气中散失，达到干燥种子的目的，种子内部水汽的气压与空气中的水汽的气压差异愈大，干燥种子的效果愈明显。

合理的干燥工艺应该是使内部扩散速度等于或接近等于外部蒸发速度。对于小颗粒种子，干燥时内部扩散速度一般大于外部蒸发速度，属于外部控制干燥，被干燥物料表面的温度等于干燥介质的湿球温度，干燥介质与被干燥物料的温差基本为定值。此时，提高干燥速度应设法提高外部蒸发速度。对于颗粒较大的种子，内部扩散速度一般小于外部蒸发速度（特别是含水率较小时）。此时，提高干燥速度的关键是设法加快内部扩散速度，而不是设法再提高外部蒸发速度，因为在这样的情况下再提高外部蒸发速度，不但对干燥速度不会有明显影响，反而会使种子爆腰、变形等，从而影响种子的发芽率。

当出现内部扩散速度小于外部蒸发速度时，种子温度将逐渐升高，干燥速度逐渐下降。此时很难人为地控制内部扩散速度。因此，为使扩散速度与蒸发速度相协调常采用如下两个措施：第一，适当减小外部蒸发速度，为此，可降低干燥介质的温度或减小通过种子的干燥介质的流速；第二，暂时停止干燥，并将处于热状态的种子堆放起来，使种子内部的水分逐渐向外扩散，以达到内外水分均匀一致。此时的扩散过程称缓苏过程，简称缓苏。实践证明，为使缓苏达到预期效果、缓苏时间可在 40 分钟～ 4 小时范围内，经缓苏后，即使不再继续加热而只送入外界空气加以冷却，也可在冷却过程中使种子的含水率降低 0.5% ～ 1%。当内部扩散速度大于外部蒸发速度时，采取缓苏措施是没有必要的。

二、种子干燥阶段

种子干燥过程可分为三个阶段：预热阶段、恒速干燥阶段及降速干燥阶段。

（一）预热阶段

在这个阶段干燥介质供给种子的热量主要用来提高种子的温度，只有部分热量使水分蒸发。随着种子温度的提高，种子表面的水蒸气气压不断增大，干燥速度逐渐加快。当干燥介质供给种子的热量正好等于水分蒸发所需热量时，种子温度不再升高，干燥速度也不再变化，干燥过程进入恒速干燥阶段。

预热阶段的长短取决于种子的初始温度、一次干燥种子的数量及干燥条件如干燥介质的温度、流速等因素。

（二）恒速干燥阶段

在这个阶段中种子从内部扩散到表面的水分大于或等于从表面蒸发的水分。在此过程中，种子表面始终保持湿润，其表面水蒸气气压等于湿球温度下的饱和蒸汽压，从种子表面蒸发水分就像在水面蒸发水分一样。在恒速干燥阶段干燥速度达到最大值，且保持不变。

恒速干燥阶段干燥速度的快慢取决于种子表面水分蒸发的速度，即外部控制。因此，提高干燥介质的温度、流速，增大干燥面积，可使干燥速度加快。

（三）降速干燥阶段

随着干燥过程的进行，种子的含水率逐渐下降，不同干燥部位种子含水率有所不同。当某一位置的种子所含水分减少到平衡水分之后，其表面的水蒸气气压将下降，种子表面与干燥介质之间的水蒸气气压之差减小，种子的平均干燥速度减慢，于是干燥过程进入了降速干燥阶段。在这一阶段中，干燥速度逐渐下降，而种子的温度逐渐上升。

三、影响种子干燥的主要因素

（一）影响种子干燥的内部因素

1. 种子的化学成分

由于化学成分不同，组织结构差异较大，水分与种子的结合形式、种子吸散湿性能等都不相同，因而种子的干燥特性及干燥时间也不相同。

（1）粉质种子。如稻、麦种子，其胚乳主要由淀粉组成，组织结构较疏松，籽粒内毛细管粗大，传湿力较强，因此容易干燥，可采用相对较高的温度干燥。

（2）蛋白质种子。如大豆、菜豆种子，其含有大量的蛋白质，组织结构较致密，毛细管较细，传湿力较弱，而种皮很疏松易失水，若干燥速度过快，子叶内水分蒸发缓慢，种皮失水过快易破裂，会影响种子储藏安全。且蛋白质在高温下易变性，高温会影响种子的生活力。所以蛋白质种子应采用低温慢速干燥方法。

（3）油质种子。如油菜种子，种子内含有大量脂肪，其为不亲水性物质，种子水分比较容易散发，可用相对较高温度干燥。如油菜种子干燥温度以 55℃～ 66℃较好。

2. 种子大小及种层厚度

种子颗粒越小，种层越薄，干燥时越容易。反之则较难。

3. 种子含水量

种子含水量越高，与一定干燥条件下的平衡水分差异越大，干燥速度越快。随着水分含量降低，干燥速度减慢。刚收获的种子，水分一般较高，生理代谢旺盛，干燥时速度应缓慢。如果温度过高干燥速度过快，会引起种子表面硬化，内部水分不能通过毛细管向外蒸发。此外，对高水分种子因其热容量高，持续高温会使种子生活力丧失。

（二）影响种子干燥的外部因素

影响种子干燥的外部因素主要有干燥介质的温度、相对湿度、流速及介质与种子的接触情况。

1. 气流温度

提高进入干燥室的介质的温度，不仅可使种子表面的水分加速蒸发，也可使种子温度升高，加快种子内部水分扩散速度。对于接触时间很短的干燥过程，可采用较高温度的介质，而对于接触时间较长的干燥过程，可采用较低温度的介质。

2. 气流的相对湿度

在一定温度下，干燥介质的相对湿度越小，其中的水蒸气气压越小，就越有利于种子表面水分的蒸发。当出现外部蒸发速度大于内部扩散速度时，若适当提高干燥介质的相对湿度可使外部蒸发速度适当降低，而内部扩散速度则相应增大，从而使整个干燥过程加快。

3. 气流速度

增大干燥介质的流速，也能使干燥过程加快，当流速增大到一定数值之后，其影响相对地减小。当种子含水率较高时，在相等的干燥时间内，流速大，干燥速度较快。

4. 干燥介质与种子的接触情况

干燥介质与种子接触的状况有三种：其一，为气流掠过种子层表面；其二，为气流穿过种子层；其三，为种子颗粒悬于气流之中。显然第三种接触状况最佳，因为在这种状况下，种子颗粒完全被介质包围，从种子中蒸发出的水分可立即被干燥介质吸收，所以干燥速度最快。第二种次之，第一种最差，在实际干燥中多为第二、第三种接触状况。

第二节　种子干燥的基本方法

一、自然干燥

广义的自然干燥是指一切非机械的干燥，通常分为晒干和阴干。

（一）晒干

它是指把种子摊开，借助太阳的辐射热，种子温度上升，使种子的水分从内部蒸发出来并散发到空气中而达到干燥的目的。该方法简单，成本低，但易受天气影响。利用这一方法干燥种子应注意以下几点。

（1）清场预晒。选晴朗天气，清理晒场，然后让晒场进行预晒增温。种子出晒时间不宜过早（上午 9 点以后），否则容易引起接近地面的种子结露，造成水分分层现象，影响干燥效果。收晒不宜过晚（下午 5 点以前）以免种子吸湿。

（2）薄摊勤翻。一般小粒种子如稻、麦等，摊晒厚度不宜超过 5cm。中、大粒种子如玉米、大豆、蚕豆等摊晒厚度不宜超过 15cm。为了增加接触面积，可将种子摊成波浪形。翻动次数愈多效果愈好。一般每小时翻动一次，中午高温期间，增加翻动次数干燥效果更为明显。翻动要彻底，尽量使种子着光受热时间均匀。

（3）冷却入仓。除热进仓杀虫处理的种子外，曝晒后的种子应冷却入仓。散装堆存的种子尤应注意这一点，否则种子入仓接触冷地面后，易在底层发生结露现象，或种堆内余热影响种子生活力。

（二）阴干

阴干是将种子置于阴凉通风处，使种子慢慢失去水分以达到干燥的目的。有的种子要求有较高的安全含水率，如果使其干燥或很快脱水，容易丧失生命力如树木中的栎类等，再就是种皮薄、粒小、成熟后代谢作用仍旺盛的树木的种子。经过水选从肉质果中取出的种和大多数中草药种子都需阴干。

二、机械通风干燥

机械通风干燥就是利用鼓风机或排气设备把种子扩散在空气中的水分及时地用风带走以达到干燥种子的目的（如图 6-1 所示）。在一定范围内风速愈大，干燥效果愈明显。当种子干燥处于内部控制状态时，风速与干燥效果关系不再很密切。同时干燥效果受空气相对湿度的影响，当空气相对湿度与种子在一定温度下的平衡相对湿度相一致时，无法进行机械通风干燥。种子平衡相对湿度（如表 6-1 所示）随温度的上升而增高，随种子水分的减少而降低。因此，水分为 16% 的种子，不可能在相对湿度为 73%、温度为 4.5℃的空气中得到干燥，只有当空气相对湿度低于平衡相对湿度时，种子才会被干燥。机械通风干燥效果除与风速和空气相对湿度有关外，还与种堆厚度，进入种堆的风量有关。种堆厚度低、进风量大，干燥效果明显，种子干燥速度也快，反之则慢。

表 6-1　不同水分的种子在不同温度下的平衡相对湿度

水分		17%	16%	15%	14%	13%	12%
温度	4.5℃	78%	73%	68%	61%	54%	47%
	15.5℃	83%	79%	74%	68%	61%	53%
	25℃	85%	81%	77%	71%	65%	58%

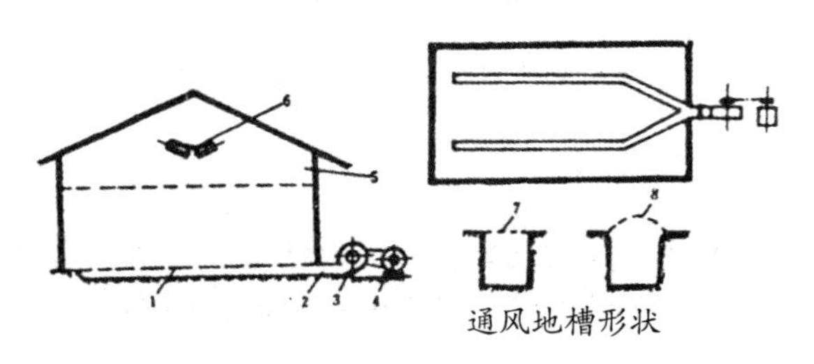

1. 地下风道　2. 风管　3. 通风机　4. 电机　5. 排气口　6. 仓顶皮带输送机　7. 铁丝网　8. 筛板

图 6-1　机械通风干燥仓示意图

三、加热干燥

加热干燥的方法很多，根据传热方式的不同，又分为热空气对流干燥法、辐射干燥法、传导干燥法。加热干燥种子不受自然气候条件的限制，工作效率高。

（一）热空气对流干燥法

所谓热空气对流干燥法就是干燥介质流过种子表面，从而使种子达到干燥的目的。热空气对种子生活力的影响主要取决于热空气的温度、种子成熟度、种子含水量及种子受热时间的长短等。如种子成熟度差并且含水量较高，则其最易丧失生活力。不同种类的种子其耐热能力有差异，为了保证种子生活力不受影响，谷物、甜菜及牧草种子干燥的最高温度为 45℃，大部分蔬菜种子干燥的最高温度是 35℃。热空气对流干燥根据种子的运动方式又可分为以下几种类型。

1. 物料固定床式

种子层静止不动，干燥介质相对运动，种子烘干后一次卸出。这种干燥法所用机具结构简单、成本低，但干燥速度慢，干燥后的种子水分不均匀。

2. 物料移动床式

种子一方面与干燥介质接触，实现湿热交换，一方面靠重力或机械方法自上而下流动，以增加与介质的接触面积，因而干燥较为均匀。

3. 物料流化床式

所谓流化就是种子颗粒被气流吹起呈悬浮状态，粒子相互分离并上下前后运动。流化干燥就是在干燥介质作用下使种子处于流化状态进行干燥的过程。图 6–2 为物料流化床式干燥的示意图。气流以一定速度通过种子层，种子被吹起并悬浮在气流中激烈翻动，在向出料口运动过程中得到干燥。该法种子与干燥介质接触面积较大，传热效果好，温度分布均匀，不易使种子过热，但必须在出机后进行缓苏，并且不易干燥初始含水量低的种子。

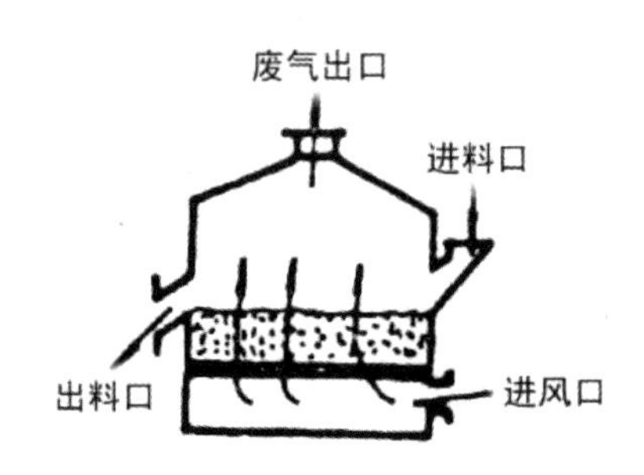

图 6–2　物料流化床式干燥示意图

4. 物料循环式

为了强化干燥效果并提高干燥的均匀性，可使种子在干燥时进行循环流动，使干燥种子与潮湿种子混合，不同水分种子彼此间发生湿热交换从而加快干燥速度。但这种装置结构复杂，能耗较大。

用热空气干燥种子应注意以下事项：切忌种子与加热器接触，以免种子被烤焦、灼伤而影响其生活力。严格控制种温。水稻种子水分在17%以上时，种温掌握在43℃～44℃。小麦种子种温一般不宜超过46℃。大多数作物种子烘干温度应掌握在43℃，随种子水分的下降可适当提高烘干温度。经烘干后的种子需冷却到常温才能入仓。

（二）辐射干燥法

辐射干燥法是指辐射源的射线将其电磁能量传给与辐射源没有直接接触的种子，使种子中的水分子运动加剧，升温蒸发，以达到种子干燥的目的。水分在远红外线区有较宽的吸收带，故可利用远红外线和微波干燥种子。水分子由于吸收射线的能量，运动加剧，使温度上升。

辐射干燥的特点是升温快，射线有一定的穿透能力，当种子被远红外线照射时，其表面及内部同时加热，由于种子表面的水分不断蒸发，表面温度降低，种子内部温度高于表面温度，因此种子热扩散方向是由内向外的，与水分扩散方向一致，加速了干燥进程。用射线干燥种子只要温度控制适当，种子温度小于45℃时，不会影响种子的质量。此外，射线还具有杀虫卵、灭病菌的作用，远红外线辐射设备简单易控制，投资少，便于推广。而微波干燥投资多、成本高，故应用不是很广泛。

（三）传导干燥法

传导干燥法也称为接触干燥法。为了保证种子干燥后的质量（发芽率），干燥时热表面的温度不能过高，但若温度太低，又会影响干燥速度。当种子层很薄或种子很潮湿时，则采用传导干燥法较为适宜，如在热炕上烘干种子。但这种方法的缺点是干燥慢而不均匀，温湿度不易控制，成本较高。

四、干燥剂干燥

干燥剂是一类化学物质，具有很强的吸水能力，可以将空气中的水汽分子吸收掉。用干燥剂干燥种子，比较安全，不会使种子发生老化，可使种子水分降到平衡水平。此法特别适于少量种子或种质资源。当前使用的干燥剂有氯化锂、硅胶、氯化钙等。

第三十九章　种子清选、分级、处理和包装

种子加工是指将种子进行脱粒、初清、基本清选、干燥、精选分级、药物处理、包装、储藏等的机械化作业过程。广义的种子处理是指从收获到播种为了提高种子质量和抗性，破除休眠促进幼苗萌发和生长，对种子所采取的各种处理措施，包括清选、干燥、分级、浸种催芽、杀菌消毒、春化处理及各种物理、化学处理。狭义的种子处理不包括清选、干燥、分级等技术。因此，种子加工和处理最终目的是提高种子质量，方便播种，减少用种量，增加产量。本节将重点介绍除干燥以外的种子加工、处理、包装的原理和技术。

第一节　种子加工

一、种子加工的基本内容及程序

（一）种子加工的基本内容

种子种类繁多，种子的初始状态（含杂量、含水量等）不同、加工要求不同，种子加工的内容就不同，但种子加工的基本内容应包括初清、干燥、精选分级以及其他加工内容。

①初清。在种子干燥、精选分级前，一般需经过初清，去除种子中的碎茎叶、穗等较大的杂物和轻型杂质，以改善种子的流动性，保证烘干机和精选机的工效和性能，并减少热能消耗。

②干燥。为了能安全储藏，防止霉变和低温冻害，必须对刚收获的水分含量高的种子进行干燥处理。有些作物在一些地区需先干燥到一定程度再脱粒，如玉米，需干燥至含水量 15% ～ 17% 时才能脱粒。

③精选分级。经初清、干燥后的种子，需进一步精选分级，提高种子质量。精选分级可按种子的大小、重量、颜色等进行。

④其他加工内容。精选分级后的种子需进行包衣、丸化，有的还需拌药处理，另外还要称重、包装等。

（二）种子加工的程序

种子种类不同、种子坯的组成不同，种子加工的程序就有一定差异，但种子加工的基本程序如图 6-3。

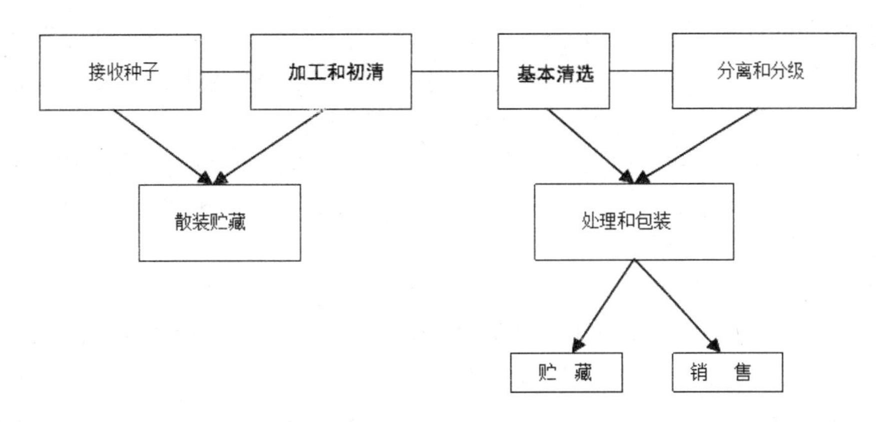

图 6-3　种子加工的基本程序图解

二、种子精选分级的原理

没有进行精选分级的种子成分比较复杂，其中含大小不同的本作物种子，同时含有其他植物种子及轻、重型杂质。各种类型的种子和杂质所具有的物理特性不同，如形状、大小、比重、表面特性、色泽等。种子的精选分级是根据种子群体内各种成分的物理特性的差异，在机械操作过程中将大小不同、形状不同、成熟度不同的种子及各种杂质分离开的技术。

（1）根据种子尺寸特性分离。种子尺寸通常用长、宽、厚表示，且规定长大于宽、宽大于厚。根据种子的大小，可用不同形状和规格的筛孔，把种子与杂质分离开，也可将长、宽、厚不同的本品种种子进行分级。

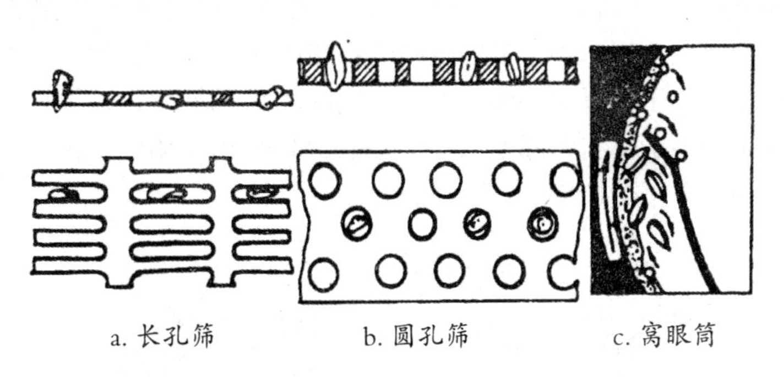

图 6-4　种子尺寸分选

按种子长度分离。按长度分离是用窝眼筒（图 6-4c）来进行的。窝眼筒为内壁上带有圆形窝眼的圆筒，筒内置有盛种槽。工作时，将需要进行精选分级的种子置于筒内，并使窝眼筒作旋转运动，短粒种子和小的杂质落到窝眼中，被旋转的滚筒带到较高的位置，然后靠种子本身的重力落于盛种槽内，长粒种子和大杂质进不到窝眼内，其上升高度较低，落不到盛种槽内，长短种子因此被分开，使用窝眼直径不同的窝眼筒可以将长度不同的种子分开。窝眼筒属于圆筒筛，圆筒筛的转速有一定限制，转速过高种子受到的离心力大于种子重力，种子将不能在窝眼内落下，分选质量下降。通常转速 $n=(0.6\sim0.85)30/\sqrt{R}$，一般在 30 ～ 45r/min 之间。

按种子宽度分离。圆孔筛（图 6-4b）可将宽度不同的种子或杂质进行分离。凡种粒宽度大于孔径者不能通过。分离时种子竖起来通过筛孔，厚度和长度不受圆孔的限制。波纹形孔筛能使种子很快直立起来，较顺利地通过圆孔筛。

按种子厚度分离。一般采用长孔筛（图 6-4a）。孔径长度应大大超过种子长度，而孔径宽度应略大于种子的宽度，这样才能保证厚度适宜的种子通过筛孔。要让种子顺利通过长孔，波形长孔筛较为有利。

（2）根据空气动力学原理进行分离。这种方法按气流对种子和杂质产生的阻力大小进行分离。任何一个处在气流中的物体都要受到气流的阻力（F），其大小与气流速度（V）、气流密度（P）、气流对物体作用的有效面积（S）等有关，此外阻力系数（ε）不同、作物种子不同（表 6-2），也影响气流阻力的大小。种子受到气流的阻力 $F=\varepsilon \cdot P \cdot S \cdot V^2$，当种子或杂质的重量大于 F 时，种子下落；当重量小于 F 时，种子被气流带走；当重量等于 F 时，种子悬在气流中，这时的气流速度 V 为临界速度 V_P（m/s）。利用空气动力学分离种子的方式有以下几种（图 6-5）。

表 6-2　不同作物种子的阻力系数及空气临界速度

作物名称	阻力系数（ε）	临界速度 V_P（m/s）
小麦	0.184 ～ 0.265	8.9 ～ 11.5
大麦	0.191 ～ 0.272	8.4 ～ 10.8
玉米	0.162 ～ 0.236	12.5 ～ 14.0
豌豆	0.190 ～ 0.229	15.5 ～ 17.5

垂直气流清选（图 6-5a）。其工作原理是从喂料斗喂入种子，落在斜筛上，受到由下而上气流的作用，由于瘦瘪种子和夹杂物的悬浮速度小于气流速度，故随气流上升，通过管道进入沉降室。由于沉降室的断面扩大使气流速度下降到小于瘦瘪种子和夹杂物的悬浮速度，因此瘪子和夹杂物在沉降室内降落。饱满的种子则因飘浮速度大于气流速度而无法被气流带走，从斜筛尾端排出。

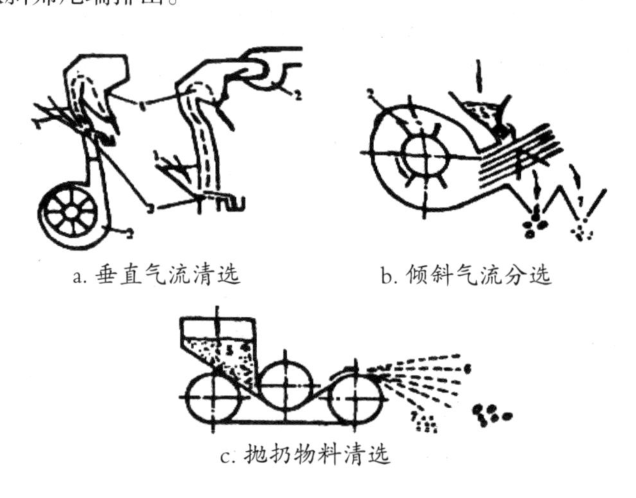

a. 垂直气流清选　　b. 倾斜气流分选

c. 抛扔物料清选

1. 材料　2. 风机　3. 斜筛　4. 沉降室　5. 种子混合物　6. 重粒　7. 轻料

图 6-5　气流分选

倾斜气流清选（图 6-5b）。从喂料斗落下的种子混合物，在气流的作用下，小而轻的种子和夹杂物随气流吹得远，大而重的种子则靠近风机，两者可分别在不同位置收集。

用倾斜气流清选时，气流的适当工作速度为 $V=(0.4\sim0.8)V_P$。种子向气流中喂入的速度愈小愈好，这样可以保证种子均匀分配。倾斜气流清选机械常用的有风车。

抛扔物料清选（图 6-5c）。其工作原理和前者本质上相同，只是用在静止空气中抛扔物料的方法产生相对运动，气流相对种子的运动方向与种子抛扔方向相反。典型的清选机就是带式扬场机。由于种子夹杂物迎风面有变化，抛扔的种子分级不十分准确，所以不能用它进行严格的分离，通常用作初选。气流分选常和筛子配合工作，以提高分选效果。

（3）根据种子比重分离。种子的比重因作物种类、饱满度、含水量以及受病虫害程度不同而有差异，此外种子与杂质之间比重也有差异，比重差异越大，分离效果越显著。

利用液体分离。种子或杂质在液体中受到一定的浮力，当浮力大于种子的重量时，种子就浮起，反之则下沉，即可将轻重不同的种子分开。一般用的液体为水、盐水、黄泥水等，这是静止液体分离。此外还可利用流动液体分离，用流动液体分离除种子受到浮力外，同气流分选原理相近。

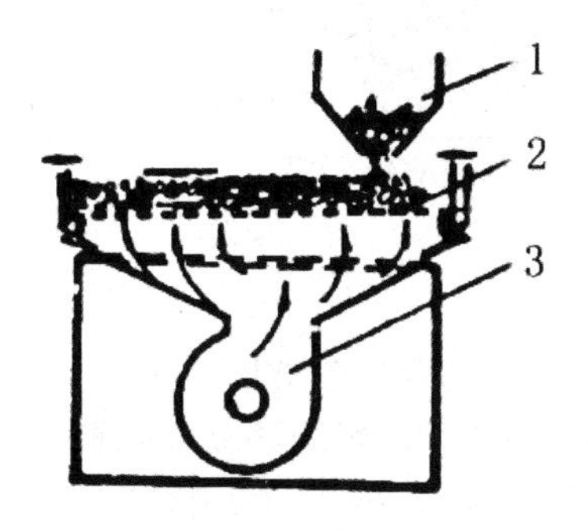

a. 种子按密度在垂直方向分层

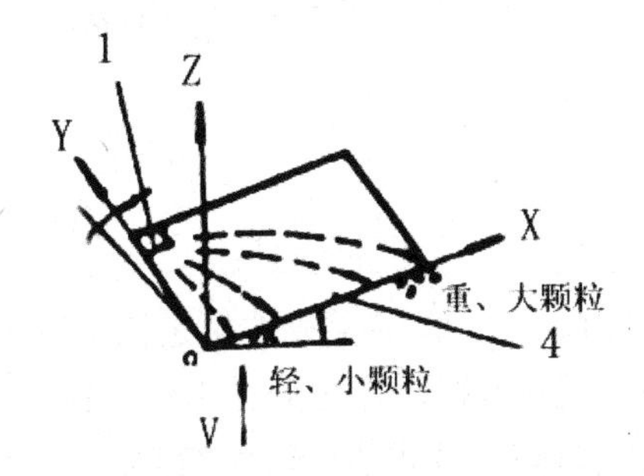

b. 种子在网面上的运动路线

1. 料斗　2. 振动网面　3. 风机　4. 出料边

图 6-6　重力精选机工作原理

重力精选。是将初选后尺寸较均匀的种子，再按比重大小分离。重力精选机有负压式（吸气式）和正压式（吹气式）两种，其主要工作部件为振动网面和风机（图 6-6）。振动网面不起筛选作用，筛孔仅作通气用。振动网面呈双向倾斜状态，作业时，网面上受到自下而上的气流作用，在机械振动和上升气流的作用下，较轻的籽粒悬浮在上层，较重的籽粒沉聚在下层。上层的轻籽粒在网面倾斜与连续进料的推力作用下，移向排料边的低端。沉聚在下层与网面接触的重籽粒，在网面往复振动的作用下，向上移动移向排料边的高端。与此同时，处于轻、重籽粒间的中间籽粒则移向排料边高、低端之间的相应部位，从而使种子分成不同的等级。

（4）根据种子表面粗糙程度分离。不同植物种子表面的粗糙程度有时存在一定差异，根据这种差异可将表面光滑的种子同表面粗糙的种子分开。常用的机械有以下几种。

A. 绒辊清选机（图 6-7）。在种子加工线上，绒辊清选机通常位于其他清选机具（包括重力精选机）之后。它主要用于清选牧草种子，可从光滑种子中分离出表面粗糙与形状不规则的杂草籽，并清除皱缩、破碎、被机械损伤的籽粒以及其他表面不规则的物料；反之亦可从表面粗糙的种子中清除表面光滑的杂草籽，对从三叶草与苜蓿种子中分离菟丝子种子特别有效。

绒辊清选机的基本工作部件为一对外表面包绒布的辊子。两个辊子相对于水平面倾斜，彼此沿全长接触并反向旋转。种子从绒辊高端喂入后，表面光滑的种子不被绒毛黏附，沿两绒辊接触处所形成的凹槽向下滑移，直至从低端排出。表面粗糙与形状不规则的种子，则被绒辊上的绒毛黏附，然后被绒辊抛向位于绒辊上方的挡板，挡板再将种子弹回绒辊上，但其位置已较原来向外偏移，绒辊又将种子抛向挡板，如此反复进行，直至种子从绒辊外缘离开并进入其下方的排料斗中。

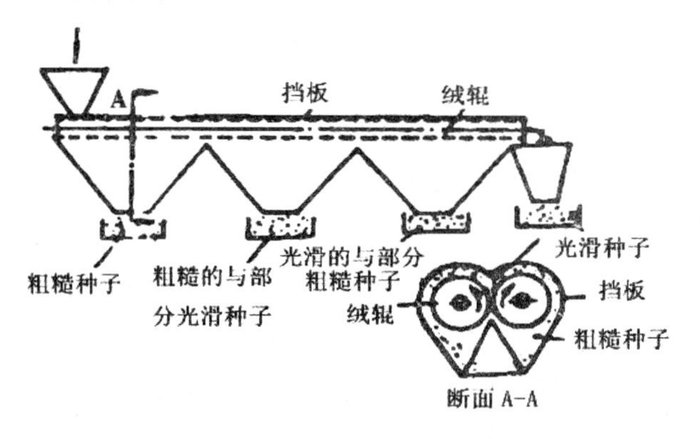

图 6-7　绒辊清选机

B. 摩擦分选机。摩擦分选机是依据种子与某材料之间摩擦系数的差异进行分选的机械，主要采用回转倾斜带作为分选部件，倾斜带是一条环状带，按照环形带倾斜方向的不同，可分为纵向倾斜带式清选机和横向倾斜带式清选机（图 6-8a、b），目前多采用前者。在纵向倾斜带式清选机中，环形带沿长度方向与水平面倾斜，上带面由低端向高端运行。物料从中间偏上的部位喂入带面，圆形的与光滑的种子因滚动或滑动逆带面运行方向从低端排出，而表面粗糙、扁平的与细长的籽粒则随带面向上运行，从高端排出。

除以上四大类分离类型外，还可依据种子活力的高低利用介电分选机和静电分选机进行分选；依据种子颜色的深浅，利用色差精选机进行分离，可除去因病害而变色的种子和颜色不一致的杂粒，提高种子的纯度。

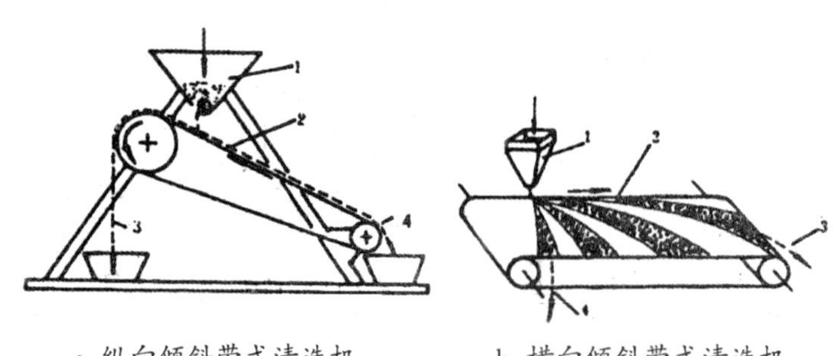

a. 纵向倾斜带式清选机　　b. 横向倾斜带式清选机

1. 料斗　2. 环形带　3. 粗糙籽粒　4. 光滑籽粒

图 6-8　摩擦分选机

三、种子分选机械

种子分选机械种类繁多，按结构特点分为简单清选机和复式清选机，简单清选机只有一种清选部件，如风选机、筛选机等。复式清选机有多个清选部件联合作业，按安装形式分为固定式和移动式，按使用要求分为预清机、清选机、精选机，按机组组成分为单机、机组和成套设备（或种子加工厂）三类。单机指单一机械；机组由二到多台单机组成，完成部分清选分级工序；成套设备是由多台机械通过中间部件连接成的一个相对完整的流水作业体系，完成清选、分级、计量、包装、拌药、包衣等一系列工序。对于集团化、规模化种子大生产，种子加工成套设备是一个发展方向。

（1）重力式分选机。重力式分选机由配套风机、上料装置和重力精选机主体三部分组成，有 5XZ-1.0，5ZX-3.0，5XZ-5.0 等型号。5XZ-1.0 型主机如图 6-9。该机根据种子重量和比重不同进行分离，使用时上料装置将种子送至入口进料管，靠自身重量推开由弹簧控制的活门落入振动筛，并均匀地分布在筛面上。种子因受风力和筛的振动作用，饱满籽粒从 A 出口流出，混合籽粒从 B 出口流出，瘦瘪粒从 C 出口流出。居中的混合籽粒在出料与分料槽内又回到入口，再次筛选。

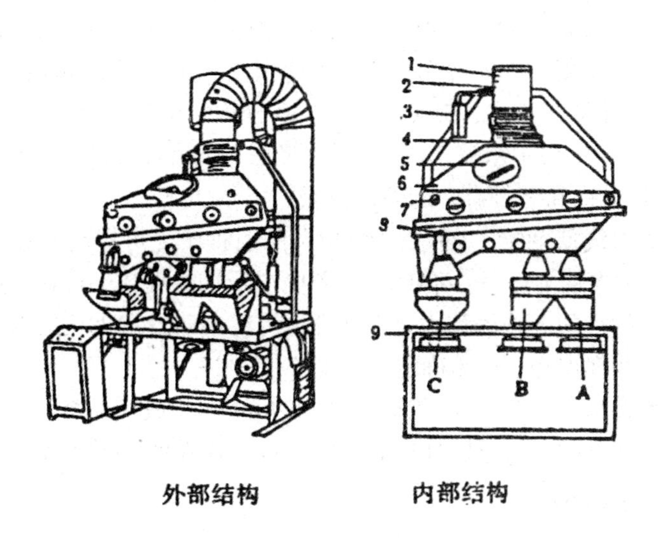

1. 筒　2. 进料管　3. 压力计　4. 套筒　5. 检查口
6. 玻璃钢罩子　7. 刻度盘　8. 振动筛　9. 基座

图 6-9　5XZ-1.0 型重力式种子分选机主体示意图

不同型号的机型每小时分选种子的量不同，5XZ-1.0 型每小时分选 1 吨，5XZ-1.5 型为 1.5 吨 / 时，依次类推。筛面的倾斜度、振幅、空气流量都会影响种子精选的效果。

（2）种子复式精选机。该机常用的型号为 5XF-1.3A，它首先依据空气动力学原理将轻杂物和轻种子从种子中分离出来，然后通过筛子分离大小杂质，再经窝眼筒分离不同长度的种子。该机将风选与按尺寸选结合起来达到复式精选的目的。

第二节　种子处理

一、种子处理概述

种子处理的方法很多，可分为物理因素处理、化学物质处理、水处理技术等。处理方法不同，其作用效果也不尽相同。处理目的概括起来有如下几点：①防治种子和土壤中病菌和害虫；②刺激萌发和苗期生长；③方便播种；④促进根际有益微生物的生长，进而刺激苗的生长；⑤使用安全剂防治幼苗被杀草剂危害。总之，通过处理达到苗全苗壮和增产的目的。

（一）物理因素处理

采用物理因素和方法对种子进行处理，包括晒种、温汤浸种、射线处理、电磁场处理、低温层积等。

温汤浸种主要用较高温度杀死种子表面及潜伏在种子内部的病菌，并有促进种子萌发的作用。水稻冷水浸 24 小时，40℃～ 45℃水浸 5 分钟，52℃水浸 10 分钟可杀死稻瘟病菌、恶苗病菌及干尖线虫。小麦、大麦冷水浸 5 ～ 6 小时，54℃～ 55℃水浸 10 分钟可杀死散黑穗病菌。棉花种子倒入 70℃水，55℃～ 60℃ 30 分钟，保持 40℃以下 2 ～ 3 小时，可防治炭疽病。甘薯 51℃～ 54℃水浸 10 分钟可减轻黑斑病和茎线虫病。油菜 50℃～ 54℃水浸 20 分钟对霜霉病及白粉病等有一定防治效果。

利用 γ、β、α 等射线低剂量（100 ～ 1000R）照射种子，可提高发芽率、增加产量。利用低频电流场、高频电场（16 ～ 20MHz）、单向电晕场处理数十秒就可达到杀虫杀菌、促进发芽、增加产量的目的。磁场和磁化水处理也有促进萌发和生长的作用，但不同作物所需的合适剂量和时间都需经过试验确定。

低温层积处理是将种子置于 3 ～ 5℃通气良好的湿砂中（或其他基质），保持一段时间。不同植物种子层积时间不同。低温层处理对打破林木、花卉种子休眠特别有效。

（二）化学物质处理

化学物质处理方式一般有浸种、拌种、包衣和丸化，采用的化学物质有农药、肥料、生长调节物质等，此外还有某些特殊用途的化学物质处理，例如棉花硫酸脱绒，用浓硫酸 （100ml/kg）脱绒处理可防治枯萎病及其他苗期病害。药剂处理主要用于防治苗期的病、虫害。农药主要为杀虫剂、杀菌剂、杀螨剂、杀鼠剂、杀草剂等。肥料处理有大量肥料和微肥，一般大量肥料如 N、P、K 主要用于拌种，微肥硼、铜、锌、钼等可用于拌种或浸种（0.01% ～ 0.1%）。生长调节物质常用的有赤霉素（10 ～ 250mg/kg）、生长素（5 ～ 10mg/kg）、三十烷醇（0.01 ～ 0.1mg/kg）等，处理后可促进种子萌发、提高发芽率。

（三）水处理技术

清水浸种能加快吸水，促进萌发前的代谢，对许多作物种子加快出苗有明显作用。但有些作物种子清水浸种会造成种皮破裂，产生一些不利影响。一般来说，对吸水力强、种被薄、透水性好易破裂的种子浸种是不利的，如大豆、豌豆、蚕豆等豆类种子。这类种子容易因吸水速度快而造成快速吸胀伤害。而对吸水力较弱、种被厚而坚硬、透水性差的种子则浸种有利，如甜菜、向日葵、瓜类、棉花等种子。它们在浸种时吸水较慢，不易造成吸胀伤害。为了克服浸种过程造成的快速吸胀伤害，并能发挥浸种有利于种子内部生理的活化和修复的作用，近年来发展了水处理种子的新技术，即渗透调节处理和水合—脱水处理。

（1）渗透调节处理。种子在渗透势较高的溶液中缓慢吸水，有利于种子内部的酶充分活化和膜的修复，防止快速吸胀伤害，对吸水速度较快的蛋白质种子提高田间成苗率和整齐度、提高抗低温的能力都有明显效果。

渗透调节所用的化学物质主要是聚乙二醇（PEG），PEG 是高分子惰性物质，常用的是 PEG6000，处理时 PEG 不会渗入种子内部，对许多蔬菜、豆类、园林、牧草种子效果都较好。一般PEG溶液的渗透压在 -5 ～ -20bar，处理温度在10℃～15℃，处理时间为7～15天。处理后的种子酶活性提高，膜系统得到完好修复，ATP、RNA、蛋白质合成量增加。

（2）水合—脱水处理。此法是将干种子在 10℃～ 25℃的条件下吸水数小时，然后用气流干燥至原来的重量，这一过程可重复 2 ～ 3 次，依不同作物而异。吸水的过程也可以用浸润（种子在水中浸 1 ～ 5 分钟捞出保湿数小时）和吸湿（在高湿度空气中缓慢吸水）来代替。处理后的种子发芽迅速，抗寒、耐旱性增强，对生长发育和提高产量均有促进作用，并能显著提高种子的耐贮性。对一些容易引起浸种损伤的豆类种子不能直接利用吸水处理，可结合渗透溶液或吸湿进行。

二、种子包衣及丸化

（一）种子包衣及丸化的概念

包衣是指把某些物质包裹在种子表面形成一层种衣膜，不改变原有种子形状和大小（其重量变化可大可小）的种子处理过程。包衣处理的种子称为包衣种子。用作种子包衣具有成膜特性的物质称为种衣剂。丸化是指把某些物质包裹在种子表面增大种子体积，使之成大小一致的球形种子单位的处理过程。丸化后的种子称为种子丸。除以上两种类型之外还有种子颗粒、种子带和种子毯等。种子颗粒是指用添加物质将种子处理成圆柱形的种子单位，包括一个以上种子相黏结的类型。种子带是指用纸或其他低级材料制成的狭带，种子随机排列成簇状或单行。种子毯类似于种子带，但用的材料较宽，如毯状。

（二）种子包衣的作用

（1）能有效地防控作物苗期病虫害。在棉花、玉米、花生、高粱、大豆、黄红麻等作物多点试验显示，种子包衣对多种作物病虫害有明显的防控效果，能确保苗全、苗齐、苗壮。

（2）能促进幼苗生长。用种衣剂处理过的种子出苗全、长势强，为作物后期生长打下良好的基础。各地试验表明，使用包衣种子可以使一般粮食作物增产 10% 左右，棉花增产 15% 左右，花生增产 20% 左右。

（3）减少环境污染。采用种子包衣使苗期用药方式由开放式喷施，改为隐蔽式施药，一般播种后40～50天不需用药，这样就推迟了喷施药剂时间，减少了用药次数，从而避免了空气污染。

（4）省种省药，降低成本。包衣种子质量好可以实行精量播种，改变传统农业大播量的习惯，用种量和用药量都减少，且节省劳力。

（5）利于种子质量标准化，防止假劣种子的流通。种子包衣可带动种子机械加工精选、计量包装等环节，种子有商标、有说明、有颜色，使种子更加规范化、标准化，从而防止假劣种子坑农害农。

（三）种衣剂的化学成分及理化要求

（1）种衣剂的化学成分。目前使用的种衣剂大体由两部分组成。

种衣剂的活性成分。活性成分即有效成分，主要有农药、微肥、激素、菌肥等。

目前我国用于生产的几个种衣剂型号的主要成分有呋喃丹、多菌灵、五氯硝基苯、福美双等农药和微量元素。国外杀菌剂以萎锈灵为主，还有喹啉铜等，杀虫剂以呋喃丹、灭梭威为主，占70%，还有乙拌磷、乙酰甲胺磷等。在种衣剂中各种成分的配比要根据不同地区不同作物的不同要求，通过试验来确定。

种衣剂的非活性成分。种衣剂除了有效成分之外，还有些配套助剂，以保持种衣剂的物理性状。这些助剂称为非活性成分，如成膜剂、悬浮剂、抗冻剂、渗透剂、稳定剂、消泡剂、着色剂等。这些药剂的选择要根据活性成分的性质和对种衣剂理化性状的要求而确定。

（2）种衣剂的理化性状。种衣剂的理化性状应达到以下几点。

合理的细度。细度是成膜性好坏与沉淀与否的基础，种衣剂粒径标准为2～4μm，要求小于或等于2μm的粒子在92%以上，小于或等于4μm的粒子在95%以上。

适当的黏度。黏度是种衣剂黏着在种子上牢固程度的关键。不同种子要求的黏度不同，一般为150～400mPa·s。小麦、大豆种子要求在180～270mPa·s，玉米种子要求在150～250mPa·s，棉花种子要求在250～400mPa·s。

适宜的酸度。酸度决定了种子是否发芽和储藏的稳定性，要求种衣剂为微酸性至中性，pH值一般为5.8～7.2。

有效成分含量合格。对种子发芽和出苗影响小，即具有较高的安全性，对病虫的防治效果好。

成膜性好，不易脱落。成膜性是种衣剂的一个关键指标，要求能迅速固化成膜，种子不黏连，不结块。种子包衣后膜光滑不易脱落，一般种衣脱落率不超过药剂干重的0.5%～0.7%。

良好的缓解性。种衣剂包衣后能透气、透水，有再湿性，播种后吸水能很快膨胀，但不立即溶于水，缓慢释放药效。药效一般维持45～60天。

良好的储藏稳定性。冬季不结冰，夏季有效成分不分解，一般可储存2年。

三、丸化剂的组成

丸化剂的组成成分同种衣剂，但丸化剂分为两部分：一部分是胶液，另一部分是处理剂。胶液一般由黏着剂、增稠剂、消泡剂等组成，也可加入适当的药剂、肥料等。处理剂一般由肥料、微量元素、杀虫剂、杀菌剂、除莠剂、驱鼠剂、固氮菌等组成，以上物质经加工处理，混入作为介质的惰性物质中，惰性物质可采用黏土、硅藻土、泥炭、炉灰、膨润土等。种子丸化一般应用于中小粒种子及表面不规则的种子。

四、种子包衣和丸化技术

种子包衣的方法有机械法和人工法两种。种子丸化一般由机械来完成。

（1）机械法种子包衣。种子包衣机械有许多种，每种包衣机械的原理、包衣效果、使用方法和加工能力都不一样。常用的包衣机械有 5By-Lx 型，5By-5 型，5By-5A 型，BL 型等，下面以 5By-Lx 型种子包衣机为例介绍机械包衣的过程。全机由药液桶和主机两部分组成，其间由输液管连接，通过液泵将种子包衣剂送到主机的药液计量箱内。主机包括药液计量室、种子计量室、种药结合室、包衣机成膜室。种子通过提升装置进入包衣机的进料斗，调节进料斗闸口开关，使种子进入计量室，再经减速装置慢慢进入种药结合室，此时药液计量室的药勺亦将药液同步送到种药结合室内高速旋转的蝶盘上，药液在离心力的作用下雾化成微细的颗粒，牢固地包在种子表面，然后落到输送槽。该机对多种种子包衣均可达到理想效果。

（2）人工法种子包衣。在无包衣机的情况下，可将种子和包衣剂按一定比例称好，放入大锅、铁桶或塑料袋内人工拌匀，静置固化成膜后即可。

（3）机械法种子丸化。丸化剂由胶液和处理剂两部分组成。丸化时先使种子表面附着胶液，然后在处理剂中滚动，使种子均匀地包上一层物质，再将丸化种子与处理剂分离，按以上程序多次重复，则可成为丸化种子，成有规则的（一般是球形）颗粒状。丸化后的种子重量显著变大。丸化种子的出苗一般稍迟于未经处理的种子，出苗率在某些条件下可能略低。有专家对多种丸化蔬菜种子研究发现，丸化种子在田间出苗过程中对土壤水分的要求偏高。

不管是包衣种子还是丸化种子都在干燥后才能长期储藏，否则应立即播种，防止经处理引起种子水分增高，不易安全储藏。

第三节 种子包装

种子包装不仅有利于种子的储藏、运输和销售，而且也是保证种子的质量和数量、方便运输供应过程中点检的重要措施。

一、种子包装应考虑的因素

（1）包装单位的重量。目前对大批量种子常用的有 90kg、50kg、25kg、10kg、5kg 等，对用量少的种子常用的有 50g、100g、250g、0.5kg、1kg、2.5kg、5kg、10kg 等规格。一般储藏运输中应采用大包装，或将小包装单位二次包装制成大包装单位；销售过程中的种子应采用适合销售的小包装。

（2）包装材料的保护性能。包装材料的保护性能应包括两个方面，其一是在运输、储藏和销售中的耐用性；其二是保证种子安全储藏，具有一定的防潮能力，特别是对需要长期储藏以及周围环境湿度较高的种子。对于隔湿性能好的材料，包装时种子水分应降到10% 以下（油料作物种子还要低）；对透气性好的材料，如麻、棉类织成的包装材料等，在干燥库房内种子水分要求在 12% 以下。含水量高的种子不宜装袋，特别是隔湿性好的包装袋。铝箔纸密封和金属罐玻璃瓶等可有效地防止种子劣变。聚乙烯、聚氯乙烯和聚乙烯牛皮纸对种子的保护性能较好（表 6-3）。

表 6 ～ 3　不同包装材料对小麦种子发芽的影响

包装材料	正常发芽率（%）	畸形发芽率（%）	不发芽种子（%）
黄麻	82.1	12.8	5.1
牛皮纸袋（4 层）	89.1	7.4	3.5
聚丙二醇酯编织袋	90.3	5.9	3.8
聚氯乙烯	96.8	1.8	1.4
聚乙烯牛皮纸	97.1	1.5	1.4
聚乙烯	96.4	2.1	1.5
对照	95.6	2.6	1.8

注：（储藏在 30℃，RH75% 条件下 70 天，Warham，E. J.，1986）

表中包装材料：

黄麻：350g/m^2（47 条 /dm）；

牛皮纸：80g/m^2；

聚乙烯被覆的牛皮纸：10g/m^2；

低密度聚乙烯薄膜（厚度小）：36.4μm 厚

聚氯乙烯：12.5μm 厚的薄膜；

编织袋：81g/m^2（30 条 /dm）；

聚乙烯：包被在 80g/m^2 牛皮纸上；

（3）包装费用。在保证种子安全储藏、包装外观对顾客有吸引力的前提下，尽量降低包装费用。包装费用应根据种子的价值确定，一般大田作物种子可用麻袋、编织袋等价格较低的包装材料；价值较高的名贵种子可用价格较高和防潮性能好的包装材料。

二、包装材料的种类和性能

（1）透气性包装材料。透气性包装材料有麻织品、棉织品、纸质袋和用其他材料制成的各种编织袋，如尼龙袋、塑料编织袋等。这类材料除纸制品外一般较结实，在搬运中较安全，但防潮性能差，在高温、高湿的条件下不宜采用，在干燥、低温的条件下较适合。使用时根据种子的大小选择合适密度的材料。

纸质种子袋抗拉性差，易破碎，适合少量种子的包装或与其他抗拉性强的材料制成复合材料使用，也可用多层纸制成包装袋。尼龙编织袋和塑料编织袋在太阳光下易发生氧化，导致编织袋破裂，因此这类包装材料不宜在阳光下存放。

（2）防潮、抗湿包装材料。这类包装材料有聚乙烯塑料袋、纸与塑料的复合材料、金属箔、金属罐，玻璃瓶等。这些材料透气性差或不透气，防潮、抗湿性强，有利于种子在不良的条件下长期储藏，但要求种子在包装时水分应较低。

以上包装材料虽有利于种子长期储藏，但包装费用较高，适用于小粒的和较贵重的种子。塑料类在使用时也应注意防止太阳光直射，以防变质。

三、种子的包装

种子的包装分为机械包装和人工包装两类，作为大规模的种子产业化集团应当以机械化包装为目标。不论是机械包装还是人工包装都包括装填和封口两步。机械包装分为全自动和半自动两类，都有种子称量、装填、封口等工序。用于大量种子包装的机械一般为50kg 和 25kg 两种。用于少量种子包装的机械，如无锡市耐特机电一体化技术有限公司研制的 PCS 系列电脑定量秤，可称量 0.1 ～ 5.0kg。

封口方法取决于包装材料的种类。麻袋、布袋及各种编织袋一般采用机缝，聚乙烯及各种含聚乙烯的复合材料多采用加压热合，一般由封口机完成，聚乙烯复合材料一般190℃，加压 19.5g/cm^2。金属罐可用人工操作或半自动和自动操作。玻璃质或其他硬质材料可用胶黏合或石蜡封口。

需长期储藏的少量种子，如种质资源和某些短命种子等，在密封容器时，可加入一定量的干燥剂，但种子水分降低超过一定限度就会产生不利影响，如大豆为 6.9%，小白菜可安全地降至 1.5%，水稻中籼稻为 5%，粳稻为 7%。干燥剂与种子的比例以 1 ∶ 2 为宜。

四、包装标识

包装标识应分为外标识和内标识两部分，外标识要标明商标、作物、重量、生产经营单位等内容。内标识主要标明所包装种子的质量、品种等，具体有品种名（杂交种应注明组合）、纯度、净度、发芽率、水分、批号和包装日期。外标识一般应印制在包装容器的外面，内标识应挂在包装容器的外面（或贴在包装容器的外面）同时应放在包装容器的内部，内标识上的部分数据是变化的，应在包装前测定后填入。通过内外标识，种子管理人员可以对种子市场进行管理，无标识的种子不得经营；消费者可以依据标识选购，优胜劣汰，促进种子生产经营单位提高种子质量。

第四十章　种子储藏技术

种子储藏是种子收获以后直至大田播种期间种子工作的主要内容之一。对任何种子，只有根据种子本身的储藏特性创造适宜的储藏条件，才能使种子在储藏期间的活力最大程度的降低，从而保证种子有良好的播种品质，最好地服务于农业生产；否则会严重降低种子的播种品质，给农业生产带来不应有的损失。

第一节　影响种子安全储藏的因素

种子储藏的安全性决定于种子的内部因素和外部因素两个方面。内部因素主要包括种子本身所具有的遗传特性、生理特性等，是对自然界长期适应形成的。外部因素主要指种子储藏期间所处的环境条件（温、湿条件等）和生物因素（仓虫、鼠类、微生物等）。前面有关章节已对内部因素和外部因素进行了较详尽的阐述，下面重点介绍种子储藏期间种子的主要生理特性变化和生物因素对种子安全储藏的影响。

一、种子的呼吸作用

（一）种子呼吸的概念和类型

种子的呼吸作用是指种子内活的组织在酶和氧的参与下将本身储藏的物质进行一系列的氧化还原，最后放出二氧化碳和水，同时释放能量的过程。种胚是种子生命活动中最活跃的部分，因而胚的呼吸作用是种子呼吸作用的主要部分，糊粉层的呼吸作用位在其次。

种子呼吸分有氧呼吸和无氧呼吸两种。有氧呼吸是指在有氧条件下把种子中贮存的部分有机物彻底氧化分解为二氧化碳和水，同时释放出较多能量的过程。无氧呼吸是指在无氧条件下，细胞把种子内贮存的部分有机物氧化分解为不彻底的氧化产物，同时释放出少量能量的过程。无氧呼吸的产物中有酒精、乳酸等。

种子的呼吸性质因环境条件、作物种类和种子品质不同而异。干燥的、果种皮紧密的、饱满完整的种子处在干燥低温、密闭缺氧的条件下，以无氧呼吸为主，反之则以有氧呼吸为主。实际上在种子储藏过程中两种呼吸类型往往同时存在，通风透气的种堆往往以有氧呼吸为主，但在大种堆底部的种子仍有可能发生无氧呼吸。若通风不良，种堆则以无氧呼吸为主，此时酒精等无氧呼吸的产物达到一定量时会抑制种子的呼吸，严重时会造成种胚死亡。故从种子安全储藏的角度讲，种子最好是以非常微弱的有氧呼吸为主要呼吸类型。

（二）种子呼吸对种子储藏的影响及其控制

呼吸是种子生命活动的具体体现，但在种子储藏过程中，发生强烈的有氧呼吸和无氧呼吸都是不利的，造成的不良后果如下。

（1）储藏物质消耗。种子内的储藏物质，如糖、淀粉、脂肪等，作为呼吸基质而被消耗，呼吸愈强烈则消耗量愈大。种子内储藏物质的消耗，必然会使种子的质量下降，数量减少。

（2）种堆水分增加。种子呼吸过程中产生的水气散发在种堆中，增加了种堆水分，特别是未通过后熟的种子，在后熟过程中会产生较多的水分，严重时造成种子“出汗”现象。

（3）种堆内气体成分发生变化。种子呼吸消耗氧同时产生二氧化碳，在种子呼吸速率大而通风状况不良时，种堆的中下层将严重缺氧，种子被迫转向缺氧呼吸，产生的氧化不彻底的有毒物质往往会使种子丧失活力。在高含水量种子的储藏中尤其要注意这一点。

（4）种堆发热。种子呼吸过程中所放的热，绝大部分被种堆吸收，因而种温升高。强烈的呼吸作用常常是种堆发热的起因。

另外，种子储藏期间的呼吸控制是一个非常重要的技术。如果把种子储藏期间的呼吸速率控制在最低限度（以能刚好维持自身生命活动为最佳），就能有效地延长种子寿命，保持种子的生活力。为此，应选择饱满健壮的种子留种；合理干燥，使种子含水量降到安全水分以下；控制温度，低温储藏，科学管理，合理通风密闭等。通过一系列的技术措施，创造适宜的种子储藏条件，可降低种子的呼吸速率，使种子生活力能够较长期地得以保持。

二、种子的后熟作用

新收获的种子经过一定天数达到生理上的成熟，其发芽率有所提高，发芽势增强，这个过程就叫种子的后熟作用。随着后熟作用的完成，种子的呼吸作用减弱，代谢强度减弱，含水量减少，种子的发芽势、发芽率显著提高。

种子在完成后熟作用的过程中，生命活动很旺盛，并释放出水分，容易使种子霉变。因此种子在进仓前，必须经过充分的后熟作用，才能安全储藏。可以通过日晒、加温、干燥和通风的办法，促进后熟作用的完成，大大提高种子储藏的稳定性。

三、生物因素

种子从大田收获以后，在入库前虽然经过了清选，但种子本身还是带有大量的微生物，有时还可能夹带少量仓虫，鼠类和仓虫有时也会进入种仓。种仓内这些生物因素的存在，如果不予以控制，则可能引起或加速仓储种子的变质，影响到种子储藏的安全性。因此，要做好种子安全储藏的工作，就必须了解影响种子安全储藏的生物因素。

（一）种子微生物

（1）种子微生物及其对种子的侵害。种子微生物形体小，数量大，分布广，繁殖快。任何作物种子的表面都带有大量的微生物。根据种子微生物与种子的关系，可将种子微生物大体分为附生、腐生和寄生三种类型。种子微生物大多寄附在种子外部，且多属异养型。种子微生物类型因作物种类、品种、产地、气候情况和储藏条件的不同而有差异。种子储藏期间常见的种子微生物有细菌和霉菌。细菌中主要有黄色草生无芽孢杆菌、荧光假单孢杆菌和细球菌。霉菌中主要有曲霉和青霉。

种子微生物侵入种子往往先从种子的胚部开始。种胚被侵害后，种子生活力明显下降甚至丧失。种子微生物的大量繁殖，不仅造成种子营养物质的大量消耗，而且能释放出大量的水和热，使种子发热、变色、发霉、带毒，导致种子品质下降。

（2）种子微生物的活动及其控制。在种子储藏中难以全部消灭种子微生物，只能对其加以控制。因此，在完成选择饱满完整粒留种、清除杂质和清仓消毒工作后，必须控制种子微生物生长发育的条件，从而控制其生长繁殖。影响种子微生物生长繁殖的环境条件主要有水分、温度、氧气。

水分。种子水分和空气湿度是微生物生长发育的重要条件。降低种子水分，同时控制种堆和仓内的相对湿度，使种子保持干燥，便可控制微生物的生长繁殖，以达安全储藏的目的。实践证明，只要保持相对湿度 65% 并将种子水分降低至与相对湿度 65% 相对应的平衡水分条件下，便可基本抑制种子微生物的活动。在一般情况下，相对湿度 65% 的种子平衡水分可以作为长期安全储藏的近似界限，种子水分越低于这个界限，则储藏的稳定性越高，安全储藏的时间也越长。

温度。种子微生物按对温度的适应性可分为低温性、中温性和高温性三类。中温性种子微生物居多，它在 20℃～ 35℃条件下生长最好，是种子发热霉变的主要因素。在种子储藏过程中，把种温控制在 20℃以下时，大部分种子微生物的生长速度就显著降低；温度降低到 15℃左右时，发育更迟缓，有的甚至停止发育；温度降至 10℃左右时，虽然还有少数微生物能够发育，但大多数停止发育。温度和水分对微生物的生长、繁殖是相互影响的。

氧气。种子微生物因本身所含酶系统的差异，而对氧的要求不同，一般可分为好氧、厌氧和兼性厌氧三个类型。种子微生物绝大多数是好氧的，缺氧的环境对其生长不利，密闭储藏能有效地限制这类微生物的活动，所以低水分种子采用密闭保管的方法，可显著提高储藏的稳定性和延长安全储藏期。但高水分种子不宜采用密闭储藏，否则往往会导致种子无氧呼吸，产生酒精等有害物质引起种子死亡。种子堆内通风也只有在能够降低水分和种子堆温、湿度的情况下才能采用，否则会更加促进好氧微生物的发展。因此，在种子储藏期间做到干燥、低温和密闭，才能抑制微生物生长，保证种子安全储藏。

（二）仓储害虫

种子仓储害虫种类很多，我国有近 200 种，以鞘翅目的甲虫类居多，其次是蛾类（鳞翅目）。根据仓虫在我国的为害情况和普遍性，可将其分为三类：普发性且为害相当严重的，如米象、谷蠹、麦蛾、拟谷盗、大谷盗等；部分地区常发并造成灾害的，如豆象、锯谷盗、长角谷盗、印度谷蛾等；常发生但不造成灾害的，如二带黑菌虫、裸体蛛虫、小圆虫等。仓储害虫对种子危害极大，它不但蛀食种子使种子丧失生活力，而且仓虫大量繁衍会引起种堆发热，毁坏种仓，严重威胁种子储藏的安全性。多数害虫在 25℃～ 30℃、RH70% ～ 100% 条件下，繁殖最快，为害最重。在 10℃以下、RH 小于 65% 时，多数害虫不再活动。

（三）鼠类

鼠是啮齿动物，种类多，数量大，分布广。近几年来鼠类天敌的减少，使鼠类数量明显增加，对种子的危害相当严重。鼠类不仅吃种子，而且易使种子混杂，其粪便污染种子，破坏包装器材和种仓，并能传播疾病。灭鼠防鼠已成为种子安全储藏的重要工作内容。种子仓库中常见的鼠类有褐家鼠、黄胸鼠、小家鼠、黑线姬鼠等。褐家鼠较大（150～250mm），黄胸鼠次之（130～190mm），黑线姬鼠第三（70～125mm），小家鼠最小（60～100mm）。它们一般以夜间活动为主，白天多潜伏于洞穴或间缝隙内，食性杂，长年为害。

第二节　种子仓库及其设备

种子仓库是贮存种子的场所，仓库条件的好坏，直接影响到种子寿命和生活力，良好的储藏条件能使种子延长寿命，并保持较好的播种品质。因此，要保证种子具有优良的播种品质，必须建造良好的种子仓库。

目前种子仓库类型以地上仓库为主，其次是地下仓库和恒温恒湿库（有的是准低温库）等。无论哪种类型的仓库，其建造和维修都要考虑到种子储藏的安全性、储藏的时间、仓库的牢固度及建造的成本等，为此，要了解当地有关仓库的基本情况，因地制宜合理布局，精心设计和施工，既要确保种子储藏的安全，又要考虑到经济效益。

一、种子仓库建造应注意的问题

（1）建仓地点选择原则

首先应在调查的基础上确定建仓地点，然后确定所建仓库的类型和大小，不但要考虑该地区当前的生产特点，还要考虑该地区的生产发展情况及今后远景规划，使仓库布局最为合理。建仓地段应符合以下几点要求。

仓基必须选择地势干燥的地段，以防止仓库地面渗水。应根据当地的水文资料及群众经验，选择高于洪水水位的地点或加高建仓地基。

建仓地段的土质必须坚实。一般种子仓库要求的土壤坚实度以每平方米面积上能承受10吨以上的压力为准。

建仓地点尽可能靠近铁路、公路或水路运输线，以便于种子的运输。

建仓地点应尽量接近种子繁育和生产基地，以节约种子运输费用。

建仓以不占用耕地或尽可能地少用耕地为佳。

（2）种子仓库性能要求

仓房应牢固，能承受种子对地面和仓壁的压力，以及风力和不良气候的影响。建筑材料从仓顶、房身到墙基和地坪，都应用隔热防潮材料（表 6-4），以利于种子储藏安全。

具有密闭与通风性能。密闭的目的是隔绝雨水、潮湿或高温等不良条件对种子的影响，并使药剂熏蒸杀虫达到预期的效果。通风的目的是散去仓内的水汽和热量，以防种子长期处在高温高湿条件下生活力降低。在目前机械通风设备尚未普及的情况下，一般采用自然通风。自然通风是根据空气对流原理来进行的，因此，门、窗以对称设置为宜；窗户以翻窗形式为好，关闭时能做到密闭可靠；窗户高低应适当，过高则屋檐阻碍空气对流，不利通风，过低则影响仓库利用率。

表 6-4 各种建筑材料的导热系数

材料名称	容重（kg/m³）	导热系数（kcal/m·h·℃）	材料名称	容重（kg/m³）	导热系数（kcal/m·h·℃）
毛石砌体	1800～2200	0.8～1.1	玻璃	2400～2600	0.6～0.7
沙子	1500～1600	0.45～0.55	聚苯乙烯泡沫		
水泥	1200～1600	1.48	塑料	30～50	0.04～0.05
一般凝土	1900～2200	0.8～1.1	聚苯乙烯（硬质）		
矿渣混凝土	1200～2000	0.4～0.6	泡沫塑料	20～30	0.03～0.04
钢筋混凝土	2200～2500	1.25～1.35	矿渣棉	175～250	0.06～0.07
木材	500～800	0.15～0.20	膨胀珍珠岩	90～300	0.04～0.1
普通标准砖	1500～1900	0.5～0.8	膨胀蛭石	120	0.06
砖砌体（干）	1400～1900	0.5～0.8	软木板	60～350	0.04～0.08
多孔型砖	1000～1300	0.4～0.5	沥青	900～1100	0.03～0.04
水泥砂浆	1700～1800	0.7～0.8	散稻壳	150～350	0.08～0.1
钢梁	7600～7850	45～50			

具有防虫、防杂、防鼠、防雀的性能。仓内房顶应设天花板，内壁四周需平整，并用石灰刷白，便于查清虫迹，仓内不留缝隙，既可杜绝害虫的栖息场所，又便于清理种子，防止混杂。库门需装防鼠闸，窗户应装铁丝网，以防鼠雀进入。

仓库附近应设晒场、保管室和检验室等建筑物。晒场用以处理进仓前的种子，其面积大小视仓库而定，一般以仓库面积的 1.5～2 倍为宜。保管室是贮放仓库器材工具的专用房，其大小可根据仓库实际需要而定。检验室需设在安静和光线充足的地方。

二、种子仓库的类型和特点

种子仓库分为地上仓和地下仓两大类，生产中应用的主要类型及其特点如下。

（1）房式仓（图 6-10）。外形如一般住房，因取材不同分为木材结构、砖木结构和钢筋水泥结构等。木材结构的密闭性能及防鼠、防火性能较差，现已逐渐拆除改建。目前建造的大部分是钢筋水泥结构的房式仓。这类仓库较牢固，密闭性能好，能达到防鼠、防雀、防火的要求。仓内无柱子，仓顶可设天花板，内壁四周及地坪都铺设沥青层。仓容量为 15 ～ 1500000kg。

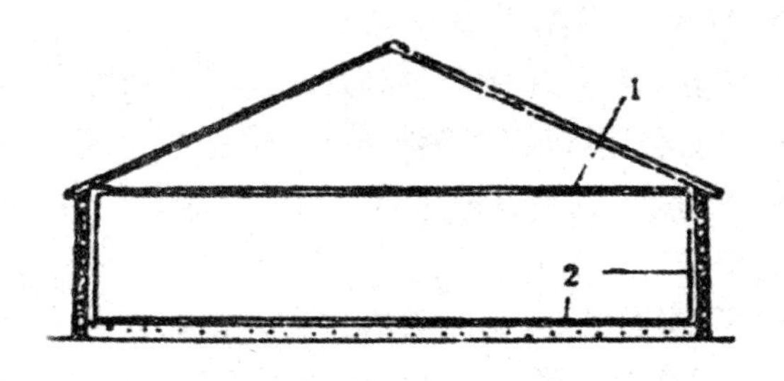

1. 天花板　2. 沥青层

图 6-10　房式仓

（2）机械化圆筒仓。这类仓库的仓体呈圆筒形。因筒体比较高大，一般配有遥测温湿仪、进出仓输送装置及自动过磅、自动清理等机械设备。这类仓库可以充分利用空间，仓容量大，占地面积小，一般要比房式仓省地 6 ～ 8 倍，但造价较高，对入库的种子要求较严格。

（3）低温库，也叫恒温恒湿仓库。这类仓库是根据种子安全储藏的低温、干燥、密闭等基本条件建造的。其库房的形状、结构与房式仓相似，但构造相当严密，其内壁四周与地坪除有防潮层外，墙壁及天花板都有较厚的隔热层。库房内备有降温和除湿机械设备，能使种温控制在 15℃以下，相对湿度在 65% 以下，是目前较为理想的种子储藏库，也可用于种质的短期（3 ～ 5 年）保存。作为需保存较长时间（15 年以上）的种子材料可建立库温 0℃～ 10℃、相对湿度 50% 以下的低温库。作为要求保存更长时间（50 ～ 100 年）种子材料，可建立库温 -10 ～ -20℃，相对湿度 30% ～ 50% 的低温库。

第三节　种子入库

种子入库质量的好坏，直接影响到储藏种子高活力持续期的长短。种子入库前必须做好各种准备工作，且入库时要按有关规定入库。

一、入库前的准备

种子入库前的准备工作包括两方面的内容，一方面要对将要入库的种子进行干燥、清选，使之达到入库标准，并分批存放；另一方面要对种仓进行全面检查和维修，进行清仓消毒。

（1）种子仓库的清仓和消毒。种子入库前，进行清仓和消毒是为了防止品种混杂和病虫感染，是入库前主要的准备工作。

清仓。清仓工作包括清理仓内和仓外两个方面的内容。清理仓内是将仓内异品种种子、杂质、垃圾等全部清除，同时还要清理仓具、剔刮虫窝、修补墙面、嵌缝粉刷；仓外则应做好清洁卫生工作，铲除杂草，排去污水，使仓外环境保持清洁。

消毒。仓内消毒可采用喷洒、熏蒸等方法，但必须注意消毒工作应在修补墙面及嵌缝粉刷之前进行，特别要在全面粉刷之前或全面干燥后进行，因为新粉刷的石灰，在没有干燥时碱性很强，容易使消毒药物分解失效。

空仓消毒通常用敌敌畏和敌百虫等药物处理。敌敌畏消毒，每平方米仓容用 80% 乳油 100 ～ 200mg。施药方法可用喷雾法和挂条法。喷雾法是用 80% 的敌敌畏乳油 1 ～ 2 克兑水 1kg，配成 0.1% ～ 0.2% 的稀释液进行喷雾。挂条法将在 80% 敌敌畏乳油中浸过的宽布条或纸条挂在仓房空间中，行距约 2m，各条间距 2 ～ 3m，施药后门窗必须密闭 72 小时才能有效。消毒后须通风 24 小时方能进仓，以保人身安全。用敌百虫消毒，可将浓度为 0.5% ～ 1% 的药液均匀喷洒，$100m^2$ 用 3kg，或用 1% 的敌百虫水溶液浸渍锯木屑，晾干后烟熏杀虫，用药后也应关闭门窗，达到杀虫目的后，经过清扫，才能存放种子。

（2）种子入库的标准。为保证种子在储藏期间安全稳定、不变质、无意外损耗，种子质量必须符合入库标准。种子含水量高低对储藏的稳定性起决定性作用，其次作物的种类、种子的成熟度和破碎粒的多少也与种子安全储藏有密切关系。在相同水分条件下，一般油料作物种子比淀粉或蛋白质类种子难储藏，对入库水分的要求也不一样。破损粒或成熟度差的种子，因种皮薄或破裂，呼吸速率大，易遭受微生物及仓虫危害，使种子生活力丧失，因此，这类种子更应严格清选剔除。总之，凡不符合入仓标准的种子，都不应急于进仓，必须重新处理（清选或干燥），经检验合格后，才能进仓储藏。

（3）种子入库时的分批。种子在入库以前，不但要按不同品种严格分开，还应根据产地、收获季节、水分、纯度、净度的情况分别堆放和处理。每堆（囤）种子不论数量多少，都应具有均一性，做到从不同部位取得的样品都能反映出该堆（囤）种子的特点。通常不同批的种子都存在着一些差异，如差异显著，就应分别堆放，或进行重新整理，使其标准基本一致时，才能并堆，否则会影响种子的品质和储藏的安全性。

二、种子入库规定

种子入库是在清选和干燥的基础上进行的。入库前还须做好标签和卡片。卡片填写内容有作物、品种、纯度、净度、发芽率、水分、生产年月和经营单位。入库堆放的形式可分为散装堆放和袋装堆放两种。

第四节　种子储藏期间的管理

入库后的种子虽然处于干燥、低温、密闭的条件下，但仍受种子本身新陈代谢和外界环境的影响，仓内温、湿度仍会发生一系列变化，这种变化直接影响到种子储藏的稳定性和种子的生活力，有时会发生种子吸湿回潮、发热和虫霉侵害等异常情况，因此必须掌握种子储藏期间的温、湿变化规律，并建立健全各项管理规章制度，加强管理，以免造成损失。

一、种子温度、水分的变化及其管理

（1）种温变化

种堆温度在正常情况下随着外界温度的变化而变化，气温影响仓温，进而影响种温。由于储藏期间的种子生理代谢很微弱，产生的热量很少，且种子又是热的不良导体，所以外界温度对种温影响的深度、幅度和变化速度都很小。但是当种子含水量较高和微生物大量生长繁殖时，种堆内则会产生大量的热，不再依从于上述规律。

种温的日变化。种温日变化中有一个最低值和最高值，通常种温在每日上午 6 ～ 7 时最低，下午 5 ～ 6 时最高，两者的出现均比气温最低值和最高值的出现迟 2 ～ 3 小时。种温的日变化表现并不十分明显，仅在种堆表层 16cm 左右处和沿壁四周有表现，变化幅度较小，一般在 0.5 ～ 1℃，距种堆表面 33cm 以下的种温几乎无变化。在种子仓库建造中，可考虑使用优质隔热建材和加厚隔热层，使种温日变化的变化幅度更小。在种子贮藏期管理中，只要种温日变化无不正常大幅升温即可视为安全。

种温的年变化。种温年变化幅度总比仓温变化幅度小，比气温变化幅度更小。冷天种温高于仓温，热天则相反。在春秋两季，种温仓温基本接近，而且最高和最低种温出现时间比仓温迟一个月左右。同一堆种子，各层种温变化也不同，种堆表层变化大，愈向种堆深层则种温变化愈小。各层之间变化的幅度受种堆大小、堆放方式、仓房结构的严密程度以及作物种类的影响。凡是小堆、包装好、大粒及仓房密闭性能差的种温随气温变化快，各层之间的变化幅度相差小；与其相反，则种温随气温变化慢，各层之间的温差也较大。在种子安全储藏的管理上，可在寒冷季节通风使种子降温，在湿热季节密闭仓库严防种温上升，这样可使种子在较长时间内处于较低温状态。

（2）相对湿度和水分的变化

相对湿度的变化。大气相对湿度的变化与气温变化相反，气温高时相对湿度低，气温低时相对湿度高。一天中，日出之前大气的相对湿度最高，午后 2 时左右最低；一年中，一般低温月份湿度高，高温月份湿度低。仓内和种堆湿度的变化与仓外变化基本一致，只是仓内湿度变化的时间略有推迟，湿度变化幅度也较小。在种子安全储藏中，通风降湿也是一个非常重要的措施。

水分的变化。种子水分的变化和种堆湿度变化是一致的。由于种子吸湿性强，水分的变化比温度变化快。

种子水分的日变化，仅发生在种堆表层 16cm 左右处，种堆表层 33cm 以下变化很小。一般是每天日出时种子水分最高，午后 4 时左右最低，其差值大小随湿度而变化。种子水分的年变化主要受大气相对湿度的影响，就种堆而言，各层的变化也不相同，上层受的影响大，影响深度可达 33cm 左右；而其表层的种子水分随湿度的变化尤为突出，中层和下层的种子水分变化较小，但下层近地面 16cm 左右的种子易受地面影响，种子水分上升较快。实践证明，种堆表层和接触地面的种子，往往因水分增多而发生结露、发热现象，因此必须加强管理。

种堆内水分的热扩散（湿热扩散）。种堆内发生的热扩散现象是造成种堆内部水分转移和局部水分增高的一个重要原因。种堆内的温度不均衡，经常存在着温差，种子水分按照热传递的方向而移动的现象称为水分的热扩散，也就是种堆内的水汽总是从温暖部位向冷凉部位移动的现象。其原因是种温高的部位空气中含水量多，水汽压力大，而低温部位的水汽压力小，根据分子运动定律，水汽压大的高温部位的水汽分子总是向水汽压小的低温部位扩散移动，结果便导致低温部位种子水分增加。

种堆的热扩散造成局部种子水分增高的现象经常发生在阴冷的墙边、柱石周围和种堆的底部，种堆中的温差越大、时间越长，湿热扩散就越严重。在种子储藏工作中，不但要使入库种子水分达到入库要求，而且入库的一批种子的种温应该尽量一致，要均一入仓，以防种堆局部温差过大而发生严重的热扩散现象。同时对入库后的种子，要定期测温，尤其要注意测定墙角、柱石周围、表层和底层的种温，为必要时采取措施提供依据。

（3）种子的结露

种子在储藏过程中，因温、湿度的变化和水分的转移，在种堆内外常出现结露现象。种堆出现结露可使局部水分增高，造成种子的发热和霉变。结露发生的主要原因是温差，当湿热的空气和种堆温度较低的某一堆层相遇时，由于温度降低，水汽量达到饱和，饱和的水汽便凝结在种子表面，形成水滴，这就是种子的结露。开始出现结露的温度叫做露点温度。

①种堆结露的类型。

A. 上层结露。种堆的上层结露多发生在季节转换时期，在气温下降的季节，种温高于外温，种堆中下层的湿热空气上升，在种堆表面 5 ～ 30cm 处和冷空气接触，易形成结露；在气温的上升季节，种温低于外温，外界的湿热空气和较冷的种堆相遇，也容易在种堆上层结露。

B. 四周结露。四周结露多发生在散装种子仓内。散装种子受冷热仓壁的影响和种堆形成较大的温差，夏季南墙温度高，种堆温度低，冬季北墙温度低，种堆温度高，故夏季在南墙边，冬季在北墙边的垂直层中易发生结露现象。

C. 底层结露。热进仓的种子，由于种温过高并与较冷的地坪接触，温差过大而引起结露。

D. 种堆内部结露。主要是由于种堆内部出现较大的温差而形成的，这一方面是由于种堆某一局部地方，种子生理代谢旺盛或仓虫微生物的大量生长繁殖而放出热量，使局部种温升高而产生温差，另一方面高低温种子混存，也容易因温差过大而结露。

②种堆结露的预测。种堆结露的预测以测算种堆内外的露点为依据。掌握这一规律就可事先进行预防，以免发生结露。

A. 应用种堆露点近似值检查表。种堆露点近似值检查表（见表 6-5）是根据“强力通风的可能性测定表”换算而来的。在知道种子水分和温度时就可查到露点温度。例如，种堆某一部位温度为 20℃，该部位种子水分为 17%，查表得知当外界温度降到 18℃时将会结露；再如，某部位种子水分为 13%，温度为 15℃，则外界温度降到 8℃时将会结露。从此表可以看出，在种堆温度为 0℃～ 34℃范围内，种子水分越高，结露的可能性越大。

表 6-5　种堆露点近似值检查表（数值为露点近似值 /℃）

种子温度（℃）	种子水分（%）								
	10	11	12	13	14	15	16	17	18
0	−14	−11	−9	−7	−3	−4	−3	−2	−1
5	−9	−7	−5	−3	−1	0	1	3	4
10	−2	0	1	3	4	5	7	8	9
13	1	3	4	6	7	9	10	11	12
14	2	5	6	7	8	10	11	12	13
15	3	4	6	8	9	10	12	13	14
16	3	5	7	8	10	12	13	14	15
18	4	6	8	10	11	13	14	16	17
20	6	8	10	12	13	15	16	18	19
22	8	10	12	14	15	17	18	20	21
24	10	12	14	16	17	19	20	22	23
26	12	14	16	18	20	21	22	24	25
28	14	16	18	20	22	23	24	26	27
30	16	18	20	22	24	25	26	28	29
32	18	20	22	24	26	27	28	30	31
34	20	22	24	26	28	29	30	32	33
结露温差（℃）	12 ～ 14	10	10	7 ～ 8	6 ～ 7	4 ～ 5	3 ～ 4	2	1

B. 应用空气饱和湿度表估算露点。在一定温度下，空气的饱和湿度是一个常数，当空气中实有水汽达到饱和时便发生结露，依此就可预测露点。例如，仓温为 20℃，仓内（或种堆）湿度为 75%，求露点。测算方法是 20℃时的饱和水汽量为 17.117（g/m^3），20℃时的实有水汽量为 17.117 × 75%=12.838（g/m^3），而接近 12.838（g/m^3）的饱和水汽量温度是 15℃，则 15℃为所求的露点。

③种子结露的防止。仓储种子水分高低是能否结露的关键。水分高，略有温差便可结露。为此，一定要把好入库关，严格控制入库种子水分。对夏季入库或过夏后种温较高的种子，在秋冬季节要适时通风降温，减小内外的温差；在春暖前对低温种子加强密闭，使仓内种子尽量少受外界温度和湿度的影响，以免因温差过大而造成结露。对经过烘晒的热种子一般要先冷却后入仓，对热进仓种子要进行铺垫。仓库容易返潮的部位，要经常检查，发现已结露的局部种子，立即移出晾晒，分层处理。

二、种子发热的预防

在正常情况下，种子温度随着仓库温度、气温的升降而变化，种温的变化不会超出仓温影响的范围，在异常情况下，种温会在数日内超出仓温影响的范围，发生不正常上升，该现象称发热。种子发热与种子结露密切相关，分为上层发热、下层发热、垂直发热、局部发热、全仓发热等。

（1）种子发热的原因。发热是种子本身、环境条件及管理措施等因素综合作用的结果，但根本原因是种子水分过多、温度过高、相对湿度过大造成种子和微生物代谢过旺引起的。具体原因如下。

①种子储藏期间的新陈代谢作用会释放出大量热并积聚在种堆内，这些热量又进一步促进种子的各种生理代谢活动，进而放出更多的热量，如此循环反复则会使种堆热量越积越多，种温升高，导致种子发热。这种发热常常发生于新收获和水分含量高的种子。

②微生物和仓虫的迅速生长和繁殖会引起种子发热。在同样条件下，微生物所释放出的热量远比种子多得多。实践证明，种子发热往往伴随着种子发霉、生虫。微生物的生长繁殖是种子发热的主要原因。

③种子堆放不合理，种子水分过高或种堆过大，热量难以散发出去，以及种子堆各层之间、局部与整体之间温差较大，造成水分转移或结露等，也能引起种子发热。

④仓房条件不良或管理不当，如漏雨、返潮、通风不合理等往往也能引起种子发热。

（2）发热对种子的影响。在种子发热过程中，由于种子本身和微生物代谢活动的加快，种子失去原有色泽，营养物质消耗并产生代谢物质，种子品质下降，严重者甚至完全丧失生活力。因此，经过发热的种子，一般不能再作种用，如小麦种子，在种子含水量为 19.9% 时，经过 9 天发芽率便从 88% 下降到 15%，种子感菌粒迅速增加，脂肪减少，酸值增加。

（3）种子发热的预防。只要掌握种子发热的一般规律和发热原因，即可通过加强管理，预防种子发热，预防措施如下。

①严格掌握种子入库的质量。种子入库前必须严格进行清选、干燥和分级，达不到标准的不能入库，对长期储藏的种子更应严格要求。入库时，种子必须经过冷却（热进仓处理的除外）。这些都是防止种子发热、确保安全储藏的基本措施。

②做好清仓清毒，改善仓储条件。储藏条件的好坏直接影响种子的安全状况。仓房必须具备通风、密闭、隔湿、隔热的性能以保证在气候剧变时期做好密闭工作，或在仓内温、湿度高于仓外时，能及时通风，以使种子长期处在干燥、低温、密闭的条件下，确保安全储藏。

③加强管理，勤于检查。应根据气候变化规律和种子生理状况，制订出具体的管理措施，及时检查，及早发现问题，采取对策。种子发热后，应根据种子结露发热的严重情况，采用翻耙、开沟、扒塘等措施排除热量，必要时进行捣仓、摊晾和过风以降温散湿。发过热的种子必须做发芽试验，凡已丧失生活力的种子，不能再作种用。

三、合理通风

空气是热和湿的传载介质，干冷的空气通入种仓内可将种堆内的湿热吸收后带出仓外，起到降低种子温度和水分的作用，保持种子的生活力。实际上，通风是种子储藏期间的一项非常重要的管理措施。

（1）通风的目的和方式。通风的目的有三，第一是为了降低种子堆内温、湿度以抑制霉菌滋生和仓虫活动；第二是保持种堆温度各部位均一，无较大温差，以防水分转移；第三是为了排除种子的有毒代谢物质和熏仓药剂的残余有毒气体。

通风方式有自然通风和机械通风两种。自然通风即打开仓库门窗，使空气自然对流，达到降温排湿之目的，但所用时间较长；机械通风即通过通风机械设备向种堆内通风，通风速度较快，效率高，使仓内的种堆温、湿度在较短时间内就降下来，但电力消耗较大。

（2）通风原则。通风与否，主要取决于种仓内外的温度和相对湿度大小。通风应遵循以下原则。

①遇浓雾天、雨天、台风天，不宜通风。

②当外界温、湿度均低于仓内时，可以通风，但要预防寒流的侵袭，以免种子堆内温差过大而引起表层种子结露。

③仓外温度与仓内温度相同，而仓外湿度低于仓内，或者仓内外湿度基本上相同而仓外温度低于仓内时，可以通风。前者以散湿为主，后者以降温为主。

④仓外温度高于仓内而相对湿度低于仓内，或者仓外温度低于仓内而相对湿度高于仓内，这时能不能通风，就要看当时的绝对湿度，如果仓外绝对湿度高于仓内，不能通风，反之则可以通风。

四、仓虫和鼠类的防治

种子仓库的害虫和鼠类，不仅直接吃掉种子、毁坏种仓、污染种子，而且生长繁殖速度非常快，一旦它们在种仓中出现，往往会导致种子发热，使种子失去种用价值，严重威胁着种子的安全储藏，因此在种子安全储藏中，仓虫和鼠类的防治是一项重要的内容。

（一）仓虫的防治

仓虫防治的方针是“以防为主，综合防治”。防是基础，只有早防才能避免和减轻仓虫为害。防治的原则是“安全、经济、有效”，即种子的工作人员要安全，成本低，治虫彻底。仓虫防治的具体方法有检疫防治、清洁卫生防治、物理机械防治和化学药剂防治等。

（1）检疫防治。检疫防治是根据我国颁布的植物检疫条例，严格检查进出口或省间调运的种子，一旦发现检疫对象应拒绝调入或就地迅速集中销毁以避免防检疫对象的传播蔓延的方法。

（2）清洁卫生防治。清洁卫生防治是仓虫防治的最基本方法，简单有效。仓虫对生活环境的要求是潮湿、温暖和肮脏，并且有洞孔、缝隙、角落可供仓虫隐匿，而清洁卫生防治则是有针对性地创造不利于仓虫生长、发育和繁殖的环境条件，使仓虫不易生存。清洁卫生防治应做到以下两点。

①清场消毒。在种子进场之前，应事先清理场院，铲除周围杂草，并进行药剂消毒，以防害虫感染。

②仓内外清洁消毒。种子仓库应做到“仓内六面光，仓外三不留”，即仓内四壁、地面和天花板，应经过剔刮虫窝、药剂消毒、嵌缝粉刷、彻底清扫后整洁光滑；仓外的杂草、

垃圾和瓦砾必须彻底清除。补仓的沟渠、水道必须经常疏通清洁，使越冬害虫无处躲藏。在清仓的基础上，还应进行药剂消毒，消毒时须关闭门窗，以保证消毒效果。消毒后应清除药物残渣，并在仓库四周喷洒防虫线，以防害虫重新感染。

（3）物理机械防治。物理防治是指利用低温或高温等物理因素破坏仓虫的生理机能而使其死亡的方法。机械防治则是通过过筛过风等方法将害虫从种子中分离出来或使仓虫经机械作用撞击而死的方法。

低温杀虫。一般仓虫在15℃以下时停止活动，4～8℃时发生冷麻痹，0℃左右时绝大多数仓虫经过一段时间后即会死亡。低温使仓虫死亡的原因是，低温可抑制仓虫的生理代谢，长时间低温会导致虫体大量脱水，虫体内有毒物质浓度增高，体内营养物质过度消耗。

低温杀虫的具体做法是，在日平均气温低于-5℃时，将有虫害的种子移至仓外，薄摊在场地上，厚度为6.6～9.9cm，每隔一小时翻动一次，连续冷冻2小时以上，然后趁冷入仓密闭储藏15～30天；或者在日平均气温低于-5℃的季节里，把种仓门窗全部打开，种堆耙成波浪形，利用干燥寒冷的空气使仓内种温下降，当种温降至-5℃时，关闭门窗15～30天，即可将仓虫冻杀。

低温杀虫必须选择严寒干燥的天气进行，如遇霜露则应在种面上盖棚布或席片，遮盖物最好离种子33～66cm，以便于冷空气侵入种堆. 低温杀虫必须考虑种子的含水量，高水分的种子不宜低温冷冻，否则会因冻害而降低发芽力。一般禾谷类种子含水量20%时，不宜在-2℃以下冷冻；含水量为18%时，不宜在-5℃以下冷冻；含水量为17%时，不宜在-8℃以下冷冻。

高温杀虫。一般仓虫在40℃～45℃时达到生命活动的最高限，45℃～48℃时大多数仓虫处于热昏迷状态，48℃～52℃时绝大多数仓虫会在短时间内死亡。高温杀虫的原理是，高温使仓虫体内水分过量蒸发而不能进行正常的新陈代谢，虫体内的蛋白质热变性，酶失去活性，细胞组织和神经系统被破坏，体内营养物质过度消耗。

高温杀虫的方法比较简单，夏季可利用日光曝晒，达到杀虫的目的，同时又起到干燥种子的作用，也可采用人工机械加温杀虫的方法，但必须严格控制种温和加热时间，否则会降低种子发芽率。

机械除虫。机械除虫即通过筛理、过风等方法，将仓虫和种子分离开来，但对虫卵和种粒内部的幼虫无效。筛理是根据种子和仓虫的大小及形状的差异，在与筛面相对运动的过程中将种子与仓虫分开，达到除虫的目的，操作时应选择合适的筛孔和筛面倾斜角度。过风则是根据种子与仓虫比重的差异，在一定风力作用下，使仓虫和种粒分开，达到除虫的目的，操作时应注意选择适宜的风速。

（4）化学药剂防治。该方法是利用有毒药剂破坏仓虫的正常生理机能而使仓虫死亡的方法。该法有高效、快速、经济的优点，但操作过程中必须严格遵守操作规程，否则会影响种子的播种品质和操作人员的健康和安全。种子仓虫防治最常用的药剂是磷化铝和敌敌畏。磷化铝有片剂和粉剂两种，能吸收空气中的水分而分解产生磷化氢气体毒杀仓虫，遇水遇酸后分解更为剧烈。磷化铝的熏蒸剂量一般种堆按4～6片/m^2，空仓按0.5～1片/m^2，如果种仓密闭性差，则应适当增大剂量。投药方法因包装和散装而异。包装仓中应将药片投在包与包之间，并用塑料布垫好以便收集药物残渣。散装仓中应先将麻袋铺于种堆表层，再在上面垫一层塑料布，并将药片放置其上。每个投药点放7～10片为宜，且片与片之间要有一定间隔，不能堆放，以防自燃。药剂杀虫效果主要与种温有关，种温越高杀虫效果越好，如种温较低则需适当延长密闭时间，通常种温在12℃～15℃时密闭5天，种温在16℃～20℃时密闭4天，种温在20℃以上时密闭3天。使用磷化铝时应注意：第一，须戴好防毒面具进行操作；第二，熏仓后必须通风散失毒气，直至仓内无磷化氢气体时方能进仓作业；第三，为提高药效和节省药物，可在种子堆外套上塑料帐幕。

此外仓虫防治上也出现了一些新方法，如高频电流、电离辐射、激素干扰等，这些新方法的使用尚需一个进一步成熟的过程。

（二）鼠类的防治

（1）防鼠驱鼠。经常清除种仓四周的杂草、垃圾和瓦砾，随时整理包装器材和散落的种子，使鼠类无隐匿场所。发现鼠洞应及时用碎玻璃和水泥将鼠洞堵实，并设置防鼠板、防鼠门，防止鼠类窜入仓内，也可用0.05%的放线菌酮溶液喷涂包装器材，或使用电子驱鼠器驱鼠。

（2）器械捕鼠。在鼠类经常出没的场所设鼠夹、捕鼠笼、捕鼠册，捕鼠效果较好。但鼠类警觉性高，所以要先诱后杀，经常变化抓鼠器械安放的位置，并勤换诱饵。

（3）药剂灭鼠。目前的灭鼠药剂种类较多，大体可分为第一代抗凝血类杀鼠剂、第二代抗凝血类杀鼠剂和硫脲类急性杀鼠剂等，且不同种类的杀鼠剂有的具有广谱性，有的具有选择性。第一代抗凝血类杀鼠剂的作用原理是破坏血液中的凝血酶原，导致出血而死。

第四十一章　种子检验与种子标准化

第一节　种子检验

一、种子检验的内容和分类

（一）种子检验的内容

种子检验是指采用科学的技术和方法，按照一定的标准，运用一定的仪器设备，对种子质量进行分析测定，判断其优劣，评定其种用价值的一门应用科学。

种子检验的内容应包括品种品质和播种品质，具体包括种子净度、其他植物种子数、种子发芽力、种子生活力及活力、种子的真实性和纯度、种子水分、种子重量、种子健康度等内容。种子检验分析的对象包括所有的播种材料，分为普通种子（真种子、果实等）、包衣种子、人工种子、营养器官。下面介绍最重要的几项内容。

（1）品种纯度检验。

田间检验。田间检验应选择作物特征、特性表现最为明显的时期进行，如水稻、小麦、玉米在蜡熟期、棉花在结铃盛期、油菜在结荚期、豆类作物在结荚后期、马铃薯在开花期等。如果种子质量要求较高或者条件许可时，可增加检验次数，可在幼苗期、抽穗期、开花期检验。

检验时，首先要了解检验品种的特征、特性和田块的分布情况等。同一品种 13hm^2 以内作为一个检验区，采用对角线等距随机抽样。0.3hm^2 取 5 点，0.4 ～ 1.3hm^2 取 8 点，1.4 ～ 3.3hm^2 取 11 点，3.4 ～ 13hm^2 取 15 点，每点取样 100 株。根据本品种一些明显特征、特性，逐株（穗）进行细致观察鉴定。凡特征、特性有明显不同或者主要性状有变异的，则应列为混杂株（穗）。依照下列公式计算品种纯度：

$$\text{田间品种纯度（\%）}=\frac{\text{供检验的总株（穗）(数-杂株）穗　数}}{\text{供检验的总株（穗）数}}\times 100\%$$

室内检验。在经过净度检验的种子中，随机连续取样两份，每份 500 粒，然后根据粒型、粒色、粒质逐粒进行鉴定，分出本品种种子和异品种种子。按下列公式计算出种子的品种纯度。

$$\text{品种纯度（\%）}=\frac{\text{供检总粒数-异品种粒数}}{\text{供检总粒数}}\times 100\%$$

（2）种子净度检验。种子净度也叫清净度，是指样品种子去掉杂质留下好种子的数量占样品总量的百分率。

测定方法：取样品两份，每份 50 克，分别从两份样品中挑出废种子和杂质称重计算，以平均数表示，两份样品的误差不得超过 0.4%。

$$\text{净度（\%）}=\frac{\text{样品重量}-\text{废种子和杂质重量}}{\text{样品重量}}\times 100\%$$

（3）发芽率和发芽势的检验。通过发芽率的检验，可以了解到种子中有多少可以发芽，以作为确定播种量的参考，通过发芽势的检验，可以了解到种子发芽的快慢和整齐度，这些在生产上都有实际意义。

测定方法：在纯度完好的种子中，随机取 200 ～ 400 粒，分成两组或四组，分别放在铺有湿纸或湿沙的器皿中，放在最适宜的温度（水稻 30℃～ 35℃，小麦 25℃～ 31℃，棉花 20℃～ 30℃，油菜 25℃）下使其发芽，一般 3 ～ 4 天计算发芽势。7 ～ 10 天计算发芽率。

$$\text{发芽势（\%）}=\frac{\text{在规定的日期内发芽的种子数}}{\text{供试验的种子数}}\times 100\%$$

$$\text{发芽率（\%）}=\frac{\text{全部发芽的种子数}}{\text{供试验的种子数}}\times 100\%$$

测出种子净度和发芽率后，就可以计算出种子利用率和实际播种量。计算公式如下：

种子利用率（%）= 净度 × 发芽率 × 100%

（4）种子水分的测定。含水量多的种子在储藏过程中容易受虫蛀、霉烂。为了安全储藏，应在入仓前后检验种子的含水量。

测定方法：一般取净种子 20 ～ 30g，磨碎混匀后，从中取两份，每份 5g，放进小铝盒，放在 105℃的烘箱内，烘烤 3 ～ 4 小时，直到完全烘干后称重，两份试样重的误差不得超过 0.2%，以平均数表示。

$$\text{种子水分（\%）}=\frac{\text{试样烘前重量}-\text{烘后重量}}{\text{试样烘前重量}}\times 100\%$$

（5）种子千粒重的测定。千粒重是种子大小和饱满程度的一个指标。

测定方法：从纯净种子中随机取试样两份，中小粒种子（稻、麦、高粱等）每份 1000 粒，用天平称重。以两份试样平均重量（g）表示，两份样品重的误差不得超过 5%，否则重新取样再测。

（6）病虫害检验。随机取样两份，每份 500 粒，从中捡出病害粒和虫害粒，加以统计，计算病虫害危害率，以平均数表示。

经过上述系列的检验后，按国家规定的种子分级标准，把种子评定等级，由检验单位签发检验合格证书，作为经营、利用的依据。检验不合格的种子，根据不同的情况，分别提出停止使用、改变用途或精选处理等意见，签发种子检验结果表。

储藏种子是有生命力的，储藏保管不当，就会使种子回潮、发热、虫蛀、霉变而丧失生活力，以致不能发芽或发芽率不高，无法用于播种，所以种子安全储藏是农业生产过程中的一个重要环节。

（二）种子检验的分类

种子检验从职能上分为内部检验、监督检验和仲裁检验。内部检验又称自检，是种子生产、经营单位或使用单位对本身的种子进行检验，以了解其种子质量的高低。监督检验是种子质量管理部门或管理部门委托种子检测中心对辖区内的种子质量进行检测，以便对种子质量进行监督管理。仲裁检验是仲裁机构、权威机构或贸易双方采用仲裁程序和方法，对种子进行检测，提出仲裁结果。以上三种检验虽职能不同，但都发挥着一个共同的作用，即控制和保证种子的质量。

种子检验从时期上分为田间检验、室内检验和小区种植鉴定。田间检验是在作物生长期间，根据植株的特征、特性对田间纯度进行测定，同时对异作物、杂草、病虫感染、生育情况、倒伏程度等项目进行调查。室内检验是收获、加工、储藏、销售过程中对种子的品种品质和播种品质进行检测。小区种植鉴定是将种子样品播到田间小区中，以标准品种为对照，根据生长期间表现的特征、特性对种子真实性和品种纯度进行鉴定。这是纯度测定最可靠的方法。从总体上说，一般先田间检验，后室内检验，需要时进行田间小区种植鉴定。

二、种子检验的特点与程序

（一）种子检验的特点

种子检验的特点首先是它具有一定的连贯性和顺序性。首先，种子检验的每个项目都按“样品—检测分析—计算及结果报告”这样一个顺序进行，一个项目测定后的样品可能作为下一个项目的分析样品。因此，某个环节失误将导致整个检验工作的失败。某环节测定结果不准确，有时会影响到下一个环节的测定结果，如生活力、发芽力、纯度及重量测定等都是采用净度分析后的净种子，如果净度分析不准确，将会影响到后面项目测定结果的准确性。如果取的样品没有代表性，必然会导致整个测定过程的失败。其次，种子检验必须严格按照技术规程测定，结果才有效。在国际贸易中必须按照国际种子检验规程进行测定，或按贸易双方协定的方法进行检验。最后，种子检验必须借助大量先进的仪器和设备。

（二）种子检验的程序

种子检验分为田间检验、室内检验及田间小区种植鉴定三大部分，所分析的项目较多，但都遵循着“取样—分析检验—结果处理”这一个步骤。当田间、室内和小区检验的所有项目结束后，对三方面的检验结果进行综合评定，并根据国家分级标准进行分级。

第二节　种子标准化

一、种子标准化的概念

种子标准化是通过科学实验和总结生产实践经验，对农作物优良种子的特征、特性、种子生产、种子质量、种子检验方法及种子包装、运输、储藏等方面作出科学、合理、明确的技术规定，制订出一系列先进、可行的技术标准，并在种子生产、使用、管理过程中贯彻执行。所以说，种子标准化就是品种标准化和种子质量标准化。品种标准化是指推广应用的品种符合品种标准（即保持本品种优良的特征、特性），种子质量标准化是指所使用的种子质量达到国家规定的质量标准。

二、种子标准化的内容

种子标准化包括五个方面的内容：优良品种标准，原（良）种生产技术规程，种子质量分级标准，种子检验规程和种子包装、运输、储藏标准。

（1）优良品种标准。每个优良品种都具有一定的特征、特性。品种标准就是将某个品种的形态特征、生物学特性及栽培技术要点作出明确叙述和技术规定，为引种、选种、品种鉴定、种子生产、品种合理布局及田间管理提供依据。

（2）原（良）种生产技术规程。根据作物不同的繁殖方式、授粉方式，制订各种作物原（良）种生产技术规程，使繁种单位遵照执行。这是克服农作物优良品种混杂退化，防杂保纯，提高种子质量的有效措施。

（3）种子质量分级标准。种子质量分级标准是种子标准化最重要的内容，既是种子管理部门用来衡量和考核原（良）种生产、良种提纯复壮、种子经营和储藏保管等工作的标准，又是贯彻种子按质论价、优质优价政策的依据。

（4）种子检验规程。种子检验规程是种子标准化中最基本的内容。对同一质量指标，使用不同的检验方法就会得出不同的结果，为了使种子检验获得一致和正确的结果就要制订一个统一的科学的检验规程。

（5）种子包装、运输、储藏标准。在包装、运输、储藏过程中，往往由于不正确的操作造成种子质量降低和机械混杂等，因此需要制订包装、运输、储藏标准。包装标准有利于种子的销售和运输。

尽管我国已经开展了种子标准化工作，也取得了一些成就，但在许多方面还未制定出有效的可操作的标准，许多已制定的标准在执行时也存在着这样那样的问题，所以种子标准化工作需要进一步的加强。

第四十二章　田间检验及种子纯度的种植鉴定

第一节　田间检验及种植鉴定的性状

鉴定品种真实性和纯度，首先应了解被鉴定品种的特征、特性，借以鉴别本品种和异品种。一般品种性状可分为主要性状、次要性状、特殊性状和易变性状等四类。主要性状是指品种所固有的、不易变化的明显性状，如小麦的穗形、穗色、芒长等。次要性状（细微性状）是指细小、不易观察的性状，如小麦护颖的形状、颖肩、颖嘴。易变性状是指容易随外界条件的变化而变化的性状，如生育期、分蘖多少等。特殊性状是指某些品种所特有的性状，如水稻的紫米、香稻等。鉴定时应抓住品种的主要性状和特殊性状，必要时考虑次要性状和易变性状。鉴定品种的性状因作物而异，但都是依据器官的大小、颜色、形状等鉴定。

一、农作物

（1）水稻

①植株性状：株高、茎粗、株型、分蘖力、茎色、厚度、节间长度、茎节色、茎的强度等，苗期的芽鞘色。

②叶片性状：叶片宽狭、长短、叶色深浅、茸毛多长、叶片直立或下垂，剑叶长短、宽狭，剑叶角度、与穗颈的距离等。

③穗部性状：穗的着生姿态、穗长、着粒密度、芒的有无或长短、芒色等。

④谷粒性状：形状（长、宽比）、大小（干粒重）、颜色（稃色、稃尖色），稃毛长短、稀密及颜色，米粒色泽、形状、透明度等。

（2）小麦

①植株性状：株高、茎粗、颜色、韧性、分蘖力等，苗期的芽鞘色、幼苗生长姿态。

②叶片性状：叶片宽狭、叶色深浅、叶鞘蜡粉、叶缘光毛等，叶片着生姿态。

③穗部性状：穗形、穗长、着粒密度；芒的有无、长短、粗细，芒的分布排列等；护颖形状、大小，颖肩形状、长度和宽度，颖脊形状和宽度。

④籽粒性状：形状、大小、色泽，腹沟深浅和宽窄，茸毛长短和密度，胚的形状和大小，籽粒角质或透明程度。

（3）大麦

①植株性状：株高、茎粗、茎色、韧性、分蘖力、茎节数、节间长度等，苗期芽鞘色。

②叶片性状：宽狭、长度、叶色深浅，叶耳叶舌颜色（绿、紫），叶片及旗叶着生姿态。

③穗部性状：穗形、穗色、穗的棱数、侧小穗退化程度、穗长、小穗密度；芒的有无、长短，芒基部的形态，芒的锯齿性、韧性、易折断性等。

④籽粒性状：稃壳有无，籽粒大小、形状、颜色，腹沟宽狭、腹沟边缘茸毛（齿）的有无，基刺长短、基刺上茸毛长度、稀密和分布，外稃侧背脉纹齿状突起、脉纹色，外稃基部皱褶、有无凹陷及形状，籽粒基部（果脐）形状，鳞被（浆片）形状、茸毛长短、多少，小穗轴茸毛性状等。

（4）玉米

①植株性状：株高、茎粗、茎色、茸毛，茎节密度和多少、节间长度、分蘖多少，苗期芽鞘色、叶色、叶开张角度，叶缘色，叶波多少等。

②叶的性状：主茎叶片数（抽雄后），叶鞘茸毛多少，叶片长度、宽狭，叶缘特性，叶片韧性，叶片着生姿态（直立或下垂）。

③雄穗性状：雄穗抽出期、剑叶节至雄穗基部的长度，雄穗抽出剑叶长度，雄穗分枝长度、数量及姿态，雄小穗颖色及着生轴颜色，雄花性状，花粉育性，花药颜色等。

④雌穗性状：花丝抽出期，花丝颜色，果穗数、果穗着生角度，苞叶干燥后果穗着生姿态，苞叶顶小叶有无，穗柄长度；收获期果穗性状，果穗粗细（周长）及行数，穗轴上籽粒发育情况，穗轴粗细、颜色等。

⑤籽粒性状：果穗中部折断后观察，籽粒形状（长、宽、厚）、大小、均匀度，籽粒色和籽粒顶部色，籽粒类型（硬粒、马齿、中间型）。

（5）高粱

①植株性状：株高，茎粗、茎上腊粉的多少、节间长度、节的密度、分蘖力、苗期芽鞘色、叶片开张角度，腊粉的有无。

②叶片性状：叶片大小、长度、多少，叶色，叶鞘基部色（苗期）。

③穗部性状：穗形、穗柄与主茎的角度，穗的密度、抽穗期等。

④籽粒性状：护颖形状、色泽，茸毛有无，籽粒形状大小、颜色，籽粒厚度，种胚形状和凹陷程度。

（6）大豆

①植株性状：株高、茎粗，生长习性，株形，苗期茎色，茸毛多少、色泽、角度等。

②叶片性状：单叶形状、小叶形状、叶片大小、叶色深浅。

③花的性状：花色、花簇大小、花序长短。

④荚果性状：荚果形状（弯、直）、荚果断面形状（扁平、半圆）、荚果大小、每荚粒数、荚色，结荚习性等。

⑤种子性状：粒形、大小、颜色，种皮光滑度、健全度；种脐大小、形状、颜色；子叶颜色等。

（7）油菜

①幼苗性状：子叶形状、大小、厚度，颜色深浅，茸毛有无、多少，幼茎颜色等；第一真叶展开期时第一真叶形状、大小，叶缘（波浪形、锯齿形）、叶色、叶脉色、茸毛等。

②植株性状：株高、茎色、分枝高低和多少、株型。

③叶片性状：形状、大小、颜色、叶柄有无和长短，叶脉粗细、两侧有无突起、叶脉

颜色；叶裂有无、深浅，叶缘缺刻深浅，叶片蜡粉有无、多少，叶片茸毛、稀密，叶片厚度和坚硬度，叶面平整或皱缩；抽薹后茎叶形状、叶柄有无、叶柄基部是否包茎等。

④角果性状：成熟度和整齐度，角果长短、粗细，角果疏密，果柄与茎的角度，裂荚性等。

⑤种子性状：种皮颜色、种子大小、种子上网纹大小、多少等。

（8）花生

①幼苗性状：叶片形状、颜色、托叶长度（出土后 15 天左右）。

②植株形状：茎粗、茎色、茎高、植株形态、节间长度等。

③叶片性状：叶片大小、形状，叶色深浅，叶柄长短等。

④花的性状：主茎上有无着生花序，花的颜色，旗瓣上褐红条纹的多少。

⑤荚果性状：荚果形状、大小，果壳颜色，果嘴形状，荚壳网纹的深浅和粗细，每荚粒数，出仁率等：

⑥种子性状：种子大小、形状、颜色等。

（9）棉花

①幼苗性状：子叶形状、颜色，子叶基部红色基点有无，幼茎颜色，幼茎上腺体多少，幼茎茸毛有无、长短、疏密等。

②植株性状：茎高、茎粗、茎色，茎上茸毛有无和多少，株形（筒形、塔形、中间形），果枝着生高度、果枝长度及着生姿态。

③叶片性状：叶片大小，叶裂多少及深浅，叶色深浅，叶面光滑，茸毛多少、长短，叶片平整度，托叶形状及大小等。

④花的性状：花萼形状，顶部突起状况，苞叶齿的深浅、多少，苞叶基部离合，苞叶外有无腺体，花冠颜色，花瓣大小，花瓣基部有无斑点，雌蕊和雄蕊颜色。

⑤棉铃性状：铃形、铃色、铃的大小，铃柄长度、每铃室数等。

⑥棉子性状：纤维平均长度，纤维整齐度，棉籽大小（百粒重）、形状，短绒有无、多少、颜色等。

（10）黄麻

①植株性状：株高，茎粗、茎色、分枝高度及多少，节数、节间长度等。

②叶片性状：苗期子叶形状、真叶形状、叶缘缺刻大小及形状，叶色深浅，叶柄长度及颜色，腋叶有无及发达程度，托叶颜色等。

③花及蒴果性状：花的大小及花色深浅，蒴果形状（圆果、长果），室数多少。

④种子性状：大小、颜色。

二、蔬菜作物

（1）萝卜

①茎、叶性状：子叶大小、颜色，子叶叶柄色、胚轴色，叶片大小、形状，叶色深浅，叶缘平展或波状，裂片深浅或形状及多少，叶脉颜色，叶柄颜色，叶柄长度及角度，叶片数，茎色等。

②直根性状：直根形状（扁圆、圆球、椭圆、圆筒、圆锥、长圆锥等），直根颜色（白、红、紫、绿、紫红、紫绿、红白相间等），肉色（白、黄、绿、红紫、紫红条纹等），直根尾部形状钝圆或渐尖，直根凹眼多少、深浅，表面光滑或粗糙，肉质紧密度等。

（2）番茄

①植株性状：生长习性直立型或藤蔓型，茎色，茸毛多少。

②叶的性状：子叶形状和颜色，叶片形状和颜色，叶裂深浅，叶脉颜色等。

③花的性状：开花期，第一花序着生部位，花序单生或分枝，每个花序花数多少，花型等。

④果实性状：未熟果实颜色深浅、有无条纹，成熟果实的形状（圆形、扁圆形、梨形、心脏形，短圆筒形、长圆筒形等），大小、颜色（红、黄、橙），果实室数。

（3）黄瓜

①茎的性状：茎蔓长度、分枝多少，生长习性（直立或卧式），茎粗，茎间长度。

②叶的性状：叶片形状、大小、颜色。

③花的性状：雌雄比例（雌雄大致相等，雌花为主，100%雌花），第一雌花节位（早熟型3～5节，中晚熟型6～9节或更多），花萼基部形状（锥形或圆形）。

④果实性状：结果习性（主蔓结瓜为主，侧蔓结瓜为主、主侧蔓同时结瓜）；瓜形，果实颜色，果实棱数，突疣性状（刺状物的多少和形状），果实上部（近果柄处）的形状，果实苦味有无，果实成熟期等；种瓜性状，皮色（浅黄、褐、深褐），网纹有无。

（4）辣（甜）椒

①叶的性状：叶形（卵圆形、卵形、长卵形、披针形）、叶色。

②茎的性状：茎色、茸毛多少、分枝习性（无限生长、有限生长）。

③花的性状：花冠色泽（白、白有紫晕、紫、浅绿黄）。

④果实性状：果实着生方向（向下、向上、向侧），果形（方灯笼、长灯笼、扁柿形、长羊角、短羊角，长圆锥、短圆锥、长指、短指、樱桃形），青熟果色（绿、浅绿、深绿、浅黄绿、乳黄、墨绿、墨紫），老熟果色（深红、暗红、桔红、枯黄），果顶（细尖、钝尖、平凹下），果皮厚度（厚、中、薄），心室数，果实大小。

第二节　田间检验

一、田间检验的时期

品种纯度田间检验是在农作物生育期间根据品种的特征进行鉴定的，田间检验最好时期是作物典型性状表现最明显时。一般在苗期、花期、成熟期进行，常规作物至少在成熟期检验一次。杂交水稻、杂交玉米、杂交高粱和杂交油菜花必须检验；蔬菜作物在商品器官成熟期（如叶菜类在叶球成熟期，果荚类在果实成熟期，根茎类在直根、根茎、块茎、鳞茎成熟期）必须检验。具体见表6-6、表6-7。

表 6-6　主要大田作物品种纯度田间检验时期

作物种类	检验时期			
	第一期		第二期	第三期
	时期	要求	时期	时期
水稻	苗期	出苗一个月内	抽穗期	蜡熟期
小麦	苗期	拔节前	抽穗期	蜡熟期
玉米	苗期	出苗一个月内	抽穗期	成熟期
花生	苗期		开花期	成熟期
棉花	苗期		现蕾期	结铃盛期
大豆	苗期	2～3片真叶	开花期	结实期
油菜	苗期		薹花期	成熟期

表 6-7　主要蔬菜作物品种纯度田间检验时期

作物种类	检验时期							
	第一期		第二期		第三期		第四期	
	时期	要求	时期	要求	时期	要求	时期	要求
大白菜	苗期	定苗前后	成株期	收获前	结球期	收获剥除外叶	种株花期	抽薹至开花期
番茄	苗期	定植前	结果初期	第一花序开花至第一穗果坐果期	结果中期	在第一至第三穗果成熟		
黄瓜	苗期	出苗至5片真叶	成株期	第一雌花开花	结果期	第一至第三果商品成熟		
辣椒	苗期	定植前	开花至坐果期		结果期			
萝卜	苗期	两片子叶张开	成株期	收获时	种株期	收获后		
甘蓝	苗期	定植前	成株期	收获时	叶球期	收获后	种株期	抽薹开花

二、田间检验的步骤

田间检验分取样、检验、签证三大步骤。

（一）取样

（1）了解情况。田间检验前必须掌握检验品种的特征、特性，同时需了解繁种面积、种子来源、种子世代、隔离情况、栽培管理情况，并检验品种证明书。

（2）划分检验区。同一品种、同一来源、同一繁殖世代、耕作制度和栽培管理相同而又连在一起的地块可划为一个检验区，一个检验区的最大面积为500亩。

（4）设点。设点的数量主要根据作物种类、田块面积而定（表6-8），同时考虑生育情况、品种田间纯度高低酌情增减，一般生长均匀的田块可酌情少设点，纯度高的应增加取样点数。

表6-8 各种作物取样点和株（穗）数

作物种类	面积（亩）	取样点数	每点最低株数
稻、麦	5亩以下 6～20 21～25 51～100 101～200 201亩以上，每增5亩增加1点	 5 7 9 11 15	1000
豆类、花生、红麻、黄麻	同上	同上	500
玉米、高粱、棉花、向日葵、油菜、蓖麻、薯类	同上	同上	300
茴香、韭菜、葱、芹菜、菠菜、小白菜、胡萝卜、芫荽	2亩以下 3～5 6～10 11～20 21～50	5 7 9 11 15	200
大白菜、甘蓝、花椰菜、萝卜、莴笋、番茄、茄子、辣椒、黄瓜、豇豆、扁豆等	同上	同上	100
南瓜、冬瓜	同上	同上	50

注：原种繁殖田和亲本繁殖田、杂交制种田田间检验总株（穗）数加倍。

取样点数确定后，将取样点均匀分布在田块上。取样点的分布方式与田块形状和大小有关。常用的取样方式（见图6-11）：①梅花形取样，适于较小的方形田块，在田块四角及中心共设5个点。②对角线取样，取样点设在田块的一条对角线或两条对角线上，各点保持一定距离，适用于面积较大的长方形或方形田块。③棋盘式取样，适于不规则田块，在田块的纵横每隔一定距离设点呈棋盘状。④大垄取样，适于垄栽作物，每隔一定的垄数任意设点，各垄取样点应错开不在一条直线上。

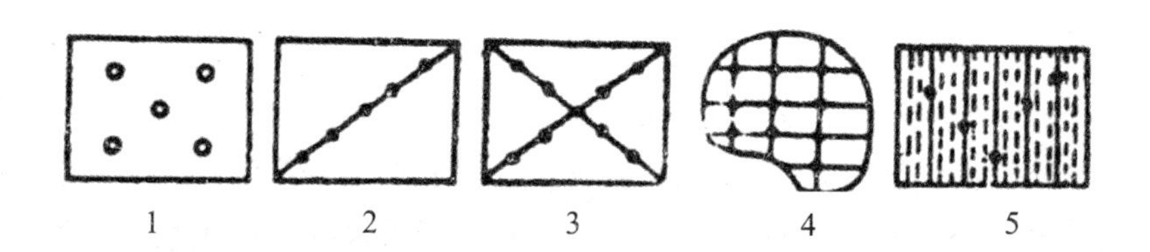

1. 梅花形 2. 单对角线 3. 双对角线 4. 棋盘式 5. 大垄取样

图 6-11 田间取样方式

（二）检验

通常是边设点边检验，直接在田间进行分析鉴定，在熟悉供检品种特征和特性的基础上逐株观察，最好有标准样品作对照。检验时按行长顺序前进，以背光行走为宜，避免阳光直射影响视觉。一般田间检验以朝露未干时为好，此时各种性状和色素比较明显、必要时可将部分样品带回室内分析鉴定。每点分析结果按本品种、异品种、异作物、杂草、感染病虫株（穗）数分别记载，最后将各点检验结果汇总，计算品种纯度及各项成分的百分率。

在检验点以外，如有零星发生的检疫性杂草、病虫感染株，要单独记载。

$$\text{品种纯度（\%）}=\frac{\text{本品种株（穗）数}}{\text{供检本作物总株（穗）数}}\times 100\%$$

$$\text{异品种率（\%）}=\frac{\text{异品种株（穗）数}}{\text{供检本作物总株（穗）数}}\times 100\%$$

$$\text{异作物率（\%）}=\frac{\text{异作物株（穗）数}}{\text{供检本作物总株（穗）数}+\text{异作物株（穗）数}}\times 100\%$$

$$\text{杂草率（\%）}=\frac{\text{杂草株（穗）数}}{\text{供检本作物总株（穗）数}+\text{杂草株（穗）数}}\times 100\%$$

$$\text{病（虫）感染率（\%）}=\frac{\text{感染病（虫）株（穗）数}}{\text{供检本作物总株（穗）数}}\times 100\%$$

杂交制种田，应计算父母本杂株散粉株及母本散粉株。

$$\text{母本散粉株率（\%）}=\frac{\text{母本散粉株}}{\text{供检母本总株数}}\times 100\%$$

$$\text{父（母）本散粉杂株率（\%）}=\frac{\text{父（母）本散粉杂株数}}{\text{供检父（母）本总株数}}\times 100\%$$

（三）签证

分析、鉴定、计算结束后，要签发田间检验合格证书或填写结果单。根据检验结果提出建议和意见，最后根据国家质量分级标准，定出种子等级。如不符合最低标准，就不应作为种子，在评定纯度等级时，苗期检验供定级参考，花期、成熟期检验结果作为定级依据。当花期、成熟期检验结果不同时，要按质量低的一次检验结果定级。

第三节　田间小区种植鉴定

田间小区种植鉴定是正确评价种子真实性和品种纯度的可靠方法，可作为种子贸易中的仲裁检验。为了做好种植鉴定应注意下面几个问题。

一、标准样品的收集

田间小区种植鉴定应有标准样品作为对照。标准样品可提供全面的、系统的品种特征和特性的标准。因此，标准样品最好是育种家的种子，或能代表品种原有特征和特性的原种。如鉴定的样品较多，每 20 个小区（相同品种，不同样品）设一个标准样品为对照区。

二、田间小区的设置

为了使品种特征和特性充分表现，试验的设计和布局要选择适宜的气候环境条件，如土壤均匀、肥力一致，无同类作物和杂草的田块，并要有适宜的栽培管理措施。每种样品最少有 2 个重复，一般 2 ～ 4 个，为了避免失败，重复样品应适当布置在不同田块上。小区的大小要为准确鉴定提供足够的植株。

三、种植密度和株数

小区应有适当的株距和行距，以保证植株良好生长。一般禾谷类及亚麻的行距为 20 ～ 25cm，其他作物为 40 ～ 50cm。每米适宜株数为禾谷类 60 株，亚麻 100 株，蚕豆 10 株，大豆、豌豆 30 株，芸薹属 30 株，大株作物可适当增加行株距，必要时可进行点播和点栽。

种植株数以杂株含量而定，种植株数为 $400/(100-X)$，X 为纯度，即可获得满意结果。如纯度为 99%，种植 400 株可达到要求。

四、栽培管理

要适时播种、注意排灌、适当施肥、及时防治病虫害、尽量避免间苗，以免影响小区鉴定结果。

五、小区鉴定的时间和方法

小区鉴定的时间同田间检验，一般在苗期、抽穗开花期、成熟期各鉴定一次，必要时在开花后至成熟期进行数次观察鉴定。对块根、块茎作物，在生育终期要将块根块茎掘起，观察其形状、大小、颜色及内部特征。蔬菜作物在商品器官成熟期增加一次鉴定。鉴定时将小区发现的异品种、异作物记载下来。

六、结果计算与报告

将所鉴定的本品种、异作物、杂草数等均以所占鉴定植株的百分率表示。当鉴定的植株不多于 2000 株时，所发现的异型株数用整数的百分率表示；如果多于 2000 株，则百分率保留 1 位小数。牧草及类似的品种，当窄行条播时，难以估计每小区中鉴定植株的总数，其结果可用播种量中所产生的异型植株数表示。

田间小区鉴定结果要求尽可能地填报所发现的其他栽培品种或异常株的百分率。如果发现一个样品不是报验者所叙述的栽培品种，应在填报时加以说明。如果一个样品中其他栽培品种超过 15%，应在结果中注明“样品是由不同栽培品种混合而成”。在某些情况下，没有对照样品时，填报时应注明。

第四十三章　种子健康检验

第一节　种子健康检验概述

种子健康检验（seed health testing）的主要内容是对种子病害和虫害进行检验。种子病害是指病害侵染循环中的某一阶段和种子联系在一起，是主要通过种子携带而传播的一类植物病害。种子害虫是指在种子生长和储藏期间，感染和为害种子的害虫。

一、种子健康检验的意义

（1）种子病虫的危害性。其一，病虫害会给农业生产带来极大影响，常常造成产量降低、品质下降，甚至绝产。同时，病虫害也直接影响种子的生产和推广。其二，病虫害影响种子的安全储藏。病虫有时直接为害种胚，破坏种胚；有时为害种子的其他部分，间接影响种子的储藏。其三，病虫害对人畜健康有影响，有些病虫在为害种子时会产生毒素，如黄曲霉毒素。

（2）种子病虫检验的重要性。病虫的种类很多，据了解由种子传播的病虫就有700多种。许多病虫原先在某些国家和地区是没有的，但随着种子的引进和传播，使这些病虫得到传播。种子携带病虫与病虫害的远距离传播有着密切关系。因此，在引种调种时，搞好种子病虫检验是防止病虫传播的一个重要手段。在良种繁育和推广工作中，种子病虫检验也是一个重要的环节。优良种子的条件之一是健康无病虫，或只带本地区已有的少量病虫，决不能带检疫性病虫。

（3）种子病虫检验的目的。种子病虫检验的目的主要有三个方面：①在引种和调种时防止检疫性病虫的传播。②了解种子带病虫的种类和数量，明确种子处理对象和方法，确定种子的种用价值。对本地区已有的病虫害，当种子携带病虫量多时，也不能作为种用。③了解种子带病虫的数量，为种子的安全储藏提供依据。

二、种子健康检验的内容

种子病虫的检验包括田间检验和室内检验两部分。田间检验是根据病虫害的发生规律，在一定生长时期进行检验。作物在田间生长时期，病虫表现明显，容易进行检验。田间检验主要依靠肉眼检验，田间检验在病虫检验中占有重要地位，因为有些带病种子，在实验室内是很难鉴别的，例如，一些病毒病，在种子外表无明显症状，又很难以分离培养的方式来诊断，这时结合田间检验就比较容易确定种子带的是什么病害。在种子调运和储藏期间必须对种子进行室内病虫检验，检验方法较多，可根据种子病虫为害特征选用。

三、种子健康检验应注意的问题

（1）测定方法。种子健康检验有多种不同的测定方法，但其准确性、重演性以及设备所需费用却有差异。应用哪种方法检验取决于所研究的病原菌、害虫、研究条件、种子种类和测定的目的。同时，在选择方法和评定结果时，检验者应掌握被选择方法的有关知识。例如，未经培养的检验，其结果就不能说明病原菌的生活力，是否具有再侵染能力。对已处理过的种子，应要求送验者说明处理的方式和所用的化学药品。

（2）试验样品。用于种子健康测定的试验样品量可根据测定目的和方法确定，有时是用净种子，有时是用送验样品的一部分，一般来说，用于分离培养鉴定种子病害，可用净种子，种子数量要不少于400粒。用肉眼直接检验种子中较大的病原体和散布于种子间的害虫时，可用送验样品的一部分，在每次换新的送验样品前，对所用过的分样器及其他容器用具等都须经过酒精火焰消毒，或充分洗涤、烘干等灭菌手段处理，防止病菌从一批样品污染到另一批样品，以保证检验结果的正确性。

（3）结果计算和报告。结果用供检的样品重量中感染种子数的百分率或病原体数目表示。填报结果时要填写病原菌的学名，同时说明所用的测定方法，包括所用的预措方法，并说明用于检验的样品数量。

第二节　种子病害检验方法

种子病害不同，病原物的种类及侵染传播的方式不同，采取的检验方法亦不相同。

一、未培养检验

（1）直接检查（肉眼检验）。此法适用于检验：①混在种子中的较大的病原体，如麦角、线虫瘿、菌核、菟丝子；②受大量孢子污染严重的种子，如小麦种子污染了大量腥穗病孢子；③感病后有明显病症的病粒，如小麦黑胚病的病粒。

从送验样品中分出一部分种子作为试样，放在白纸或白色搪瓷盘中，必要时可应用双目显微镜对试样进行检查，取出病原体或病粒，称其重量，计算重量百分率。

$$\text{病害感染率}(\%)=\frac{\text{病粒或病原体重量（g）}}{\text{试样重（g）}}\times 100\%$$

肉眼检验有一定的局限性，因为无病症的种子不一定是病种子，不同病害可以表现类似的症状，同一病害也可产生不同的症状。

（2）吸胀种子检查。为使病原物的子实体，病症（或害虫）更易观察，促进病原孢子释放，把试样浸入水中或其他液体中，种子吸胀后检查其表面或内部（最好用显微镜），取出病原体或病粒。

（3）洗涤检查。用于检查附在种子表面的病菌孢子或颖壳上的病原线虫。

分取试样 2 份，每份 5g，分别放入 100ml 三角瓶内，加无菌水 10ml，如想使病原体洗涤更彻底，可加入 0.1% 润滑剂（如磺化二羧酸酯），置振荡机上振荡，光滑种子振荡 5 分钟，粗糙种子振荡 10 分钟。将附在种子表面的病菌孢子洗下来，再将洗涤液倒入干净的离心管内，1000 ～ 1500g，离心 3 ～ 5 分钟，倒出上清液，仅留 1ml 悬浮液在管底，用手摇动离心管，让孢子重新悬浮起来，用干净的细玻棒将悬浮液分别滴于 5 片载玻片上，盖上盖玻片，用 400 ～ 500 倍的显微镜检查，每片检查 10 个视野，计算每视野平均孢子数。按下式计算：

$$N=\frac{n_1\times n_2\times n_3}{n_4}$$

式中，N——每克种子的孢子负荷量；

n_1——每视野平均孢子数；

n_2——盖玻片面积上的视野数（盖玻片面积 / 显微镜物镜面积）；

n_3——lml 悬浮液的滴数；

n_4——供试样品的重量。

二、培养检验

试验样品经过一定时间培养后，检查种子内外部和幼苗上是否存在病原菌或其症状。这类方法有萌芽检验和分离培养检验。

（一）萌芽检验

萌芽检验是一种较为简便且用途较广的一种病害检验方法，种子携带的病菌，无论是在种子表面还是潜伏在种子内部，只要在种子萌发阶段开始为害或长出病菌的，都可用此种方法进行检验。在要了解种子内部带菌时，可将种子表面清毒后进行发芽。但对种子带菌，在萌发阶段或苗期不表现症状也不长出病菌和病菌孢子的病害则不能用此法。

取试样 400 粒，将培养皿内的三层吸水纸用水湿润，每个培养皿播 25 粒种子，在 20℃～ 22℃下用 12 小时黑暗和 12 小时近紫外光照周期交替培养 7 天。然后用 12 ～ 50 倍的放大镜检查每粒种子上的分生孢子。如有怀疑，可用 200 倍的显微镜检查分生孢子以进一步核实。检验种子内部病菌时，种子应进行表面消毒，即浸入 1% 有效氯的次氯酸钠溶液中 10 分钟，冲洗后置于消毒过的培养皿内，其他同上。为了便于检查，可用 0.1 ～ 0.2% 的 2.4-D 溶液来推迟或阻止种子发芽。稻瘟病的真菌一般会在颖片上产生小而不明显、灰色至绿色的分生孢子，这种分生孢子成束地着生于短而纤细的分生孢子梗的顶端。菌丝很少覆盖种子。典型的分生孢子是倒梨形，透明、基部钝圆，具有短齿，分两隔，通常具有尖锐的顶端。水稻胡麻叶斑病的病原菌在种皮上形成分生孢子梗和淡灰色气生菌丝，有时病菌会蔓延到吸水纸上，分生孢子为月牙形，由淡棕色至棕色，中部或近中部最宽，两端渐变细变圆。检验十字花科的黑胫病即甘蓝黑腐病，经 6 天培养后在 25 倍的放大镜下检查长在种子和培养基上的甘蓝黑腐病松散生长的银白色菌丝和分生孢子恭原基，经

11天，第二次检查感染种子及其周围的分生孢子器，记录已长有甘蓝黑腐病菌分生孢子器的种子。

（二）分离培养检验

分离培养不仅可以用来检验发病较慢的种子内外部的病菌，而且可以用来确定病菌潜伏的部位，所以分离培养也是一种常用的方法。取试样400粒，每个培养皿10粒。在检验种子内部带病菌时，用1%次氯酸钠消毒10分钟。在20℃～22℃条件下培养，5～7天后检查。欲检验种子外部黏附病菌时，取无菌水洗涤后，移置于培养基上。

培养基分为固体培养基和液体培养基，下面介绍两种固体培养基的制作。

（1）马铃薯蔗糖琼脂培养基，常用于培养真菌。

①组成成分：马铃薯（去皮）200g，蔗糖20g，琼脂17g，水1000ml。

②作法：取去皮马铃薯200g，切成2cm见方的小块置于锅内加1000ml水煮熟，但不烂，在煮熟过程中不断加水补充蒸发掉的水。然后用纱布过滤，将滤液放回锅内加17g琼脂，待琼脂溶解后，再放入20g蔗糖，溶解后用两层纱布过滤，就可制备出各种不同形式的培养基。

（2）牛肉汁培养基，常用于培养细菌。

①组成成分：牛肉膏3g，蛋白胨5g，琼脂17g，水1000ml。

②制作方法：把水加热加入牛肉膏、蛋白胨、琼脂煮沸20分钟（补充水分至1000ml），如果没有牛肉膏，可取瘦牛肉500g，绞碎后加水1000ml，在冰箱中放置一夜（12小时），然后过滤并加其余成分煮沸。

检验小麦颖枯病，在含0.01%硫酸链霉素的麦芽或马铃薯左旋糖琼脂的培养基上培养7天。肉眼检查每粒种子上缓慢长成圆形菌落情况，该病菌菌丝体为白色或乳白色，稠密地覆盖着感染的种子，菌落背面呈黄色或褐色，并随其生长颜色变深。豌豆褐斑病肉眼检查每粒种子外部盖满的大量白色丝体。

三、整胚检验

大麦散黑穗病可用该法检验。方法是取试样100～120g（约含2000～4000粒种子），重复两次。先将试验样品放到1L新配制的5%（*w/v*）NaoH溶液中，在20℃下保持24小时。把胚从软化的果皮中分离出来，放在1mm网孔的筛子里，将稃壳和胚乳放在较大网孔的筛子里，然后把胚放入乳酸苯酚（甘油、苯酸、乳酸各1/3）和水的等量混合液中，使胚和稃壳进一步分离。将胚移至盛有75ml清水的烧杯中，并在通风橱里保持在沸点大约30秒，以除去乳酸苯酚，并将其洗净，然后将胚移到新配制的微溢甘油中，放在16～25倍放大镜下，配置适当的台下灯光，检查大麦散黑穗病所特有的金褐色菌丝体，每次重复检查1000个胚。

四、漏斗分离检验

这一方法主要用于检验种子外部所携带的线虫，如稻干尖线虫病的病原线虫。方法是将种子用二层纱布包好，放入备好的漏斗内（漏斗需10～15cm口径，下口接约10cm长的橡皮管一根，用弹簧夹夹住），然后加入水使种子浸没，放在20℃～25℃的环境中浸10～24小时，用离心管接取浸出液，在离心机内离心5分钟（2000转/分），取下部沉淀液置于玻片上镜检。

五、噬菌体检验

噬菌体是一种感染细菌和放线菌的病毒，在自然界广泛存在。凡是有大量细菌的场所，几乎都有它的噬菌体存在。由于噬菌体能造成寄主细菌的破裂和溶解，所以在固体培养基上会出现许多透亮的无菌空斑（噬菌斑），根据噬菌斑的有无和多少，可反映种子是否带有噬菌体的寄生细菌。

检验方法是称一定重量的种子，根据其传播方式，取其带病的部位进行磨碎，加入一定量的无菌水，浸泡0.5～1小时，并不断搅拌，用滤纸过滤，取滤液1ml，分别放入三个培养皿中，加入1ml指示菌液（每毫升大于9亿个菌）混匀，3～5分钟后加入10ml溶液并冷却至45℃～50℃，放入25℃～28℃的恒温箱中培养10～12小时，观察噬菌斑。

在进行噬菌体检验时要注意指示菌要纯，指示菌要和样品中的噬菌体对应，可采用几种菌株混合指示菌的方法。

六、解剖检验

有些病害或在某些病害的初发阶段，在种子或无性繁殖材料的表面无明显症状，诊断比较困难，此时可采用解剖检验的方法进行鉴定。如马铃薯环腐病在初发阶段，病薯外表无明显症状，剖开薯块、用手挤压，可见维管束处溢出菌脓，挑取菌脓，制成玻片，在高倍显微镜下可见许多病原细菌。小麦线虫病的虫瘿和小麦腥黑穗病的菌瘿，均可在解剖后结合镜检检验。小麦线虫病的虫瘿内含白色丝状物（线虫），而小麦腥黑穗病的菌瘿内含大量黑粉（厚垣孢子）且有腥臭味。

七、隔离种植检验

有些种子所带的病害或杂草，有时不易发现症状或病原物，需要在生长发育阶段进行病害观察或分析鉴定。隔离种植应在温室或其他极为严密的隔离区进行，并在各个生长发育阶段进行观察。

第三节　常见种子病害的检验

不同作物的不同病害其检验方法是不同的，要根据种子病害的传播方式和病原菌的特点进行检验。下面介绍几种作物种子病害的检验方法。

一、麦类

（1）大小麦散黑穗病：属花器侵染。病原菌潜伏在胚部，外表无症状。可用分离培养检验法、整胚检验法和种植检验法。

（2）小麦腥黑穗病：病粒由于内含厚垣孢子，常常形成较短小的菌瘿，种子外表常常携带病菌孢子。可用洗涤检验法、肉眼检验法。

（3）小麦矮腥黑穗病：是一种危险性很大的病害，是我国对外检疫的重要对象之一，检验方法同腥黑穗病。

（4）小麦秆黑粉病：种子黏附厚垣孢子传播。可用洗涤检验法。

（5）麦类赤霉病：病粒颜色苍白，有时略带青灰色，腹沟或表皮带有淡红色粉状物。可用肉眼检验法和分离培养检验法。

（6）小麦线虫病：病粒形成虫瘿，比健粒小而硬，内包白色絮状物。可用肉眼检验法，结合解剖镜检法。

（7）麦类全蚀病：主要是种子夹杂病害残株进行传播。可对种子夹杂的残屑组织进行分离培养，或种植检验。有“黑脚”，即茎基部有黑色病斑，且根组织中有菌丝，可用乳酚油（苯酚 10g，乳酸 10ml，甘油 20ml，蒸馏水 10ml）进行透明检查。

（8）小麦颖枯病：分生孢子器生于寄生组织内部或表面，分生孢子也可黏附于病粒表面。可用洗涤检验法和分离培养检验法。

（9）小麦黑胚病：病原菌以茁丝体潜伏于种子内部，致使胚部呈黑褐色，分生孢子也可以附着于种子表面而越冬。可用肉眼检验法和洗涤检验法。

（10）麦类麦角病：病粒呈紫黑色长角形菌核，叫做麦角。可用过筛检验法和肉眼检验法。

（11）大麦条纹花叶病：为病毒为害，麦粒瘦小干缩，可用隔离种植检验法。

（12）大麦条纹病：病粒皱缩无明显症状，病丝沿糊粉层扩展，而不侵入内部，可用分离培养法、萌芽检验法和种植检验法。

二、玉米

（1）玉米干腐病：籽粒皱缩，重病粒基部或全粒上有许多小黑点。此病靠病粒携带病菌和分生孢子传播。可用萌芽检验法，种子上产生白色绒毛状菌层，以后产生小黑点。

（2）玉米丝黑穗病：此病靠厚垣孢子黏附在种子上进行传播。可用洗涤检验法和萌芽检验法。

（3）玉米小斑病与圆斑病：病粒上常常有一层黑霉，种子发黑。可用分离培养检验法和萌芽检验法。

（4）玉米黑穗病：此病主要靠厚垣孢子黏附在种子上进行传播，可用洗涤检验法。

（5）玉米细菌性萎蔫病：是对外检疫对象。籽粒通常会皱缩和颜色加深，种子内部或外部带菌进行传播，可用肉眼检验法和隔离种植检验法。

三、水稻

（1）稻瘟病：轻病粒无明显病症，重病粒谷壳上呈椭圆形病斑，中间呈灰白色，有的整个病斑呈黑褐色。主要以谷粒内携带菌丝进行传播。可采用萌芽检验法（产生灰绿色霉层）、分离培养检验法和洗涤检验法。

（2）水稻白叶枯病：为细菌性病害，目前仍为对内检疫对象。谷粒上一般无明显症状，以粒和病草传播。可用噬菌体检验法，萌发结合菌溢检验法。

（3）稻胡麻叶斑病：病粒上常常有黑褐色圆形或椭圆形病斑。早期感病的病粒水选时上浮，病粒内携带菌丝体或分生孢子附在种子上传播。可用肉眼检验法，分离培养法和萌芽检验法。

（4）水稻恶苗病：轻病粒在基部或尖端变为褐色，重病粒全为红色，一般颖壳接缝处有淡红色粉状霉。种子胚乳颖壳可带菌丝，孢子中也可黏附在种子表面传播。可用肉眼检验法、分离培养法和洗涤检验法。

（5）稻曲病：病粒为墨绿色或橄榄色，比健粒大 3 ～ 4 倍，中心为白色肉质菌丝组织。病害以病粒和黏附在健粒上的厚垣孢子传播。可用肉眼检验法和洗涤检验法。

（6）稻条叶枯病：病粒无明显症状，主要靠病粒中携带的菌丝进行传播。可用分离培养法和萌芽检验法。

（7）水稻一柱香病：种子内带菌或外黏附病菌，可用种植检验法。

（8）稻粒黑粉病：病粒部分或全部被破坏，露出黑色粉末，常常在外颖线处开裂伸出红色或白色舌状物或内外颖间开裂伸出黑色角状物，可用肉眼检验法、洗涤检验法、萌芽检验法。

（9）稻干尖线虫病和茎线虫病：成虫潜于谷粒的颖壳和米粒之间。可用漏斗分离检验法。

四、棉花

（1）棉花炭疽病：棉籽受害后种皮上有褐色病斑，棉绒变为灰褐色。主要以黏附在棉籽内外的菌丝体及分生孢子传播，可用萌芽检验法和洗涤检验法，萌芽检验时常常在种子上形成桔红色黏质物。

（2）棉花红腐病：病铃的棉纤维腐烂，成为僵瓣。主要以分生孢子附于棉种短绒上或以菌丝潜伏在种子内部进行传播，可用分离培养检验法、萌芽检验法和洗涤检验法。

（3）棉花轮纹斑病：病粒无明显症状，病害除土壤传播外，还可通过种子带菌传播，可用洗涤检验法和萌芽检验法。

（4）棉花枯萎病：是对内对外的检疫对象，可通过种子带菌进行远距离传播，采用分离培养检验法。具体方法是硫酸脱绒后流水冲洗 24 小时，然后取出，置于灭菌的琼脂培养基上，21℃～ 24℃下培养 15 天，剪下种芽，镜检种子是否有镰刀菌，如有，可在普通培养基上分离纯化菌种，再进行病原菌鉴定，如不能确定，可在无菌幼苗上进一步接种检验。

（5）棉花黄萎病：是一种对内对外的检疫性病害，和枯萎病一样，可通过种子进行远距离传播。检验法此病可用分离培养检验法。具体做法是，先用浓硫酸脱绒 5 ～ 10 分钟，然后流水冲 24 小时，再在琼脂培养基上培养 10 ～ 15 天后，用低倍镜检验法种子有无轮生孢子梗及分生孢子存在。

（6）棉花角斑病：是一种细菌性病害。病菌多数附在棉籽表面的绒毛上进行传播，可用培养萌芽法结合镜检进行检验。

五、花生

（1）花生根结线虫病：荚果上有褐色凸起，凸起松软，可用肉眼检验法结合镜检。

（2）花生黑斑病和褐斑病及黑霉病：都是以分生孢子附在荚果表面传播，可用洗涤检验法、培养萌芽检验法。

（3）花生茎腐病：侵染来源主要是病株残体，其次是带病的种仁。可用培养萌芽检验法。

第四节　种子害虫检验

为害种子的害虫有昆虫和蜘蛛纲（螨类），在昆虫中有象鼻虫、番死虫、谷盗类、蛾类、小茧蜂等。在检验种子害虫时，首先必须了解害虫的形态特征、生活习性及在种子上为害的症状。在扦取供检样品时不能采用常规扦样法，应根据不同季节仓内害虫活动的特点和规律，在其活动和隐藏最多的部位取样。在检验时，不仅要注意活的害虫，而且对于死虫、虫粪以及种子的被害情况都要作严格的记录，同时还应注意种子感染害虫的方式，其方式有明显感染和隐伏感染。明显感染是指成虫或其幼虫自由地暴露于种子上以及籽粒遭到机械破坏，其伤痕肉眼可见。隐伏感染是指害虫某一时期潜伏于种子内，种子表面上的损伤不易发现。对明显感染害虫的种子可用肉眼检验法和过筛检验法，对潜伏感染害虫的种子，可用剖粒检验法、染色检验法和比重检验法。

一、肉眼检验

对于明显感染害虫的种子，可用肉眼检验法检验。冬季低温时，一般预先将种子样品放在 18℃～25℃的温度下或保温箱内加温 20～30 分钟（或 1 小时），使害虫恢复活动，然后把种子倒在瓷盘内进行逐粒观察，拣出害虫及侵害过的种子，并计算每千克样品中害虫的头数及虫害种子百分率。直接从送验样品中分取一半种子作为试样，用肉眼或放大镜进行检查。

$$\text{害虫种子（\%）}=\frac{\text{被虫蛀食或虫害种子数}}{\text{供检种子粒数}}\times 100\%$$

二、过筛检验

凡是成虫或幼虫散布在种子中间的害虫可用过筛检验法。一般米象、谷象、谷蠹用 2.5mm 筛孔。锯谷盗、粉螨用 1.5mm 筛孔。过筛后分别将各层筛的样品倒于光滑的底板上，用肉眼或 5～10 倍放大镜检验。检查米象、谷象、谷蠹等害虫时，最好用白瓷盘作底板，检查粉螨最好用光滑的黑纸作底板。拣出各层的害虫，计算每千克样品中害虫的头数。一般取送检样品的一半进行检验。

三、剖粒检验

对于隐伏感染的害虫，如蚕豆象、豌豆象，可用剖粒检验法。在送验样品中分取试样5～10g，大粒种子10g，中粒种子5g计算粒数，然后逐粒用小刀将种子剖开，检查害虫头数，计算每千克样品中害虫头数。

四、染色检验

对于一些隐伏感染的害虫，如米象，谷蠹，在种子内产卵后能分泌出一种胶质将产卵孔堵塞，一般肉眼难以看出，可用化学染色法对塞堵物染色进行检查。

（1）高锰酸钾染色法：主要检验米象、谷象所为害的种子。取15g试样，倒入铜丝网中，在30℃水中浸1分钟，再移到1%高锰酸钾溶液中浸1分钟，然后用清水洗净，倒在白色吸水纸上用放大镜检查，粒面上带有直径0.5mm的斑点即为虫害籽粒，结合剖粒检验法查出害虫头数，计算害虫含量。

（2）碘或碘化钾染色法：此法可检查豆象危害的种子。取50g样品，用纱布包好，浸于1%碘化钾溶液或2%碘酒溶液中1分钟，取出移于浓度为0.5%的NaOH溶液中，浸30秒钟，如用碘酒可浸1分钟，取出用清水洗涤15～20秒钟，如豆粒表面有1～2mm直径的圆斑点，即为豆象感染，计算害虫含量。

五、比重检验

凡被米象、谷蠹、豆象和麦蛾为害过的种子比重降低，因此可用比重法将它与正常种子区分开。从送验样品中称取试样100g，倒入饱和状态的食盐溶液中（向20℃、100ml的水中加入35g食盐），充分搅拌10～15分钟，放置1～2分钟，将浮在上层的种子取出，结合剖粒检查害虫头数，计算害虫含量。

六、软X射线检验

此法是利用软X射线仪，通过荧光屏或照片对隐藏在种子内部的害虫和种子内部的被害状况直接进行观察。主要依据是害虫组织与种子组织的密度不同，对X射线吸收也不同。害虫主要由蛋白质和脂肪等有机成分组成，并且其组织密度比种子低，且与种子组织间有或无空隙，X射线透过量较多，而正常种子组织的透过量较少。经X射线照射，隐匿在种子内部的幼虫、蛹、成虫、粪便和虫蛀孔清晰可辨，可确定害虫的种类及其为害部位等。

参考文献

[1] 董钻，沈秀英 . 作物栽培学总论 [M]. 北京：中国农业出版社，2000

[2] 李云端 . 农业昆虫学（南方本）[M]. 北京：中国农业出版社，2002.

[3] 西南农业大学 . 土壤学（南方本）[M]. 2 版 . 北京：中国农业出版社，2001.

[4] 王荫槐 . 土壤肥料学 [M]. 北京：中国农业出版社，2003.

[5] 华南农业大学，河北农业大学 . 植物病理学 [M]. 2 版 . 北京：中国农业出版社，2009.

[6] 袁继超，王昌全 . 作物生产新理论与新技术 [M]. 成都：四川大学出版社，2001.

[7] 山东农业大学 . 作物种子学 [M]. 北京：中国农业科技出版社，1997.

[8] 盖钧镒 . 作物育种学各论 [M]. 北京：中国农业科技出版社，1997.

[9] 孙晓辉 . 作物栽培学（各论）[M]. 成都：四川科学技术出版社，2002.

[10] 华南农业大学 . 植物化学保护 [M]. 北京：中国农业出版社，1998.

[11] 杨守仁，郑丕尧等 . 作物栽培学概论 [M]. 北京：中国农业出版社，1989.

[12] 王耀林 . 新编地膜覆盖栽培技术大全 [M]. 北京：中国农业出版社，1998.

[13] 刘巽浩，牟国正等 . 中国耕作制度 [M]. 北京：中国农业出版社，1993.

[14] 李孙荣 . 杂草及其防治 [M]. 北京：北京农业大学出版社，1991.

[15] 李英能 . 节水农业新技术 [M]. 南昌：江西科学技术出版社，1998.

[16] 杨文钰，袁继超，罗琼 . 植物化控 [M]. 成都：四川科学技术出版社，1997.

[17] 陆景陵 . 作物营养与施肥 [M]. 北京：中国农业出版社，1982.

[18] 官春云 . 作物栽培技术（南方本）[M]. 北京：中国农业科技出版社，1997.

[19] 高惠民 . 农业土壤管理 [M]. 北京：中国农业科技出版社，1988.

[20] 黄细喜，邵达三等 . 新型耕作技术及理论 [M]. 南京：东南大学出版社，1991.

《农艺技术实践》考试大纲

第一篇　土壤肥料

一、学习内容

本章主要介绍了土壤肥力的物质基础，土壤的基本性质，土壤的肥力因素，土壤培肥和改良的措施与方法，作物营养的吸收规律与施肥的基本原理和作物的营养特性，以及各种营养元素的营养作用，化学肥料和有机肥料的种类、性质、施用方法，作物营养诊断、施肥量、施肥方法和肥料混合配比技术等内容。

二、考试内容

（一）初级农艺工考核以下内容

（1）掌握土壤、土壤矿物质和土壤质地的基本概念，了解各类土壤质地的农业生产特性。

（2）了解农业微生物的基本常识。

（3）理解土壤有机质的来源及分类，掌握调节土壤有机质含量措施。

（4）了解土壤胶体的基本特性和在土壤肥力中的作用。

（5）掌握土壤主要基本性质的概念，了解其作用，掌握改良措施。

（6）理解土壤肥力的概念。了解肥力因素与作物的关系，并掌握肥力因素的调节措施。

（二）中级农艺工在初级农艺工的基础上还应考核以下内容

（1）掌握土壤质地的改良措施。

（2）理解土壤肥力的实质。理解高产稳产农田应具备的标准及培肥措施。

（3）掌握各类低产田土的培肥和改良方法。

（4）理解根系和叶部吸收营养的机理，生态因子对叶部营养的影响情况等。

（三）高级农艺工在中级农艺工的基础上还应考核以下内容

（1）掌握各类土壤质地的农业生产特性。

（2）理解土壤生理性和生产性的基本内容。掌握提高土壤肥力的基本途径。

（3）掌握施肥的基本原理和作物营养特性。

（4）重点掌握各类肥料的特点、积制、腐熟和有效施用。

（四）农艺工技师在高级农艺工的基础上还应考核以下内容

（1）掌握秸秆还田的技术措施和作物营养形态诊断的方法。掌握合理估算施肥量的方法。

（2）掌握确定施肥量的方法、肥料的有效施用技术。

（3）能进行肥料的配比混合。

第二篇　作物保护概论

一、学习内容

本章主要介绍了作物病虫害的基本知识以及防治的基本方法，农药的应用技术，并介绍了常用的农药，农田杂草和鼠害的防治技术，主要农作物的病虫害的危害症状、危害规律及主要防治技术。

二、考试内容

（一）初级农艺工考核以下内容

（1）掌握作物病害的基本概念和常见的作物病害的病状和病征。

（2）掌握传染性病害和非传染性病害的区别。

（3）掌握病原菌的越冬、越夏场所有哪些，以及病原菌的传播途径。

（4）了解昆虫的身体构造和功能。

（5）掌握当地常见农田昆虫的繁殖方式和生活习性。

（6）理解当前作物病虫害的综合防治措施。

（7）掌握常见农药的类型、特点、使用方法。

（8）能够表列当地主要作物的主要农田杂草至少 5 种，并掌握防除药剂的名称。

（二）中级农艺工在初级农艺工的基础上还应考核以下内容

（1）了解作物传染性病原物的主要特征、作用、致病特点等内容。

（2）掌握咀嚼式口器和刺吸式口器害虫的取食特点和危害作物的症状。

（3）重点掌握昆虫的繁殖方式，各虫态的特点。掌握不完全变态和完全变态的概念。

（4）掌握昆虫的发育史（包括昆虫的世代、世代重叠和年生活史等）。

（5）掌握昆虫行为习性，以及这些习性与害虫防治的关系。

（6）重点掌握作物病虫害的发生流行必须具备的条件。

（7）掌握作物病虫害常用的田间调查方法，以及这些方法的适用条件。

（三）高级农艺工在中级农艺工的基础上还应考核以下内容

（1）理解病原物的寄生性、致病性与寄主的抗性等基本内容。

（2）了解作物传染性病害的发生流行规律。

（3）能识别昆虫的身体构造各部分名称，掌握其功能。

（4）掌握虫口密度、作物发病率和严重度的计算方法。

（5）掌握作物病虫害田间诊断的技术和方法。

（6）重点掌握作物病虫害的综合防治措施以及防治指标。

（7）掌握农药的类型、特点、应用的条件，并能有效施用。

（四）农艺工技师在高级农艺工的基础上还应考核以下内容

（1）掌握作物传染性病害病原生物的致病特点。

（2）掌握作物传染性病害的发生流行规律。

（3）掌握有效成分法、倍数法、百分浓度法和百万分浓度法等的区别与计算方法。

（4）掌握合理用药和安全用药的原则，并能列表说明 20 种农药的主要性能和防治对象。

（5）掌握农田杂草与作物的区别，以及有效防除农田杂草的常用方法。

（6）掌握当地主要农作物的病虫害发生危害规律，并能有效防治。

第三篇　作物栽培总论

一、学习内容

本章主要介绍作物与作物栽培的性质，作物和作物分类，可持续农业和作物栽培科技发展现状，作物的生长发育过程及作物与环境的关系，作物产量与品质的形成和作物栽培技术和措施。

二、考试内容

（一）初级农艺工考核以下内容

（1）掌握农业生产的含义、性质和特点，理解作物栽培的本质属性和作物栽培学的特点。

（2）理解作物的主要分类方法。

（3）了解食物安全、可持续农业发展和作物栽培科技进步的基本内容。

（4）重点掌握与作物生长发育相关的基本概念。

（5）了解作物与环境因素间的关系。

（6）掌握作物产量的基本概念。

（7）掌握作物种植制度相关的一些基本概念，了解各种不同方式的具体农艺措施。

（8）了解土壤耕作的基本技术，以及基本耕作和表土耕作的方法。

（9）了解种子清选的目的，掌握清选的主要方法。

（10）掌握播种前种子处理常用的方法与技术。

（11）了解作物的主要播种方式与规格要求等。

（二）中级农艺工在初级农艺工的基础上还应考核以下内容

（1）掌握作物生育进程理论的基本内容，作物生育进程在生产上的应用价值。

（2）了解与作物发育特性相关的主要基本概念。

（3）掌握土壤耕作的基本技术，以及基本耕作和表土耕作的方法。

（4）掌握和明确连作减产的原因和连作技术，复种的技术要点。

（5）能对影响作物的环境因素进行分类，并明确各环境因素对作物的不同影响。

（三）高级农艺工在中级农艺工的基础上还应考核以下内容

（1）掌握作物发育特性的基本规律。

（2）理解逆境对作物生长发育的影响，明确各种逆境条件的农业预防措施。

（3）了解改良作物产品品质的途径和方法。

（4）理解作物种植制度及研究内容，作物布局的含义和原则。

（5）掌握各种种植方式的主要技术。

（四）农艺工技师在高级农艺工的基础上还应考核以下内容

（1）掌握逆境对作物生长发育的危害，并掌握各种逆境条件下的农业预防措施。

（2）掌握提高作物产量潜力的途径与方法。

（3）能够系统论述间套作的主要技术要点。

（4）掌握育苗移栽的技术优势及目前的主要育苗技术。

（5）掌握常用的轻型简化栽培技术措施。

（6）掌握作物的收获及储藏技术。

第四篇　作物栽培各论

一、学习内容

本章主要学习主要大田作物水稻、小麦、玉米、马铃薯、蚕豆、油菜、烟草、花生等的生长发育规律和栽培技术措施、产后储藏等知识。

二、考试内容

（一）初级农艺工考核以下内容

（1）掌握水稻一生的生育阶段和生育时期，水稻播种前的种子准备工作内容，水稻的泥水选种和催芽方法，壮秧的特点和壮秧的标准。

（2）理解小麦生育时期的划分，高产小麦对土壤的要求及整地的方法。

（3）掌握玉米施肥方法，玉米育苗移栽和套作的好处，应掌握技术环节和当地的主要间套作方式。

（4）掌握马铃薯种薯赤霉素催芽的方法。

（5）理解高产棉花对土壤的要求，棉花壮苗的特征和壮苗的技术。

（6）掌握油菜壮苗的意义和标准，培育壮苗的主要技术措施，提高油菜壮苗移栽质量技术要点，油菜对氮、磷、钾、硼的要求及油菜的合理施肥技术。

（7）掌握在蚕豆栽培中，微量元素硼肥的作用和施用方法。

（8）掌握烟草苗床期的管理技术，烟叶采收、绑烟和装烟技术。

（9）掌握花生对土壤的要求，花生种子的处理技术。

（二）中级农艺工在初级农艺工的基础上还应考核以下内容

（1）重点掌握水稻旱育秧的技术要领，水稻烂种和烂秧的原因和防止途径。

（2）掌握高产小麦对土壤的要求及整地的方法，小麦的底肥和种肥的施用技术，“小窝疏株密植”栽培方式的技术要点。

（3）掌握玉米的合理施肥技术，玉米品种（组合）选用的原则。

（4）掌握蚕豆的储藏过程中预防蚕豆象危害的方法。

（5）掌握防止马铃薯退化的技术措施。

（6）能够分析当地油菜适宜的栽插期与产量关系。

（7）掌握衡量烟苗是否健壮的技术指标，烟叶烘烤后分级扎把的方法。

（8）掌握花生清棵、摘心、培土、压蔓的作用及操作技术。

（三）高级农艺工在中级农艺工的基础上还应考核以下内容

（1）理解我国栽培稻的分类方法及类型，掌握水稻晒田的作用和晒田技术、水稻本田期的水浆管理技术等。掌握水稻底肥和追肥施用技术、提高水稻栽插质量的技术措施。

（2）掌握小麦合理追肥及灌溉的技术，小麦倒伏的原因及防止措施。

（3）掌握玉米培育壮苗的主要技术措施。了解玉米合理密植的依据及当地密植范围。

（4）掌握马铃薯各类繁殖方式的优点及技术要点。

（5）理解高产油菜各生育期的生育特点及主攻目标。

（6）明确烟草地为什么要坚持轮作和烤烟打顶抹杈的作用及其技术要点。

（7）明确烤烟成熟的特征。

（8）掌握花生的需肥特点和施肥方法。

（四）农艺工技师在高级农艺工的基础上还应考核以下内容

（1）能够分析水稻壮秧和高产的关系，各类壮秧秧苗适合什么条件下采用。

（2）掌握水稻催芽的原则，能够分析“干长根、湿长芽”现象背后的机理。

（3）了解水稻需肥规律，水稻合理密植增产的原因及密植原则，水稻本田期各阶段的生育特点和主攻目标。

（4）了解选用小麦良种的原则，掌握小麦常年的需肥规律及施肥技术，小麦适宜的播种期和播种量等，以及小麦各生育时期的生育特性和主攻目标是什么。理解小麦的阶段发育理论及其在生产上的运用。

（5）掌握玉米各生育时期的主攻目标和管理措施，特种玉米的栽培技术要点。

（6）了解马铃薯退化的原因和导致马铃薯退化的病毒的种类。

（7）掌握当地油菜各生育时期的管理重点和主要技术措施。

（8）掌握烤烟成熟的特征和烘烤的原理。

（9）明确花生的适宜播种期和收获期。

第五篇　作物育种与良种繁育

一、学习内容

本章主要介绍作物育种与良种繁育的遗传学知识，作物的繁殖方式、引种和驯化，杂交育种和杂种优势的利用，辐射育种，良种繁育与种子检验等知识。

二、考试内容

（一）初级农艺工考核以下内容

（1）掌握作物的繁殖方式。

（2）掌握作物品种的概念，现代农业对作物品种性状的要求。

（3）明确为什么杂种优势种只能种用一年（F1 代种子），“四化一供”的具体内容，种子标准化的内容，在作物引种工作中应注意的问题和引种的原则等。

（二）中级农艺工在初级农艺工的基础上还应考核以下内容

（1）掌握作物的生态类型，在杂交育种工作中，选配亲本应注意的原则。

（2）掌握杂交水稻制种的主要技术措施和具体做法。

（3）掌握玉米杂交制种技术。

（4）了解良种繁育的意义和任务。

（三）高级农艺工在中级农艺工的基础上还应考核以下内容

（1）了解作物品种习性、纬度、海拔等因素与引种的关系，品种退化混杂的原因和防止措施。

（2）掌握重复繁殖的种子生产方法。

（3）掌握杂交种生产的主要技术环节，水稻不育系繁殖的主要措施，以及良种的加速繁殖方式与方法。

（四）农艺工技师在高级农艺工的基础上还应考核以下内容

（1）区分遗传的变异和不遗传的变异及遗传和变异在育种上的意义。

（2）理解气候相似论的主要观点及其片面性，植物驯化的原理与方法。

（3）掌握杂交育种工作中杂交的主要方式，单交、复交和回交的概念。

（4）理解雄性不育的几种类型及核质互作不育型的遗传方式、应用价值。

（5）掌握水稻三系的特点和关系。

（6）掌握玉米自交系的概念和玉米杂交种的类型，玉米自交系繁殖技术要点，种子生产的程序。

（7）理解作物品种混杂、退化的主要原因。

第六篇　种子加工、储藏与检验

一、学习内容

本章主要介绍种子的干燥、清选、分级、处理和包装的基本原理与方法，种子的储藏技术、种子检验及种子的标准化，种子田间检验及种子纯度的种植鉴定，种子健康检验等知识。

二、考试内容

（一）初级农艺工考核以下内容

（1）掌握种子干燥的阶段和种子干燥的基本方法。
（2）掌握种子加工的概念和种子加工的基本内容。
（3）掌握种衣剂的化学成分和丸化剂的组成。
（4）掌握种子储藏期间预防种堆发热的措施。
（5）掌握种子检验的基本内容和种子检验的分类。
（6）掌握种子标准化的概念和内容。掌握作物田间小区鉴定的时间和方法。

（二）中级农艺工在初级农艺工的基础上还应考核以下内容

（1）掌握影响种子干燥的主要因素。
（2）掌握辐射干燥的运力和特点。
（3）掌握种子处理的目的。
（4）掌握种衣剂的理化性状应达到的要求。
（5）掌握储藏期间种子结露的原因及防止措施。
（6）掌握水稻和玉米种子的储藏技术要点。

（三）高级农艺工在中级农艺工的基础上还应考核以下内容

（1）掌握利用温汤浸种进行种子处理的原理和方法（举例）。
（2）掌握机械法种子丸化的操作过程。
（3）掌握储藏期间种子呼吸所造成的不良后果。
（4）掌握种子低温库的特点。
（5）掌握利用低温使仓虫致死的原因及杀虫的方法。

（四）农艺工技师在高级农艺工的基础上还应考核以下内容

（1）掌握利用水处理技术进行种子处理的类型、原理和方法。
（2）掌握储藏期间种子发热的原因及预防措施。
（3）掌握作物种子田间检验取样和设点的方法。
（4）掌握种子健康检验的主要内容。
（5）掌握储藏期间种堆结露的各种类型及特点。